U0131597

山西历山国家级自然保护区高等植物图鉴

◎徐茂宏　主编

中国林業出版社

图书在版编目（CIP）数据

山西历山国家级自然保护区高等植物图鉴 / 徐茂宏主编. -- 北京 : 中国林业出版社, 2023.6
ISBN 978-7-5219-2226-4

Ⅰ. ①山… Ⅱ. ①徐… Ⅲ. ①自然保护区－高等植物－山西－图集 Ⅳ. ①Q949.408-64

中国国家版本馆CIP数据核字(2023)第112697号

责任编辑：李 顺 马吉萍
封面设计：视美艺术设计

出版：中国林业出版社
（100009，北京市西城区刘海胡同7号，电话83223120）
电子邮箱：cfphzbs@163.com
网址：http://www.forestry.gov.cn/lycb.html
印刷：河北京平诚乾印刷有限公司
版次：2023年6月第1版
印次：2023年6月第1次
开本：889mm×1194mm 1/16
印张：36.25
字数：700千字
定价：498.00元

#《山西历山国家级自然保护区高等植物图鉴》

编委会

主　　编：徐茂宏

执行主编：张海军　许佳林

副 主 编：史荣耀　王志敏　王　姣　董　凯　刘友林

参编人员（按姓氏拼音排序）：

白怀智　曹　靖　柴　康　陈　瑞　陈旭芳　胡海洋　胡志洲　贾艳青

贾云鹏　郎彩琴　李鼎暄　李琪琪　李树青　李宇辉　李泽民　林慧雯

刘松林　吕林东　麻　涛　马晓恒　苗勇辉　牛泽昕　沈俊秀　宋兴旺

宋永丽　谭　迪　王　超　王朝瑞　武璐璐　肖　瑶　邢　鑫　张佳欣

张峻霖　张庆辉　张鑫桃　赵　伟

图片拍摄：丁学欣

序

山西历山国家级自然保护区位于山西省南部，属太行山系，地处山西运城、晋城、临汾三市的垣曲、阳城、沁水、翼城四县毗邻地界，位于山西省四个植物区系多度中心之一的太行山中心地段，属亚热带常绿阔叶林向暖温带落叶阔叶林过渡地带，物种十分丰富，区内还分布有华北地区唯一的斑块状原始森林，即“七十二混沟”，生态区位极为重要。

近年来，山西历山国家级自然保护区管理局以“提升自然生态系统稳定性和服务功能、全面保护生物多样性”为主要目标，结合自然保护地建设及野生动植物保护工作的新形势，在生态系统完整性和原真性保护、国家重点保护陆生野生动物和陆生野生植物综合监测以及生态宣教建设等方面做了大量工作，自然保护地、野生动植物重要栖息地的信息化、规范化管理水平明显提高，生态系统质量和稳定性整体提升。

党的十八大以来，以习近平同志为核心的党中央站在中华民族永续发展的战略高度，做出了加快建设生态文明和美丽中国的重大决策，相继出台了一系列中国特色自然保护地体系建设和野生动植物保护管理的重要文件，开启了建立以国家公园为主体的自然保护地体系和全面加强野生动植物保护的新征程。太行山国家公园被列入《国家公园空间布局方案》49 个候选区之一后，作为候选区核心区域的历山国家级自然保护区，尽快厘清动植物资源“家底”和生物多样性丰富程度，收集本地动植物资源资料迫在眉睫，意义重大。

《历山国家级自然保护区高等植物图鉴》正是保护区管理部门在前期多次调查和标本采集的基础上，组织专业队伍于2020年开始，历经两年时间的野外实地调查、标本采集鉴定的工作基础上编写而成，全书收录高等植物1087种，隶属140科538属，其中蕨类植物16科27属56种，种子植物124科511属1031种，每种植物从主要特征、分布与生境、主要用途等方面进行了描述，并配有植物图片，全书内容翔实、丰富、精确，便于野外识别。

本图鉴是全面提升山西历山国家级自然保护区管理水平和生态服务质量，加强珍稀濒危野生动植物及其栖息地保护，构建生物多样性保护新格局的重要基础性资料，对调查研究区内的高等植物及其保护管理和开发利用都具有十分重要的借鉴意义；是加强保护区管理和推动相应法律落地实施的重要数据资料；同时，可为广大林业工作者及植物爱好者准确识别植物提供参考。

2023年4月

前言

山西历山国家级自然保护区于1983年经山西省人民政府批准建立，1988年5月经国务院批准为国家级森林和野生动物类型保护区。历山自然保护区位于36°43′05″~36°50′10″ N，110°36′15″~111°40′25″ E，地处中条山脉东段，西至流经翼城—垣曲梁王脚的大河，南至垣曲的锯齿山、十里坡、杨家河，东至云蒙山，北至沁水下川，东西长约27km，南北宽约11km，总面积24200hm^2，横跨晋城市沁水县和阳城县、临汾市翼城县、运城市垣曲县等四县，居黄河二曲之中。保护区平均海拔1500m左右，主峰舜王坪最高海拔2358m，是山西省自然保护区中面积较大、物种资源最丰富的自然保护区。

为进一步保护历山高等植物资源，适应新时代、新形势下自然保护地发展要求，为太行山（中条山）国家公园建设奠定坚实基础，山西历山国家级自然保护区管理局在前期多次调查和标本采集的基础上，委托北京东方兴源林业生态研究院，组织专业队伍于2020年开始，历经两年时间对保护区辖区内高等植物资源进行系统的、较为全面的调查，采集了大量的标本，获取了第一手资料。经过整理鉴定，编写了《山西历山国家级自然保护区高等植物图鉴》一书，为广大林业工作者提供借鉴和参考。

本图鉴共收录蕨类植物56种，种子植物1031种，收录原则为保护区范围内可见的野生植物种类，适当收录具有一定经济价值的归化、入侵种类；对于资料有记载而在考察中未见的种类，暂未收录。其中蕨类植物采用秦仁昌系统排列，裸子植物采用郑万钧系统排列，被子植物采用APG Ⅳ系统排列，植物中文名称及学名采用《中国植物志》相关卷册及APG Ⅳ系统中名称、土名及别名，并结合了实际调查的情况。

本图鉴在编写过程中，得到山西省林业和草原局以及中条山国有林管理局领导同志的关心和支持，在此表示衷心的感谢。

本图鉴自2020年10月开始编写，期间不断修改和补充完善，由于时间仓促，编写水平有限，难免有疏漏和错误存在，恳请批评指正。

《山西历山国家级自然保护区高等植物图鉴》编委会

2023年3月

目录

序……………………………………………………4
前言……………………………………………………6

蕨类植物（秦仁昌系统排列）

卷柏科………………………………… 徐茂宏 002
卷柏属……………………………………………… 002
木贼科………………………… 徐茂宏 史荣耀 004
木贼属……………………………………………… 004
阴地蕨科……………………… 徐茂宏 许佳林 007
阴地蕨属…………………………………………… 007
碗蕨科………………………… 张海军 王志敏 007
碗蕨属……………………………………………… 007
凤尾蕨科……………… 徐茂宏 史荣耀 白怀智 008
蕨属………………………………………………… 008
凤尾蕨属…………………………………………… 009
中国蕨科……………………………… 徐茂宏 009
薄鳞蕨属…………………………………………… 009
粉背蕨属…………………………………………… 010
铁线蕨科……………… 白怀智 董凯 王姣 011
铁线蕨属…………………………………………… 011
蹄盖蕨科……………… 王志敏 刘友林 陈瑞 012
蛾眉蕨属…………………………………………… 012
冷蕨属……………………………………………… 012
假冷蕨属…………………………………………… 013
蹄盖蕨属…………………………………………… 013
铁角蕨科……………… 李树青 李鼎暄 郎彩琴 015
铁角蕨属…………………………………………… 015
球子蕨科……………………… 李琪琪 麻涛 018
荚果蕨属…………………………………………… 018
岩蕨科………………………………… 徐茂宏 019
膀胱蕨属…………………………………………… 019
岩蕨属……………………………………………… 019
鳞毛蕨科……………………………… 徐茂宏 020
贯众属……………………………………………… 020
耳蕨属……………………………………………… 021
鳞毛蕨属…………………………………………… 022
肾蕨科………………………… 许佳林 张海军 024
肾蕨属……………………………………………… 024
水龙骨科……………………… 许佳林 张海军 025
水龙骨属…………………………………………… 025
瓦韦属……………………………………………… 025
石韦属……………………………………………… 027
假瘤蕨属…………………………………………… 028
槲蕨科………………………… 宋永丽 谭迪 029
槲蕨属……………………………………………… 029
苹科…………………………… 王志敏 董凯 029
苹属………………………………………………… 029

裸子植物（郑万钧系统排列）

松科…………………………………… 徐茂宏 032
云杉属……………………………………………… 032
松属………………………………………………… 032
柏科…………………………………… 徐茂宏 034
侧柏属……………………………………………… 034
红豆杉科……………………………… 徐茂宏 034
红豆杉属…………………………………………… 034
麻黄科………………………………… 徐茂宏 035
麻黄属……………………………………………… 035

被子植物（APG Ⅳ系统排列）

五味子科……………………………… 张海军 038
五味子属…………………………………………… 038
马兜铃科……………………… 王志敏 刘友林 039
马兜铃属…………………………………………… 039
细辛属……………………………………………… 040
樟科………………………… 柴康 陈旭芳 胡志洲 040
山胡椒属…………………………………………… 040
木姜子属…………………………………………… 042
金粟兰科……………………… 贾云鹏 宋兴旺 042
金粟兰属…………………………………………… 042
菖蒲科………………………………… 王志敏 043

菖蒲属……043
天南星科……苗勇辉 沈俊秀 043
半夏属……043
天南星属……044
泽泻科……吕林东 张峻霖 045
泽泻属……045
水麦冬科……王超 武璐璐 045
水麦冬属……045
眼子菜科……张佳欣 邢鑫 046
眼子菜属……046
薯蓣科……白怀智 陈瑞 046
薯蓣属……046
藜芦科……赵伟 张鑫桃 张庆辉 047
藜芦属……047
重楼属……048
秋水仙科……王志敏 049
万寿竹属……049
菝葜科……王姣 049
菝葜属……049
沼金花科……王姣 051
肺筋草属……051
百合科……徐茂宏 052
老鸦瓣属……052
百合属……052
大百合属……053
顶冰花属……054
洼瓣花属……055
贝母属……055
兰科……徐茂宏 056
头蕊兰属……056
掌裂兰属……056
杓兰属……057
杜鹃兰属……058
火烧兰属……058
兜被兰属……059
手参属……059
角盘兰属……060
舌唇兰属……060
斑叶兰属……061
绶草属……062
沼兰属……062
阿福花科……麻涛 苗勇辉 063
萱草属……063
鸢尾科……李树青 李鼎暄 刘松林 064
射干属……064
鸢尾属……065
石蒜科……李琪琪 李泽民 曹靖 马晓恒 067
葱属……067
天门冬科……徐茂宏 071
知母属……071
铃兰属……072
黄精属……072
天门冬属……075
舞鹤草属……077
绵枣儿属……079
竹根七属……079
山麦冬属……080
鸭跖草科……张海军 080
鸭跖草属……080
竹叶子属……081
香蒲科……张海军 081
香蒲属……081
灯芯草科……史荣耀 王志敏 082
灯芯草属……082
地杨梅属……083
莎草科……徐茂宏 084
薹草属……084
莎草属……088
荸荠属……089
飘拂草属……090
扁莎属……090
三棱草属……091
禾本科……徐茂宏 091
羽茅属……091
剪股颖属……092
看麦娘属……093
荩草属……093
燕麦属……094
孔颖草属……094
雀麦属……095
菵草属……095
拂子茅属……096
虎尾草属……097
隐子草属……097
隐花草属……098
狗牙根属……099
野青茅属……099
马唐属……100

稗属…… 101
穇属…… 102
披碱草属…… 103
棒头草属…… 105
画眉草属…… 106
羊茅属…… 107
牛鞭草属…… 108
赖草属…… 108
白茅属…… 109
臭草属…… 109
乱子草属…… 110
求米草属…… 111
狼尾草属…… 111
芦苇属…… 112
早熟禾属…… 113
狗尾草属…… 114
大油芒属…… 114
针茅属…… 115
菅属…… 115
芒属…… 116
虱子草属…… 116
柳叶箬属…… 117
碱茅属…… 117
野古草属…… 118
金鱼藻科…… 王姣 白怀智 118
金鱼藻属…… 118
领春木科…… 史荣耀 119
领春木属…… 119
罂粟科…… 董凯 刘友林 贯云鹏 贯艳青 119
白屈菜属…… 119
秃疮花属…… 120
罂粟属…… 120
角茴香属…… 121
紫堇属…… 121
荷青花属…… 124
博落回属…… 125
木通科…… 宋永丽 张佳欣 125
木通属…… 125
防己科…… 谭迪 赵伟 126
蝙蝠葛属…… 126
小檗科…… 李宇辉 张峻霖 马晓恒 肖瑶 126
小檗属…… 126
红毛七属…… 128
淫羊藿属…… 129
毛茛科…… 徐茂宏 129
乌头属…… 129
类叶升麻属…… 133
升麻属…… 133
银莲花属…… 135
耧斗菜属…… 137
侧金盏花属…… 138
白头翁属…… 139
铁筷子属…… 140
唐松草属…… 140
金莲花属…… 143
毛茛属…… 143
翠雀属…… 145
铁线莲属…… 146
清风藤科…… 王志敏 153
泡花树属…… 153
黄杨科…… 郎彩琴 李琪琪 154
黄杨属…… 154
芍药科…… 麻涛 刘友林 155
芍药属…… 155
金缕梅科…… 张海军 155
山白树属…… 155
连香树科…… 徐茂宏 156
连香树属…… 156
茶藨子科…… 宋兴旺 沈俊秀 王超 156
茶藨子属…… 156
虎耳草科…… 徐茂宏 159
落新妇属…… 159
金腰属…… 159
鬼灯檠属…… 161
虎耳草属…… 162
景天科…… 徐茂宏 162
八宝属…… 162
费菜属…… 164
景天属…… 165
红景天属…… 167
瓦松属…… 168
扯根菜科…… 王朝瑞 武璐璐 168
扯根菜属…… 168
葡萄科…… 徐茂宏 169
蛇葡萄属…… 169
葡萄属…… 170
蒺藜科…… 李泽民 曹靖 172
蒺藜属…… 172

豆科…………………………………… 徐茂宏 172
合欢属………………………………………… 172
皂荚属………………………………………… 173
两型豆属……………………………………… 174
大豆属………………………………………… 174
黄芪属………………………………………… 175
杭子梢属……………………………………… 178
胡枝子属……………………………………… 178
锦鸡儿属……………………………………… 182
长柄山蚂蟥属………………………………… 183
米口袋属……………………………………… 184
木蓝属………………………………………… 185
鸡眼草属……………………………………… 187
苜蓿属………………………………………… 188
草木樨属……………………………………… 189
甘草属………………………………………… 190
山黧豆属……………………………………… 191
野豌豆属……………………………………… 192
野决明属……………………………………… 195
葛属…………………………………………… 196
苦参属………………………………………… 196
棘豆属………………………………………… 197
远志科……………………………… 王志敏 王姣 199
远志属………………………………………… 199
蔷薇科…………………………………… 徐茂宏 201
龙牙草属……………………………………… 201
路边青属……………………………………… 201
地榆属………………………………………… 202
地蔷薇属……………………………………… 202
蛇莓属………………………………………… 203
草莓属………………………………………… 203
金露梅属……………………………………… 204
蕨麻属………………………………………… 204
委陵菜属……………………………………… 205
白鹃梅属……………………………………… 211
珍珠梅属……………………………………… 212
绣线菊属……………………………………… 212
李属…………………………………………… 216
扁核木属……………………………………… 221
栒子属………………………………………… 222
山楂属………………………………………… 223
苹果属………………………………………… 226
梨属…………………………………………… 229
花楸属………………………………………… 231
悬钩子属……………………………………… 233
蔷薇属………………………………………… 237
假升麻属……………………………………… 240
胡颓子科………………………………… 张海军 240
沙棘属………………………………………… 240
胡颓子属……………………………………… 241
鼠李科………………………… 王姣 陈瑞 谭迪 242
枣属…………………………………………… 242
枳椇属………………………………………… 242
猫乳属………………………………………… 243
勾儿茶属……………………………………… 243
鼠李属………………………………………… 244
雀梅藤属……………………………………… 247
榆科……………………… 贯云鹏 李泽民 肖瑶 248
榆属…………………………………………… 248
青檀属………………………………………… 251
大麻科…………………………………… 张海军 252
大麻属………………………………………… 252
葎草属………………………………………… 252
朴属…………………………………………… 253
榉属…………………………………………… 254
桑科……………………… 吕林东 王朝瑞 张鑫桃 255
榕属…………………………………………… 255
柘属…………………………………………… 256
构属…………………………………………… 256
桑属…………………………………………… 257
荨麻科…………………………………… 徐茂宏 258
苎麻属………………………………………… 258
蝎子草属……………………………………… 260
艾麻属………………………………………… 260
冷水花属……………………………………… 261
墙草属………………………………………… 262
荨麻属………………………………………… 262
壳斗科………………………………… 许佳林 张海军 264
栎属…………………………………………… 264
胡桃科………………………………… 史荣耀 王志敏 268
胡桃属………………………………………… 268
桦木科…………………………………… 徐茂宏 268
桦木属………………………………………… 268
鹅耳枥属……………………………………… 270
榛属…………………………………………… 272
虎榛子属……………………………………… 273
铁木属………………………………………… 273
葫芦科…………………………………… 徐茂宏 274

赤瓟属……274
假贝母属……275
栝楼属……275
秋海棠科……宋永丽 谭迪 276
秋海棠属……276
卫矛科……徐茂宏 276
南蛇藤属……276
卫矛属……277
梅花草属……281
酢浆草科……董凯 刘友林 282
酢浆草属……282
大戟科……徐茂宏 282
大戟属……282
铁苋菜属……284
地构叶属……285
叶下珠科……麻涛 陈旭芳 肖瑶 285
雀舌木属……285
叶下珠属……286
白饭树属……286
杨柳科……徐茂宏 287
杨属……287
柳属……289
山桐子属……293
堇菜科……沈俊秀 苗勇辉 王朝瑞 293
堇菜属……293
亚麻科……张佳欣 邢鑫 298
亚麻属……298
金丝桃科……陈瑞 林慧雯 李宇辉 298
金丝桃属……298
牻牛儿苗科……贯艳青 沈俊秀 300
牻牛儿苗属……300
老鹳草属……300
千屈菜科……王志敏 303
千屈菜属……303
柳叶菜科……徐茂宏 303
柳兰属……303
柳叶菜属……304
露珠草属……305
山桃草属……307
省沽油科……张鑫桃 张庆辉 307
省沽油属……307
旌节花科……张海军 308
旌节花属……308
漆树科……徐茂宏 309
盐肤木属……309
漆树属……310
黄栌属……311
黄连木属……312
无患子科……李树青 李鼎暄 林慧雯 312
栾树属……312
槭树属……313
芸香科……王志敏 317
花椒属……317
吴茱萸属……318
苦木科……董凯 柴康 胡海洋 319
苦木属……319
臭椿属……319
楝科……郎彩琴 李琪琪 320
楝属……320
锦葵科……徐茂宏 320
苘麻属……320
木槿属……321
锦葵属……321
田麻属……322
扁担杆属……323
椴树属……323
瑞香科……刘友林 胡志洲 324
狼毒属……324
草瑞香属……325
荛花属……325
瑞香属……326
十字花科……徐茂宏 326
碎米荠属……326
离子芥属……328
播娘蒿属……329
花旗杆属……329
葶苈属……330
糖芥属……331
独行菜属……332
山嵛菜属……333
豆瓣菜属……333
蔊菜属……334
诸葛菜属……335
荠属……336
垂果南芥属……336
南芥属……337
大蒜芥属……337
檀香科……徐茂宏 338

百蕊草属…………………………………………… 338
槲寄生属…………………………………………… 338
桑寄生科………………………… 张海军 339
桑寄生属…………………………………………… 339
柽柳科……………… 宋永丽 李琪琪 胡海洋 339
柽柳属……………………………………………… 339
水柏枝属…………………………………………… 340
白花丹科……………………… 贯艳青 陈旭芳 340
补血草属…………………………………………… 340
蓼科……………………………………… 徐茂宏 341
萹蓄属……………………………………………… 341
西伯利亚蓼属……………………………………… 342
拳参属……………………………………………… 342
蓼属………………………………………………… 344
藤蓼属……………………………………………… 350
大黄属……………………………………………… 351
酸模属……………………………………………… 352
石竹科…………………………………… 徐茂宏 354
拟漆姑属…………………………………………… 354
蚤缀属……………………………………………… 354
卷耳属……………………………………………… 355
石竹属……………………………………………… 356
石头花属…………………………………………… 357
孩儿参属…………………………………………… 358
繁缕属……………………………………………… 359
蝇子草属…………………………………………… 361
剪秋罗属…………………………………………… 365
苋科……………………………………… 徐茂宏 366
牛膝属……………………………………………… 366
苋属………………………………………………… 366
青葙属……………………………………………… 367
刺藜属……………………………………………… 368
藜属………………………………………………… 368
红叶藜属…………………………………………… 369
麻叶藜属…………………………………………… 370
地肤属……………………………………………… 370
猪毛菜属…………………………………………… 371
碱蓬属……………………………………………… 372
轴藜属……………………………………………… 372
商陆科……………………… 许佳林 张海军 373
商陆属……………………………………………… 373
粟米草科………………………………… 王志敏 374
粟米草属…………………………………………… 374
马齿苋科………………………………… 王姣 374
马齿苋属…………………………………………… 374
山茱萸科……………… 董凯 刘友林 贾云鹏 375
山茱萸属…………………………………………… 375
八角枫属…………………………………………… 377
凤仙花科……………… 白怀智 陈瑞 邢鑫 378
凤仙花属…………………………………………… 378
花荵科……………………… 胡志洲 胡海洋 379
花荵属……………………………………………… 379
柿科……………………………………… 王志敏 379
柿属………………………………………………… 379
报春花科………………………………… 徐茂宏 380
点地梅属…………………………………………… 380
假报春属…………………………………………… 381
报春花属…………………………………………… 381
珍珠菜属…………………………………………… 382
山矾科…………………………………… 王姣 383
山矾属……………………………………………… 383
安息香科……………… 吕林东 王超 牛泽昕 383
安息香属…………………………………………… 383
猕猴桃科……………… 李树青 李鼎暄 林慧雯 385
猕猴桃属…………………………………………… 385
杜鹃花科………………………………… 徐茂宏 386
杜鹃花属…………………………………………… 386
松下兰属…………………………………………… 387
鹿蹄草属…………………………………………… 387
茜草科……………………… 许佳林 张海军 388
茜草属……………………………………………… 388
鸡矢藤属…………………………………………… 388
野丁香属…………………………………………… 389
拉拉藤属…………………………………………… 389
龙胆科…………………………………… 徐茂宏 391
龙胆属……………………………………………… 391
扁蕾属……………………………………………… 393
肋柱花属…………………………………………… 393
獐牙菜属…………………………………………… 394
翼萼蔓属…………………………………………… 395
夹竹桃科………………………………… 徐茂宏 395
罗布麻属…………………………………………… 395
络石属……………………………………………… 396
白前属……………………………………………… 396
鹅绒藤属…………………………………………… 398
杠柳属……………………………………………… 401
紫草科…………………………………… 徐茂宏 402
斑种草属…………………………………………… 402

附地菜属……403
勿忘草属……404
紫草属……404
琉璃草属……405
紫丹属……406
鹤虱属……406
旋花科……王志敏 407
打碗花属……407
旋花属……408
鱼黄草属……409
菟丝子属……409
虎掌藤属……411
茄科……董凯 刘友林 412
曼陀罗属……412
天仙子属……413
酸浆属……413
假酸浆属……414
泡囊草属……415
枸杞属……415
茄属……416
木樨科……王姣 白怀智 陈瑞 李琪琪 417
流苏树属……417
连翘属……418
梣属……419
丁香属……420
苦苣苔科……苗勇辉 王朝瑞 牛泽昕 422
旋蒴苣苔属……422
珊瑚苣苔属……423
车前科……徐茂宏 423
车前属……423
柳穿鱼属……425
婆婆纳属……425
草灵仙属……427
唇形科……徐茂宏 427
牡荆属……427
紫珠属……428
四棱草属……429
大青属……429
筋骨草属……430
藿香属……431
水棘针属……432
风轮菜属……432
青兰属……434
香薷属……435
活血丹属……436
夏至草属……437
野芝麻属……438
益母草属……438
薄荷属……440
荆芥属……440
紫苏属……441
糙苏属……441
香茶菜属……442
夏枯草属……444
鼠尾草属……445
裂叶荆芥属……447
黄芩属……447
水苏属……449
地笋属……450
百里香属……451
通泉草科……许佳林 张海军 451
通泉草属……451
透骨草科……史荣耀 王姣 452
透骨草属……452
沟酸浆属……453
泡桐科……王志敏 453
泡桐属……453
列当科……徐茂宏 454
列当属……454
芯芭属……455
小米草属……456
山罗花属……456
松蒿属……457
地黄属……457
疗齿草属……458
马先蒿属……458
紫葳科……史荣耀 王志敏 461
梓属……461
角蒿属……462
桔梗科……王志敏 462
桔梗属……462
沙参属……463
风铃草属……467
党参属……467
睡菜科……董凯 468
荇菜属……468
菊科……徐茂宏 469
蓍属……469

猫儿菊属…………………………………… 469
和尚菜属…………………………………… 470
香青属…………………………………… 470
苍术属…………………………………… 472
牛蒡属…………………………………… 472
蒿属…………………………………… 473
紫菀属…………………………………… 479
帚菊属…………………………………… 483
蚂蚱腿子属…………………………………… 483
鬼针草属…………………………………… 484
飞廉属…………………………………… 485
天名精属…………………………………… 486
翠菊属…………………………………… 487
菊属…………………………………… 488
蓟属…………………………………… 489
泽兰属…………………………………… 490
飞蓬属…………………………………… 491
鳢肠属…………………………………… 493
泥胡菜属…………………………………… 493
旋覆花属…………………………………… 494
苍耳属…………………………………… 495
苦荬菜属…………………………………… 496
假还阳参属…………………………………… 497
大丁草属…………………………………… 498
橐吾属…………………………………… 498
蟹甲草属…………………………………… 500
毛连菜属…………………………………… 501
耳菊属…………………………………… 502
莴苣属…………………………………… 503
风毛菊属…………………………………… 504
鸦葱属…………………………………… 507
千里光属…………………………………… 508
蒲儿根属…………………………………… 509
麻花头属…………………………………… 510
豨莶属…………………………………… 510
狗舌草属…………………………………… 511
苦苣菜属…………………………………… 512
漏芦属…………………………………… 513
蒲公英属…………………………………… 513
兔儿伞属…………………………………… 514
款冬属…………………………………… 515
黄鹌菜属…………………………………… 515
鼠曲草属…………………………………… 516
蓝刺头属…………………………………… 516
火绒草属…………………………………… 517
绣球花科…………………………… 王志敏 王姣 518
绣球属…………………………………… 518
溲疏属…………………………………… 519
山梅花属…………………………………… 521
五福花科…………………………… 许佳林 张海军 522
五福花属…………………………………… 522
接骨木属…………………………………… 522
荚蒾属…………………………………… 523
忍冬科…………………………………… 徐茂宏 525
六道木属…………………………………… 525
猬实属…………………………………… 526
忍冬属…………………………………… 526
莛子藨属…………………………………… 531
败酱属…………………………………… 531
川续断属…………………………………… 532
蓝盆花属…………………………………… 533
五加科………… 柴康 陈旭芳 牛泽昕 刘松林 533
五加属…………………………………… 533
楤木属…………………………………… 535
刺楸属…………………………………… 536
伞形科…………………………………… 徐茂宏 536
峨参属…………………………………… 536
当归属…………………………………… 537
独活属…………………………………… 538
柴胡属…………………………………… 538
葛缕子属…………………………………… 539
鸭儿芹属…………………………………… 540
岩风属…………………………………… 540
藁本属…………………………………… 541
茴芹属…………………………………… 542
前胡属…………………………………… 543
当归属…………………………………… 543
变豆菜属…………………………………… 544
香根芹属…………………………………… 545
防风属…………………………………… 545
迷果芹属…………………………………… 546
水芹属…………………………………… 546
窃衣属…………………………………… 547
阿魏属…………………………………… 548
蛇床属…………………………………… 548
绒果芹属…………………………………… 549
山芹属…………………………………… 549
参考文献…………………………………… 550
附录…………………………………… 551
中文索引…………………………………… 555

1 蕨类植物

卷柏

◆ 学名：*Selaginella tamariscina* (Beauv.) (Spring)
◆ 科属：卷柏科卷柏属

◎别　　名

万年青、九死还魂草。

◎主要特征

草本植物，体干时拳卷。叶簇生，形似侧柏叶，故名卷柏。孢子叶生于叶顶端，四棱形。

◎分布与生境

分布于广东、广西、福建、浙江、江苏、湖南、山西、陕西、河北、山东、辽宁、吉林、黑龙江等地；历山全境可见；多生于阳坡岩石上。

◎主要用途

全株可药用；可作为观赏植物。

圆枝卷柏

◆ 学名：*Selaginella sanguinolenta* (L.) Spring
◆ 科属：卷柏科卷柏属

◎别　　名

地柏树、舒筋草、金鸡尾。

◎主要特征

夏绿植物，植株匍匐，具横走的根状茎，茎枝纤细，交织成片。叶覆瓦状排列，不明显的二形；叶质较厚，表面光滑，边缘不为全缘或近全缘，不具白边；侧叶不对称。孢子叶穗紧密，四棱柱形，单生于小枝末端；孢子叶与营养叶近似；大、小孢子叶在孢子叶穗下侧间断排列。

◎分布与生境

分布于东北、华北、西北及西南各地；历山见于青皮掌、云蒙、下川；多生于岩石上或土生林下。

◎主要用途

植株可入药。

中华卷柏

◆ **学名：*Selaginella sinensis* (Desv.) Spring**
◆ **科属：卷柏科卷柏属**

◎别　名

地柏枝。

◎主要特征

多年生草本。植株匍匐，根托在主茎上断续着生，自主茎分叉处下方生出，纤细，根多分叉，光滑。主茎通体羽状分枝，不呈“之”字形，无关节，禾秆色，茎圆柱状，不具纵沟，光滑无毛，侧枝多，小枝稀疏，规则排列，分枝无毛，背腹压扁，叶全部交互排列，略二形。孢子叶穗紧密，四棱柱形，单个或成对生于小枝末端，孢子叶一形，卵形，边缘具睫毛。

◎分布与生境

分布于黑龙江、吉林、山西、安徽、北京、河北、天津、河南、湖北、辽宁、宁夏、内蒙古、陕西、山东等地；历山全境可见；多生于海拔100~2800m的石灰岩山地灌丛中或土坡上。

◎主要用途

全株可入药。

蔓出卷柏

◆ **学名：*Selaginella davidii* Franch**
◆ **科属：卷柏科卷柏属**

◎别　名

澜沧卷柏、大卫卷柏、爬地卷柏、爬生卷柏、亚地柏。

◎主要特征

多年生草本。植株匍匐，长5~15cm，无横走根状茎或游走茎。主茎通体羽状分枝，不呈“之”字形，叶全部交互排列，二形，草质，表面光滑，明显具白边；孢子叶穗紧密，四棱柱形，单生于小枝末端。

◎分布与生境

分布于安徽、北京、重庆、福建、河北、山西等地；历山见于皇姑曼、猪尾沟、云蒙等地；多生于海拔100~1200m的灌丛中阴处、潮湿地或干旱山坡。

◎主要用途

全株可入药，也可栽培供观赏。

旱生卷柏

◆ 学名：*Selaginella stauntoniana* Spring
◆ 科属：卷柏科卷柏属

◎别　　名

长生不死草、神仙一把抓、还魂草、万年松、回生草。

◎主要特征

旱生植物。直立，根状茎横走。叶质厚，边缘不为全缘；侧叶不对称，略斜生，排列紧密，具细齿；孢子叶穗紧密，四棱柱形，单生。

◎分布与生境

分布于东北、华北各地；历山见于钥匙沟、青皮掌、云蒙、红岩河等地；多生于海拔500~2500m的石灰岩石缝中。

◎主要用途

全株可入药。

问荆

◆ 学名：*Equisetum arvense* L.
◆ 科属：木贼科木贼属

◎别　　名

笔头菜。

◎主要特征

中小型蕨类植物。根茎黑棕色，地上枝当年枯萎。枝二型。高可达35cm，黄棕色，鞘筒栗棕色或淡黄色，狭三角形，孢子散后能育枝枯萎，不育枝后萌发，鞘齿三角形，宿存。侧枝柔软纤细，扁平状，孢子囊穗圆柱形，顶端钝，成熟时柄伸长。

◎分布与生境

分布于黑龙江、吉林、辽宁、内蒙古、北京、天津、河北、山西、陕西、宁夏等地；历山全境可见；多生于海拔0~3700m的潮湿草地、沟渠旁、沙土地、耕地、山坡及草甸等处。

◎主要用途

营养枝可入药；孢子枝嫩时可作野菜；可栽培供观赏。

草问荆

◆ 学名：*Equisetum pratense* Ehr.
◆ 科属：木贼科木贼属

◎别　　名

马胡须。

◎主要特征

草问荆与问荆*Equisetum arvense* L.形态极为相似，其区别在于：草问荆分枝细长，常水平或呈直角开展，而问荆则分枝较粗，向上生长，开展成锐角。

◎分布与生境

分布于黑龙江、吉林、内蒙古、河北、山西、陕西、甘肃、新疆、山东、河南等地；历山全境可见，常与问荆混生；多生长在海拔500~2800m的森林、灌木丛、草地或山沟林缘中。

◎主要用途

全株可入药。

节节草

◆ 学名：*Equisetum ramosissimum* Desf.
◆ 科属：木贼科木贼属

◎别　　名

笔管草、纤弱木贼。

◎主要特征

多年生草本。地下茎横走，植株丛生；地上枝多年生。枝一型，绿色，主枝多在下部分枝，常形成簇生状。灰白色或少数中央为黑棕色，边缘（有时上部）为膜质，背部弧形，宿存，齿上气孔带明显。侧枝较硬，圆柱状，孢子囊穗短棒状或椭圆形，生于营养枝上；顶端有小尖突，无柄。

◎分布与生境

全国广布；历山全境可见；多生于湿地、溪边、湿砂地及路旁。

◎主要用途

全草可入药。

木贼

◆ 学名：*Equisetum hyemale* L.
◆ 科属：木贼科木贼属

◎别　　名

千峰草、锉草、笔头草、笔筒草、节骨草。

◎主要特征

多年生常绿草本，高30~100cm。根状茎粗短，黑褐色，横生地下，节上生黑褐色的根。地上茎直立，单一或仅于基部分枝，直径6~8mm，中空，有节，表面灰绿色或黄绿色，基部的背面有3~4条纵棱，粗糙。

◎分布与生境

分布于东北、华北、内蒙古和长江流域各地；历山见于西峡、东峡、云蒙等地；多生于山坡林下阴湿处，易生河岸湿地、溪边及杂草地。

◎主要用途

全草可入药；可栽培供观赏；旧时用于金属器物抛光。

溪木贼

◆ 学名：*Equisetum fluviatile* L.
◆ 科属：木贼科木贼属

◎别　　名

水问荆、水木贼。

◎主要特征

多年生草本。茎呈深绿色，表面光滑，有10~30节。在每一节中，茎上有细小及黑色叶端的鳞片叶。很多茎上都有短小长1~5cm的枝子。侧枝幼长，呈深绿色，有1~8个结节，每结节有5片鳞片叶。孢子囊穗短棒状或椭圆形，生于营养枝顶端，顶端钝，成熟时柄伸长。

◎分布与生境

分布于黑龙江、吉林、内蒙古、甘肃、山西、新疆、四川、重庆、西藏等地；历山见于东峡水边；多生于水中及岸边。

◎主要用途

全草可入药。

蕨萁

◆ 学名：***Botrychium virginianum*** **(L.) Sw.**
◆ 科属：**阴地蕨科阴地蕨属**

◎别　　名

春不见、一朵云。

◎主要特征

多年生草本。根状茎短而直立，有一簇不分枝的粗健肉质的长根。不育叶片为阔三角形，顶端为短尖头，三回羽状，基部下方为四回羽裂；叶脉可见；孢子叶自不育叶片的基部抽出，孢子囊穗为复圆锥状，成熟后高出于不育叶片，直立，几光滑或略具疏长毛。

◎分布与生境

分布于浙江、山西、陕西、云南等地；历山见于云蒙、红岩河、皇姑曼等地；多生于海拔1600~3200m的山地林下。

◎主要用途

全株可入药。

溪洞碗蕨

◆ 学名：***Dennstaedtia wilfordii*** **(Moore.) Christ.**
◆ 科属：**碗蕨科碗蕨属**

◎别　　名

光叶碗蕨、金丝蕨、孔雀尾、万能解毒蕨。

◎主要特征

多年生草本。根状茎细长，横走，黑色。叶二列疏生或近生；柄基部栗黑色，向上为红棕色，或淡禾秆色，无毛，光滑，有光泽。叶片长圆状披针形，羽片卵状阔披针形或披针形，羽柄互生，一回小羽片长圆卵形，羽状深裂或为粗锯齿状；末回羽片边缘全缘。中脉不显，侧脉杆胭明显，叶薄草质，叶轴禾秆色。孢子囊群圆形，囊群盖半盅形，淡绿色，无毛。

◎分布与生境

分布于东北、河北、山东、江苏、浙江、安徽、江西、福建、湖南、湖北、四川、山西、陕西、江西等地；历山见于皇姑曼、钥匙沟、红岩河等地；多生长在海拔600~900m山地林下、林缘荒地、溪边石缝及乱石堆中。

◎主要用途

全株可入药；可栽培观赏。

细毛碗蕨

◆ **学名：*Dennstaedtia pilosella* (Hook.) Ching**
◆ **科属：碗蕨科碗蕨属**

◎别　　名

毛蕨。

◎主要特征

本种与溪洞碗蕨*Dennstaedtia wilfordii* (Moore.) Christ.的区别：本种密被茸毛，而溪洞碗蕨无毛。

◎分布与生境

分布于东北、河北、山西、陕西、山东、福建、贵州、四川、湖南、江西、安徽、浙江等地；历山见于钥匙沟；多生于海拔200~1500m的岩壁上、山地阴处石缝中。

◎主要用途

可用于观赏。

蕨

◆ **学名：*Pteridium aquilinum* (L.) Kuhn. var. *latiusculum* (Desv.)**
◆ **科属：凤尾蕨科蕨属**

◎别　　名

蕨菜、山野菜。

◎主要特征

多年生草本。植株高可达1m。根状茎长而横走，密被锈黄色柔毛，以后逐渐脱落。叶远生；柄长20~80cm，基部粗3~6mm，褐棕色或棕禾秆色，略有光泽，光滑，上面有浅纵沟1条；叶干后近革质或革质，暗绿色，上面无毛，下面在裂片主脉上多少被棕色或灰白色的疏毛或近无毛。叶轴及羽轴均光滑，小羽轴上面光滑，下面被疏毛，少有密毛，各回羽轴上面均有深纵沟1条，沟内无毛。

◎分布与生境

全国各地广布；历山全境可见；多生于海拔200~830m的山地阳坡及森林边缘阳光充足的地方。

◎主要用途

根状茎可提取淀粉；嫩叶可作蔬菜；全草可入药。

井栏边草

◆ 学名：*Pteris multifida* Poir.
◆ 科属：凤尾蕨科凤尾蕨属

◎别　　名

凤尾草、井口边草、山鸡尾、井茜。

◎主要特征

多年生草本，植株高可达45cm。根状茎短而直立，先端被黑褐色鳞片。叶多数，密而簇生，叶片卵状长圆形，一回羽状，羽片通常对生，无柄，线状披针形，先端渐尖，有时近羽状，能育叶有较长的柄，羽片狭线形，叶轴禾秆色，稍有光泽。

◎分布与生境

分布于河北、山东、河南、山西、陕西、四川、贵州、广西、广东、福建等地；历山见于后河、红岩河、钥匙沟等地；多生于海拔1000m以下的墙壁上、井边、石灰岩缝隙及灌丛下。

◎主要用途

全草可入药。

华北薄鳞蕨

◆ 学名：*Leptolepidium kuhnii* (Milde.) Hsing et S. K. Wu
◆ 科属：中国蕨科薄鳞蕨属

◎别　　名

华北粉背蕨、华北银粉背蕨、宽叶薄鳞蕨、白粉蕨、小蕨鸡。

◎主要特征

多年生草本，植株高可达40cm。根状茎直立，鳞片阔披针形，红棕色，边缘具锯齿。叶簇生，柄粗壮，栗红色，鳞片阔披针形；叶片长圆状披针形，羽片近对生，无柄或有极短的柄，小羽片卵状长圆形，先端渐尖，羽状深裂；裂片彼此以狭缺刻分开，叶暗绿色或褐色，两面不被鳞片及毛，下面疏被灰白色粉末，叶脉羽状，两面不显。孢子囊群圆形，成熟时汇合成线形；囊群盖草质，幼时褐绿色，边缘波状。

◎分布与生境

分布于辽宁、山西、河北、云南等地；历山见于青皮掌、皇姑曼、混沟、舜王坪等地；多生于海拔2700~3500m的林下或路边岩石上。

◎主要用途

根状茎可入药。

银粉背蕨

◆ 学名：*Aleuritopteris argentea* (Gmél.) Fée
◆ 科属：中国蕨科粉背蕨属

◎别　　名

通经草、金丝草、铜丝草、金牛草、铜丝茶。

◎主要特征

多年生草本，植株高15~30cm。根状茎直立或斜升（偶有沿石缝横走）先端被披针形。叶簇生；叶柄长10~20cm，粗约7mm；叶片五角形，长宽几相等，5~7cm，先端渐尖；裂片三角形或镰刀形，基部一对较短，羽轴上侧小羽片较短；裂片三角形或镰刀形，以圆缺刻分开。叶干后草质或薄革质。孢子囊群较多；囊群盖连续，狭，膜质，黄绿色，全缘，孢子极面观为钝三角形，周壁表面具颗粒状纹饰。

◎分布与生境

全国广布；历山全境可见；多生于海拔1400~3900m的灌丛间、岩石缝中及路边墙缝隙中。

◎主要用途

全草可入药；可栽培供观赏。

陕西粉背蕨

◆ 学名：*Aleuritopteris argentea* var. *obscura* (Christ) Ching
◆ 科属：中国蕨科粉背蕨属

◎别　　名

无银粉背蕨。

◎主要特征

与银粉背蕨*Aleuritopteris argentea* (Gmél.) Fée极为相似，区别在于其叶背面淡绿色，不具白色粉。

◎分布与生境

全国广布；历山全境可见；多生于石缝中。

◎主要用途

全株可入药。

团羽铁线蕨

◆ 学名：*Adiantum capillus-junonis* Rupr.
◆ 科属：铁线蕨科铁线蕨属

◎别　　名

翅柄铁线蕨、猪鬃草、猪鬃七、乌脚芒、岩浮萍。

◎主要特征

陆生中小形蕨类，体形变异很大。植株高可达15cm。根状茎短而直立，被褐色披针形鳞片。叶簇生；柄长纤细，深栗色，有光泽，基部被同样的鳞片，叶片披针形，奇数一回羽状；羽片下部的叶对生，上部叶近对生，具明显的柄，柄端具关节，两对羽片彼此疏离，能育羽片浅缺刻，不育部分具细齿牙；叶脉多回二歧分叉，孢子囊群盖长圆形或肾形，纸质，棕色，宿存。

◎分布与生境

分布于台湾、河南、河北、山西等地；历山见于钥匙沟、红岩河、云蒙等地；多群生于海拔300~2500m的湿润石灰岩脚、阴湿墙壁基部石缝中或荫蔽湿润的白垩土上。

◎主要用途

石灰岩指示植物；根茎可入药；可作观赏植物。

铁线蕨

◆ 学名：*Adiantum capillus-veneris* L.
◆ 科属：铁线蕨科铁线蕨属

◎别　　名

铁丝草、少女的发丝、铁线草、水猪毛土。

◎主要特征

陆生中小形蕨类，根状茎细长横走，密被棕色披针形鳞片。柄长纤细，栗黑色，有光泽，叶片卵状三角形，尖头，基部楔形，羽片互生，斜向上，长圆状卵形，圆钝头，能育裂片先端截形、直或略下陷，孢子囊群横生于能育的末回小羽片的上缘；囊群盖长形、长肾形或圆肾形，淡黄绿色。

◎分布与生境

全国广布；历山见于云蒙、红岩河等地；多生于流水溪旁石灰岩上、石灰岩洞底及滴水岩壁上。

◎主要用途

钙土指示植物；可供观赏。

陕西蛾眉蕨

◆ **学名：*Deparia giraldii* (Chrish) X. C. Zhang**
◆ **科属：蹄盖蕨科蛾眉蕨属**

◎别　　名

蛾眉蕨。

◎主要特征

多年生草本。根状茎直立或斜升。先端连同叶柄基部被有深褐色、膜质、卵状披针形鳞片。叶簇生；叶柄禾秆色，叶片长圆状披针形或卵状披针形，一回羽状，羽片深羽裂；孢子囊群长圆形至长新月形，每裂片2~6对；囊群盖同形，浅褐色，边缘啮蚀状或稍呈睫毛状，背上下半部往往被有短腺毛，宿存。

◎分布与生境

分布于山西、陕西、河南、河北等地；历山见于青皮掌、混沟、下川；多生于海拔960~2900m的山谷林下。

◎主要用途

不详。

冷蕨

◆ **学名：*Cystoperis fragilis* (L.) Bernh.**
◆ **科属：蹄盖蕨科冷蕨属**

◎别　　名

驱虫草。

◎主要特征

多年生草本，植株高达30cm。根茎短而直立。叶簇生；叶柄禾秆色，基部被褐棕色、卵圆形鳞片；叶片线形，先端渐尖，基部稍缩短，二回羽状分裂；羽片25~30对，稍散生，近于无柄，狭卵状菱形，羽状深裂，基部多少呈耳状，叶下面灰绿色，叶轴及叶背均疏被鳞毛。孢子囊群圆形，褐色，背生于小脉中间，每裂片有2~4个；囊群盖中央下陷。

◎分布与生境

分布于山西、陕西、甘肃、四川、云南等地；历山见于舜王坪、混沟；多生于高山林下湿石上。

◎主要用途

根状茎可入药。

大叶假冷蕨

◆ 学名：***Pseudocystopteris atkinsoni*** **(Bedd.) Ching**
◆ 科属：**蹄盖蕨科假冷蕨属**

◎别　　名

尖齿蹄盖蕨。

◎主要特征

多年生草本。根状茎长而横走，直径约2.5mm，黑褐色，疏被阔卵形膜质鳞片。叶远生，叶脉两面可见，孢子囊群圆形，生于小脉背上。囊群盖近圆肾形，膜质，浅褐色。孢子具薄而透明的周壁，表面具较多的褶皱。

◎分布与生境

分布于东北、河南、山西、陕西等地；历山见于舜王坪南天门、卧牛场等地；多生于针叶林、棍交林下、灌丛及竹丛中阴湿处。

◎主要用途

根状茎可入药。

华东蹄盖蕨

◆ 学名：***Athyrium nipponiucum*** **(Mett.) Hance**
◆ 科属：**蹄盖蕨科蹄盖蕨属**

◎别　　名

日本蹄盖蕨、牛心贯众。

◎主要特征

多年生草本，植株高35~70cm。根状茎横卧或顶部斜升，顶端连同叶柄基部被鳞片，鳞片淡褐色至红棕色，膜质，披针形，全缘。叶近生或近簇生，具柄，新鲜时连同叶轴带紫色，疏生小鳞片；叶片草质，卵形、长圆状卵形或卵状长圆形。孢子囊群长圆形、短线形或弯钩形，沿小脉中下部上侧着生，囊群盖同形，膜质，边缘啮蚀状；孢子具周壁。

◎分布与生境

分布于我国东北、华北、西北、华中、华东及西南各地；历山见于混沟、青皮掌、皇姑曼等地；多生于海拔200~600m的低山丘陵区林下或林缘湿地。

◎主要用途

叶可入药；栽培可供观赏。

华北蹄盖蕨

◆ 学名：***Athyrium pachyphlebium*** **Christ**
◆ 科属：**蹄盖蕨科蹄盖蕨属**

◎别　　名

河北蹄盖蕨、日本蹄盖蕨。

◎主要特征

中型草本。根状茎短，罕细长而横走；株高可达100cm。三回羽状复叶，绿色或带玫瑰紫色，根状茎横卧，斜升，狭披针形的鳞片；叶簇生。叶柄黑褐色，向上禾秆色，疏被较小的鳞片；叶片卵状长圆形。孢子囊群长圆形、弯钩形或马蹄形，囊群盖同形，褐色，膜质。

◎分布与生境

北方各地均有分布；历山全境均有分布；多生于林缘及沟谷土层稍厚之处。

◎主要用途

栽培可供观赏。

麦秆蹄盖蕨

◆ 学名：***Athyrium fallaciosum*** **Milde**
◆ 科属：**蹄盖蕨科蹄盖蕨属**

◎别　　名

小叶蹄盖蕨。

◎主要特征

多年生草本。根状茎横卧，先端斜升，密被深褐色、钻状披针形的鳞片；叶簇生。叶片近倒披针形，渐尖头；羽片（裂片）20~24对，下部6~7对逐渐缩小成三角形的小耳片；叶干后草质，绿色或褐绿色，光滑；叶轴禾秆色，偶被褐色披针形的鳞片。孢子囊群大，多为圆肾形或马蹄形，每裂片2~3对；囊群盖大，同形，膜质，灰白色，边缘具睫毛或啮蚀状，宿存。

◎分布与生境

分布于黑龙江、吉林、辽宁、内蒙古、山西、北京等地；历山见于青皮掌、李家河、混沟等地；多生长于海拔1200~2200m的山谷林下及阴湿岩石缝中。

◎主要用途

栽培供观赏。

铁角蕨

◆ 学名：*Asplenium trichomanes* L.
◆ 科属：铁角蕨科铁角蕨属

◎别　　名

石林珠、蕨蕨滕。

◎主要特征

小型草本蕨类，植株高可达30cm。根状茎短而直立，鳞片线状披针形，厚膜质，黑色，有光泽，略带虹色，叶多数，密集簇生；叶柄栗褐色，有光泽，两边有棕色的膜质全缘狭翅，叶片长线形，一回羽状；羽片基部的对生，近无柄，椭圆形或卵形，圆头，有钝齿牙，叶脉羽状，纤细，两面均不明显，孢子囊群阔线形，黄棕色，囊群盖阔线形，灰白色。

◎分布与生境

分布于山西、陕西、甘肃、新疆、江苏、安徽、浙江、江西等地；历山见于混沟、李家河、云蒙等地；多生于海拔400~3400m林下山谷中的岩石及石缝中。

◎主要用途

全草可入药。

卵叶铁角蕨

◆ 学名：*Asplenium rutamuraria* L.
◆ 科属：铁角蕨科铁角蕨属

◎别　　名

银杏叶铁角蕨。

◎主要特征

多年生草本，植株高3~10cm。根状茎横走，先端斜上并密被鳞片；鳞片线形，薄膜质，黑褐色，有光泽，全缘。叶密集簇生；叶柄禾秆色或灰绿色，基部为栗色并疏被褐色纤维状小鳞片，向上光滑，干后压扁；叶片卵形。孢子囊群线形，深棕色，每羽片（小羽片）有5~12枚，扇形排列，不整齐，成熟后满布羽片（小羽片）下面；囊群盖线形，灰白色，后变淡棕色，薄膜质，全缘，开向主脉，也有开向叶边，最后散落。

◎分布与生境

分布于山西、陕西、新疆、四川等地；历山见于西峡；多生于岩石或墙壁上。

◎主要用途

可供观赏。

虎尾铁角蕨

◆ 学名：*Asplenium incisum* Thunb.
◆ 科属：铁角蕨科铁角蕨属

◎别　　名

地柏枝、野柏树、铁脚洞里仙、丹雪凤尾、伤寒草、止血草、止血丹、石蜈蚣、小雉鸡尾、墙锦、万年柏、洞里仙。

◎主要特征

多年生草本，植株高10~30cm。根状茎短而直立或多少倾斜，顶端连同叶柄基部密被鳞片，鳞片披针形，栗黑色，边缘具齿突或近全缘。叶簇生，具柄，柄幼时淡绿色，后变亮栗色或栗褐色，有纤维状小鳞片，后脱落，叶片线状披针形或广披针形；孢子囊群生于小脉中部，靠近主脉，成熟后布满叶背面；囊群盖线形至长圆形，灰白色，膜质，全缘。

◎分布与生境

分布于山西、河北、山东、江苏、安徽、浙江、江西、福建、四川、湖南等地；历山见于李家河、猪尾沟、西峡；多生于林下湿岩石上。

◎主要用途

全草可入药。

钝齿铁角蕨

◆ 学名：*Asplenium subvarians* Ching
◆ 科属：铁角蕨科铁角蕨属

◎别　　名

钝尖铁角蕨、小铁角蕨。

◎主要特征

多年生草本，植株较小，通常高4~10cm。根状茎短而斜升。叶近生或簇生，具柄。孢子囊群椭圆形，长1~2mm，生于小脉中部，斜向上，每小羽片有1枚（基部小羽片有2~3枚）；囊群盖同形，灰棕色，膜质，全缘，大都开向羽轴或主脉，少数开向叶边，宿存。

◎分布与生境

主要分布于黑龙江、吉林、辽宁、内蒙古、河北、山西等地；历山见于皇姑曼、钥匙沟等地；多生于林下阴处岩石上，海拔950~2880m。

◎主要用途

栽培供观赏。

变异铁角蕨

◆ **学名：*Asplenium varians* Wall. ex Hook. et. Grev.**
◆ **科属：铁角蕨科铁角蕨属**

◎别　　名

小铁角蕨。

◎主要特征

与钝齿铁角蕨*Asplenium subvarians* Ching类似，但本种植株较为粗壮，叶子裂片前端较为尖锐，可以区别。

◎分布与生境

分布于山西、陕西、四川等地；历山见于钥匙沟附近；多生于海拔650~3500m的杂木林下潮湿岩石上或岩壁上。

◎主要用途

可用于观赏。

北京铁角蕨

◆ **学名：*Asplenium pekinense* Hance**
◆ **科属：铁角蕨科铁角蕨属**

◎主要特征

多年生草本，植株高8~20cm。根状茎短而直立，先端密被鳞片；鳞片披针形，膜质，黑褐色，略有虹色光泽，全缘或略呈微波状。叶簇生；叶柄淡绿色，下部疏被与根状茎上同样的鳞片，向上疏被黑褐色的纤维状小鳞片；叶片披针形。孢子囊群近椭圆形，长1~2mm，斜向上，每小羽片有1~2枚（基部一对小羽片有2~4枚），位于小羽片中部，排列不甚整齐，成熟后为深棕色，往往满铺于小羽片下面；囊群盖同形，灰白色，膜质，全缘，开向羽轴或主脉，宿存。

◎分布与生境

分布于内蒙古、北京、河北、山西、陕西等地；历山全境均可见；多生于海拔380~3900m的岩石上或石缝中。

◎主要用途

可用于观赏。

华中铁角蕨

◆ 学名：*Asplenium sarelii* Hook.
◆ 科属：铁角蕨科铁角蕨属

◎主要特征

本种与北京铁角蕨*Asplenium pekinense* Hance类似，但叶片较宽，前端裂片较宽且钝，可以区别。

◎分布与生境

分布四川、湖北、湖南、贵州、江西、江苏、浙江、福建、山西等地；历山全境均可见；多生于海拔300~2800m的山沟中石灰岩上、潮湿岩壁上或石缝中。

◎主要用途

可用于观赏。

中华荚果蕨

◆ 学名：*Matteuccia intermedia* Christ
◆ 科属：球子蕨科荚果蕨属

◎别　　名

黄瓜菜、广东菜、野鸡膀子、贯众。

◎主要特征

多年生草本，植株高达1m。根状茎短而直立，黑褐色，木质，坚硬，先端密被鳞片；鳞片阔披针形，长达1.5cm，宽约4mm，先端渐尖，全缘，厚膜质，褐棕色，有时中部颜色较深。叶多数簇生；孢子叶一回羽状，羽片多数，斜展，彼此接近，线形，略呈镰刀状，通常长3.5~6cm，宽2~3mm，两侧强度反卷成荚果状，深紫色，平直，由羽轴伸出的侧脉2~3叉，在羽轴与叶边之间形成囊托，孢子囊群圆形，着生于囊托上，成熟时汇合成线形，无囊群盖，为变质的叶缘所包被。

◎分布与生境

分布于河北、山西、陕西、四川等地；历山见于混沟、舜王坪等地；多生于海拔1500~3200m的山谷林下。

◎主要用途

根茎和叶柄基部可入药；嫩叶可作野菜。

膀胱蕨

◆ 学名：*Protowoodsia manchuriensis* (Hook.) Ching
◆ 科属：岩蕨科膀胱蕨属

◎别　　名

泡囊蕨、东北岩蕨、膀胱岩蕨。

◎主要特征

多年生草本，植株高（8~）15~20cm。根状茎短而直立，先端密被鳞片；鳞片卵状披针形或披针形，棕色。叶多数簇生；叶片披针形或线状披针形，二回羽状深裂；羽片（12~）16~20对，互生或下部的对生，斜展，偶有平展，下部羽片远离。叶草质，干后草绿色，叶轴或有时叶两面疏被短腺毛。孢子囊群圆形，由6~8个孢子囊组成，位于小脉的中部或近顶部，每裂片有1~3枚；囊群盖大，球圆形，黄白色，薄膜质，从顶部开口。

◎分布与生境

分布于东北、河北、山西等地；历山见于青皮掌附近；多生于海拔830~4000m的林下石上。

◎主要用途

全草入药；栽培供观赏。

耳羽岩蕨

◆ 学名：*Woodsia polystichoides* Eaton
◆ 科属：岩蕨科岩蕨属

◎别　　名

蜈蚣旗、岩蕨。

◎主要特征

多年生草本，植株高15~30cm。根状茎短而直立，先端密被鳞片；鳞片披针形或卵状披针形，长约4mm，先端渐尖，棕色，膜质，全缘。叶簇生；叶片线状披针形或狭披针形，渐尖头，向基部渐变狭，一回羽状，羽片16~30对，近对生或互生，平展或偶有略斜展，下部3~4对缩小并略向下反折，以阔间隔彼此分开，基部一对呈三角形，中部羽片较大，疏离，椭圆披针形或线状披针形，略呈镰状。孢子囊群圆形，着生于2叉小脉的上侧分枝顶端，每裂片有1枚（羽片基部上侧的耳形凸起有3~6枚），靠近叶边；囊群盖杯形，边缘浅裂并有睫毛。

◎分布与生境

广泛分布于东北、华北、西北、西南（四川）、华中及华东（福建除外）地区；历山全境均可见；多生于海拔250~2700m的林下石上及山谷石缝间。

◎主要用途

栽培供观赏；根状茎入药。

中岩蕨

◆ 学名：*Woodsia intermedia* Tagawa
◆ 科属：岩蕨科岩蕨属

◎别　　名

东亚岩蕨。

◎主要特征

石生，小型草本。植株高10~25cm。根状茎短而直立或斜升，与叶柄基部均密被鳞片；鳞片披针形至卵状披针形。叶多数簇生；羽片14~20对，对生或中部以上的互生，平展，疏离。叶脉不明显，小脉斜向上，2~3叉，先端有棒状水囊，不达叶边。叶近纸质，干后草绿色或上面灰绿色，两面均被密毛。孢子囊群圆形，位于小脉的顶端，靠近叶缘，沿叶缘排列成行；囊群盖杯形，边缘具睫毛或呈毛发状。

◎分布与生境

分布于东北、河北、北京、山西等地；历山见于舜王坪、皇姑曼；多生于海拔550~1760m的河谷或林下石缝中。

◎主要用途

可栽培供观赏；根状茎可入药。

贯众

◆ 学名：*Cyrtomium fortunei* J. Sm.
◆ 科属：鳞毛蕨科贯众属

◎别　　名

鸡膀子、贯节、虎卷、药藻、凤尾草。

◎主要特征

多年生草本，植株高25~50cm。叶簇生，禾秆色，叶片矩圆披针形，先端钝。叶纸质，两面光滑；叶轴腹面有浅纵沟，疏生披针形及线形棕色鳞片。孢子囊群遍布羽片背面；囊群盖圆形，盾状，全缘。

◎分布与生境

分布于河北、山西、陕西、甘肃等地；历山见于红岩河林下；多生于林下。

◎主要用途

根状茎和叶柄基部可入药；栽培供观赏。

鞭叶耳蕨

◆ **学名：*Polystichum craspedosorum* (Maxim.) Diels**
◆ **科属：鳞毛蕨科耳蕨属**

◎别　　名

华北耳蕨。

◎主要特征

陆生蕨类植物。根状茎短，直立，植株高可达20cm。根茎密生披针形棕色鳞片。叶簇生，禾秆色，腹面有纵沟，密生披针形棕色鳞片，鳞片边缘有齿，叶片线状披针形或狭倒披针形，先端渐狭，基部略狭，一回羽状；羽片下部的叶对生，向上为互生，柄极短，矩圆形或狭矩圆形，侧脉单一，腹面不明显，叶纸质，鳞片下部边缘为卷曲的纤毛状；叶轴腹面有纵沟，孢子囊群通常位于羽片上侧，圆形，全缘，盾状。

◎分布与生境

分布于黑龙江、吉林、辽宁、河北、山西、陕西、甘肃、宁夏、山东、浙江、河南等地；历山见于钥匙沟、云蒙等地；多生于海拔2300m以下的阴面干燥的石灰岩上。

◎主要用途

喜湿耐荫，叶先端下垂，适于室内盆栽，供壁挂或空悬。

黑鳞耳蕨

◆ **学名：*Polystichum braunii* Tagawa**
◆ **科属：鳞毛蕨科耳蕨属**

◎主要特征

多年生草本，植株高40~60cm。根状茎短而直立或斜升，密生线形棕色鳞片。叶簇生；叶柄黄棕色，腹面有纵沟，密生线形或披针形较大鳞片，二色，中间黑棕色，有光泽；叶片三角状卵形或三角状披针形。孢子囊群每小羽片5~6对，主脉两侧各1行，靠近主脉，生于小脉末端；囊群盖圆形，盾状，边缘浅齿裂。

◎分布与生境

分布于山西、河北、陕西南部、甘肃南部、江苏等地；历山见于云蒙、红岩河等地；多生于海拔600~2500m的林下湿地、岩石、山坡及沟边上。

◎主要用途

叶可入药。

半岛鳞毛蕨

◆ **学名：*Dryopteris peninsulae* Kitag.**
◆ **科属：鳞毛蕨科鳞毛蕨属**

◎别　　名

小贯众。

◎主要特征

多年生草本，植株高50余厘米。根状茎粗短，近直立。叶簇生；叶柄长达24cm；叶片厚纸质，长圆形或狭卵状长圆形；羽片12~20对；小羽片或裂片达15对。孢子囊群圆形，较大；囊群盖圆肾形至马蹄形；孢子近椭圆形，外壁具瘤状凸起。

◎分布与生境

分布于辽宁、甘肃、山西、陕西、山东、江西、河南、湖北、四川、贵州和云南东北部；历山见于混沟、青皮掌；多生于海拔1000~1300m的阴湿地杂草丛中。

◎主要用途

可栽培供观赏；根茎可入药。

绵马鳞毛蕨

◆ **学名：*Dryopteris crassirhizoma* Nakai**
◆ **科属：鳞毛蕨科鳞毛蕨属**

◎别　　名

粗茎鳞毛蕨。

◎主要特征

多年生草本，植株高可达1m。根状茎粗大，叶簇生；叶柄连同根状茎密生鳞片膜质或厚膜质，淡褐色至栗棕色，具光泽，叶片卵状披针形或狭披针形，边缘疏生刺突，叶轴上的鳞片明显扭卷，线形至披针形，红棕色；叶柄深麦秆色，显著短于叶片；二回羽状深裂；羽片无柄，线状披针形，下部羽片明显缩短，中部稍上羽片最大，羽状深裂；裂片密接，长圆形，叶脉羽状，侧脉分叉，叶厚草质至纸质，背面淡绿色，孢子囊群圆形，孢子具周壁。

◎分布与生境

分布于东北、华北各地；历山见于云蒙、红岩河、下川等地；多生于山地林下。

◎主要用途

可栽培供观赏；根茎可入药。

两色鳞毛蕨

◆ 学名：*Dryopteris setosa* (Thunb.) Akasawa
◆ 科属：鳞毛蕨科鳞毛蕨属

◎别　　名

两色耳蕨。

◎主要特征

多年生草本，植株高40~60cm。根茎粗短，直立或斜升，密被黑色或黑褐色窄披针形鳞片。叶簇生；叶柄基部以上达叶轴密被褐棕色卵状披针形毛状鳞片；叶片卵形或披针形，三回羽状，羽片10~15对，互生，具短柄，羽裂渐尖头；孢子囊群大，靠近小羽片中脉或末回裂片中脉着生；囊群盖大，棕色，圆肾形，边缘全缘或有短睫毛。

◎分布与生境

分布于山东、山西、河南、陕西、甘肃、江苏、安徽、浙江、福建、江西等地；历山见于猪尾沟、下川等地；多生于海拔达850m的林下沟边。

◎主要用途

根茎可入药。

华北鳞毛蕨

◆ 学名：*Dryopteris laeta* (Kom.) Christ
◆ 科属：鳞毛蕨科鳞毛蕨属

◎主要特征

多年生草本，植株高50~90cm。根状茎状粗壮，横卧。叶近生；叶柄长25~50cm，淡褐色，有纵沟，具淡褐色、膜质、边缘微具齿的鳞片，叶片卵状长圆形、长圆状卵形或三角状广卵形，长25~50cm，宽15~40cm，三回羽状深裂；羽片互生，具短柄，披针形或长圆状披针形，长渐尖头；叶片草质至薄纸质，羽轴及小羽轴背面生有毛状鳞片。孢子囊群近圆形，通常沿小羽片中肋排成2行；囊群盖圆肾形，膜质，边缘啮蚀状。

◎分布与生境

分布于东北、华北及西北；历山见于下川、西峡、猪尾沟等地；多生长于阔叶林下及灌丛中。

◎主要用途

根茎可入药。

腺毛鳞毛蕨

◆ **学名：*Dryopteris sericea* C. Chr**
◆ **科属：鳞毛蕨科鳞毛蕨属**

◎主要特征

多年生草本，高20~40（~50）cm。根状茎斜升，被棕色、披针形鳞片。叶簇生；柄禾秆色，连同叶轴密被腺毛，并疏生褐色披针形鳞片；叶片卵状长圆形，二回羽状；羽片8~11对，互生。孢子囊群生于侧脉顶端，每小羽片3~6对，靠近叶边；囊群盖圆肾形，棕色，纸质，上面有腺毛。

◎分布与生境

分布于山西、甘肃、陕西、湖北等地；历山见于云蒙附近；多生于海拔700~1600m的林下岩石上。

◎主要用途

栽培供观赏。

肾蕨

◆ **学名：*Nephrolepis auriculata* (L.) Trimen**
◆ **科属：肾蕨科肾蕨属**

◎别　　名

圆羊齿、篦子草、凤凰蛋、蜈蚣草、石黄皮。

◎主要特征

多年生草本，附生或土生。根状茎直立，被蓬松的淡棕色长钻形鳞片，下部有粗铁丝状的匍匐茎向四方横展，匍匐茎棕褐色，不分枝，疏被鳞片，有纤细的褐棕色须。叶簇生，暗褐色，略有光泽，叶片线状披针形或狭披针形，一回羽状，羽状多数，互生，常密集而呈覆瓦状排列，披针形，叶缘有疏浅的钝锯齿。叶脉明显，侧脉纤细，自主脉向上斜出，在下部分叉。叶坚草质或草质，干后棕绿色或褐棕色，光滑。孢子囊群呈1行位于主脉两侧，肾形，生于每组侧脉的上侧小脉顶端，位于从叶边至主脉的1/3处；囊群盖肾形，褐棕色，边缘色较淡，无毛。

◎分布与生境

分布于山西、浙江、福建、台湾、湖南南部、广东、海南等地；历山见于云蒙附近；多地生和附生于溪边林下的石缝中和树干上。

◎主要用途

可栽培供观赏；根茎可入药或食用。

中华水龙骨

◆ 学名：*Polypodiodes pseudoamoena* (Ching) Ching
◆ 科属：水龙骨科水龙骨属

◎别　　名

假水龙骨、鸡爪七。

◎主要特征

多年生草本，植株高25~70cm。根茎长而横生，密被褐色、卵状披针形鳞片，长渐尖，筛孔粗而透明。叶疏生；叶柄以关节着生于根状茎，关节处披鳞片，向上光滑，上面有一纵沟；叶片草质，长圆形或阔披针形，先端尾状，向下不缩狭，羽状深裂几达叶轴；裂片11~26对，近对生，线状披针形，先端渐尖头，边缘有锯齿；叶脉明显，沿中脉两侧各有1行网眼，有内藏小脉1条；叶上面光滑，下面沿中脉和叶轴疏生小鳞片。孢子囊群小，圆形，着生于内藏小脉顶端，常稍陷于叶肉中。

◎分布与生境

分布于河北、山西、陕西、宁夏、甘肃、安徽、河南、湖北、四川等地；历山见于青皮掌、李家河、下川等地；多生于海拔1000m左右的林下岩石上或山谷潮湿的石缝中。

◎主要用途

根茎可入药。

网眼瓦韦

◆ 学名：*Lepisorus clathratus* (Clarke) Ching
◆ 科属：水龙骨科瓦韦属

◎主要特征

多年生草本，植株高5~10cm。根状茎细长横走，密被鳞片；鳞片披针形，基部卵形，短渐尖头，基部网眼近短方形，等直径，向上的近长方形，边缘有短齿牙，近褐棕色。叶远生或略近生；叶柄纤细，禾秆色；叶片披针形，向两端渐狭，渐尖头，基部楔形，略下延，边缘平直，干后两面为淡绿色或棕绿色，草质或近膜质。主脉上下微隆起，小脉上下均可见。孢子囊群近圆形，位于主脉与叶边之间，彼此相距下远上近，幼时被鳞片状的隔丝覆盖。

◎分布与生境

分布于河北、山西、四川等地；历山见于混沟；多生于海拔2000~4300m的常绿阔叶林中树干上、山坡岩石缝和河流石滩上。

◎主要用途

全草可入药。

大瓦韦

◆ **学名：*Lepisorus macrosphaerus* (Bak.) Ching**
◆ **科属：水龙骨科瓦韦属**

◎别　　名

金星凤尾草、凤尾金星、岩巫散、观音旗、黄瓦韦。

◎主要特征

多年生草本，植株高25~65cm。根茎横生，密被卵形鳞片，钝头，全缘。叶远生；叶柄长5~15cm，以关节着生于根状茎；叶片革质，披针形，渐尖头，向基部渐变狭，楔形下延，有软骨质的狭边，干后反卷；叶脉较明显，侧脉隆起，网眼内藏小脉通常分枝；叶片背面疏生鳞片；孢子囊群大，椭圆形，通常近叶边着生，在两侧时边各成1行，幼时有盾状隔丝覆盖。

◎分布与生境

分布于西南及山西、陕西、甘肃、宁夏、浙江、江西、湖南、广西等地；历山见于混沟；多附生于海拔800~2300m的山地树干和石上。

◎主要用途

全草可入药。

有边瓦韦

◆ **学名：*Lepisorus marginatus* Ching**
◆ **科属：水龙骨科瓦韦属**

◎主要特征

多年生草本，植株高18~25cm。根状茎横走，褐色，密被棕色软毛和鳞片；鳞片近卵形，网眼细密透明，棕褐色，基部通常有软毛黏连，老时软毛易脱落。叶近生或远生；叶柄禾秆色，光滑；叶片披针形，叶边有软骨质的狭边，干后呈波状，多少反折，软革质，两面均为淡黄绿色，上面光滑，下面多少有卵形棕色小鳞片贴生。孢子囊群圆形或椭圆形，着生于主脉与叶边之间，彼此远离，在叶片下面高高隆起，在上面呈穴状凹陷，幼时被棕色圆形的隔丝覆盖。

◎分布与生境

分布于湖北、河北、山西、陕西等地；历山见于云蒙、红岩河等地；多附生于海拔920~3000m的林下树干或岩石上。

◎主要用途

全草可入药。

乌苏里瓦韦

◆ 学名：*Lepisorus ussuriensis* (Reg. et Maack) Ching
◆ 科属：水龙骨科瓦韦属

◎主要特征

多年生草本，附生蕨类植物。植株高可达15cm。根状茎细长横走，鳞片披针形，褐色，基部扩展近圆形，胞壁加厚，网眼大而透明，近等直径，网眼长方形，边缘有细齿。叶着生变化较大，叶柄禾秆色或淡棕色至褐色，光滑无毛；叶片线状披针形，向两端渐变狭，短渐尖头或圆钝头，主脉上下均隆起，小脉不显。孢子囊群圆形，位于主脉和叶边之间。

◎分布与生境

分布于安徽、河南、山东、山西、河北、北京、辽宁、吉林、黑龙江等地；历山见于李家河、下川、猪尾沟；多附生于海拔750~1700m的林下或山坡荫处岩石缝。

◎主要用途

全草可入药。

华北石韦

◆ 学名：*Pyrrosia davidii* (Bak.) Ching
◆ 科属：水龙骨科石韦属

◎别　　名

北京石韦、石韦。

◎主要特征

多年生草本，植株高5~10cm。根状茎略粗壮而横卧，密被披针形鳞片；鳞片长尾状渐尖头，幼时棕色，老时中部黑色，边缘具齿牙。叶密生，一型；叶柄基部着生处密被鳞片，向上被星状毛，禾秆色；叶片狭披针形，中部最宽，向两端渐狭，短渐尖头，顶端圆钝，基部楔形，两边狭翅沿叶柄长下延，全缘，干后软纸质，上面淡灰绿色，下面棕色，密被星状毛，主脉在下面不明显隆起，上面浅凹陷，侧脉与小脉均不显。孢子囊群布满叶片下表面，幼时被星状毛覆盖，棕色，成熟时孢子囊开裂而呈砖红色。

◎分布与生境

分布于河北、内蒙古、山西、陕西等地；历山见于青皮掌、皇姑曼、钥匙沟等地；多附生于海拔200~2500m的阴湿岩石上。

◎主要用途

全草可入药。

有柄石韦

◆ 学名：*Pyrrosia petiolsa* (Christ) Ching
◆ 科属：水龙骨科石韦属

◎别　　名

石韦、小石韦、长柄石韦、石茶。

◎主要特征

多年生草本，植株高5~15cm。根状茎细长横走，幼时密被披针形棕色鳞片；鳞片长尾状渐尖头。叶远生，一型；具长柄；叶片椭圆形，急尖短钝头，基部楔形。主脉下面稍隆起。孢子囊群布满叶片下面，成熟时扩散并汇合。

◎分布与生境

分布于东北、华北、西北、西南和长江中下游各地；历山见于东峡、青皮掌、西峡、下川等地；多附生于海拔250~2200m的干旱裸露岩石上。

◎主要用途

全草可入药。

陕西假瘤蕨

◆ 学名：*Phymatopsis shensiensis* (Christ) Ching
◆ 科属：水龙骨科假瘤蕨属

◎主要特征

多年生草本，附生或土生。根状茎细长而横走，粗1.5~2mm，密被鳞片；鳞片卵状披针形，棕色或基部黑色，顶端渐尖，边缘具稀疏的睫毛。叶远生；叶柄禾秆色或深禾秆色，纤细，光滑无毛；叶片羽状深裂，基部截形或心形；裂片2~5对，顶端钝圆或短渐尖，基部通常略收缩，边缘有浅齿。中脉和侧脉两面明显，小脉隐约可见。叶草质，灰绿色，两面光滑无毛。孢子囊群圆形，在裂片中脉两侧各一行，略靠近中脉着生。

◎分布与生境

主要分布于云南、四川、西藏、陕西、山西和河南等地；历山见于皇姑曼、青皮掌、下川等地；多附生于海拔1300~3600m的树干上、石上，或为土生。

◎主要用途

可供观赏。

中华槲蕨

◆ 学名：***Drynaria baronii*** **(Christ) Diels**
◆ 科属：**槲蕨科槲蕨属**

◎别　　名

骨碎补。

◎主要特征

多年生附生草本，植株高15~50cm。根茎横走，肉质。茎直而细长，分枝少。叶二型，孢子叶阔披针形，深羽裂几达叶轴，裂片条状披针形，先端钝尖，两面均被短毛，孢子囊群圆形，在主脉两侧各有1行，无囊群盖。营养叶稀少，长圆状披针形，羽状深裂，裂片互生，先端钝尖，背面无毛。

◎分布与生境

分布于山西、陕西、河南、甘肃、青海、四川、云南西北和西藏东部等地；历山见于混沟；多生于草坡、灌丛，或附生于石上及树干上。

◎主要用途

根茎可入药。

苹

◆ 学名：***Marsilea quadrifolia*** **L.**
◆ 科属：**苹科苹属**

◎主要特征

多年生草本。根状茎匍匐泥中，细长而柔软。不实叶具长柄，长7~20cm，叶柄顶端有小叶4片，十字形，对生，薄纸质；小叶倒三角形，先端浑圆，全缘，叶脉叉状，下面淡褐色，有腺状鳞片。孢子果斜卵形或圆形，被毛，于叶柄基部侧出，通常2或3个丛集，柄长1cm以下，基部多少毗连；果内有孢子囊群约15个，每个孢子囊群具有少数大孢子囊，其周围有数个小孢子囊。

◎分布与生境

分布于长江以南各地区，北达华北和辽宁，西到新疆；历山见于低山区池塘、静水中；多生长于水稻田及沟塘边。

◎主要用途

全草可入药。

2 裸子植物

青杄

◆ 学名：*Picea wilsonii* Mast.
◆ 科属：松科云杉属

◎别　　名

红毛杉、紫木树、华北云杉、细叶云杉、白扦云杉、方叶杉、细叶松、白扦松、黑扦松、刺儿松、青杆云杉、青扦云杉。

◎主要特征

乔木，高达50m，胸径达1.3m；树皮灰色或暗灰色，裂成不规则鳞状块片脱落；枝条近平展，树冠塔形；一年生枝淡黄绿色或淡黄灰色；冬芽卵圆形，无树脂。叶排列较密，在小枝上部向前伸展。球果卵状圆柱形或圆柱状长卵圆形，成熟前绿色，熟时黄褐色或淡褐色；苞鳞匙状矩圆形，先端钝圆，长约4mm；种子倒卵圆形。花期4月，球果10月成熟。

◎分布与生境

分布于河北、内蒙古、山西、甘肃等地；历山见于舜王坪、卧牛场等地；多生于高山地带。

◎主要用途

为观赏树种、木材树种。

华山松

◆ 学名：*Pinus armandi* Franch.
◆ 科属：松科松属

◎别　　名

白松、五须松、果松、青松、五叶松。

◎主要特征

常绿乔木，高达35m，胸径1m；树冠广圆锥形。小枝平滑无形毛，冬芽小，圆柱形，栗褐色。幼树树皮灰绿色，老则裂成方形厚块片固着树上。叶5针1束。质柔软，边有细锯齿，树脂道多为3，中生或背面2个边生，腹面1个中生，叶鞘早落。球果圆锥状长卵形，成熟时种鳞张开，种子脱落。种鳞与苞鳞完全分离，种鳞和苞鳞在幼时可区分开来，苞鳞在成熟过程中退化，最后所见到的为种鳞。种子无翅或近无翅。花期4—5月，球果翌年9—10月成熟。

◎分布与生境

分布于山西、陕西、甘肃等地；历山见于海拔1000m以上山地；多生于海拔1000m以上山地。

◎主要用途

可作建筑、家具及木纤维工业等用材；树干可割取树脂；树皮可提取栲胶；针叶可提炼芳香油；种子可食用也可榨油。

白皮松

◆ 学名：*Pinus bungeana* Zucc
◆ 科属：松科松属

◎别　　名

白骨松、三针松、白果松、虎皮松、蟠龙松。

◎主要特征

常绿乔木，高可达30m，胸径可达3m；有明显的主干，枝较细长，斜展，塔形或伞形树冠；冬芽红褐色，卵圆形，无树脂。叶背及腹面两侧均有气孔线，先端尖，边缘细锯齿；叶鞘脱落。雄球花卵圆形或椭圆形，球果通常单生，成熟前淡绿色，熟时淡黄褐色，种子灰褐色，近倒卵圆形，赤褐色。花期4—5月，果期翌年10—11月。

◎分布与生境

我国特有树种，分布于山西、河南西部、陕西秦岭、甘肃南部及天水麦积山、四川北部江油观雾山及湖北西部等地；历山各地均有分布；多生于海拔500~1800m地带。

◎主要用途

该种心材黄褐色，边材黄白色或黄褐色，质脆弱，纹理直，有光泽，花纹美丽，比重0.46，可作为房屋建筑、家具、文具等用材；种子可食；树姿优美，树皮白色或褐白相间，极为美观，为优良的庭园树种。

油松

◆ 学名：*Pinus tabulaeformis* Carr.
◆ 科属：松科松属

◎别　　名

短叶松、短叶马尾松、红皮松、东北黑松。

◎主要特征

常绿乔木，高达25m，胸径可达1m。树皮下部灰褐色，裂成不规则鳞块。大枝平展或斜向上，老树平顶；小枝粗壮，雄球花柱形，长1.2~1.8cm，聚生于新枝下部呈穗状；球果卵形或卵圆形，长4~7cm。种子长6~8mm，连翅长1.5~2.0cm，翅为种子的2~3倍长。花期5月，球果翌年10月上中旬成熟。

◎分布与生境

我国特有树种，分布于东北、中原、西北和西南等地；历山中低山常见；多生于海拔100~2600m地带，多组成单纯林。

◎主要用途

木材可用于制作建筑和家具；松针和树脂可供药用。

侧柏

◆ 学名：*Platycladus orientalis* (L.) Franco
◆ 科属：柏科侧柏属

◎别　　名

黄柏、香柏、扁柏、扁桧、香树、香柯树。

◎主要特征

常绿乔木。树冠广卵形，小枝扁平，排列成1个平面。叶小，鳞片状，紧贴小枝上，呈交叉对生排列，叶背中部具腺槽。雌雄同株，花单性。雄球花黄色，由交互对生的小孢子叶组成，每个小孢子叶生有3个花粉囊，珠鳞和苞鳞完全愈合。球果当年成熟，种鳞木质化，开裂，种子不具翅或有棱脊。花期3—4月，球果10月成熟。

◎分布与生境

我国特有树种，除青海、新疆外，全国均有分布；历山低山区常见；多生于低山阳坡及崖壁上。

◎主要用途

为阳坡造林树种，也是常见的庭园绿化树种；木材可作建筑和家具等用材；叶、枝、种子可入药。

南方红豆杉

◆ 学名：*Taxus wallichiana* var. *mairei* (Lemee & H. Léveillé) L. K. Fu & Nan Li
◆ 科属：红豆杉科红豆杉属

◎别　　名

红豆树、紫杉。

◎主要特征

常绿乔木，树皮淡灰色，纵裂成长条薄片；芽鳞顶端钝或稍尖，脱落或部分宿存于小枝基部。叶2列，近镰刀形，长1.5~4.5cm，背面中脉带上无乳头角质突起，有时有零星分布，或与气孔带邻近的中脉两边有1至数条乳头状角质突起，颜色与气孔带不同，淡绿色，边带宽而明显。种子倒卵圆形或柱状长卵形，长7~8mm，通常上部较宽，多生于红色肉质杯状假种皮中。雄花期4—6月，雌球果9月成熟。

◎分布与生境

主要分布于长江流域以南等地，分散分布；历山见于下川东峡；多生于海拔1000m或1500m以下的山谷、溪边及缓坡腐殖质丰富的酸性土壤中。

◎主要用途

种子可作药材；树皮含鞣酸，可提制栲胶。

草麻黄

◆ **学名：*Ephedra sinica* Stapf.**
◆ **科属：麻黄科麻黄属**

◎别　　名

华麻黄、麻黄。

◎主要特征

草本状灌木。木质茎短或呈匍匐状，小枝直伸或微曲，表面细纵槽纹常不明显。叶2裂，鞘占全长1/3~2/3，裂片锐三角形，先端急尖。雄球花多呈复穗状，常具总梗，苞片通常4对，雄蕊7~8，花丝合生，稀先端稍分离；雌球花单生，在幼枝上顶生，在老枝上腋生，常在成熟过程中基部有梗抽出，使雌球花呈侧枝顶生状，卵圆形或矩圆状卵圆形，苞片4对。雌球花成熟时肉质红色，矩圆状卵圆形或近于圆球形；种子通常2粒，包于苞片内，不露出或与苞片等长，黑红色或灰褐色，三角状卵圆形或宽卵圆形。花期5—6月，种子8—9月成熟。

◎分布与生境

分布于辽宁、吉林、内蒙古、河北、山西、河南西北部及陕西等地区；历山见于青皮掌附近干燥谷地；多生于山坡、平原、干燥荒地、河床及草原等处。

◎主要用途

全草可入药。

3 被子植物

华中五味子

◆ 学名：*Schisandra sphenanthera* Rehd. et Wils.
◆ 科属：五味子科五味子属

◎别　　名

五味子。

◎主要特征

落叶木质藤本，全株无毛。叶纸质，叶片倒卵形、宽倒卵形或倒卵状长椭圆形，有时圆形，很少椭圆形；叶柄红色。花生于近基部叶腋，花梗纤细，花被片橙黄色，具缘毛，背面有腺点。雄蕊群倒卵圆形，花托圆柱形；雌蕊群卵球形，聚合果浆红色，具短柄。花期4—7月，果期7—9月。

◎分布与生境

分布于山西、陕西、甘肃、山东、江苏、安徽、浙江、江西等地；历山见于云蒙、历山、混沟等地；多生于海拔600~3000m的湿润山坡边、山谷的两侧及灌木林林缘。

◎主要用途

果可供药用，为五味子代用品；种子榨油可制肥皂或作润滑油。

北五味子

◆ 学名：*Schisandra chinensis* (Turcz.) Baill.
◆ 科属：五味子科五味子属

◎别　　名

五味子。

◎主要特征

本种与华中五味子*Schisandra sphenanthera* Rehd. et Wils.类似，区别在于本种老枝皮不规则脱落。叶膜质，背面中脉及侧脉明显被毛。花梗长4~8mm。小浆果外果皮具不明显腺点，种子较大，淡褐色。种脐明显凹入，呈“U”字形。

◎分布与生境

分布于黑龙江、吉林、辽宁、内蒙古、河北、山西、宁夏、甘肃、山东等地；历山见于猪尾沟、混沟、舜王坪、云蒙等地；多生于海拔1200~1700m的沟谷、溪旁及山坡。

◎主要用途

果实可入药并可提取芳香油；种仁含有脂肪油，榨油可作工业原料、润滑油；茎皮纤维柔韧，可制绳索。

北马兜铃

◆ 学名：*Aristolochia contorta* Bunge
◆ 科属：马兜铃科马兜铃属

◎别　　名

天香藤、青木香。

◎主要特征

草质藤本，无毛。叶纸质，叶片卵状心形或三角状心形，全缘，两面均无毛；叶柄柔弱。总状花序花梗无毛，基部有小苞片；小苞片卵形，具长柄；花被基部膨大呈球形，绿色，舌片黄绿色，常具紫色纵脉和网纹，蒴果宽倒卵形或椭圆状倒卵形，果梗下垂，随果开裂。种子三角状心形，扁平，具小疣点。花期5—7月，果期8—10月。

◎分布与生境

分布于辽宁、吉林、黑龙江、内蒙古、河北、河南、山东、山西、陕西、甘肃和湖北等地；历山保护区全境均有分布；多生于海拔500~1200m的山坡灌丛、沟谷两旁以及林缘。

◎主要用途

根、茎和果实均可药用。

马兜铃

◆ 学名：***Aristolochia debilis*** **Sieb. et Zucc.**
◆ 科属：马兜铃科马兜铃属

◎别　　名

兜铃根、独行根、野木香。

◎主要特征

草质藤本。根圆柱形；茎柔弱，无毛。叶纸质，卵状三角形，长圆状卵形或戟形，基部心形。花单生或2朵聚生于叶腋；花被基部膨大呈球形，管口扩大呈漏斗状，黄绿色，口部有紫斑。蒴果近球形，顶端圆形而微凹。花期7—8月，果期9—10月。

◎分布与生境

秦岭以南广布；历山见于小云蒙附近；多生于山谷、沟边、路旁阴湿处及山坡灌丛中。

◎主要用途

根可入药。

北细辛

◆ 学名：***Asarum heterotropoides* Fr. Schmidt**
◆ 科属：**马兜铃科细辛属**

◎别　　名

辽细辛、库页细辛。

◎主要特征

多年生草本。根状茎横走。叶卵状心形或近肾形，基部心形，叶面在脉上有毛，有时被疏生短毛，叶背毛较密。花紫棕色，稀紫绿色。果半球状，长约10mm，直径约12mm。花期5月，果期6月。

◎分布与生境

分布于黑龙江、吉林、辽宁等地；历山见于下川、猪尾沟林下；多生于林下。

◎主要用途

全株可入药。

山胡椒

◆ 学名：***Lindera glauca* (Sieb. et Zucc.) Bl**
◆ 科属：**樟科山胡椒属**

◎别　　名

山花椒、山龙苍、雷公尖、野胡椒、香叶子、楂子红、臭樟子。

◎主要特征

落叶灌木或小乔木，高可达8m。树皮平滑，灰色或灰白色。冬芽长角锥形，芽鳞裸露部分红色，幼枝条白黄色。叶互生，叶片宽椭圆形、椭圆形或倒卵形至狭倒卵形，上面深绿色，下面淡绿色，叶枯后不落，翌年新叶发出时落下。伞形花序腋生，雄花花被片黄色，椭圆形，花丝无毛，退化雌蕊细小，椭圆形；雌花花被片黄色，椭圆或倒卵形，子房椭圆形，柱头盘状；花梗熟时黑褐色。花期3—4月，果期7—8月。

◎分布与生境

分布于甘肃、山西、江苏、安徽、浙江、江西、福建、台湾、广东等地；历山见于云蒙、西峡、历山、混沟等地；多生于海拔900m以下的山坡、林缘及路旁。

◎主要用途

木材可作家具；叶、果皮可提芳香油；种仁油含月桂酸，油可制作肥皂和润滑油；根、枝、叶、果可药用。

三桠乌药

◆ 学名：*Lindera obtusiloba* Bl. Mus. Bot.
◆ 科属：樟科山胡椒属

◎别　　名

甘橿、红叶甘橿、山姜、黄脉山胡椒。

◎主要特征

落叶乔木或灌木，高可达10m。树皮黑棕色，小枝黄绿色。叶互生，叶片近圆形至扁圆形，上面深绿，下面绿苍白色，有时带红色，三出脉，全缘或具3裂；叶柄被黄白色柔毛。花序在腋生混合芽，花丝无毛，退化雌蕊长椭圆形，无毛，花柱、柱头不分，雌花花被片6，长椭圆形，子房椭圆形，无毛，花柱短。果广椭圆形，成熟时红色，干时黑褐色。花期3—4月，果期8—9月。

◎分布与生境

分布于甘肃南部、浙江、江西、福建、湖南、湖北、四川、山西、西藏等地；历山见于云蒙、历山、下川、锯齿沟等地；多生于海拔20~3000m的山谷及密林灌丛中。

◎主要用途

种子含油达60%，可用于医药及轻工业原料；木材致密，可作细木工用材。

山橿

◆ 学名：*Lindera reflexa* Hemsl.
◆ 科属：樟科山胡椒属

◎别　　名

山苍子、山花椒。

◎主要特征

落叶灌木或小乔木。树皮棕褐色，幼枝条光滑黄绿色，冬芽长角锥状，芽鳞红色。叶互生，纸质，上面绿色，下面带绿苍白色，羽状脉。伞形花序着生于叶芽两侧各一，总苞片内有花。雄花花梗密被白色柔毛；花被片黄色椭圆形，花丝无毛；雌花花梗密被白柔毛；花被片宽矩圆形，花柱与子房等长，柱头盘状。果球形，果梗无皮孔。花期4月，果期8月。

◎分布与生境

分布于河南、山西、江苏、安徽、浙江、江西、湖南、湖北、贵州、云南等地；历山见于云蒙、李疙瘩、皇姑曼、混沟等地；多生于海拔1000m以下的山谷、山坡林下及灌丛中。

◎主要用途

根可药用。

木姜子

◆ **学名：*Litsea pungens* Hemsl.**
◆ **科属：樟科木姜子属**

◎别　　名

山胡椒、腊梅柴、滑叶树、山姜子。

◎主要特征

落叶小乔木，高可达10m。树皮灰白色。幼枝黄绿色，顶芽圆锥形，叶互生，常聚生于枝顶，披针形或倒卵状披针形，膜质，羽状脉，叶柄纤细。伞形花序腋生；每一花序有雄花8~12朵，先叶开放；花被裂片黄色，倒卵形，花丝仅基部有柔毛。果球形，成熟时蓝黑色。花期3—5月，果期7—9月。

◎分布与生境

分布于湖北、湖南、广东北部、广西、四川、贵州、云南、西藏、甘肃、山西、陕西、河南、山西南部等地；历山见于云蒙、混沟等地；多生于溪旁、山地阳坡杂木林中或林缘。

◎主要用途

果实可入药，并可提取芳香油。

银线草

◆ **学名：*Chloranthus japonicus* Sieb.**
◆ **科属：金粟兰科金粟兰属**

◎别　　名

四块瓦。

◎主要特征

多年生草本，高可达49cm。根状茎多节，横走；茎直立，单生或数个丛生，不分枝。叶对生，纸质，叶片宽椭圆形或倒卵形，边缘有齿牙状锐锯齿，齿尖有一腺体，穗状花序单一，顶生。花白色；子房卵形，无花柱。核果近球形或倒卵形，绿色。花期4—5月，果期5—7月。

◎分布与生境

分布于吉林、辽宁、河北、山西、山东、陕西、甘肃；历山见于下川、西峡、钥匙沟、青皮掌等地；多生于海拔500~2300m的山坡、山谷杂木林下荫湿处及沟边草丛中。

◎主要用途

全草可入药并可用于做农药；根状茎可提取芳香油。

菖蒲

◆ **学名：*Acorus calamus* L.**
◆ **科属：菖蒲科菖蒲属**

◎别　　名

泥菖蒲、野菖蒲、臭菖蒲、山菖蒲、白菖蒲、剑菖蒲、大菖蒲。

◎主要特征

多年生草本。根状茎粗壮。叶基生，剑形，中脉明显突出，基部叶鞘套折，有膜质边缘；叶状佛焰苞剑状线形。肉穗花序斜向上或近直立，狭锥状圆柱形。花黄绿色；子房长圆柱形。浆果长圆形，红色。花期（2—）6—9月。

◎分布与生境

全国广布；历山见于大河、后河水库、钥匙沟等地；多生于水边、沼泽湿地及湖泊浮岛上，也常有栽培种。

◎主要用途

可栽培供观赏；全株可提取芳香油，也可药用。

半夏

◆ **学名：*Pinellia ternata* (Thunb.) Breit.**
◆ **科属：天南星科半夏属**

◎别　　名

地文、守田、羊眼半夏、蝎子草、麻芋果、三步跳、和姑。

◎主要特征

多年生草本。地下块状茎球形或扁球形。一年生的叶为单叶，卵状心形；2~3年后，叶为3小叶的复叶，小叶椭圆形至披针形，中间小叶较大，两侧的较小。肉穗花序顶生，佛焰苞绿色；花单性，无花被；雄花着生在花序上部，白色，雄蕊密集成圆筒形，雌花着生于雄花的下部，绿色；花序中轴先端附属物延伸呈鼠尾状，伸出在佛焰苞外。浆果卵状椭圆形，绿色。花期5—7月，果期8—9月。

◎分布与生境

分布于东北、华北以及长江流域等地；历山全境可见；多生于潮湿肥沃的沙质土上，多见于房前屋后、山野溪边及林下。

◎主要用途

块茎可入药。

虎掌

◆ **学名：*Pinellia pedatisecta* Schott**
◆ **科属：天南星科半夏属**

◎别　　名

虎掌半夏。

◎主要特征

多年生草本。块茎近圆球形，直径可达4cm，根肉质。叶柄淡绿色，下部具鞘；叶片鸟足状分裂，裂片披针形，渐尖，网脉不明显。花序柄长直立；佛焰苞淡绿色，管部长圆形，肉穗花序，附属器黄绿色，细线形，浆果卵圆形。花期6—7月，果期9—11月。

◎分布与生境

分布于北京、河北、山西、陕西、山东、江苏、上海、安徽、浙江等地；历山全境均可见；多生于林下、山谷及河谷阴湿处。

◎主要用途

块茎可入药。

天南星

◆ **学名：*Arisaema heterophyllum* Blume**
◆ **科属：天南星科天南星属**

◎别　　名

南星、白南星、山苞米、蛇包谷、山棒子。

◎主要特征

多年生草本。块茎扁球形。叶常单1，叶柄圆柱形，粉绿色，下部3/4鞘筒状；叶片鸟足状分裂，裂片13~19，倒披针形。花序柄从叶柄鞘筒内抽出；佛焰苞管部圆柱形；肉穗花序两性和雄花序单性；两性花序；单性雄花序较短，雌花球形，雄花具柄，白色。浆果黄红色或红色，圆柱形。花期4—5月，果期7—9月。

◎分布与生境

除西北、西藏外，我国大部分地区都有分布；历山全境可见；多生于林下、灌丛及草地。

◎主要用途

块茎可入药或做农药。

泽泻

◆ **学名：*Alisma plantago-aquatica* L.**
◆ **科属：泽泻科泽泻属**

◎别　　名

水泽、如意花。

◎主要特征

多年生草本。地下有块茎，球形。叶根生；叶柄基部扩延成中鞘状；叶片宽椭圆形至卵形，全缘。花茎由叶丛中抽出，圆锥状复伞形花序；小苞片披针形至线形；萼片3，广卵形，绿色或稍带紫色，宿存；花瓣倒卵形，白色；花柱宿存。瘦果多数，扁平。花期6—8月，果期7—9月。

◎分布与生境

分布于东北、华东、西南及河北、新疆、河南等地；历山见于下川、红岩河、混沟、大河等地；多生于沼泽边缘。

◎主要用途

块茎可入药。

水麦冬

◆ **学名：*Triglochin palustris* L.**
◆ **科属：水麦冬科水麦冬属**

◎别　　名

兜铃根、独行根、野木香。

◎主要特征

多年生草本。植株弱小，根茎短。叶全部基生，条形。花莛细长，总状花序，花排列较疏散；花被片6枚，绿紫色，椭圆形或舟形。蒴果棒状条形，成熟时自下至上呈3瓣开裂，仅顶部联合。花果期6—10月。

◎分布与生境

分布于东北、华北、西南、西北各地；历山见于后河水库附近滩地；多生于河岸湿地、沼泽地及盐碱湿草地上。

◎主要用途

果实可入药。

浮叶眼子菜

◆ **学名：*Potamogeton natans* L.**
◆ **科属：眼子菜科眼子菜属**

◎别　　名

飘浮眼子菜、水案板、水菹草、西藏眼子菜。

◎主要特征

多年生草本。根茎发达，白色，分枝。茎圆柱形，多分枝，节处生有须根。浮水叶革质，卵形至矩圆状卵形，有时为卵状椭圆形。穗状花序顶，具花多轮，开花时伸出水面。果实倒卵形，外果皮常为灰黄色。花果期7—10月。

◎分布与生境

我国大部分地区广布；历山见于后河、下川静水池沼中；多生长于湖泊、沟塘等静水或缓流中。

◎主要用途

可作观赏植物；植株可作饲料并可入药。

穿龙薯蓣

◆ **学名：*Discorea nipponica* Makino**
◆ **科属：薯蓣科薯蓣属**

◎别　　名

穿山龙、穿龙骨、穿地龙、狗山药、山常山、穿山骨、火藤根、黄姜、土山薯。

◎主要特征

缠绕草质藤本。根状茎横生，圆柱形。茎左旋。单叶互生。叶片掌状心形，变化较大，边缘作不等大的三角状浅裂、中裂或深裂，顶端叶片小，近于全缘。花雌雄异株；雄花序为腋生的穗状花序；雌花序穗状，单生。蒴果成熟后枯黄色，三棱形。花期6—8月，果期8—10月。

◎分布与生境

分布于东北、华北、山东、河南、安徽等地；历山见于海拔1800m的林下；多生于半阳坡林地中。

◎主要用途

根状茎可入药。

野薯蓣

◆ **学名：*Dioscorea polystachya* Turczaninow**
◆ **科属：薯蓣科薯蓣属**

◎别　　名

山药、淮山、面山药、野脚板薯、野山豆、野山药。

◎主要特征

缠绕草质藤本。块茎长圆柱形，茎通常带紫红色，右旋，无毛。单叶，在茎下部的互生，中部以上的对生，很少3叶轮生；叶片变异大，卵状三角形至宽卵形或戟形，顶端渐尖，基部深心形、宽心形或近截形，边缘常3浅裂至3深裂；叶腋内常有珠芽。雌雄异株，雄花序为穗状花序；雌花序为穗状花序，1~3个着生于叶腋。蒴果不反折，三棱状扁圆形或三棱状圆形。花期6—9月，果期7—11月。

◎分布与生境

分布于东北、河北、山东、河南等地；历山见于女英峡、东峡、小云蒙等地；多生于山坡、山谷林下、溪边、路旁灌丛及杂草中。

◎主要用途

块茎和珠芽可食，也可入药。

藜芦

◆ **学名：*Veratrum nigrum* L.**
◆ **科属：藜芦科藜芦属**

◎别　　名

黑藜芦、山葱。

◎主要特征

多年生草本。根茎短而厚；茎具叶，基部常有残存叶鞘裂成纤维状。叶通常阔，抱茎，有强脉而具折。花绿白色或暗紫色，两性或杂性，具短柄，排成顶生的大圆锥花序；花被片6，宿存；雄蕊6，与花被片对生，花丝丝状，花药心形。蒴果球形。花果期7—9月。

◎分布与生境

分布于东北、河北、山东、河南、山西、陕西、内蒙古等地；历山见于舜王坪、西峡、皇姑曼、大河、云蒙等地；多生于海拔1200~3300m的山坡林下及草丛中。

◎主要用途

有毒植物；全株可入药。

北重楼

◆ 学名：*Paris verticillata* M. Bieb.
◆ 科属：藜芦科重楼属

◎别　　名

蚤休。

◎主要特征

多年生草本。根状茎细长，茎绿白色，有时带紫色。叶轮生，叶片披针形、狭矩圆形、倒披针形或倒卵状披针形，先端渐尖，基部楔形，外轮花被片绿色，极少带紫色，叶状，纸质，平展，内轮花被片黄绿色，条形，花丝基部稍扁平，子房近球形，紫褐色，顶端无盘状花柱基。蒴果浆果状，不开裂。花期5—6月，果期7—9月。

◎分布与生境

分布于黑龙江、吉林、辽宁、内蒙古、河北、山西、陕西、甘肃、四川等地；历山见于青皮掌、卧牛场、皇姑曼、舜王坪、猪尾沟等地；多生于海拔1100~2300m的山坡林下、草丛、阴湿地及沟边。

◎主要用途

根状茎可入药。

七叶一枝花

◆ 学名：*Paris polyphylla* Smith
◆ 科属：藜芦科重楼属

◎别　　名

蚤休、蚩休、重台根、整休、草河车、重台草、白甘遂、金线重楼、虫蒌、九道箍、鸳鸯虫、枝花头、螺丝七、海螺七、灯台七、白河车、螺陀三七、土三七、七叶莲。

◎主要特征

多年生草本。植株无毛，根状茎粗厚。叶（5~）7~10枚，矩圆形、椭圆形或倒卵状披针形。外轮花被片绿色，4~6枚，狭卵状披针形。内轮花被片狭条形，通常比外轮长；子房近球形，具棱。蒴果紫色。种子多数，具鲜红色多浆汁的外种皮。花期4—7月，果期8—11月。

◎分布与生境

分布于贵州、云南、西藏、四川、山西、广西湖南和台湾等地；历山见于下川、猪尾沟、青皮掌等地；多生于海拔1800~3200m的林下。

◎主要用途

根茎可入药。

宝珠草

◆ 学名：*Disporum viridescens* (Maxim.) Nakai
◆ 科属：秋水仙科万寿竹属

◎别　　名

绿宝铎草、白花万寿竹。

◎主要特征

多年生草本。根状茎短；茎有时分枝。叶纸质，椭圆形至卵状矩圆形。花淡绿色，1~2朵生于茎或枝的顶端；花被片张开。浆果球形，黑色，有2~3颗种子。种子红褐色。花期5—6月，果期7—10月。

◎分布与生境

分布于黑龙江、吉林、辽宁、河北、山西等地；历山见于西峡、东峡、云蒙等地；多生于海拔500~600m的林下或山坡草地。

◎主要用途

根茎可入药。

鞘柄菝葜

◆ 学名：*Smilax stans* Maxim.
◆ 科属：菝葜科菝葜属

◎别　　名

鞘菝葜、鞘梗菝葜。

◎主要特征

落叶灌木或半灌木。茎和枝条稍具棱，无刺。叶纸质，卵形、卵状披针形或近圆形，叶柄基部渐宽成鞘状，无卷须。花序具1~3朵或更多的花；花绿黄色，有时淡红色；雌雄同株。浆果熟时黑色，具粉霜。花期5—6月，果期10月。

◎分布与生境

分布于河北、山西、陕西、甘肃等地；历山见于云蒙、皇姑曼、下川、东峡等地；多生于海拔400~3200m的林下、灌丛中及山坡阴处。

◎主要用途

根和根状茎可入药。

牛尾菜

◆ 学名：*Smilax riparia* A. DC.
◆ 科属：菝葜科菝葜属

◎别　　名

鞭鞘子菜、草菝葜、鞭杆菜、千层塔、龙须菜。

◎主要特征

多年生草质藤本。茎中空，有少量髓，干后凹瘪并具槽。叶柄明显，通常在中部以下有卷须。伞形花序总花梗较纤细；小苞片在花期一般不落。浆果熟时黑色。花期6—7月，果期10月。

◎分布与生境

我国大部分地区均有分布；历山见于云蒙、皇姑曼、东峡、西峡等地；多生于海拔1600m以下的林下、灌丛、山沟及山坡草丛中。

◎主要用途

嫩叶可作野菜；根状茎可入药；种子可榨油。

土茯苓

◆ 学名：*Smilax glabra* Roxb.
◆ 科属：菝葜科菝葜属

◎别　　名

光叶菝葜、硬板头。

◎主要特征

攀缘灌木。根状茎粗厚，块状。茎枝条光滑，无刺。叶薄革质，狭椭圆状披针形至狭卵状披针形。伞形花序通常具10余朵花；花绿白色，六棱状球形。浆果熟时紫黑色，具粉霜。花期7—11月，果期11月至翌年4月。

◎分布与生境

分布于华中、华东、华南等地区；历山见于小云蒙、混沟底；多生于海拔1800m以下的林中、灌丛下、河岸及山谷中，也见于林缘或疏林中。

◎主要用途

根茎可入药。

华东菝葜

◆ 学名：*Smilax sieboldii* Miq.
◆ 科属：菝葜科菝葜属

◎别　　名

钻鱼须、金刚藤、铁菱角、马加勒、筋骨柱子、红灯果。

◎主要特征

攀缘灌木或半灌木。具粗短的根状茎；茎长1~2m。小枝常带草质，干后稍凹瘪，一般有刺；刺多半细长，针状，稍黑色，较少例外。叶草质，卵形；叶柄约占一半，具狭鞘，有卷须，脱落点位于上部。伞形花序，具几朵花；总花梗纤细；花绿黄色。浆果熟时蓝黑色。花期5—6月，果期10月。

◎分布与生境

分布于辽宁、山东、江苏、河北等地；历山见于皇姑漫、小云蒙；多生于林下、灌丛中及山坡草丛中。

◎主要用途

根茎可入药。

粉条儿菜

◆ 学名：*Aletris spicata* (Thunb.) Franch.
◆ 科属：沼金花科肺筋草属

◎别　　名

金线吊白米、肺筋草。

◎主要特征

多年生草本。植株具多数须根，根毛局部膨大。叶簇生，线形，纸质。花莛有棱，密生柔毛，中下部有几枚苞片状叶；花序疏生多花；苞片2，窄线形，花梗极短，有毛；花被黄绿色，上部粉红色。蒴果倒卵圆形或长圆状倒卵圆形，有棱角。花期4—5月，果期6—7月。

◎分布与生境

分布于江苏、浙江、安徽、江西、福建、台湾、广东、广西、湖南、湖北、河南、河北、山西等地；历山见于小云蒙；多生于山坡、路边、灌丛边及草地上。

◎主要用途

根可药用。

老鸦瓣

◆ 学名：*Amana edulis* (Miq.) Honda
◆ 科属：百合科老鸦瓣属

◎主要特征

多年生草本。鳞茎皮纸质，内面密被长柔毛；茎长10~25cm，通常不分枝，无毛。叶2枚，长条形，远比花长，上面无毛。花单朵顶生，靠近花的基部具2枚对生（较少3枚轮生）的苞片，苞片狭条形；花被片狭椭圆状披针形，白色，背面有紫红色纵条纹；雄蕊3长3短，花丝无毛，中部稍扩大，向两端逐渐变窄或从基部向上逐渐变窄；子房长椭圆形；花柱长约4mm。蒴果近球形，有长喙。花期3—4月，果期4—5月。

◎分布与生境

分布于辽宁（安东）、山东、江苏、浙江、安徽、江西、湖北、湖南和陕西（太白山）等地；历山见于猪娃岭；多生于疏林下、山坡草地及路旁。

◎主要用途

鳞茎可供药用；可作观赏植物。

山丹

◆ 学名：*Lilium pumilum* DC.
◆ 科属：百合科百合属

◎别　　名

细叶百合。

◎主要特征

多年生草本。地下鳞茎白色，卵形或圆锥形；叶散生于茎中部，线形；中脉下面突出，边缘有乳头状突起。花红色或紫红色。蒴果矩圆形。花期7—8月，果期9—10月。

◎分布与生境

分布于东北、河北、河南、山西、陕西、宁夏、山东、青海、甘肃等地；历山全境可见；多生于山坡草地或林缘。

◎主要用途

可作观赏植物；鳞茎可食；花、鳞茎可入药。

渥丹

◆ 学名：*Lilium concolor* var. *pulchellum* (Fisch.) Rege
◆ 科属：百合科百合属

◎别　名

姬百合、红百合、红花矮百合、红花菜、有斑百合。

◎主要特征

多年生草本。鳞茎卵球形。叶散生，条形，脉3~7条，两面无毛。花1~5朵排成近伞形或总状花序。花直立，星状开展，深红色，具斑点，有光泽；花被片矩圆状披针形，蜜腺两边具乳头状突起。蒴果矩圆形。花期6—7月，果期8—9月。

◎分布与生境

分布于河南、河北、山东、山西、陕西和吉林等地；历山见于舜王坪、青皮掌、云蒙、下川；多生于山坡草丛、路旁、灌木林下。

◎主要用途

鳞茎可食，也可入药；花可提取香料。

荞麦叶大百合

◆ 学名：*Cardiocrinum cathayanum* (Wils.) Stearn
◆ 科属：百合科大百合属

◎别　名

大百合。

◎主要特征

多年生草本。除基生叶外，茎基部开始有茎生叶，最下面的几枚常聚集在一处，其余散生；叶纸质，叶片卵状心形或卵形；叶柄基部扩大。总状花序；花狭喇叭形，乳白色或淡绿色，内具紫色条纹；花被片条状倒披针形。蒴果近球形，种子扁平，红棕色，周围有膜质翅。花期7—8月开花，果期8—9月。

◎分布与生境

分布于浙江、安徽、江西、福建、湖北、湖南、河南、山西、江苏等地；历山见于钥匙沟、东峡、老虎口、南神峪；多生于水边或山坡阴凉处。

◎主要用途

可供观赏；鳞茎可食；鳞茎和种子可入药。

洼瓣花

◆ 学名：*Gagea serotina* (L.) Ker Gawl.
◆ 科属：百合科顶冰花属

◎别　　名

小洼瓣花。

◎主要特征

多年生草本。鳞茎窄卵形，上端延伸，上部开裂。花1~2，白色，有紫斑，子房近长圆形或窄椭圆形；蒴果近倒卵圆形，略有3钝棱，长宽均6~7mm，花柱宿存。花期6—8月，果期8—10月。

◎分布与生境

分布于西藏、新疆及西南、西北、华北、东北各地；历山见于舜王坪；多生于山坡、灌丛及草地上。

◎主要用途

可作观赏植物。

三花顶冰花

◆ 学名：*Gagea triflora* (Ledeb.) Roem.
◆ 科属：百合科顶冰花属

◎别　　名

三花洼瓣花、三花萝蒂。

◎主要特征

多年生草本。植株无毛。鳞茎球形；鳞茎皮黄褐色，膜质，在鳞茎皮内基部有几个很小的小鳞茎。基生叶1枚，条形；茎生叶1~3（~4）枚，下面1枚较大，狭条状披针形。花2~4朵，排成二歧的伞房花序；小苞片狭条形；花被片白色。果实三棱状倒卵形。花期5—6月，果期7月。

◎分布与生境

分布于河北、山西、辽宁、吉林和黑龙江等地；历山见于舜王坪、卧牛场、皇姑曼、锯齿山等地；多生于海拔较低的山坡、灌丛下及河沼边。

◎主要用途

栽培可供观赏。

西藏洼瓣花

◆ 学名：*Lloydia tibetica* Baker ex Oliver
◆ 科属：百合科洼瓣花属

◎别　　名

高山罗蒂、狗牙贝、尖贝。

◎主要特征

多年生草本。鳞茎顶端延长、开裂。基生叶3~10枚；茎生叶2~3枚，向上逐渐过渡为苞片，通常无毛。花1~5朵；花被片黄色，有淡紫绿色脉；柱头近头状，稍3裂。花期5—7月，果期8—9月。

◎分布与生境

分布于西藏、四川、甘肃、河北、山西等地；历山见于舜王坪、卧牛场、皇姑曼等地；多生于海拔较高的草地上。

◎主要用途

鳞茎可入药。

太白贝母

◆ 学名：*Fritillaria taipaiensis* P. Y. Li
◆ 科属：百合科贝母属

◎别　　名

太贝、秦岭贝母。

◎主要特征

多年生草本。鳞茎球形；植株可达40cm。叶通常对生，有时中部轮生或散生的，条形至条状披针形。花单朵，绿黄色，无方格斑，苞片先端有时稍弯曲，但决不卷曲；花被片外三片狭倒卵状矩圆形，花药近基着，花丝通常具小乳突。蒴果棱上有狭翅。花期5—6月，果期6—7月。

◎分布与生境

分布于陕西、山西、甘肃、四川；历山卧牛场、舜王坪等地；高山草地上海拔较高的山坡草丛中或水边。

◎主要用途

鳞茎可入药。

长叶头蕊兰

◆ **学名：*Cephalanthera longifolia* (L.) Fritsch**
◆ **科属：兰科头蕊兰属**

◎别　　名

头蕊兰。

◎主要特征

多年生草本。茎部无毛，直立，下部具3~5枚排列疏松的鞘。叶片披针形、宽披针形或长圆状披针形，先端长渐尖或渐尖，基部抱茎。总状花序具2~13朵花；花白色，稍开放或不开放；萼片狭菱状椭圆形或狭椭圆状披针形，花瓣近倒卵形，先端急尖或具短尖。蒴果椭圆形。花期5—6月，果期9—10月。

◎分布与生境

分布于山西南部、陕西南部、甘肃南部、河南西部、湖北西部、四川西部、云南西北部和西藏南部至东南部；历山见于混沟、舜王坪、青皮掌；多生于海拔1000~3300m的林下、灌丛中、沟边及草丛中。

◎主要用途

民间为药用植物。

凹舌兰

◆ **学名：*Coeloglossum viride* (L.) Hartm.**
◆ **科属：兰科掌裂兰属**

◎别　　名

绿花凹舌兰、台湾裂唇兰。

◎主要特征

多年生草本。块茎肉质，前部呈掌状分裂。茎直立，基部具2~3枚筒状鞘，鞘之上具叶。叶之上常具1至数枚苞片状小叶；叶常3~4枚，叶片狭倒卵状长圆形、椭圆形或椭圆状披针形，直立伸展。总状花序具多数花，花绿黄色或绿棕色。蒴果直立，椭圆形，无毛。花期6—8月，果期9—10月。

◎分布与生境

分布于黑龙江、吉林、辽宁、内蒙古、河北、山西、陕西、宁夏、甘肃等地；历山见于混沟、舜王坪、卧牛场等地；多生于海拔1200~4300m的山坡林下、灌丛下及山谷林缘湿地。

◎主要用途

可作观赏植物。

大花杓兰

◆ 学名：*Cypripedium macranthum* Sw.
◆ 科属：兰科杓兰属

◎别　名

狗匏子。

◎主要特征

多年生草本。具粗短的根状茎。茎直立，稍被短柔毛或变无毛，基部具数枚鞘，鞘上方具3~4枚叶。叶片椭圆形或椭圆状卵形。花序顶生，具1花，花大，紫色、红色或粉红色，通常有暗色脉纹，极罕白色；花瓣披针形，内表面基部具长柔毛；唇瓣深囊状，近球形或椭圆形。蒴果狭椭圆形，无毛。花期6—7月，果期8—9月。

◎分布与生境

分布于黑龙江、吉林、辽宁、内蒙古、河北、山西、山东等地；历山见于舜王坪、混沟、大河、下川；多生于海拔400~2400m的林下、林缘及草坡上。

◎主要用途

可供观赏。

紫点杓兰

◆ 学名：*Cypripedium guttatum* Sw.
◆ 科属：兰科杓兰属

◎别　名

斑花杓兰。

◎主要特征

多年生草本。具细长而横走的根状茎。茎直立，被短柔毛和腺毛，基部具数枚鞘，顶端具叶。叶2枚；叶片椭圆形、卵形或卵状披针。花序顶生，具1花；花白色，具淡紫红色或淡褐红色斑；中萼片卵状椭圆形或宽卵状椭圆形，花瓣常近匙形或提琴形，唇瓣深囊状、钵形或深碗状，多少近球形。蒴果近狭椭圆形，下垂，被微柔毛。花期5—7月，果期8—9月。

◎分布与生境

分布于黑龙江、吉林、辽宁、内蒙古、河北、山西、山东、陕西、宁夏、四川、云南西北部和西藏等地；历山见于舜王坪、混沟；多生于海拔500~4000m的林下、灌丛中或草地上。

◎主要用途

可供观赏。

杜鹃兰

◆ **学名：*Cremastra appendiculata* (D. Don) Makino**
◆ **科属：兰科杜鹃兰属**

◎别　　名

山慈菇。

◎主要特征

多年生草本。假鳞茎卵球形或近球形，密接，有关节，外被撕裂成纤维状的残存鞘。叶通常1枚，生于假鳞茎顶端，狭椭圆形、近椭圆形或倒披针状狭椭圆形。花莛从假鳞茎上部节上发出，近直立；总状花序，具5~22朵花；花常偏花序一侧，多少下垂，不完全开放，有香气，狭钟形，淡紫褐色。蒴果近椭圆形，下垂。花期5—6月，果期9—12月。

◎分布与生境

分布于山西南部（介休、夏县）、陕西南部、甘肃南部、江苏、安徽、浙江、江西等地；历山见于皇姑曼、混沟、猪尾沟等地；多生于林下湿地及沟边湿地上。

◎主要用途

鳞茎可入药；可作观赏植物。

小花火烧兰

◆ **学名：*Epipactis helleborine* (L.) Crantz**
◆ **科属：兰科火烧兰属**

◎别　　名

火烧兰、野竹兰。

◎主要特征

多年生草本。根状茎粗短。茎上部被短柔毛，下部无毛，具2~3枚鳞片状鞘。叶4~7枚，互生；叶片卵圆形、卵形至椭圆状披针形。总状花序通常具3~40朵花；花绿色或淡紫色，下垂，较小；花瓣椭圆形，先端急尖或钝；唇瓣中部明显缢缩。蒴果倒卵状椭圆状，具极疏的短柔毛。花期7月，果期9月。

◎分布与生境

分布于辽宁、河北、山西、陕西、甘肃、青海、新疆、安徽等地；历山见于混沟、猪尾沟、钥匙沟、西峡、云蒙等地；多生于海拔250~3600m的山坡林下、草丛及沟边。

◎主要用途

民间作为药材使用。

二叶兜被兰

◆ **学名：*Neottianthe cucullata* (L.) Schltr.**
◆ **科属：兰科兜被兰属**

◎别　　名

兜被兰、瓜米草、百步还阳丹。

◎主要特征

多年生草本。块茎近球形或广椭圆形。茎纤细，无毛。基生叶2，卵形、披针形或狭椭圆形，多具斑点。总状花序具数朵花，花常偏向一侧，花紫红色；子房纺锤形，扭转，无毛。花期6—7月，果期8—9月。

◎分布与生境

分布于黑龙江、吉林、辽宁、内蒙古、河北、山西、陕西等地；历山见于混沟、舜王坪、青皮掌、云蒙等地；多生于山坡石缝中。

◎主要用途

可供观赏，民间可入药。

手参

◆ **学名：*Gymnadenia conopsea* (L.) R. Br.**
◆ **科属：兰科手参属**

◎别　　名

手掌参、佛手参。

◎主要特征

多年生草本。块茎椭圆形，肉质，下部掌状分裂，裂片细长。茎直立，圆柱形，基部具2~3枚筒状鞘，其上具4~5枚叶，上部具1至数枚苞片状小叶。叶片线状披针形、狭长圆形或带形，基部收狭成抱茎的鞘。总状花序具多数密生的花，圆柱形，花粉红色，罕为粉白色；花粉团卵球形，具细长的柄和粘盘，粘盘线状披针形；蒴果长圆形。花期6—8月，果期9—10月。

◎分布与生境

分布于黑龙江、吉林、辽宁、内蒙古、河北、山西、陕西、甘肃等地；历山见于舜王坪、混沟；多生于海拔265~4700m的山坡林下、草地及砾石滩草丛中。

◎主要用途

可供观赏。

角盘兰

◆ 学名：***Herminium monorchis*** **(L.) R. Br.**
◆ 科属：**兰科角盘兰属**

◎别　　名

人头七、人参果。

◎主要特征

多年生草本。块茎球形，肉质。茎直立，无毛，基部具2枚筒状鞘，下部具2~3枚叶。叶片狭椭圆状披针形或狭椭圆形，直立伸展。总状花序具多数花，圆柱状；花小，黄绿色，垂头，萼片近等长，具1脉；花瓣近菱形，上部肉质增厚，较萼片稍长，向先端渐狭，或在中部多少3裂；唇瓣与花瓣等长，肉质增厚，基部凹陷呈浅囊状，近中部3裂。花期6—8月，果期9—10月。

◎分布与生境

分布于黑龙江、吉林、辽宁、内蒙古、河北、山西、陕西、宁夏、甘肃、青海等地；历山见于舜王坪、混沟、卧牛场、云蒙等地；多生于海拔600~4500m的山坡阔叶林至针叶林下、灌丛下、山坡草地及河滩沼泽草地中。

◎主要用途

民间全草可入药。

二叶舌唇兰

◆ 学名：***Platanthera chlorantha*** **Cust. ex Rchb.**
◆ 科属：**兰科舌唇兰属**

◎别　　名

土白芨。

◎主要特征

多年生草本。块茎卵状纺锤形，肉质。茎直立，无毛，近基部具2枚彼此紧靠、近对生的大叶。基部大叶片椭圆形或倒披针状椭圆形。总状花序具12~32朵花；花较大，绿白色或白色；花瓣直立，偏斜，狭披针形，逐渐收狭成线形，具1~3脉，与中萼片相靠合呈兜状；唇瓣向前伸，舌状，肉质，先端钝。花期6—7月，果期8—9月。

◎分布与生境

分布于黑龙江、吉林、辽宁、内蒙古、河北、山西、陕西、甘肃、青海等地；历山见于舜王坪、青皮掌、混沟、钥匙沟、猪尾沟、东峡等地；生于海拔400~3300m的山坡林下及草丛中。

◎主要用途

民间全草可入药。

蜻蜓舌唇兰

◆ 学名：*Platanthera souliei* Kraenzl.
◆ 科属：兰科舌唇兰属

◎主要特征

多年生草本。根状茎指状。茎下部具2（3）大叶，大叶之上具1至几枚小叶；大叶倒卵形或椭圆形。花序密生多花；苞片窄披针形；花黄绿色；中萼片卵形，舟状，侧萼片斜椭圆形，张开，较中萼片稍窄长，两侧稍向后反折；花瓣直立，斜椭圆状披针形，宽不及2mm，与中萼片靠合，稍肉质唇瓣前伸，稍下垂，舌状披针形，肉质，基部两侧各具1枚三角形状镰形侧裂片，中裂片舌状披针形；距细圆筒状，下垂，稍弧曲。花期6—8月，果期9月。

◎分布与生境

分布于黑龙江、吉林、辽宁、内蒙古、河北、山西、陕西、甘肃、青海东部、山东、河南、四川、云南西北部（德钦）；历山见于混沟、钥匙沟、猪尾沟、东峡、西峡、小云蒙等地；多生于海拔400~3800m的山坡林下及沟边。

◎主要用途

民间全草可入药。

小斑叶兰

◆ 学名：*Goodyera repens* (L.) R. Br.
◆ 科属：兰科斑叶兰属

◎别　　名

银线盆、九层盖、野洋参、小将军。

◎主要特征

多年生草本。根状茎伸长，茎状，匍匐，具节；茎直立，绿色，具5~6枚叶。叶片卵形或卵状椭圆形，上面深绿色具白色斑纹，背面淡绿色。花茎直立或近直立，总状花序具几朵至10余朵，密生，多少偏向一侧的花；花小，白色、白色带绿色或带粉红色，半张开；花瓣斜匙形，无毛，先端钝，具1脉；唇瓣卵形。花期7—8月。

◎分布与生境

分布于黑龙江、吉林、辽宁、内蒙古、河北、山西、陕西、甘肃、青海、新疆等地；历山见于混沟、云蒙、卧牛场等地；多生于海拔700~3800m的山坡、沟谷林下。

◎主要用途

可供观赏；民间全草可药用。

绶草

◆ 学名：*Spiranthes sinensis* (Pers.) Ames
◆ 科属：兰科绶草属

◎别　　名
盘龙参。

◎主要特征
多年生草本。根数条，指状，肉质，簇生于茎基部。茎较短，近基部生2~5枚叶。叶片宽线形或宽线状披针形，极罕为狭长圆形，直立伸展。花茎直立，上部被腺状柔毛至无毛；总状花序具多数密生的花，呈螺旋状扭转；花小，紫红色、粉红色或白色，在花序轴上呈螺旋状排生；萼片的下部靠合，中萼片狭长圆形，舟状，先端稍尖，与花瓣靠合呈兜状。花期7—8月，果期9—10月。

◎分布与生境
全国大部分地区均有分布；历山见于舜王坪、猪尾沟、西峡等地；多生于海拔200~3400m的山坡林下、灌丛下、草地及河滩沼泽草甸中。

◎主要用途
可供观赏；民间全草可入药。

原沼兰

◆ 学名：*Malaxis monophyllos* (L.) Sw.
◆ 科属：兰科沼兰属

◎别　　名
沼兰。

◎主要特征
地生草本。假鳞茎卵形。叶常1枚，卵形、长卵形或近椭圆形，叶柄多少鞘状，抱茎和上部离生。花莛较长，花序具数十朵花；花淡黄绿或淡绿色；花瓣近丝状或极窄披针形；蒴果倒卵形或倒卵状椭圆形。花果期7—8月。

◎分布与生境
分布于黑龙江、吉林、辽宁、内蒙古、河北、山西、陕西、甘肃等地；历山见于转林沟、猪尾沟等地；多生于林下及高山草地。

◎主要用途
兰科杂草。

小萱草

◆ 学名：*Hemerocallis dumortieri* Morr.
◆ 科属：阿福花科萱草属

◎别　　名

红萱、小黄花菜。

◎主要特征

多年生草本。地下走茎，根较粗，肉质，上部纺锤形膨大。叶线形。花莛明显短于叶，常倾斜，有分枝或无分枝，无分枝则花近簇生；苞片长圆状卵形或卵状披针形，花蕾上部红褐色或绿色，花被橙黄色或金黄色，花被裂片较窄披针形，花药黑色。蒴果近圆形。花期5—7月，果期8—9月。

◎分布与生境

分布于东北、河北、山西、甘肃等地；历山见于舜王坪高山草甸；多生于高山草地。

◎主要用途

根茎可入药；未开花蕾可食。

北萱草

◆ 学名：*Hemerocallis esculenta* Koidz.
◆ 科属：阿福花科萱草属

◎别　　名

黄花菜。

◎主要特征

多年生草本。根稍肉质。叶长条形。花莛稍短于叶或近等长；总状花序具2~6朵花，有时花近簇生；花被橘黄色。蒴果椭圆形。花果期5—8月。

◎分布与生境

分布于河北、山西、河南北部和甘肃南部；历山见于舜王坪草甸上；多生于海拔500~2500m的山坡、山谷及草地上。

◎主要用途

根状茎可入药；花蕾可食。

萱草

◆ 学名：***Hemerocallis fulva*** **(L.) L.**
◆ 科属：**阿福花科萱草属**

◎别　　名

摺叶萱草、黄花菜。

◎主要特征

与北萱草*Hemerocallis esculenta* Koidz.类似，但萱草花橘黄色；花被管较粗短，长2~3cm；内花被裂片，宽2~3cm。花果期5—9月。

◎分布与生境

分布于秦岭以南各地；历山见于卧牛场、舜王坪；多生于海拔2000m以下的山坡、山谷、荒地及林缘。

◎主要用途

可供观赏。

射干

◆ 学名：***Belamcanda chinensis*** **(L.) Redouté**
◆ 科属：**鸢尾科射干属**

◎别　　名

乌扇、乌蒲、黄远、乌萐、夜干、乌翣、乌吹、草姜、鬼扇、凤翼。

◎主要特征

多年生草本。茎直立，实心。叶互生，嵌迭状排列，剑形，基部鞘状抱茎。花序顶生，叉状分枝，每分枝的顶端聚生有数朵花；苞片披针形或卵圆形；花橙红色，散生紫褐色的斑点，花被裂片6，2轮排列。蒴果倒卵形或长椭圆形，黄绿色，成熟时室背开裂。种子圆球形，黑紫色，有光泽，着生在果轴上。花期6—8月，果期7—9月。

◎分布与生境

分布于吉林、辽宁、河北、山西、山东、河南、安徽、江苏、浙江、福建等地；历山全境见于低海拔河谷林下；多生于林缘或山坡草地。

◎主要用途

可作观赏植物；根状茎可入药。

野鸢尾

◆ **学名：** *Iris dichotoma* Pall
◆ **科属：** 鸢尾科鸢尾属

◎别　　名

白射干、二歧鸢尾。

◎主要特征

多年生草本。根状茎为不规则的块状，棕褐色或黑褐色。叶基生或在花茎基部互生，两面灰绿色，剑形。花茎上部二歧状分枝，花序生于分枝顶端；花蓝紫色或浅蓝色，有棕褐色的斑纹，外花被裂片宽倒披针形，上部向外反折，内花被裂片狭倒卵形，顶端微凹。蒴果圆柱形或略弯曲，果皮黄绿色，革质。种子暗褐色，椭圆形，有小翅。花期7—8月，果期8—9月。

◎分布与生境

我国南北广布；历山全境干燥山坡均可见；多生于砂质草地、山坡石隙等向阳干燥处。

◎主要用途

可作观赏植物；根状茎可入药。

紫苞鸢尾

◆ **学名：** *Iris ruthenica* Ker.-Gawl.
◆ **科属：** 鸢尾科鸢尾属

◎别　　名

细茎鸢尾、苏联鸢尾、紫石蒲、俄罗斯鸢尾、马兰花、短筒紫苞鸢尾、矮紫苞鸢尾。

◎主要特征

多年生草本。根状茎斜伸；枝条二歧分枝，节明显，外包有棕褐色老叶纤维。叶二歧分枝，节明显，包有棕褐色老叶纤维；叶线形，灰绿色，有3~5纵脉。花茎高5~20cm，有2~3茎生叶；苞片2，膜质，绿色，边缘紫红色，内包1花；花蓝紫色；花被筒长0.5~1.2cm；外花被裂片倒披针形，无附属物，有深紫色及白色斑纹，内花被裂片窄倒披针形；雄蕊长1.5~2.5cm，花药乳白色；花柱分枝扁平，顶端裂片窄三角形，子房纺锤形。蒴果球形或卵圆形，无喙。种子梨形，有白色附属物。花期5—6月，果期7—8月。

◎分布与生境

分布于我国华北、西北各地；历山见于青皮掌、卧牛场、下川、云蒙等地；多生于向阳草地及石质山坡。

◎主要用途

可作观赏植物。

细叶鸢尾

◆ 学名：***Iris tenuifolia*** **Pall.**
◆ 科属：**鸢尾科鸢尾属**

◎主要特征

密丛草本。植株基部宿存老叶叶鞘；根状茎块状，木质。叶质坚韧，丝状或线形，无中脉，长20~60cm，宽1.5~2mm；苞片4，膜质，披针形，包2~3花；蒴果倒卵圆形，长3.2~4.5cm，有短喙。花期4—5月，果期8—9月。

◎分布与生境

分布于黑龙江、吉林、辽宁、内蒙古、河北、山西、陕西、甘肃、宁夏、青海、新疆、西藏；历山见于青皮掌、下川、云蒙等地；多生于固定沙丘或砂质地上。

◎主要用途

可供观赏。

马蔺

◆ 学名：***Iris lactea*** **Pall.**
◆ 科属：**鸢尾科鸢尾属**

◎别　　名

马莲、马兰、马兰花、旱蒲、蠡实、荔草、剧草、豕首、三坚、马韭、马莲草。

◎主要特征

多年生密丛草本。根茎叶粗壮，须根稠密发达，呈伞状分布；叶基生，宽线形，灰绿色，花茎高具2~4朵花，花为浅蓝色、蓝色或蓝紫色，花被上有较深的条纹；蒴果长椭圆状柱形，有6条明显的肋，顶端有短喙。花期5—6月，果期6—9月。

◎分布与生境

分布于黑龙江、吉林、辽宁、内蒙古、河北、山西、山东、河南、安徽、江苏等地；历山全境可见；多生于荒地、路旁及山坡草地。

◎主要用途

可作观赏植物；叶子可用于制作绳索。

长梗韭

◆ 学名：*Allium neriniflorum* (Herb.) G. Don
◆ 科属：石蒜科葱属

◎别　　名

长梗葱。

◎主要特征

多年生草本。植株无葱蒜气味。鳞茎单生，卵球状至近球状，鳞茎外皮灰黑色。叶片圆柱状或近半圆柱状，中空，具纵棱。花莛圆柱状，下部被叶鞘；总苞单侧开裂，宿存；伞形花序疏散；小花梗不等长；花红色至紫红色。蒴果具三棱。花果期7—9月。

◎分布与生境

分布于东北、河北、山西、内蒙古等地；历山见于舜王坪山顶石缝中；多生于海拔2000m以下的山坡、湿地、草地或海边沙地。

◎主要用途

鳞茎可入药；可作观赏植物。

茖葱

◆ 学名：*Allium victorialis* L.
◆ 科属：石蒜科葱属

◎别　　名

寒葱、山葱、格葱、大叶葱。

◎主要特征

多年生草本。鳞茎单生或2~3枚聚生，近圆柱状；鳞茎外皮灰褐色至黑褐色，破裂成纤维状，呈明显的网状。叶2~3枚，倒披针状椭圆形至椭圆形。花莛圆柱状，1/4~1/2被叶鞘；总苞2裂，宿存；花白色或带绿色，极稀带红色；子房具3圆棱，基部收狭成短柄，蒴果具三棱。花果期6—8月。

◎分布与生境

分布于东北三省、河北、山西、内蒙古、陕西、甘肃等地；历山见于西哄哄、李疙瘩、下川、混沟等地；多生于海拔1000~2500m的阴湿坡山坡、林下、草地及沟边。

◎主要用途

全草可入药；嫩叶可作蔬菜。

野韭

◆ 学名：*Allium ramosum* L.
◆ 科属：石蒜科葱属

◎别　　名

野韭菜、山韭菜。

◎主要特征

多年生草本。具横生的粗壮根状茎，略倾斜。鳞茎近圆柱形；鳞茎外皮暗黄色至黄褐色，破裂成纤维状，网状或近网状。叶三棱状条形。花莛圆柱状，具纵棱，有时棱不明显；花白色，稀淡红色；花被片具红色中脉；子房倒圆锥状球形，具3圆棱，外壁具细的疣状突起。花果期6—9月。

◎分布与生境

分布于黑龙江、吉林、辽宁、河北、山东、山西、内蒙古、陕西等地；历山见于西哄哄、下川、云蒙、猪尾沟、转林沟等地；多生于海拔460~2100m的向阳山坡、草坡或草地上。

◎主要用途

嫩叶可食，也可入药。

薤白

◆ 学名：*Allium macrostemon* Bunge.
◆ 科属：石蒜科葱属

◎别　　名

小根蒜、密花小根蒜、团葱。

◎主要特征

多年生草本。鳞茎近球状，鳞茎外皮带黑色，纸质或膜质，不破裂。叶3~5枚，半圆柱状，中空；伞形花序半球状至球状，具多而密集的花，或间具珠芽或有时全为紫色珠芽；花淡紫色或淡红色；子房近球状；花柱伸出花被外。花果期5—7月。

◎分布与生境

我国除新疆、青海外，各地均有分布；历山见于海拔1000m以下山坡、路旁；多生于海拔1500m以下山坡、丘陵、山谷、干草地、荒地、林缘、草甸及田间。

◎主要用途

鳞茎可食，也可入药。

天蓝韭

◆ 学名：*Allium cyaneum* Regel
◆ 科属：石蒜科葱属

◎别　　名

蓝花韭、高山韭。

◎主要特征

多年生草本。鳞茎数枚聚生。叶半圆柱状，表面具沟槽。伞形花序近扫帚状，有时半球状，少花或多花，常疏散；花天蓝色；花被片卵形，仅基部合生并与花被片贴生，内轮的基部扩大，无齿或每侧各具1齿，外轮的锥形；子房近球状；花柱伸出花被外。花果期8—10月。

◎分布与生境

分布于陕西、山西、宁夏、甘肃、青海、西藏、四川和湖北（西部）等地；历山见于舜王坪山顶草地；多生于海拔2000~5000m的山坡、草地、林下或林缘。

◎主要用途

全草可入药。

球序韭

◆ 学名：*Allium thunbergii* G. Don
◆ 科属：石蒜科葱属

◎别　　名

野韭。

◎主要特征

多年生草本。鳞茎常单生，卵状至狭卵状，鳞茎外皮污黑色或黑褐色，膜质。叶三棱状条形，中空或基部中空。花莛中生，圆柱状，中空，总苞宿存；伞形花序球状，具多而极密集的花；花红色至紫色；花被片椭圆形至卵状椭圆形，先端钝圆，花柱伸出花被。花果期8—10月。

◎分布与生境

分布于黑龙江、吉林、辽宁、山东、河北、山西、陕西等地；历山见于混沟、西哄哄、青皮掌等地；多生于海拔1300m以下的山坡、草地或林缘。

◎主要用途

嫩叶和鳞茎可食，也可供药用。

细叶韭

◆ 学名：*Allium tenuissimum* L.
◆ 科属：石蒜科葱属

◎主要特征

多年生草本。鳞茎数枚聚生，近圆柱状，外皮紫褐色、黑褐色或灰褐色，膜质，顶端不规则开裂。叶半圆柱状或近圆柱状，与花葶近等长，宽0.3~1mm，光滑，稀沿棱具细糙齿；花葶圆柱状，高达30（~50）cm，具细纵棱，下部被叶鞘；总苞单侧开裂，宿存；伞形花序半球状或近帚状，疏散。花果期7—9月。

◎分布与生境

分布于黑龙江、吉林、辽宁、山东、河北、山西、内蒙古、甘肃等地；历山全境可见；多生于山坡、草地或沙丘上。

◎主要用途

可作野菜。

山韭

◆ 学名：*Allium senescens* L.
◆ 科属：石蒜科葱属

◎别　　名

野韭菜。

◎主要特征

多年生草本。鳞茎单生或数枚聚生，窄卵状圆柱形或圆柱状，具粗壮横生根状茎，鳞茎外皮灰黑色或黑色，膜质，不裂；叶线形或宽线形，肥厚，基部近半圆柱状，上部扁平；花淡紫色或紫红色；子房倒卵圆形，基部无凹陷蜜穴，花柱伸出花被。花果期7—9月。

◎分布与生境

分布于黑龙江、吉林、辽宁、河北、山西、内蒙古、甘肃等地；历山全境可见；多生于草原、草甸及山坡上。

◎主要用途

可作野菜或入药。

黄花葱

◆ 学名：*Allium condensatum* Turcz.
◆ 科属：石蒜科葱属

◎主要特征

多年生草本。鳞茎常单生，稀2枚聚生，窄卵状圆柱形或近圆柱状，外皮红褐色，薄革质，有光泽，条裂；叶圆柱状或半圆柱状，中空，短于花莛，上面具槽；花淡黄或白色；子房倒卵圆形，腹缝基部具有窄帘的凹陷蜜穴，花柱伸出花被。花果期7—9月。

◎分布与生境

分布于黑龙江、吉林、辽宁、山东、河北、山西等地；历山见于青皮掌；多生于山坡或草地上。

◎主要用途

可作野菜。

知母

◆ 学名：*Anemarrhena asphodeloides* Bunge
◆ 科属：天门冬科知母属

◎别　　名

蚳母、连母、野蓼、地参。

◎主要特征

多年生草本。根状茎为残存的叶鞘所覆盖，横走。叶由基部丛生细长披针形，花莛自叶丛中长出，圆柱形直立，总状花絮，成簇，生在顶部呈穗状；花粉红色，淡紫色至白色。果实长椭圆形，内有多数黑色种子。花果期6—9月。

◎分布与生境

分布于河北、山西、山东等地；历山见于云蒙、西哄哄、西峡、舜王坪、青皮掌等地；多生于海拔1450m以下的山坡、草地、路旁较干燥或向阳的地方。

◎主要用途

根状茎可入药。

铃兰

◆ 学名：*Convallaria majalis* Linn.
◆ 科属：天门冬科铃兰属

◎别　　名

草玉玲、君影草、香水花、鹿铃、小芦铃、草寸香、糜子菜、芦藜花。

◎主要特征

多年生草本。植株矮小，全株无毛，地下有多分枝而匍匐平展的根状茎，具光泽，呈鞘状互相抱着，基部有数枚鞘状的膜质鳞片。叶椭圆形或卵状披针形。花钟状，下垂，总状花序，苞片披针形，膜质，花柱比花被短。浆果红色，内有椭圆形种子，扁平。花果期5—7月。

◎分布与生境

分布于黑龙江、吉林、辽宁、内蒙古、河北、山西、山东、河南、陕西、甘肃等地；历山见于混沟、猪尾沟、舜王坪、青皮掌等地；多生于阴坡林下潮湿处及沟边。

◎主要用途

全草有毒，可入药；可作观赏植物。

黄精

◆ 学名：*Polygonatum sibiricum* Delar. ex Redoute
◆ 科属：天门冬科黄精属

◎别　　名

兔竹、垂珠、龙衔、太阳草、野仙姜、山生姜、鸡头参、黄鸡菜、马箭、笔菜、黄芝、笔管菜、阳雀蕻、土灵芝、老虎姜。

◎主要特征

多年生草本。根状茎圆柱状，结节膨大。叶轮生，每轮4~6枚，条状披针形。花序通常具2~4朵花，似成伞形，花被筒中部稍缢缩，花被乳白色至淡黄色。浆果熟时黑色，具4~7颗种子。花期5—6月，果期8—9月。

◎分布与生境

分布于黑龙江、吉林、辽宁、河北、山西、陕西、内蒙古、宁夏、甘肃等地；历山全境可见；多生长于海拔800~2800m的林下、灌丛及山坡阴处。

◎主要用途

根状茎可入药。

二苞黄精

◆ 学名：*Polygonatum involucratum* Maxim
◆ 科属：天门冬科黄精属

◎别　　名

黄精、苞叶黄精、二苞玉竹、双苞黄精、小玉竹。

◎主要特征

多年生草本。根状茎细圆柱形。具4~7叶，叶互生，卵形或卵状椭圆形至矩圆状椭圆形，下部的叶具短柄，上部的叶近无柄。花序具2花，总花梗顶端具2枚叶状苞片，花被绿白色至淡黄绿色，花柱等长于或稍伸出花被之外。浆果球形，具7~8颗种子。花期5—6月，果期8—9月。

◎分布与生境

分布于东北三省、河北、山西、河南等地；历山见于西峡、猪尾沟、转林沟、红岩河、云蒙等地；多生于林下或阴湿山坡。

◎主要用途

根状茎可入药。

热河黄精

◆ 学名：*Polygonatum macropodum* Turczaninow
◆ 科属：天门冬科黄精属

◎主要特征

多年生草本。根状茎圆柱形，径1~2cm；叶互生，卵形或卵状椭圆形。花序具（3~）5~12（~17）花，近伞房状，花被白色或带红色；浆果成熟时深蓝色。花果期6—9月。

◎分布与生境

分布于辽宁、河北、山西、山东等地；历山见于猪尾沟、青皮掌等地；多生于林下及阴坡。

◎主要用途

根茎可入药。

轮叶黄精

◆ 学名：*Polygonatum verticillatum* (L.) All.
◆ 科属：天门冬科黄精属

◎别　　名

地吊、红果黄精。

◎主要特征

多年生草本。根状茎节间长2~3cm，一头粗，一头较细，粗头有短分枝，稀根状茎连珠状；叶常为3叶轮生，长圆状披针形；花单朵或2（3~4）朵组成花序，花序梗俯垂；无苞片，或微小而生于花梗上；花被淡黄色或淡紫色，浆果成熟时红色。花期5—6月，果期8—10月。

◎分布与生境

分布于山西、陕西、河南、四川等地；历山见于皇姑漫、转林沟、猪尾沟等地；多生于林下及山坡草地。

◎主要用途

根茎可入药。

玉竹

◆ 学名：*Polygonatum odoratum* (Mill.) Druce
◆ 科属：天门冬科黄精属

◎别　　名

委萎、女萎。

◎主要特征

多年生草本。根状茎圆柱形；茎具7~12叶，叶互生，椭圆形至卵状矩圆形。花序具1~4花，总花梗无苞片或有条状披针形苞片；花被黄绿色至白色，花被筒较直。浆果球形，蓝黑色，具7~9颗种子。花期5—6月，果期7—9月。

◎分布与生境

分布于黑龙江、吉林、辽宁、河北、山西、内蒙古、甘肃、青海、山东等地；历山见于西哄哄、下川、舜王坪、混沟、转林沟等地；多生于林下及山野阴坡。

◎主要用途

根状茎可入药。

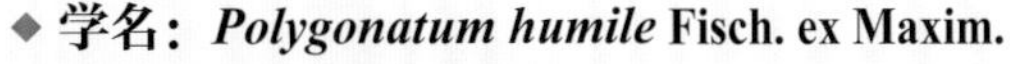

小玉竹

◆ 学名：*Polygonatum humile* Fisch. ex Maxim.
◆ 科属：天门冬科黄精属

◎主要特征

多年生草本。根状茎细圆柱形。叶互生，椭圆形、长椭圆形或卵状椭圆形，先端尖或微钝，下面被短糙毛；花序具1花；花梗长0.8~1.3cm，向下弯曲；花被白色，顶端带绿色；子房长约4mm；浆果成熟时蓝黑色。花期7月，果期9月。

◎分布与生境

分布于黑龙江、吉林、辽宁、河北、山西；历山见于西哄哄、舜王坪、小云蒙等地；多生于海拔800~2200m的林下或山坡草地。

◎主要用途

根状茎可入药。

曲枝天门冬

◆ 学名：*Asparagus trichophyllus* Bunge
◆ 科属：天门冬科天门冬属

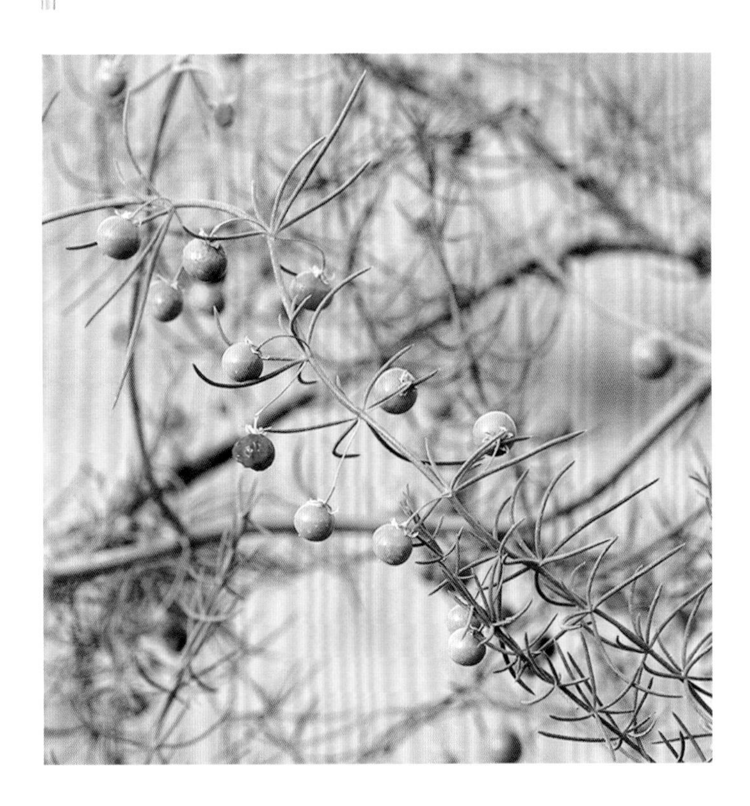

◎别　　名

毛叶天冬、霸天王、抓地龙、糙叶天冬。

◎主要特征

多年生草本。根稍肉质。茎光滑，上部回折状，分枝基部先下弯而后上升，强烈弧曲，呈半圆形，上部回折状，小枝具明显的软骨质齿。叶状枝通常每4~8枚一簇，直立或稍弯曲，常常略贴伏于小枝上，具明显的软骨质齿；叶鳞片状，花每2朵腋生，单性，雌雄异株，绿黄色或稍带紫色。浆果球形，成熟时红色，具3~5颗种子。花期5月，果期6—7月。

◎分布与生境

分布于辽宁、内蒙古、河北、山西等地；历山见于东峡、西峡、猪尾沟、青皮掌；多生于山坡、灌丛中。

◎主要用途

根可入药。

龙须菜

◆ 学名：*Asparagus schoberioides* Kunth
◆ 科属：天门冬科天门冬属

◎别　　名
雉隐天冬。

◎主要特征
多年生草本，高可达1m。根细长，分枝有时有极狭的翅。叶状枝窄条形，镰刀状，基部近锐三棱形，上部扁平，鳞片状叶近披针形，花腋生，黄绿色；花梗很短，雄花；雌花和雄花近等大。浆果熟时红色。花期5—6月，果期8—9月。

◎分布与生境
分布于黑龙江、吉林、辽宁、河北、河南、山东、山西、陕西和甘肃等地；历山见于混沟、猪尾沟、钥匙沟、西峡、云蒙；多生于海拔400~2300m的草坡或林下。

◎主要用途
幼苗可食；根状茎可入药。

羊齿天门冬

◆ 学名：*Asparagus filicinus* Ham. ex D. Don
◆ 科属：天门冬科天门冬属

◎别　　名
蕨叶天门冬。

◎主要特征
直立草本，通常高50~70cm。根成簇，从基部开始或在距基部几厘米处成纺锤状膨大，膨大部分长短不一。叶状枝每5~8枚成簇，扁平，镰刀状。花每1~2朵腋生，淡绿色，有时稍带紫色。浆果直径5~6mm，有2~3颗种子。花期5—7月，果期8—9月。

◎分布与生境
分布于山西、河南、陕西等地；历山见于混沟、青皮掌、云蒙；多生于海拔1200~3000m的丛林下或山谷阴湿处。

◎主要用途
可作观赏植物；根茎可入药。

兴安天门冬

◆ 学名：*Asparagus dauricus* Link
◆ 科属：天门冬科天门冬属

◎主要特征

直立草本。根细长，径约2mm。茎和分枝有条纹，有时幼枝具软骨质齿；叶状枝1~6成簇，常斜立，和分枝呈锐角，稀兼有平展和下倾的，稍扁圆柱形，微有几条不明显钝棱，伸直或稍弧曲，有时有软骨质齿；鳞叶基部无刺；花2朵腋生，黄绿色；雄花花梗和花被近等长，关节生于近中部；花丝大部贴生花被片，离生部分为花药1/2，雌花花被短于花梗，花梗关节生于上部；浆果径6~7mm，具2~4（~6）种子。花期5—6月，果期7—9月。

◎分布与生境

分布于东北、内蒙古、河北、山西、陕西、山东半岛和江苏等地；历山见于混沟、青皮掌、云蒙；多生于海拔2200~3000m的沙丘或干燥山坡上。

◎主要用途

可作观赏植物；根茎可入药。

鹿药

◆ 学名：*Maianthemum japonicum* (A. Gray) LaFrankie
◆ 科属：天门冬科舞鹤草属

◎别　　名

九层楼、盘龙七、偏头七、螃蟹七、白窝儿七、狮子七、山糜子。

◎主要特征

多年生草本。根状茎横走，有时具膨大结节。茎具4~9叶。叶纸质，卵状椭圆形、椭圆形或矩圆形。圆锥花序，具10~20朵花；花单生，白色。浆果近球形，熟时红色，具1~2颗种子。花期5—6月，果期8—9月。

◎分布与生境

分布于黑龙江、吉林、辽宁、河北、河南、山东、山西、陕西等地；历山见于下川、东峡、猪尾沟、混沟；多生于海拔900~1950m的林下阴湿处或岩缝中。

◎主要用途

根状茎可入药。

管花鹿药

◆ 学名：*Maianthemum henryi* (Baker) LaFrankie
◆ 科属：天门冬科舞鹤草属

◎别　　名

盘龙七、九层楼。

◎主要特征

多年生草本。根状茎横走。叶纸质，椭圆形、卵形或矩圆形，基部具短柄或几无柄。花淡黄色或带紫褐色，单生，通常排成总状花序，有时基部具1~2个分枝或具多个分枝而成圆锥花序；花被高脚碟状。浆果球形，未成熟时绿色而带紫斑点，熟时红色，具2~4颗种子。花期5—6（—8）月，果期8—10月。

◎分布与生境

分布于山西、河南、陕西、甘肃、四川、云南、湖北、湖南和西藏等地；历山见于混沟、云蒙、锯齿山、猪尾沟；多生于林下、灌丛下、水旁湿地或林缘。

◎主要用途

根状茎可入药。

舞鹤草

◆ 学名：*Maianthemum bifolium* (L.) F. W. Schmidt
◆ 科属：天门冬科舞鹤草属

◎别　　名

二叶舞鹤草。

◎主要特征

多年生草本。根状茎细长，有时分叉；茎无毛或散生柔毛。基生叶有长叶柄，到花期已凋萎；茎生叶通常2枚，极少3枚，互生于茎的上部，三角状卵形，基部心形。总状花序直立，花白色，单生或成对。浆果球形，红色至紫黑色；种子卵圆形。花期5—7月，果期8—9月。

◎分布与生境

分布于黑龙江、吉林、辽宁、内蒙古、河北、山西、青海、甘肃、陕西等地；历山见于混沟、云蒙、皇姑曼、猪尾沟；多生于高山阴坡林下。

◎主要用途

全草可入药。

绵枣儿

◆ 学名：*Barnardia japonica* (Thunberg) Schultes & J. H. Schultes
◆ 科属：天门冬科绵枣儿属

◎别　　名

白绿绵枣儿、甜蒜。

◎主要特征

多年生草本。鳞茎卵圆形或近球形，皮黑褐色。基生叶通常2~5，窄带状。花葶通常比叶长；总状花序长2~20cm，具多数花；花紫红色、粉红或白色。蒴果近倒卵圆形，种子黑色。花果期7—11月。

◎分布与生境

分布于东北、华北、华中以及四川等地；历山见于青皮掌、皇姑漫、红岩河、小云蒙等地；多生于山坡、草地、路旁或林缘。

◎主要用途

鳞茎可食或入药。

竹根七

◆ 学名：*Disporopsis fuscopicta* Hance
◆ 科属：天门冬科竹根七属

◎别　　名

散花竹根七。

◎主要特征

多年生草本。根状茎连珠状。叶纸质，卵形、椭圆形或矩圆状披针形，先端渐尖，基部钝，宽楔形或稍心形，具柄，两面无毛。花1~2朵生于叶腋，白色，内带紫色，稍俯垂；花被钟形；副花冠裂片膜质，与花被裂片互生。浆果近球形，具2~8颗种子。花期4—5月，果期11月。

◎分布与生境

分布于广东、广西、云南、四川等地；历山见于东峡、小云蒙；多生于林下或山谷中。

◎主要用途

根可入药。

山麦冬

◆ 学名：*Liriope spicata* (Thunb.) Lour.
◆ 科属：天门冬科山麦冬属

◎别　　名

大麦冬、土麦冬、鱼子兰、麦门冬。

◎主要特征

多年生草本。植株有时丛生；根稍粗，直径1~2mm，有时分枝多，近末端处常膨大成矩圆形、椭圆形或纺锤形的肉质小块根；根状茎短。叶带状。花莛通常长于或几等长于叶，少数稍短于叶；花淡紫色或淡蓝色。种子近球形，直径约5mm。花期5—7月，果期8—10月。

◎分布与生境

我国大部分地区均有分布；历山见于云蒙、红岩河、东峡、西哄哄；多生于山坡、山谷林下、路旁及湿地。

◎主要用途

块根可入药；可作观赏植物。

鸭跖草

◆ 学名：*Commelina communis* L.
◆ 科属：鸭跖草科鸭跖草属

◎别　　名

碧竹子、翠蝴蝶、淡竹叶。

◎主要特征

一年生披散草本。茎匍匐生根，多分枝。叶披针形至卵状披针形。总苞片佛焰苞状，有柄，与叶对生，展开后为心形；聚伞花序，下面一枝仅有花1朵，具长梗；上面一枝具花3~4朵，具短梗，几乎不伸出佛焰苞；花瓣深蓝色。蒴果椭圆形，2爿裂，有种子4颗。花期5—7月，果期8—9月。

◎分布与生境

全国各地广布；历山全境均可见；多生于潮湿草地。

◎主要用途

全草可作饲料或入药。

竹叶子

◆ **学名：*Streptolirion volubile* Edgew.**
◆ **科属：鸭跖草科竹叶子属**

◎别　　名

水百步还魂、大叶竹菜、猪鼻孔、酸猪草、小竹叶菜、笋壳菜、叶上花、小青竹标。

◎主要特征

多年生攀缘草本。极少茎近于直立。叶具长柄，叶片心状圆形，基部深心形。蝎尾状聚伞花序有花1至数朵，圆锥花序下面的总苞片叶状。花无梗；花瓣白色、淡紫色而后变白色。蒴果顶端有芒状突尖。种子褐灰色。花期7—8月，果期9—10月。

◎分布与生境

分布于辽宁、河北、山西、陕西、甘肃、浙江、湖北等地；历山见于云蒙、红岩河、西峡、猪尾沟等地；多生于海拔500~3000m的山谷、灌丛、密林下或草地。

◎主要用途

全草可入药。

水烛

◆ **学名：*Typha angustifolia* L.**
◆ **科属：香蒲科香蒲属**

◎别　　名

蒲草、水蜡烛、狭叶香蒲。

◎主要特征

多年生水生或沼生草本。根状茎乳黄色、灰黄色。地上茎直立，粗壮。叶片带状，叶鞘抱茎。雄花序轴具褐色扁柔毛，单出，叶状苞片，花后脱落；雌花通常比叶片宽，花后脱落，小坚果长椭圆形，具褐色斑点，纵裂。种子深褐色。花果期6—9月。

◎分布与生境

分布于黑龙江、吉林、辽宁、内蒙古、河北、山西、山东、河南、陕西等地；历山全境自然水域可见；多生于湖泊、河流、池塘浅水处。

◎主要用途

花粉可入药；叶柄基部可食用；叶可编织；可作观赏植物。

香蒲

◆ 学名：*Typha orientalis* Presl
◆ 科属：香蒲科香蒲属

◎别　　名

东方香蒲。

◎主要特征

与水烛*Typha angustifolia* L.类似，区别在于本种雌雄花序相连，其余特征基本相同。

◎分布与生境

分布于黑龙江、吉林、辽宁、内蒙古、河北、山西、山东、河南、陕西等地；历山全境自然水域可见；多生于湖泊、河流、池塘浅水处。

◎主要用途

花粉可入药；叶柄基部可食用；叶可编织；可作观赏植物。

小灯芯草

◆ 学名：*Juncus bufonius* L.
◆ 科属：灯芯草科灯芯草属

◎别　　名

小灯心草、野灯草。

◎主要特征

一年生草本。有多数细弱、浅褐色须根。茎丛生，细弱。叶基生和茎生；茎生叶常1枚；叶片线形，扁平；叶鞘具膜质边缘。花序呈二歧聚伞状，或排列成圆锥状，生于茎顶，花被片披针形，背部中间绿色，边缘宽膜质，白色。蒴果三棱状椭圆形，黄褐色。花期5—7月，果期6—9月。

◎分布与生境

分布于东北、华北、西北、华东及西南等地；历山见于下川、大河、钥匙沟；多生于海拔160~3200m的湿草地、湖岸、河边及沼泽地。

◎主要用途

全草可入药。

灯芯草

◆ 学名：*Juncus effusus* L.
◆ 科属：灯芯草科灯芯草属

◎别　　名

水灯草、灯心草。

◎主要特征

多年生草本。根状茎粗壮横走，具黄褐色稍粗须根。茎丛生，直立，圆柱形，淡绿色，具纵条纹，茎内充满白色的髓心。叶全部为低出叶，呈鞘状或鳞片状，包围在茎的基部；叶片退化为刺芒状。聚伞花序假侧生，含多花，排列紧密或疏散；花淡绿色；花被片线状披针形。蒴果长圆形或卵形，顶端钝或微凹，黄褐色。种子卵状长圆形，黄褐色。花期4—7月，果期6—9月。

◎分布与生境

分布于黑龙江、吉林、辽宁、河北、陕西、甘肃、山东、江苏、安徽等地；历山全境水边可见；多生于河边、池旁、水沟、稻田旁、草地及沼泽湿处。

◎主要用途

茎内白色髓心除供点灯和烛心用外，还可入药；茎皮纤维可作编织和造纸原料。

淡花地杨梅

◆ 学名：*Luzula pallescens* Swartz
◆ 科属：灯芯草科地杨梅属

◎别　　名

锈地杨梅。

◎主要特征

多年生草本。须根褐色。根状茎短；茎直立，丛生，圆柱形。叶基生和茎生，禾草状；基生叶线形或线状披针形，扁平；茎生叶通常2~3枚，比基生叶稍短；叶鞘筒状抱茎，鞘口簇生白色丝状长毛。花序由5~15个小头状花簇组成，排列成伞形；花被片披针形，顶端锐尖，边缘膜质，淡黄褐色或黄白色。蒴果三棱状倒卵形至三棱状椭圆形。花期5—7月，果期6—8月。

◎分布与生境

分布于黑龙江、吉林、辽宁、山西、新疆、台湾、四川等地；历山见于舜王坪附近；多生于山坡林下、路边及荒草地。

◎主要用途

杂草。

嵩草

◆ 学名：*Kobresia myosuroides* Villars
◆ 科属：莎草科薹草属

◎主要特征

多年生草本植物。根状茎短。秆密丛生，纤细，柔软，钝三棱形，叶短于秆或与秆近等长，丝状，柔软。穗状花序线状圆柱形，支小穗多数，稍疏生，顶生的雄性，侧生的雄雌顺序，鳞片卵形、长圆形或披针形；花柱基部稍增粗。小坚果倒卵形或长圆形，三棱形，黄绿色，成熟后为暗灰褐色，有光泽，基部几无柄，顶端具短喙。花果期5—9月。

◎分布与生境

分布于黑龙江、吉林、内蒙古、河北、山西、甘肃、青海、新疆等地；历山见于舜王坪山顶草地中；多生长于河漫滩、湿润草地、林下、沼泽草甸和灌丛草甸。

◎主要用途

可作牧草。

点叶薹草

◆ 学名：*Carexhancockiana* Maxim.
◆ 科属：莎草科薹草属

◎别　　名

点叶苔草。

◎主要特征

多年生草本。根状茎短，木质，具短匍匐茎。秆丛生，纤细，三棱形。叶片短于或长于秆，背面密生小点。苞片叶状；小穗3~5个，顶生一雄花序，圆柱形，侧生小穗雌性，长圆形。果囊长于鳞片，椭圆形或倒披针形，果囊肿胀。小坚果倒卵形，三棱形。花果期6—7月。

◎分布与生境

分布于吉林、内蒙古、河北、山西、陕西、甘肃、青海等地；历山见于舜王坪、卧牛场、青皮掌；多生于海拔1300~2200m的林中草地、水旁湿处和高山草甸。

◎主要用途

杂草。

异穗薹草

◆ 学名：*Carex heterostachya* Bge.
◆ 科属：莎草科薹草属

◎别　　名

异穗苔草。

◎主要特征

多年生草本。根状茎具长的地下匍匐茎。秆三棱形，基部具红褐色无叶片的鞘。叶短于秆，具稍长的叶鞘。小穗3~4个，较集中生于秆的上端，间距较短，上端1~2个为雄小穗，长圆形或棍棒状，无柄。果囊斜展，稍长于鳞片，宽卵形或圆卵形；小坚果较紧地包于果囊内，宽倒卵形或宽椭圆形，三棱形。花果期4—6月。

◎分布与生境

分布于黑龙江、吉林、辽宁、河北、山西、陕西、山东、河南等地；历山见于西哄哄、东峡、下川、混沟；多生于海拔300~1000m干燥的山坡、草地或道旁荒地。

◎主要用途

可作草坪用草。

尖嘴薹草

◆ 学名：*Carex leiorhyncha* C. A. Mey.
◆ 科属：莎草科薹草属

◎别　　名

尖嘴苔草。

◎主要特征

多年生草本植物，根状茎短。秆丛生，三棱形。基部叶鞘无叶片，褐色，疏松抱茎；叶片线形，扁平，与秆等长或短于秆，两面密生褐色斑点。苞片刚毛状，长于小穗，花序最下部者较长；小穗雌雄花序顺序生长，多数，卵形或长圆形。果囊长圆状卵形或卵形，淡黄色或淡绿黄色，具长喙。小坚果疏松包于果囊中，椭圆形或近卵形。花果期5—7月。

◎分布与生境

分布于东北、华北、西北各地；历山见于西哄哄、东峡、西峡、下川、猪尾沟、青皮掌；多生于湿地、草甸及林中湿地上。

◎主要用途

杂草。

翼果薹草

◆ 学名：*Carex neurocarpa* Maxim.
◆ 科属：莎草科薹草属

◎别　　名

翼果苔草。

◎主要特征

多年生草本。根状茎短，木质。秆丛生，扁钝三棱形。叶短于或长于秆，基部具鞘。小穗多数，雄雌顺序，卵形，穗状花序紧密，呈尖塔状圆柱形。雄花鳞片长圆形；雌花鳞片卵形至长圆状椭圆形。果囊长于鳞片，卵形或宽卵形，中部以上边缘具宽而微波状不整齐的翅，锈黄色。小坚果疏松地包于果囊中，卵形或椭圆形。花果期6—8月。

◎分布与生境

分布于黑龙江、吉林、辽宁、内蒙古、河北、山西、陕西、甘肃、山东、江苏等地；历山见于青皮掌、皇姑曼、猪尾沟、西峡等；多生于草甸及水边湿地。

◎主要用途

可作观赏植物。

披针叶薹草

◆ 学名：*Carex lanceolata* Boott
◆ 科属：莎草科薹草属

◎别　　名

羊胡须草、羊毛胡子、羊胡子草。

◎主要特征

多年生草本。根茎粗短，须根多。秆纤细，扁三棱形。叶鞘长，腹面茶褐色；叶片长线形。苞片短，筒状，有紫褐色脉纹，顶端不突出，或突出成刺，或略延伸成线状。小穗3~6；雄小穗顶生，卷状线形；雌小穗数个，倒生，近长圆形，花疏生。果囊倒卵状椭圆形，有三棱，先端有极短的喙。小坚果倒卵状椭圆形，三棱形。花果期3—5月。

◎分布与生境

分布于东北、河北、山西、陕西、甘肃、江苏、浙江、河南、贵州、四川等地；历山见于舜王坪、皇姑曼、锯齿山、云蒙；多生于林下、山坡或路边。

◎主要用途

全草可入药。

宽叶薹草

◆ 学名：*Carex siderosticta* Hance
◆ 科属：莎草科薹草属

◎别　　名

崖棕、宽叶苔草。

◎主要特征

多年生草本。根状茎长。营养茎和花茎有间距，花茎近基部的叶鞘无叶片，淡棕褐色，营养茎的叶长圆状披针形。花茎高达30cm，苞鞘上部膨大似佛焰苞状。小坚果紧包于果囊中，椭圆形，三棱形；花柱宿存，基部不膨大，顶端稍伸出果囊之外，柱头3个。花果期4—5月。

◎分布与生境

分布于黑龙江、吉林、辽宁、河北、山西、陕西、山东等地；历山见于猪尾沟、舜王坪、云蒙、青皮掌等地；多生于海拔1000~2000m的针阔叶混交林、阔叶林下或林缘。

◎主要用途

可作观赏植物；可作饲草。

早春薹草

◆ 学名：*Carex lanceolata* var. *subpediformis* Kukenth.
◆ 科属：莎草科薹草属

◎别　　名

早春苔草、亚柄薹草、亚柄苔草。

◎主要特征

多年生草本。根状茎密丛生，粗壮。秆藏于叶丛中，三棱柱形。叶柔软，初时短于秆，花后极延伸而较秆长很多。小穗3~4，稍接近；顶生者雄性，圆柱形；侧生者雌性，具稍多而密的花。果囊倒卵状椭圆形，上部具紫红色短喙，喙顶端近截形。小坚果三棱形，有三棱，顶端具圆锥状的喙；花柱长，柱头3个。花期3—4月，果期5月。

◎分布与生境

分布于东北、河北、山西、陕西、甘肃、四川、贵州；历山见于青皮掌、舜王坪、锯齿山；多生于山坡草地、林下、路旁。

◎主要用途

杂草。

细叶薹草

◆ **学名：*Carex duriuscula* subsp. *stenophylloides* (V. I. Kreczetowicz) S. Yun Liang & Y. C. Tang**
◆ **科属：莎草科薹草属**

◎主要特征

多年生草本。根状茎细长、匍匐。秆纤细，平滑，基部叶鞘灰褐色，细裂成纤维状。叶细长，短于秆，内卷，边缘稍粗糙。苞片鳞片状。穗状花序卵形或球形；小穗3~6个，卵形，密生，雄雌顺序，具少数花。雌花鳞片宽卵形或椭圆形，锈褐色。果囊稍长于鳞片，宽椭圆形或宽卵形，革质，锈色或黄褐色。小坚果稍疏松地包于果囊中，近圆形或宽椭圆形。花果期4—6月。

◎分布与生境

分布于内蒙古、陕西、甘肃、新疆、西藏等地；历山全境可见；多生于草原、河岸砾石地或沙地。

◎主要用途

可作牧草。

阿穆尔莎草

◆ **学名：*Cyperus amuricus* Maxim.**
◆ **科属：莎草科莎草属**

◎别　　名

水莎草。

◎主要特征

一年生草本。秆丛生，纤细，基部叶较多。叶短于秆。穗状花序蒲扇形、宽卵形或长圆形。小坚果倒卵形、长圆形或三棱形，几与鳞片等长，顶端具小短尖，黑褐色，具密的微突起细点。花果期7—10月。

◎分布与生境

分布于华东、华中、西南、东北、西北各地；历山全境水边草地可见；多生于草坡、河边、河边沙地、河谷草甸。

◎主要用途

根茎可入药。

香附子

◆ 学名：*Cyperus rotundus* L.
◆ 科属：莎草科莎草属

◎别　　名

香头草、雀头香、雷公头。

◎主要特征

一年生草本。匍匐根状茎长，具椭圆形块茎。秆稍细弱，锐三棱形，平滑，基部呈块茎状。叶较多，短于秆。叶状苞片2~3（~5）枚，常长于花序，或有时短于花序；小穗斜展开，线形。小坚果长圆状倒卵形，具细点。花果期5—11月。

◎分布与生境

分布于陕西、甘肃、山西、河南、河北、山东、江苏、浙江、江西等地；历山见于后河水库、下川等地；多生长于山坡荒地草丛中或水边潮湿处。

◎主要用途

块茎可入药。

牛毛毡

◆ 学名：*Eleocharis yokoscensis* (Franch.et Sav.) Tang et Wang
◆ 科属：莎草科荸荠属

◎别　　名

松毛蔺、牛毛草、茸毛头。

◎主要特征

挺水性水草。匍匐根状茎非常细。秆多数，细如毫发，密丛生。叶鳞片状，具鞘，鞘微红色，膜质，管状。小穗卵形，顶端钝，淡紫色，只有几朵花。小坚果狭长圆形，无棱，呈浑圆状，微黄玉白色。花柱基稍膨大呈短尖状，直径约为小坚果宽的1/3。花果期4—11月。

◎分布与生境

全国几乎广布；历山见于下川、钥匙沟、后河水库；多生于水田中、池塘边或湿黏土中。

◎主要用途

全草可入药。

复序飘拂草

◆ 学名：*Pycreus sanguinolentus* (Vahl) Nees
◆ 科属：莎草科飘拂草属

◎主要特征

一年生草本。无根状茎，具须根。秆密丛生，较细弱，扁三棱形。叶短于秆；叶鞘短，黄绿色。叶状苞片2~5枚，具4~10个辐射枝；辐射枝纤细，具10~20朵花；鳞片稍紧密地螺旋状排列，膜质，宽卵形，棕色。小坚果宽倒卵形，双凸状，黄白色。花果期7—9月。

◎分布与生境

分布于河北、山西、陕西、山东、河南、湖北等地；历山见于下川、东峡、西峡；多生于河边、沟旁、山溪边、沙地、沼地以及山坡上潮湿地方。

◎主要用途

杂草。

红鳞扁莎

◆ 学名：*Schisandra chinensis* (Turcz.) Baill.
◆ 科属：莎草科扁莎属

◎别　　名

扁莎草。

◎主要特征

和球穗扁莎*Pycreus flavidus* (Retzius) T. Koyama相比，小穗不呈球状，鳞片边缘红色，其余特征基本一致。花果期5—9月。

◎分布与生境

我国大部分地区广布；历山见于下川、后河水库附近；多生于水边湿草地上。

◎主要用途

全草有药用价值。

扁秆荆三棱

◆ 学名：*Bolboschoenus planiculmis* (F. Schmidt) T. V. Egorova
◆ 科属：莎草科三棱草属

◎别　　名

扁秆藨草。

◎主要特征

具匍匐根状茎和块茎。秆一般较细，三棱形。叶扁平，具长叶鞘。叶状苞片1~3枚，常长于花序；辐射枝通常具1~6个小穗；小穗卵形或长圆状卵形，锈褐色，具多数花；鳞片膜质，褐色或深褐色。小坚果宽倒卵形。花期5—6月，果期7—9月。

◎分布与生境

分布于东北、华北、华东、西北各地；历山见于下川、大河、后河水库附近；多生于河岸、沼泽等湿地。

◎主要用途

茎叶可用于造纸、编织；块茎及根状茎含淀粉，可造酒；块茎可代荆三棱供药用。

羽矛

◆ 学名：*Achnatherum sibiricum* (L.) Keng
◆ 科属：禾本科羽茅属

◎主要特征

多年生草本。植株具鞘外分枝，基部有鳞芽。秆疏丛生，高0.5~1.5m，平滑，3~4节；叶鞘无毛，叶舌长0.5~2mm，截平，先端齿裂；叶片扁平或边缘内卷，直立，上面与边缘粗糙，下面平滑。圆锥花序，分枝每节3至数枚，具微毛；小穗草绿色或紫色；颖长圆状披针形，近等长，微粗糙，3脉，脉上被刺毛；外稃长6~7mm，先端2微齿不明显，密被长1~2mm柔毛，下被较短柔毛，3脉，脉于先端汇合，基盘状，长约1mm，被毛，芒长1.8~2.5cm，一回或不明显二回膝曲，芒柱扭转被细微毛；内稃约等长于外稃，2脉间被短毛。花药长约4mm，顶端具毫毛。花果期7—9月。

◎分布与生境

分布于东北、华北、西北、河南、西藏等地；历山全境可见；多生于650~3420m低矮山坡草地、山谷草丛、林缘、灌丛中及路旁。

◎主要用途

全草可作造纸原料，也可作牲畜饲料和观赏植物。

京芒草

◆ 学名：*Achnatherum pekinense* (Hance) Ohwi
◆ 科属：禾本科羽茅属

◎别　　名

京羽茅、远东芨芨草。

◎主要特征

多年生草本。秆直立，光滑，疏丛，具3~4节，基部常宿存枯萎的叶鞘，并具光滑的鳞芽。叶鞘光滑无毛，上部者短于节间；叶舌质地较硬，平截，具裂齿；叶片扁平或边缘稍内卷，上面及边缘微粗糙，下面平滑。圆锥花序开展，分枝细弱，2~4枚簇生，中部以下裸露，上部疏生小穗；小穗草绿色或变紫色。花果期7—10月。

◎分布与生境

分布于东北、华北及江苏、安徽等地；历山见于转林沟、青皮掌等地；多生于低矮山坡草地、林下、河滩及路旁。

◎主要用途

杂草。

巨序剪股颖

◆ 学名：*Agrostis gigantea* Roth
◆ 科属：禾本科剪股颖属

◎别　　名

小糠草。

◎主要特征

多年生草本，高30~130cm，具根状茎或秆的基部偃卧。秆2~6节，平滑。叶片扁平，线形，叶鞘短于节间；叶舌干膜质，长圆形。花序长圆形或尖塔形，疏松或紧缩；花药长1~1.2mm。花果期夏秋季。

◎分布与生境

分布于黑龙江、吉林、辽宁、河北、内蒙古、山西、山东、陕西、甘肃、青海、新疆、江苏、江西、安徽、西藏、云南等地；历山全境低山区可见；多生于低海拔的潮湿处、山坡、山谷和草地上。

◎主要用途

牧草。

看麦娘

◆ 学名：*Alopecurus aequalis* Sobol.
◆ 科属：禾本科看麦娘属

◎别　　名

牛头猛、山高粱、路边谷、道旁谷、油草、棒槌草。

◎主要特征

一年生草本植物。秆少数丛生，细瘦，光滑。叶鞘光滑，短于节间；叶舌膜质，叶片扁平。圆锥花序圆柱状，灰绿色；小穗椭圆形或卵状长圆形，颖膜质，基部互相连合，具脉，脊上有细纤毛，侧脉下部有短毛；外稃膜质，先端钝，花药橙黄色。花果期4—8月。

◎分布与生境

分布于我国大部分地区；历山地区为农田杂草；多生于海拔较低的田边及潮湿之地。

◎主要用途

全草可入药。

荩草

◆ 学名：*Arthraxon hispidus* (Trin.) Makino
◆ 科属：禾本科荩草属

◎别　　名

绿竹、光亮荩草、匿芒荩草。

◎主要特征

一年生草本。秆较纤细，基部倾斜而节上生根，上部直立，多分枝，叶鞘有时开展或早落；叶舌膜质；叶片卵披针形，基部心形抱茎。总花梗长纤细；花序指状，穗轴通常光滑无毛或近无毛，卵状披针形，颖不等长或近等长，花药深黄色；有柄小穗退化，无毛或有时上部有毛。花果期5—9月。

◎分布与生境

全国广布；历山全境低山区林下可见；常生于田野草地、丘陵灌丛、山坡疏林。

◎主要用途

可作饲料、观赏植物；全草可入药。

野燕麦

◆ 学名：*Avena fatua* L.
◆ 科属：禾本科燕麦属

◎别　　名

乌麦、铃铛麦、燕麦草。

◎主要特征

一年生草本。须根较坚韧。秆直立，高可达120cm。叶鞘松弛；叶舌透明膜质；叶片扁平，微粗糙。圆锥花序开展，金字塔形，含小花；第一节颖草质，外稃质地坚硬，第一外稃背面中部以下具淡棕色或白色硬毛，芒自稃体中部稍下处伸出。花果期4—9月。

◎分布与生境

全国广布；历山全境可见；多生于荒芜田野或田间。

◎主要用途

可作饲料。

白羊草

◆ 学名：*Bothriochloa ischaemum* (L.) Keng
◆ 科属：禾本科孔颖草属

◎别　　名

白半草、白草、大王马针草、黄草、蓝茎草、鸭嘴草蜀黍、鸭嘴孔颖草、孔颖草。

◎主要特征

多年生草本植物。秆丛生，节上无毛或具白色髯毛。叶鞘无毛；叶舌膜质；叶片线形，两面疏生疣基柔毛或下面无毛。总状花序着生于秆顶呈指状，纤细，灰绿色或带紫褐色；花序轴节间与小穗柄两侧具白色丝状毛；无柄小穗长圆状披针形。花果期秋季。

◎分布与生境

全国广布；历山全境山地草坡可见；多生于山坡草地和荒地。

◎主要用途

可作牧草；根可制刷子。

雀麦

◆ 学名：*Bromus japonicus* Thunb. ex Murr.
◆ 科属：禾本科雀麦属

◎别　　名

牛星草、野麦、野小麦、野大麦。

◎主要特征

一年生草本。秆直立。叶鞘闭合，叶舌先端近圆形，叶片两面生柔毛。圆锥花序疏展，向下弯垂；分枝细，小穗黄绿色，密生小花，颖近等长，脊粗糙，边缘膜质，外稃椭圆形，草质，边缘膜质，微粗糙，顶端钝三角形，芒自先端下部伸出，基部稍扁平，成熟后外弯；内稃两脊疏生细纤毛；小穗轴短棒状。花果期5—7月。

◎分布与生境

分布于辽宁、内蒙古、河北、山西、山东、河南、陕西、甘肃、安徽等地；历山见于海拔1000m以下山地；多生于海拔50~3500m的山坡林缘、荒野路旁、河漫滩湿地。

◎主要用途

全草可入药。

菵草

◆ 学名：*Beckmannia syzigachne* (Steud.) Fern.
◆ 科属：禾本科菵草属

◎别　　名

菵米、水稗子。

◎主要特征

一年生草本。秆丛生，具节。叶鞘无毛，叶舌透明膜质，叶片扁平，粗糙或下面平滑。圆锥花序，分枝稀疏，直立或斜升；小穗扁平，圆形，灰绿色，颖草质；边缘质薄，白色，背部灰绿色，具淡色的横纹；外稃披针形，花药黄色，颖果黄褐色，长圆形，先端具丛生短毛。花果期4—10月。

◎分布与生境

全国广布；历山全境自然水域边可见；多生于湿地、水沟边。

◎主要用途

为优良饲料；谷粒可食，也可入药。

假苇拂子茅

◆ 学名：*Calamagrostis pseudophragmites* (Haller f.) Koeler
◆ 科属：禾本科拂子茅属

◎别　名

旱苇子。

◎主要特征

多年生粗壮草本。秆直立。叶鞘平滑无毛，或稍粗糙，短于节间；叶舌膜质，长圆形，顶端钝而易破碎；叶片扁平或内卷，上面及边缘粗糙，下面平滑。圆锥花序长圆状披针形，疏松开展，分枝簇生，直立，细弱，稍糙涩；颖线状披针形，成熟后张开，顶端长渐尖，外稃透明膜质，顶端全缘，稀微齿裂，细直，细弱。花果期7—9月。

◎分布与生境

分布于东北、华北、西北各地；历山全境低山区、水边常见可见；多生于山坡、水边和湿草地上。

◎主要用途

可作饲料；为防沙固堤的材料。

拂子茅

◆ 学名：*Calamagrostis epigeios* (L.) Roth
◆ 科属：禾本科拂子茅属

◎别　名

林中拂子茅、密花拂子茅。

◎主要特征

多年生草本。具根状茎。秆直立，平滑无毛或花序下稍粗糙。叶鞘平滑或稍粗糙，短于节间或基部者长于节间；叶舌膜质，长圆形，先端易破裂；叶片扁平或边缘内卷，上面及边缘粗糙，下面较平滑。圆锥花序紧密，圆筒形，劲直，具间断，分枝粗糙，直立或斜向上升；小穗淡绿色或带淡紫色。花果期5—9月。

◎分布与生境

全国广布；历山全境可见；多生于潮湿地及河岸沟渠旁。

◎主要用途

为牲畜喜食的牧草；其根茎顽强，既抗盐碱土壤又耐强湿，是固定泥沙、保护河岸的良好植物。

虎尾草

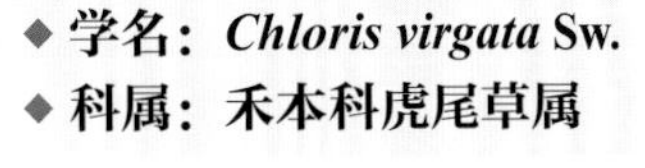

◆ 学名：*Chloris virgata* Sw.
◆ 科属：禾本科虎尾草属

◎别　　名

棒锤草、刷子头、盘草。

◎主要特征

一年生草本。秆光滑无毛。叶鞘背部具脊，包卷松弛，叶片线形，两面无毛或边缘及上面粗糙。穗状花序5~10枚，指状着生于秆顶，常直立而并拢成毛刷状，成熟时常带紫色；小穗无柄，颖膜质，第一小花两性，外稃纸质，呈倒卵状披针形，第二小花不孕，长楔形，仅存外稃，颖果纺锤形，淡黄色，光滑无毛而半透明。花果期6—10月。

◎分布与生境

分布于全国各地；历山全境可见；多生于路旁荒野、河岸沙地、土墙及房顶上。

◎主要用途

牧草。

糙隐子草

◆ 学名：*Cleistogenes squarrosa* (Trin.) Keng
◆ 科属：禾本科隐子草属

◎别　　名

兔子毛。

◎主要特征

多年生草本。秆直立或铺散，密丛，纤细，具多节，植株绿色，秋季经霜后常变成紫红色。叶鞘多长于节间，无毛；叶舌具短纤毛；叶片线形，扁平或内卷，粗糙。圆锥花序狭窄，小穗含小花，绿色或带紫色；颖具脉，边缘膜质，外稃披针形，花药长约2mm。花果期7—9月。

◎分布与生境

分布于黑龙江、吉林、辽宁、内蒙古、宁夏、甘肃、新疆、河北、山西、陕西等地；历山见于青皮掌、舜王坪等地；多生于干旱草原、丘陵坡地、沙地、固定或半固定沙丘、山坡等处。

◎主要用途

牧草。

北京隐子草

◆ 学名：*Cleistogenes hancei* Keng
◆ 科属：禾本科隐子草属

◎主要特征

多年生草本。具短的根状茎。秆直立，疏丛，较粗壮，基部具向外斜伸的鳞芽，鳞片坚硬。叶鞘短于节间，无毛或疏生疣毛；叶舌短，先端裂成细毛；叶片线形，扁平或稍内卷，两面均粗糙，质硬，斜伸或平展，常呈绿色，亦有时稍带紫色。圆锥花序开展，具多数分枝；小穗灰绿色或带紫色，排列较密，含3~7小花。花果期7—11月。

◎分布与生境

分布于内蒙古、河北、山西、辽宁、陕西、山东、江苏、安徽、江西、福建等地；历山全境海拔1500m以下的阳坡可见；多生于山坡、路旁、林缘灌丛。

◎主要用途

根系发达，具有防止水土流失作用，可作水土保持植物，亦为优良牧草。

隐花草

◆ 学名：*Crypsis aculeata* (L.) Ait.
◆ 科属：禾本科隐花草属

◎主要特征

一年生草本。须根细弱。秆具分枝，光滑无毛。叶鞘短于节间，叶舌短小，顶生纤毛；叶片线状披针形，扁平或对折，上面微糙涩，下面平滑，圆锥花序短缩成头状或卵圆形，小穗长约4mm，淡黄白色；颖膜质，第一颖窄线形，第二颖披针形；外稃长于颖，薄膜质，内稃与外稃同质，花药黄色。囊果长圆形或楔形。花果期5—9月。

◎分布与生境

分布于内蒙古、甘肃、新疆、陕西、山西、河北、山东、江苏、安徽等地；历山见于后河水库、大河、青皮掌等地；多生于河岸、沟旁及盐碱地。

◎主要用途

盐碱土指示植物；可作牧草。

狗牙根

◆ 学名：*Cynodon dactylon* (L.) Pers.
◆ 科属：禾本科狗牙根属

◎别　名

铁线草、绊根草、堑头草、马挽手、行仪芝、牛马根、马根子草、铺地草、铜丝金、铁丝草、鸡肠草。

◎主要特征

多年生草本。须根细韧，具横走根茎和匍匐茎，有节，随地生根。秆直立。叶鞘有脊，鞘口通常具柔毛；叶片线形，互生，在下部者因节间短缩似对生。穗状花序3~6枚指状排列于茎顶，小穗灰绿色或带紫色，小穗两侧压扁，通常为1小花，无柄。花果期5—10月。

◎分布与生境

全国广布；历山全境低山区习见；多生于旷野、路边及草地。

◎主要用途

根茎可入药；可作草坪植物。

野青茅

◆ 学名：*Deyeuxia pyramidalis* (Host) Veldkamp
◆ 科属：禾本科野青茅属

◎别　名

山茅草。

◎主要特征

多年生草本；秆直立，其节膝曲，丛生，平滑。叶鞘疏松裹茎，叶舌膜质，顶端常撕裂；叶片扁平或边缘内卷，无毛，两面粗糙，带灰白色。圆锥花序紧缩似穗状，小穗草黄色或带紫色；颖片披针形，先端尖，稍粗糙，芒自外稃近基部，近中部膝曲，芒柱扭转；内稃近等长或稍短于外稃；延伸小穗。花果期6—9月。

◎分布与生境

分布于东北、华北、华中及陕西、甘肃、四川、云南、贵州各地；历山全境可见；多生于山坡草地、林缘、灌丛山谷溪旁及河滩草丛。

◎主要用途

优良牧草。

马唐

◆ 学名：*Digitaria sanguinalis* (L.) Scop.
◆ 科属：禾本科马唐属

◎别　　名

蹲倒驴。

◎主要特征

一年生草本。秆直立或下部倾斜，膝曲上升，无毛或节生柔毛。叶鞘短于节间，无毛或散生疣基柔毛；叶舌较短；叶片线状披针形，基部圆形，边缘较厚，微粗糙，具柔毛或无毛。总状花序4~12枚呈指状，着生于长1~2cm的主轴上；穗轴直伸或开展，两侧具宽翼，边缘粗糙；小穗椭圆状披针形。花果期6—9月。

◎分布与生境

分布于西藏、四川、新疆、陕西、甘肃、山西、河北、河南及安徽等地；历山全境可见；多生于路旁、田野。

◎主要用途

可作牧草；全草可入药。

止血马唐

◆ 学名：*Digitaria ischaemum* (Schreb.) Schreb.
◆ 科属：禾本科马唐属

◎别　　名

抓根草、鸡爪草。

◎主要特征

一年生草本。秆直立或基部倾斜，下部常有毛。叶鞘具脊，叶片扁平，线状披针形，顶端渐尖，基部近圆形，多少生长柔毛。总状花序，具白色中肋，两侧翼缘粗糙；小穗着生于各节；第一颖不存在；第二颖等长或稍短于小穗；第一外稃与小穗等长，第二外稃成熟后紫褐色，有光泽。花果期6—11月。

◎分布与生境

分布于黑龙江、吉林、辽宁、内蒙古、甘肃、新疆、西藏、陕西、山西、河北、四川及台湾等地；历山全境低山区常见；多生于田野、河边润湿的地方。

◎主要用途

全草可入药，也可作牧草。

稗

◆ 学名：*Echinochloa crus-galli* (L.) P. Beauv.
◆ 科属：禾本科稗属

◎别　名

旱稗、稗草。

◎主要特征

一年生草本。光滑无毛，基部倾斜或膝曲。叶鞘疏松裹秆，平滑无毛，下部者长于而上部者短于节间；叶舌缺；叶片扁平，线形，无毛，边缘粗糙。圆锥花序直立，近尖塔形；主轴具棱，粗糙或具疣基长刺毛；分枝斜上举或贴向主轴，有时再分小枝；穗轴粗糙或生疣基长刺毛；小穗卵形，带紫色。花果期夏秋季。

◎分布与生境

几乎遍布于全国；历山全境可见；多生于沼泽地、沟边及水稻田中。

◎主要用途

全株可入药；种子可食。

长芒稗

◆ 学名：*Echinochloa caudata* Roshev
◆ 科属：禾本科稗属

◎别　名

红毛谷莠、稗草。

◎主要特征

一年生草本。叶鞘无毛或常有疣基毛，或仅有粗糙毛或边缘有毛；叶舌缺；叶片线形，两面无毛，边缘增厚而粗糙。圆锥花序稍下垂，主轴粗糙，具棱，疏被疣基长毛；分枝密集，常再分小枝；小穗卵状椭圆形，常带紫色，脉上疏生刺毛，内稃膜质，先端具细毛，边缘具细睫毛；花柱基分离。花果期夏秋季。

◎分布与生境

分布于黑龙江、吉林、内蒙古、河北、山西、新疆、安徽、江苏等地；历山见于下川、大河、后河水库；多生于田边、路旁及河边湿润处。

◎主要用途

民间全草可入药。

光头稗

◆ 学名：*Echinochloa colonum* (L.) Link
◆ 科属：禾本科稗属

◎别　　名

芒稷、扒草、穇草。

◎主要特征

与长芒稗*Echinochloa caudata* Roshev相比，本种植株较为矮小，小穗芒极短，不明显，可以区别。

◎分布与生境

分布于河北、河南、安徽、江苏、浙江、江西、湖北、四川等地；历山全境可见；多生于田野、园圃、路边湿润地上。

◎主要用途

谷粒可食，全草也可作牧草。

蟋蟀草

◆ 学名：*Eleusine indica* (L.) Gaertn.
◆ 科属：禾本科穇属

◎别　　名

牛筋草。

◎主要特征

一年生草本。根系极发达。秆丛生，基部倾斜。叶鞘两侧压扁而具脊，松弛，无毛或疏生疣毛；叶舌长约1mm；叶片平展，线形，无毛或上面被疣基柔毛。穗状花序2~7个指状着生于秆顶，很少单生；小穗含3~6小花；颖披针形，具脊，脊粗糙。囊果卵形，基部下凹，具明显的波状皱纹。鳞被2，折叠，具5脉。花果期6—10月。

◎分布与生境

全国广布；历山全境低海拔地区；多生于荒地及道路旁。

◎主要用途

全草可入药；为水土保持植物，也可作牧草。

披碱草

◆ 学名：*Elymus dahuricus* Turcz.
◆ 科属：禾本科披硷草属

◎别　　名

细茎披碱草。

◎主要特征

多年生丛生草本。秆疏丛，直立，高可达140cm。叶鞘光滑无毛；叶片扁平，稀可内卷，上面粗糙，下面光滑，穗状花序直立，较紧密，穗轴边缘具小纤毛，小穗绿色，成熟后变为草黄色，含小花；颖披针形或线状披针形，外稃披针形，芒粗糙，内稃与外稃等长，先端截平，脊上具纤毛，脊间被稀少短毛。花果期7—9月。

◎分布与生境

分布于东北、内蒙古、河北、河南、山西、陕西、青海、四川、新疆、西藏等地；历山见于青皮掌、混沟、皇姑曼等地；多生于山坡草地或路边。

◎主要用途

水土保持草种，可作牧草。

垂穗披碱草

◆ 学名：*Elymus nutans* Griseb.
◆ 科属：禾本科披碱草属

◎主要特征

一年生草本。秆直立，基部稍呈膝曲状。基部和根出的叶鞘具柔毛；叶片扁平，上面有时疏生柔毛，下面粗糙或平滑。穗状花序较紧密，通常曲折而先端下垂，穗轴边缘粗糙或具小纤毛；小穗绿色，成熟后带有紫色，芒粗糙，向外反曲或稍展开；内稃与外稃等长，先端钝圆或截平，脊上具纤毛，其毛向基部渐次不显，脊间被稀少微小短毛。花果期7—9月。

◎分布与生境

分布于内蒙古、河北、陕西、甘肃、青海、四川、新疆、西藏等地；历山见于海拔1500m以上的草地；多生于草原、山坡道旁和林缘。

◎主要用途

杂草。

鹅观草

◆ 学名：*Roegneria kamoji* Ohwi
◆ 科属：禾本科披碱草属

◎别　　名

弯穗鹅观草、柯孟披碱草。

◎主要特征

多年生草本。秆直立或基部倾斜。叶鞘外侧边缘常具纤毛；叶片扁平。穗状花序，弯曲或下垂；小穗绿色或带紫色，含小花；颖卵状披针形至长圆状披针形，外稃披针形，内稃约与外稃等长，先端钝头，脊显著具翼，翼缘具有细小纤毛。花果期6—9月。

◎分布与生境

几乎遍及全国；历山见于青皮掌、云蒙、混沟、舜王坪等地；多生于海拔100~2300m的山坡和湿润草地。

◎主要用途

可作牧草。

直穗鹅观草

◆ 学名：*Roegneria turczaninovii* (Drob.) Nevski
◆ 科属：禾本科披碱草属

◎主要特征

多年生草本。植株具根头；秆疏丛较细瘦，高可达80cm，上部叶鞘平滑无毛。下部者常具倒毛；叶片质软而扁平，上面被细短微毛，下面无毛。穗状花序，小穗黄绿色或微带蓝紫色，含小花；颖披针形，外稃披针形，内稃脊上部具短硬纤毛。花果期6—9月。

◎分布与生境

分布于东北、内蒙古、河北、山西、陕西、新疆等地；历山全境可见；多生于山坡草地、林中沟边、平坡地。

◎主要用途

可作牧草。

中华鹅观草

◆ 学名：*Elymus sinicus* (Keng) S. L. Chen
◆ 科属：禾本科披碱草属

◎别　　名

狭叶鹅观草、中华披碱草。

◎主要特征

多年生草本。秆疏丛；高30~90cm，基部曲膝，2~3节。叶鞘无毛；叶片硬，内卷，直立，上面疏被柔毛，下面无毛；穗状花序直立；穗轴棱边被糙纤毛；小穗绿色或黄褐色带紫色，具4~5小花；颖不等长，具3~5脉，芒长1~1.8cm；内稃与外稃等长，顶端平截或稍下凹，脊上部具刺状纤毛。花果期7—9月。

◎分布与生境

华北各地可见；历山见于青皮掌、舜王坪；多生于山地草坡。

◎主要用途

杂草。

棒头草

◆ 学名：*Polypogon fugax* Nees ex Steud.
◆ 科属：禾本科棒头草属

◎别　　名

野高粱。

◎主要特征

一年生草本。秆丛生，基部膝曲。叶鞘光滑无毛，叶舌膜质，长圆形，叶片扁平，微粗糙或下面光滑。圆锥花序穗状，长圆形或卵形，较疏松，具缺刻或有间断，小穗灰绿色或部分带紫色；颖长圆形，疏被短纤毛，外稃光滑，先端具微齿，颖果椭圆形。花果期4—9月。

◎分布与生境

全国广布；历山全境可见；多生于山坡、田边潮湿处。

◎主要用途

可作牧草。

画眉草

◆ 学名：*Eragrostis pilosa* (L.) Beauv.
◆ 科属：禾本科画眉草属

◎别　　名

星星草、蚊子草。

◎主要特征

一年生草本。秆丛生，直立或基部膝曲，通常具4节，光滑。叶鞘松裹茎，长于或短于节间，扁压，鞘缘近膜质，鞘口有长柔毛；叶舌为一圈纤毛；叶片线形扁平或卷缩，无毛。圆锥花序开展或紧缩，分枝单生、簇生或轮生，多直立向上，腋间有长柔毛，小穗具柄。花果期8—11月。

◎分布与生境

分布于全国各地；历山全境可见；多生于荒芜田野草地上。

◎主要用途

为优良饲料；全株可药用。

大画眉草

◆ 学名：*Eragristis cilianensis* (All.) Link ex Vignolo-Lutati
◆ 科属：禾本科画眉草属

◎别　　名

星星草、西连画眉草。

◎主要特征

一年生草本。秆粗壮，直立丛生，基部常膝曲，具3~5节。叶鞘疏松裹茎，鞘口具长柔毛；叶舌为1圈成束的短毛；叶片线形扁平。小穗长圆形或尖塔形；小穗长圆形或卵状长圆形，墨绿色带淡绿色或黄褐色，有10~40朵小花。颖果近圆形。花果期7—10月。

◎分布与生境

全国广布；历山全境可见；多生于荒芜草地上。

◎主要用途

全草可入药。

知风草

◆ 学名：*Eragrostis ferruginea* (Thunb.) Beauv.
◆ 科属：禾本科画眉草属

◎别　　名

梅氏画眉草。

◎主要特征

多年生草本。秆丛生或单生，直立或基部膝曲。叶鞘两侧极压扁，基部相互跨覆，均较节间长，光滑无毛，鞘口与两侧密生柔毛，通常在叶鞘的主脉上生有腺点；叶舌退化为一圈短毛；叶片平展或折叠，上部叶超出花序，常光滑无毛或上面近基部偶疏生有毛。圆锥花序大而开展，分枝节密，每节生枝1~3个，向上，枝腋间无毛；小穗长圆形，多带黑紫色，有时也出现黄绿色。花果期8—12月。

◎分布与生境

分布遍及全国；历山全境可见；多生于路边、山坡草地。

◎主要用途

为优良饲料；根系发达，固土力强，可作保土固堤之用；全草可入药。

羊茅

◆ 学名：*Festuca ovina* L.
◆ 科属：禾本科羊茅属

◎别　　名

酥油草。

◎主要特征

多年生草本，密丛。叶鞘开口几达基部，平滑，叶舌截平，具纤毛，叶片内卷成针状，质较软，稍粗糙。圆锥花序紧缩呈穗状，小穗淡绿色或紫红色，颖片披针形，外稃背部粗糙或中部以下平滑，内稃近等长于外稃，脊粗糙。花药黄色。花果期6—9月。

◎分布与生境

分布于黑龙江、吉林、内蒙古、陕西、山西、甘肃、宁夏、青海、新疆等地；历山见于舜王坪、青皮掌；多生于高山草甸、草原、山坡草地、林下、灌丛及沙地。

◎主要用途

可作牧草。

牛鞭草

◆ 学名：*Hemarthria altissima* (Poir.) Stapf et C. E. Hubb
◆ 科属：禾本科牛鞭草属

◎别　　名

牛仔草、铁马鞭。

◎主要特征

多年生草本。叶鞘边缘膜质，鞘口具纤毛；叶舌膜质，白色，上缘撕裂状；叶片线形，两面无毛。第一颖革质，等长于小穗，背面扁平，具7~9脉，两侧具脊，先端尖或长渐尖；第二颖厚纸质，贴生于总状花序轴凹穴中，但其先端游离；第一小花仅存膜质外稃；第二小花两性，外稃膜质，长卵形。花果期夏秋季。

◎分布与生境

分布于东北、华北、华中、华南、西南各地；历山全境低山区常见；多生于田埂、河岸、溪沟旁及路边。

◎主要用途

为水土保持草种，也可作牧草。

羊草

◆ 学名：*Leymus chinensis* (Trin.) Tzvel.
◆ 科属：禾本科赖草属

◎别　　名

碱草。

◎主要特征

多年生草本。具下伸或横走根茎；须根具沙套。秆散生，直立，具4~5节。叶鞘光滑，基部残留叶鞘呈纤维状，枯黄色；叶舌截平，顶具裂齿，叶片带状。穗状花序直立，穗轴边缘具细小睫毛，小穗含5~10小花。花果期6—8月。

◎分布与生境

分布于东北、内蒙古、河北、山西、陕西、新疆等地；历山见于青皮掌、锯齿山、舜王坪、大河；多生于平原及低山区草地。

◎主要用途

可作水土保持草种；可作牧草；茎秆可造纸。

白茅

◆ 学名：*Imperata cylindrica* (L.) Beauv.
◆ 科属：禾本科白茅属

◎别　　名

茅、茅针、茅根。

◎主要特征

多年生草本。秆直立，节无毛。叶鞘聚集于秆基，叶舌膜质，秆生叶片窄线形，通常内卷，顶端渐尖呈刺状，下部渐窄，质硬，基部上面具柔毛。圆锥花序稠密，第一外稃卵状披针形，第二外稃与其内稃近相等，卵圆形，顶端具齿裂及纤毛；花柱细长，紫黑色。颖果椭圆形。花果期4—6月。

◎分布与生境

分布于辽宁、河北、山西、山东、陕西、新疆等北方地区；历山全境湿润草地常见；多生于低山带平原河岸草地、沙质草甸、荒漠及海滨。

◎主要用途

根茎可入药。

臭草

◆ 学名：*Melica scabrosa* Trin.
◆ 科属：禾本科臭草属

◎别　　名

肥马草、枪草、粗糙米茅、毛臭草。

◎主要特征

多年生草本。须根细弱，较稠密。秆丛生，直立或基部膝曲。叶鞘闭合近鞘口，常撕裂；叶舌透明膜质；叶片质较薄，扁平。圆锥花序狭窄；小穗柄短，纤细，上部弯曲，被微毛；小穗淡绿色或乳白色；颖膜质，狭披针形，两颖几等长；外稃草质；内稃短于外稃或相等，倒卵形。颖果褐色，纺锤形，有光泽。花果期5—8月。

◎分布与生境

分布于辽宁、河北、山西、山东、陕西、新疆等北方地区；历山全境湿润草地常见；多生于低山带平原河岸草地、沙质草甸、荒漠及海滨。

◎主要用途

全草可入药；可作牧草。

大臭草

◆ 学名：*Melica turczaninowiana* Ohwi
◆ 科属：禾本科臭草属

◎主要特征

多年生草本。须根细弱。秆丛生，直立，具5~7节，光滑或在花序以下粗糙。叶鞘闭合几达鞘口，无毛，常向上粗糙，下部者长于节间而上部者短于节间；叶舌透明膜质；叶片扁平，上面被柔毛，下面粗糙。圆锥花序开展，每节具分枝2~3；分枝细弱，小穗柄细；小穗紫色或褐紫色，卵状长圆形。花果期6—8月。

◎分布与生境

分布于东北、华北各地；历山全境可见；多生于海拔700~2200m的山地林缘、针叶林和白桦林内、灌丛草甸及阴坡草丛中。

◎主要用途

杂草。

乱子草

◆ 学名：*Muhlenbergia huegelii* Trinius
◆ 科属：禾本科乱子草属

◎主要特征

多年生草本。常具长而被鳞片的根茎，秆质较硬，稍扁，直立。叶鞘疏松，平滑无毛；叶舌膜质；叶片扁平，狭披针形。圆锥花序稍疏松开展，每节簇生数分枝；小穗灰绿色有时带紫色，披针形；颖薄膜质，白色透明，部分稍带紫色；外稃与小穗等长，具铅绿色斑纹。花果期7—10月。

◎分布与生境

分布于东北、华北、西北、西南、华东各地；历山见于舜王坪、青皮掌、西哄哄、云蒙、锯齿山；多生于山谷、河边湿地、林下及灌丛中。

◎主要用途

可作观赏草种。

求米草

◆ 学名：*Oplismenus undulatifolius* (Arduino) Beauv.
◆ 科属：禾本科求米草属

◎别　　名

竹叶草。

◎主要特征

多年生草本。秆纤细，基部平卧地面，节处生根。叶鞘短于或上部者长于节间，密被疣基毛；叶舌膜质，短小，长约1mm，叶片扁平，披针形至卵状披针形，先端尖，基部略圆形而稍不对称，通常具细毛。圆锥花序主轴密被疣基长刺柔毛；花柱基分离。花果期7—11月。

◎分布与生境

全国广布；历山全境可见；多生于山坡疏林下。

◎主要用途

可作牧草和水土保持植物。

狼尾草

◆ 学名：*Pennisetum alopecuroides* (L.) Spreng.
◆ 科属：禾本科狼尾草属

◎别　　名

狗尾巴草、狗仔尾、老鼠狼、芮草。

◎主要特征

多年生草本。须根较粗壮。秆直立，丛生。叶鞘光滑；叶舌具纤毛；叶片线形，先端长渐尖，基部生疣毛。圆锥花序直立；主轴密生柔毛；总梗长2~3（~5）mm；刚毛粗糙，淡绿色或紫色；小穗通常单生，偶有双生，线状披针形；花药顶端无毫毛；花柱基部联合。颖果长圆形。花果期夏秋季。

◎分布与生境

我国东北、华北、华东、中南及西南各地均有分布；历山低山区均可见；多生于海拔50~3200m的田岸、荒地、道旁及小山坡上。

◎主要用途

可作饲料；可作编织物或造纸的原料；常作为土法打油的油杷子；可作固堤防沙植物。

白草

◆ 学名：*Pennisetum centrasiaticum* Tzvel.
◆ 科属：禾本科狼尾草属

◎别　　名

倒生草、白花草。

◎主要特征

多年生草本。具横走根茎。秆直立，单生或丛生。叶鞘疏松包茎，近无毛；叶舌短，具纤毛；叶片狭线形，两面无毛。圆锥花序紧密，直立或稍弯曲。颖果长圆形。花果期7—10月。

◎分布与生境

分布于黑龙江、吉林、辽宁、内蒙古、河北、山西、陕西等地；历山全境干燥山坡均可见；多生于山坡较干燥处。

◎主要用途

全草可入药；可作牧草。

芦苇

◆ 学名：*Phragmites australis* (Cav.) Trin. ex Steud.
◆ 科属：禾本科芦苇属

◎别　　名

苇、芦、芦芛、蒹葭。

◎主要特征

多年水生或湿生的高大禾草。根状茎十分发达。秆直立，具20多节。叶鞘下部者短于其上部者，长于其节间；叶舌边缘密生一圈长约1mm的短纤毛，易脱落；叶片披针状线形，无毛，顶端长渐尖成丝形。圆锥花序大型，分枝多数；小穗无毛；内稃两脊粗糙；花药黄色；颖果长约1.5mm。花果期6—10月。

◎分布与生境

全国广布；历山全境自然水域可见；多生于江河湖泽、池塘沟渠沿岸及低湿地。

◎主要用途

净水植物；可作观赏植物；纤维可供编织或造纸；根状茎可入药；嫩芽可食。

早熟禾

◆ 学名：*Poa annua* L.
◆ 科属：禾本科早熟禾属

◎别　　名

小青草、小鸡草、冷草。

◎主要特征

一年生或冬性禾草。秆直立或倾斜，质软，高可达30cm，平滑无毛。叶鞘稍压扁，叶片扁平或对折，质地柔软，常有横脉纹，顶端急尖呈船形，边缘微粗糙。圆锥花序宽卵形，小穗卵形，含小花，绿色；颖质薄，外稃卵圆形，顶端与边缘宽膜质，花药黄色，颖果纺锤形。花期4—5月，果期6—7月。

◎分布与生境

全国广布；历山全境低山区习见；多生于平原和丘陵的路旁草地、田野水沟及荫蔽荒坡湿地。

◎主要用途

草坪植物；全草可入药。

高山早熟禾

◆ 学名：*Poa alpina* L.
◆ 科属：禾本科早熟禾属

◎主要特征

多年生密丛型草本。秆直立或斜升，常具2节。叶鞘平滑无毛，枯萎老鞘呈白褐色包围着秆基；叶舌膜质，多撕裂；叶片宽而扁平，有时对折，两面平滑无毛，边缘粗糙，顶端急尖呈舟形。圆锥花序卵形至长圆形，带紫色；分枝孪生，平滑，中部以下裸露；小穗卵形，含4~7小花。花果期7—9月。

◎分布与生境

分布于西北、华北等地；历山见于舜王坪草甸；多生于高山坡地草甸、沟旁石缝及沙地。

◎主要用途

可作牧草。

狗尾草

◆ 学名：*Setaria viridis* (L.) Beauv.
◆ 科属：禾本科狗尾草属

◎别　　名

莠、莠草、莠子草、光明草、阿罗汉草、狗尾半支、谷莠子、洗草。

◎主要特征

一年生草本。根为须状，高大植株具支持根。秆直立或基部膝曲。叶鞘松弛，无毛或疏具柔毛或疣毛；叶舌极短；叶片扁平。圆锥花序紧密呈圆柱状或基部稍疏离；第二颖几与小穗等长，椭圆形；第一外稃与小穗第长，先端钝，其内稃短小狭窄；第二外稃椭圆形；花柱基分离。颖果灰白色。花果期5—10月。

◎分布与生境

全国广布；历山全境常见；多生于荒野及道旁。

◎主要用途

秆、叶可作饲料，也可入药；全草加水煮滤出液可喷杀菜虫；小穗可提炼糠醛。

大油芒

◆ 学名：*Spodiopogon sibiricus* Trin.
◆ 科属：禾本科大油芒属

◎别　　名

山黄管、大荻。

◎主要特征

多年生草本植物。秆直立，通常单一。叶鞘大多长于其节间；叶舌干膜质，叶片线状披针形，中脉粗壮隆起。圆锥花序，主轴无毛，小穗宽披针形，草黄色或稍带紫色，第一颖草质，边缘内折膜质；第二颖与第一颖近等长，第一外稃透明膜质，卵状披针形，与小穗等长，第二小花两性，外稃稍短于小穗，花药柱头棕褐色。颖果长圆状披针形，棕栗色。花果期7—10月。

◎分布与生境

分布于黑龙江、吉林、辽宁、内蒙古、河北、山西、河南、陕西、甘肃等地；历山全境中山区常见；多生于山坡及路旁林荫之下。

◎主要用途

可作牧草。

长芒草

◆ **学名：*Stipa bungeana* Trin.**
◆ **科属：禾本科针茅属**

◎别　　名

扁莎草。

◎主要特征

多年生密丛草本。秆丛生，基部膝曲，叶鞘光滑无毛或边缘具纤毛，基生叶舌钝圆形，叶片纵卷似针状，圆锥花序为顶生叶鞘所包，成熟后渐抽出，两颖近等长，有膜质边缘，外稃有脉，基盘尖锐，密生柔毛，第二芒芒针稍弯曲；内稃与外稃等长，颖果长圆柱形。花果期6—8月。

◎分布与生境

分布于东北、华北、西北、西南等地；历山见于舜王坪、青皮掌、云蒙；多生于石质山坡、黄土丘陵、河谷阶地或路旁。

◎主要用途

可作牧草。

黄背草

◆ **学名：*Themeda japonica* (Willd.) Tanaka**
◆ **科属：禾本科菅属**

◎别　　名

扁莎草。

◎主要特征

多年生簇生草本。秆圆形，光滑无毛，具光泽，实心。叶鞘紧裹秆，背部具脊；叶舌坚纸质，顶端钝圆，叶片线形，顶部渐尖，中脉显著，边缘略卷曲，粗糙。大型伪圆锥花序多回复出，由具佛焰苞的总状花序组成，雄性，长圆状披针形，无柄小穗两性，纺锤状圆柱形，第一颖革质，第二颖与第一颖同质，第一外稃短于颖；第二外稃退化为芒的基部。花果期6—12月。

◎分布与生境

我国除新疆、青海、内蒙古以外，几乎均有分布；历山见于舜王坪、云蒙、锯齿山、皇姑曼、混沟；多生于海拔80~2700m的干燥山坡、草地、路旁及林缘等处。

◎主要用途

秆可供造纸或建筑用；可作观赏植物和牧草。

荻

◆ 学名：*Miscanthus sacchariflorus* (Maximowicz) Hackel
◆ 科属：禾本科芒属

◎别　　名

荻草、荻子、霸土剑。

◎主要特征

多年生草本。匍匐根状茎，秆直立，节生柔毛。叶鞘无毛，叶舌短，具纤毛；叶片扁平，宽线形，边缘锯齿状粗糙，基部常收缩成柄，粗壮。圆锥花序疏展成伞房状，主轴无毛，腋间生柔毛，小穗柄顶端稍膨大，小穗线状披针形，成熟后带褐色，基盘具长为小穗2倍的丝状柔毛；顶端膜质长渐尖，边缘和背部具长柔毛；颖果长圆形。花果期8—10月。

◎分布与生境

分布于黑龙江、吉林、辽宁、河北、山西、河南、山东、甘肃及陕西等地；历山全境水边和湿润草地可见；多生于山坡草地、平原岗地及河岸湿地。

◎主要用途

可用于园林造景；植株可造纸；根可入药。

虱子草

◆ 学名：*Tragus berteronianus* Schultes
◆ 科属：禾本科虱子草属

◎别　　名

扁莎草。

◎主要特征

一年生草本。须根细弱。秆倾斜，基部常伏卧地面。叶鞘短于节间或近等长；叶舌膜质；叶片披针形，边缘软骨质，疏生细刺毛。花序紧密，几呈穗状；小穗通常2个簇生，均能发育，稀仅1枚发育；第一颖退化，第二颖革质；外稃膜质，卵状披针形；雄蕊3枚，花药椭圆形；花柱2裂，柱头帚状。颖果椭圆形，稍扁。花果期7—9月。

◎分布与生境

分布于四川西北部、甘肃、陕西、宁夏、山西、河北、东北及内蒙古一部分地区；历山全境干燥山坡可见；多生于路旁、田间及山坡。

◎主要用途

普通牧草。

柳叶箬

◆ 学名：*Isachne globosa* (Thunb.) Kuntze
◆ 科属：禾本科柳叶箬属

◎别　　名

类黍柳叶箬。

◎主要特征

多年生草本。全株无毛；秆直立或基部倾斜，节生根。叶片披针形；小穗椭圆状球形，淡绿色或成熟后带紫褐色；两颖近等长，坚纸质，6~8脉，无毛，先端钝或圆，边缘窄膜质，第一小花常为雄性，较第二小花质软而窄；第二小花雌性，近球形，外稃边缘和背部常有微毛；鳞被楔形，先端平截或微凹；颖果近球形。花果期夏秋季。

◎分布与生境

分布于华北南部、云南、贵州、陕西等地；历山见于混沟底及红岩河；多生于沙质土的山坡草地中。

◎主要用途

杂草。

星星草

◆ 学名：*Puccinellia tenuiflora* (Turcz.) Scribn. et Merr.
◆ 科属：禾本科碱茅属

◎别　　名

扁莎草。

◎主要特征

多年生草本，疏丛型。秆直立。叶舌膜质，长约1mm，钝圆；叶片对折或稍内卷，上面微粗糙。圆锥花序疏松开展，主轴平滑；分枝2~3枚生于各节，下部裸露，细弱平展，微粗糙；小穗柄短而粗糙；小穗含2~3（~4）小花，长约3mm，带紫色。花果期6—8月。

◎分布与生境

分布于东北、河北、山西、安徽、甘肃、青海等地；历山见于后河水库附近河边草地；多生于草原盐化湿地、固定沙滩及沟旁渠岸草地上。

◎主要用途

可作牧草。

野古草

◆ 学名：*Arundinella hirta* (Thunb.) Tanaka
◆ 科属：禾本科野古草属

◎别　　名

毛秆野古草。

◎主要特征

多年生草本。根茎较粗壮，被淡黄色鳞片，须根直径约1mm。秆直立，质稍硬，被白色疣毛及疏长柔毛，后变无毛，节黄褐色，密被短柔毛。叶鞘被疣毛，边缘具纤毛；叶舌上缘截平，具长纤毛；叶片先端长渐尖，两面被疣毛。圆锥花序长。花果期8—10月。

◎分布与生境

分布于江苏、江西、湖北、湖南等地；历山全境可见；多生于海拔1000m以下的山坡、路旁及灌丛中。

◎主要用途

幼嫩植株可作饲料；根茎密集，可固堤，也可作造纸原料。

金鱼藻

◆ 学名：*Ceratophyllum demersum* L.
◆ 科属：金鱼藻科金鱼藻属

◎别　　名

细草、鱼草、软草、松藻。

◎主要特征

多年生草本，沉水性水生植物，全株暗绿色。茎细柔，有分枝。叶轮生，每轮6~8叶；无柄；叶片2歧或细裂，裂片线状，具刺状小齿。花小，单性，雌雄同株或异株，腋生，无花被；总苞片8~12，钻状；雄花具多数雄蕊；雌花具雌蕊1枚；花柱呈钻形。小坚果，卵圆形，光滑。花柱宿存，基部具刺。花期6—7月，果期8—10月。

◎分布与生境

几乎遍布全国；历山后河水库及境内静水池塘可见；多生于静水池沼。

◎主要用途

全株可入药，亦可用作猪、鱼及家禽饲料；可用于人工养殖鱼缸布景。

领春木

◆ **学名：** *Euptelea pleiospermum* Hook. f. et Thoms.
◆ **科属：** **领春木科领春木属**

◎别　　名

水桃、正心木。

◎主要特征

落叶灌木或小乔木，高可达15m。小枝无毛，芽卵形，鳞片深褐色，光亮。叶纸质，卵形或近圆形，少数椭圆卵形或椭圆披针形，先端渐尖，脉腋具丛毛，叶柄有柔毛后脱落。花丛生；苞片椭圆形，早落；花药红色，比花丝长，子房歪形，翅果棕色，种子卵形，黑色。花期4—5月，果期7—8月。

◎分布与生境

分布于河北、山西、河南、陕西、甘肃、浙江、湖北、四川、贵州、云南、西藏等地；历山见于下川、猪尾沟、云蒙、东峡、西峡、皇姑曼；多生于海拔900~3600m的溪边杂木林中。

◎主要用途

木纹理美观可用于制作家具或仪器表盒等；树形优美，树干通直，是庭院树种。

白屈菜

◆ **学名：** *Chelidonium majus* L.
◆ **科属：** **罂粟科白屈菜属**

◎别　　名

地黄连、牛金花、土黄连、八步紧、断肠草、山西瓜、雄黄草、山黄连、假黄连、小野人血草、黄汤子、胡黄连、小黄连。

◎主要特征

多年生草本。主根粗壮，圆锥形，侧根多，暗褐色。基生叶少，早凋落，叶片倒卵状长圆形或宽倒卵形，羽状全裂，全裂片倒卵状长圆形，裂片边缘圆齿状，表面绿色，背面具白粉，疏被短柔毛。伞形花序多花；花梗纤细，苞片小，卵形，花芽卵圆形，萼片卵圆形，舟状，早落；花瓣倒卵形，全缘，黄色；花丝丝状，黄色，蒴果狭圆柱形，种子卵形，暗褐色。花果期4—9月。

◎分布与生境

我国大部分地区均有分布；历山全境可见；生于海拔500~2200m的山坡、山谷林缘草地、路旁及石缝。

◎主要用途

种子可榨油；全草可入药。

秃疮花

◆ 学名：*Dicranostigma leptopodum* (Maxim.) Fedde
◆ 科属：罂粟科秃疮花属

◎别　　名

秃子花、勒马回、兔子花。

◎主要特征

多年生草本，全体含淡黄色液汁，被短柔毛。茎多，绿色。基生叶丛生，叶片狭倒披针形，羽状深裂，小裂片先端渐尖，表面绿色，背面灰绿色，叶柄条形，茎生叶少数，生于茎上部，裂片具疏齿，先端三角状渐尖。聚伞花序；花梗无毛；具苞片。花芽宽卵形，萼片卵形；花瓣倒卵形至回形，雄蕊多数，花丝丝状，花药长圆形，黄色；子房狭圆柱形，绿色，蒴果线形，种子卵珠形。花期3—5月，果期6—7月。

◎分布与生境

我国大部分地区有分布；历山见于云蒙、下川、西哄哄等地；多生于海拔400~3700m的草坡或路旁、田埂、墙头及屋顶。

◎主要用途

全草可入药；可作观赏植物。

山罂粟

◆ 学名：*Papaver nudicaule* L.
◆ 科属：罂粟科罂粟属

◎别　　名

山大烟、山米壳、野大烟、岩罂粟、野罂粟、小罂粟、橘黄罂粟。

◎主要特征

多年生草本。具乳汁，全体被粗毛。叶生基生，具长柄；叶片轮廓卵形、长卵形、狭卵形或披针形。花单独顶生；萼片2，广卵形，被棕灰色硬毛，花开后脱落；花瓣4，橘黄色。雄蕊多数；子房具棱，柱头5~9裂。蒴果，狭倒卵形，密被粗而长的硬毛，顶孔开裂。种子细小，多数。花期6—7月，果期8月。

◎分布与生境

分布于河北、山西、内蒙古、黑龙江、陕西、宁夏、新疆等地；历山见于舜王坪高山草甸；多生于海拔580~3500m的林下、林缘及山坡草地。

◎主要用途

可供观赏和药用。

角茴香

◆ 学名：*Hypecoum erectum* L.
◆ 科属：罂粟科角茴香属

◎别　　名

黄花地丁。

◎主要特征

一年生草本。根圆柱形，花茎多，圆柱形，二歧状分枝。基生叶多数，叶片轮廓倒披针形，多回羽状细裂，裂片线形，先端尖；叶柄细，基部扩大成鞘；茎生叶同基生叶。二歧聚伞花序多花；苞片钻形，萼片卵形，花瓣淡黄色，中裂片三角形，花丝宽线形，扁平，花药狭长圆形，子房狭圆柱形。蒴果长圆柱形，先端渐尖，两侧稍压扁，成熟时分裂成2果瓣。种子多数。花果期5—8月。

◎分布与生境

分布于东北、华北和西北等地；历山见于后河、大河、西哄哄、李疙瘩等地；多生于海拔400~4500m的山坡草地及河边砂地。

◎主要用途

全草可入药；可作观赏植物。

紫堇

◆ 学名：*Corydalis edulis* Maxim.
◆ 科属：罂粟科紫堇属

◎别　　名

蝎子花、断肠草。

◎主要特征

一年生灰绿色草本。茎分枝。叶片近三角形，上面绿色，下面苍白色，羽状全裂，裂片狭卵圆形，顶端钝，茎生叶与基生叶同形。总状花序，有花。花粉红色至紫红色，平展。苞片狭卵圆形至披针形，萼片小，近圆形，蒴果线形，下垂，种子密生环状小凹点；种阜小，紧贴种子。花期3—4月，果期4—5月。

◎分布与生境

分布于辽宁、北京、河北、山西、河南、陕西、甘肃、四川、云南、贵州等地；历山见于皇姑曼、青皮掌、东峡、西峡、云蒙等地；多生于海拔400~1200m的丘陵、沟边及多石地。

◎主要用途

全草可入药。

陕西紫堇

◆ 学名：*Corydalis shensiana* Liden
◆ 科属：罂粟科紫堇属

◎别　　名

秦岭弯花紫堇、长距曲花紫堇。

◎主要特征

无毛多年生草本。茎1~4条，直立，不分枝，上部具叶，下部裸露，近基部变细。基生叶少数，叶片轮廓近圆形或肾形，3全裂，全裂片近无柄，2~3深裂，有时指状全裂；茎生叶1~4枚，疏离，互生，无柄或近无柄，叶片掌状5~7全裂。总状花序顶生，有10~15花；花瓣蓝色。蒴果长圆状线形，成熟时自果梗先端反折。花果期6—8月。

◎分布与生境

分布于陕西、山西、河南、甘肃等地；历山见于舜王坪、卧牛场等地；多生于林下、灌丛下及山顶。

◎主要用途

可供观赏；民间可入药。

刻叶紫堇

◆ 学名：*Corydalis incisa* (Thunb.) Pers.
◆ 科属：罂粟科紫堇属

◎别　　名

地锦苗、断肠草、羊不吃、紫花鱼灯草、烫伤草。

◎主要特征

多年生草本，植株灰绿色。根茎短而肥厚，椭圆形。茎不分枝或少分枝，具叶。叶具长柄，基部具鞘，叶片二回三出。总状花序具多花；苞片约与花梗等长，菱形或楔形。萼片小，丝状深裂；花紫红色至紫色，稀淡蓝色至苍白色。蒴果线形至长圆形，具1列种子。花果期3—6月。

◎分布与生境

分布于河北、山西、陕西、河南、安徽等地；历山见于皇姑曼、云蒙；多生于林缘、路边及疏林下。

◎主要用途

全草可入药。

黄堇

◆ 学名：*Corydalis pallida* (Thunb.) Pers.
◆ 科属：罂粟科紫堇属

◎别　　名

山黄堇、珠果黄堇、黄花地丁。

◎主要特征

灰绿色丛生草本。茎1至多条，发自基生叶腋，具棱，常上部分枝。基生叶多数，莲座状，花期枯萎；茎生叶稍密集，下部叶具柄，上部叶近无柄，上面绿色，下面苍白色，二回羽状全裂，一回羽片4~6对；花黄色至淡黄色。蒴果线形，念珠状。花果期4—7月。

◎分布与生境

分布于黑龙江、吉林、辽宁、河北、内蒙古、山西、山东、河南、陕西等地；历山见于猪尾沟、小云蒙、转林沟；多生于林间空地、火烧迹地、林缘、河岸及多石坡地。

◎主要用途

可入药。

珠果黄堇

◆ 学名：*Corydalis speciosa* Maxim.
◆ 科属：罂粟科紫堇属

◎别　　名

狭裂珠果黄堇、念珠黄堇、胡黄堇。

◎主要特征

多年生灰绿色草本。叶片狭长圆形，二回羽状全裂，上面绿色，下面苍白色，裂片线形至披针形，具短尖。总状花序生茎和腋生枝的顶端，密具多花。花金黄色，蒴果线形，念珠状。种子黑色，有光泽。花果期5—7月。

◎分布与生境

分布于黑龙江、吉林、辽宁、河北、山西、山东、河南、江苏、江西、浙江、湖南等地；历山见于皇姑曼、云蒙、猪尾沟、青皮掌、大河等地；多生于林缘、路边及水边多石地。

◎主要用途

全草可入药。

地丁草

◆ 学名：*Corydalis bungeana* Turcz.
◆ 科属：罂粟科紫堇属

◎别　　名

紫堇、彭氏紫堇、布氏地丁。

◎主要特征

二年生灰绿色草本。茎自基部铺散分枝，灰绿色，具棱。基生叶多数；叶片上面绿色，下面苍白色，二至三回羽状全裂，具短柄。茎生叶与基生叶同形。总状花序多花；苞片叶状；花梗短；萼片宽卵圆形至三角形，常早落；花粉红色至淡紫色，平展；外花瓣顶端多少下凹，具浅鸡冠状突起，边缘具浅圆齿。蒴果椭圆形，下垂。花果期4—7月。

◎分布与生境

分布于甘肃、内蒙古、江苏、陕西、山西、山东、河北、辽宁、吉林、黑龙江、四川等地；历山见于皇姑曼、下川、西哄哄、云蒙、混沟等地；多生于多石坡地、河水泛滥地段、山沟、溪流、平原、丘陵草地及疏林下。

◎主要用途

全草可入药。

荷青花

◆ 学名：*Hylomecon Japonicum* (Thunb.) Prantl
◆ 科属：罂粟科荷青花属

◎别　　名

刀豆三七、补血草、大叶老鼠七、大叶芹幌子。

◎主要特征

多年生草本。具黄色液汁。根茎斜生；茎直立，不分枝，无毛，绿色转红色至紫色。基生叶少数，羽状全裂；具长柄；茎生叶通常2，稀3，叶片同基生叶，具短柄。花1~2（~3）朵排列成伞房状，顶生；萼片卵形，花瓣倒卵圆形或近圆形，基部具短爪，黄色。蒴果2瓣裂，具长达1cm的宿存花柱。种子卵形。花期4—7月，果期5—8月。

◎分布与生境

分布于四川、湖南、湖北、陕西、山西的南部、安徽、浙江等地；历山见于云蒙、皇姑曼、大河、锯齿山；多生于林下、林缘及沟边。

◎主要用途

根茎可入药。

小果博落回

◆ 学名：*Macleaya microcarpa* (Maxim.) Fedde
◆ 科属：罂粟科博落回属

◎别　　名

泡桐杆、黄婆娘、野麻子、吹火筒、野狐杆。

◎主要特征

直立草本。基部木质化，具乳黄色浆汁。茎通常淡黄绿色，光滑，多白粉，中空，上部多分枝。叶片宽卵形或近圆形，先端急尖、钝或圆形，基部心形，通常7或9深裂或浅裂。大型圆锥花序多花，长15~30cm，生于茎和分枝顶端；花芽圆柱形。蒴果近圆形，种子1枚，卵珠形，基着，直立。花果期6—10月。

◎分布与生境

分布于山西、江西、河南等地；历山全境低山区路旁可见；多生长于海拔450~1600m的山坡路边草地或灌丛中。

◎主要用途

全草可入药。

三叶木通

◆ 学名：*Akebia trifoliata (Thunb.)* Koidz.
◆ 科属：木通科木通属

◎别　　名

八月瓜藤、三叶拿藤、八月楂。

◎主要特征

落叶木质藤本。茎皮灰褐色。掌状复叶互生或在短枝上的簇生；叶柄直，叶片纸质或薄革质，卵形至阔卵形。总状花序自短枝上簇生叶中抽出，总花梗纤细，雄花萼片淡紫色，阔椭圆形或椭圆形；退化心皮长圆状锥形。雌花花梗稍较雄花的粗，柱头头状，具乳凸，橙黄色。果长圆形，直或稍弯。种子极多数，扁卵形，种皮红褐色或黑褐色，稍有光泽。花期4—5月，果期7—8月。

◎分布与生境

分布于河北、山西、山东、河南、陕西南部、甘肃东南部至长江流域各地；历山见于皇姑曼、猪尾沟、青皮掌、东峡、西哄哄等地；多生于海拔250~2000m的山地沟谷边疏林及丘陵灌丛中。

◎主要用途

根、茎和果均可入药；果可食及酿酒；种子可榨油。

蝙蝠葛

◆ 学名：*Menispermum dauricum* DC.
◆ 科属：防己科蝙蝠葛属

◎别　　名

山豆根、黄条香、山豆秧根、尼恩巴、北豆根。

◎主要特征

草质落叶藤本。根状茎褐色，垂直生，茎自位于近顶部的侧芽生出，一年生茎纤细，有条纹，无毛。叶纸质或近膜质，盾形；叶柄有条纹。圆锥花序单生或有时双生，有细长的总梗，花数朵，花密集成稍疏散。核果紫黑色。花期6—7月，果期8—9月。

◎分布与生境

分布于东北、华北和华东各地；历山见于云蒙、下川、舜王坪、锯齿沟、化石沟、转林沟、猪尾沟、大河、西哄哄、后河、混沟、锯齿山、皇姑曼；多生于路边灌丛及疏林中。

◎主要用途

根茎可入药。

黄芦木

◆ 学名：*Berberis amurensis* Rupr.
◆ 科属：小檗科小檗属

◎别　　名

狗奶根、刀口药、黄连、刺黄檗、小檗。

◎主要特征

落叶灌木。枝有沟，灰黄色，老枝灰色。刺粗大，常3分叉，稀单一。叶5~7片簇生，叶片长椭圆形、倒卵状椭圆形或卵形，边缘密生刺状细锯齿。总状花序开展或下垂，有花10~25朵或稍多，花淡黄色。浆果椭圆形，鲜红色，常被白粉，先端无宿存花柱。花期6—7月，果期8—9月。

◎分布与生境

分布于东北、华北及山东、陕西等地；历山见于皇姑曼、青皮掌、云蒙等地；多生于山坡灌丛中、山沟及山区地埂上。

◎主要用途

根茎、树枝可入药。

直穗小檗

◆ 学名：*Berberis dasystachya* Maxim.
◆ 科属：小檗科小檗属

◎别　　名

小檗、树黄连。

◎主要特征

落叶灌木，高可达3m。老枝圆柱形，幼枝紫红色；茎刺单一，叶纸质，叶片长圆状椭圆形、宽椭圆形或近圆形；叶缘平展，每边具细小刺齿。总状花序直立，花黄色；小苞片披针形，外萼片披针形，内萼片倒卵形，花瓣倒卵形。浆果椭圆形，红色。花期4—6月，果期6—9月。

◎分布与生境

分布于甘肃、宁夏、青海、湖北、陕西、四川、河南、河北、山西；历山见于青皮掌、舜王坪、锯齿山、云蒙；多生于向阳山地灌丛、山谷溪旁、林缘、林下及草丛中。

◎主要用途

根和树枝可入药。

细叶小檗

◆ 学名：*Berberis poiretii* Schneid.
◆ 科属：小檗科小檗属

◎别　　名

三颗针、针雀、酸狗奶子。

◎主要特征

落叶灌木。老枝灰黄色，幼枝紫褐色，具条棱。叶纸质，叶片倒披针形至狭倒披针形，偶披针状匙形，具小尖头，基部渐狭，上面深绿色，侧脉和网脉明显，两面无毛，叶缘平展，穗状总状花序具花，包括总梗，常下垂。花梗无毛；花黄色；苞片条形，小苞片披针形，外萼片椭圆形或长圆状卵形，内萼片长圆状椭圆形，花瓣倒卵形或椭圆形，胚珠通常单生。浆果长圆形，红色。花期5—6月，果期7—9月。

◎分布与生境

分布于吉林、辽宁、内蒙古、青海、陕西、山西、河北等地；历山见于舜王坪、云蒙、皇姑曼、青皮掌；多生于山地灌丛、砾质地、草原化荒漠、山沟河岸及林下。

◎主要用途

果实可食；根可入药。

秦岭小檗

◆ 学名：*Berberis circumserrata* (Schneid.) Schneid.
◆ 科属：小檗科小檗属

◎别　　名

黄柏刺、酸刺果、酸醋果。

◎主要特征

落叶灌木。老枝黄色或黄褐色，具稀疏黑色疣点，具条棱；茎刺3分叉。叶薄纸质，倒卵状长圆形或倒卵形，偶有近圆形。花黄色，2~5朵簇生；花瓣倒卵形，基部略呈爪。浆果椭圆形或长圆形，红色，具宿存花柱，不被白粉。花期5月，果期7—9月。

◎分布与生境

分布于湖北、陕西、河南、甘肃、青海等地；历山见于转林沟、混沟底、猪尾沟；多生于山坡、林缘、灌丛及沟边。

◎主要用途

根可入药。

红毛七

◆ 学名：*Caulophyllum robustum* Maxim.
◆ 科属：小檗科红毛七属

◎别　　名

类叶牡丹。

◎主要特征

多年生草本。茎生2叶，互生，二至三回三出复叶，下部叶具长柄；小叶卵形、长圆形或阔披针形，全缘。圆锥花序顶生；花淡黄色，苞片3~6；萼片6，倒卵形，花瓣状；花瓣6，远较萼片小，蜜腺状，扇形，子房1室，具2枚基生胚珠，花后子房开裂，露出2枚球形种子。果熟时柄增粗。种子浆果状，微被白粉，熟后蓝黑色，外被肉质假种皮。花期5—6月，果期7—9月。

◎分布与生境

分布于黑龙江、吉林、辽宁、山西、陕西、甘肃、河北、河南、湖南、湖北等地；历山见于钥匙沟、猪尾沟、东峡、西峡、云蒙、红岩河；多生于林下及山沟阴湿处。

◎主要用途

根茎可入药。

淫羊藿

◆ **学名：*Epimedium brevicornu* Maxim.**
◆ **科属：小檗科淫羊藿属**

◎别　　名

短角淫羊藿。

◎主要特征

多年生草本。根状茎粗短，暗棕褐色。二回三出复叶基生和茎生，具长柄，小叶纸质或厚纸质，叶缘具刺齿，花白色或淡黄色，花瓣远较内萼片短，距呈圆锥状。蒴果长约1cm，宿存花柱喙状。花期5—6月，果期6—8月。

◎分布与生境

分布于陕西、甘肃、山西、河南、青海、湖北、四川等地；历山见于下川、猪尾沟、皇姑曼、云蒙、混沟；多生于林下、沟边灌丛及山坡阴湿处。

◎主要用途

全草可入药。

毛果吉林乌头

◆ **学名：*Aconitum kirinense* var. *australe* W. T. Wang**
◆ **科属：毛茛科乌头属**

◎主要特征

多年生草木。直根暗褐色，粗壮。暗褐色。茎直立，下部被伸展的黄色长柔毛，上部被反曲的黄色短柔毛。叶互生；叶片肾状五角形，3深裂。总状花序有6~17朵花；花两性，两侧对称；萼片5，花瓣状，黄色，外面被短柔毛，上萼片圆筒形。蓇葖果，具黄毛。种子多数，三棱形，密生波状横狭翅。花期7—9月，果期8—10月。

◎分布与生境

分布于陕西东南部（山阳、华山）、湖北西北部、河南西部（庐氏）、山西南部（阳城、芮城）等地；历山见于李疙瘩、云蒙、舜王坪；多生于山地草坡及林边。

◎主要用途

块根可入药。

牛扁

◆ 学名：*Aconitum barbatum* var. *puberulum* Ledeb.
◆ 科属：毛茛科乌头属

◎别　　名

扁桃叶根、黄花乌头。

◎主要特征

本种与毛果吉林乌头*Aconitum kirinense* var. *australe* W. T. Wang类似；两者区别：本种基生叶3全裂，裂片较细；叶上具有明显的白色斑点；果实无毛。花期7—9月，果期8—10月。

◎分布与生境

分布于新疆、山西、河北、内蒙古等地；历山见于舜王坪山顶草地；多生于海拔400~2700m山地疏林下及较阴湿处。

◎主要用途

根茎可入药。

松潘乌头

◆ 学名：*Aconitum henryi* Pritz.
◆ 科属：毛茛科乌头属

◎别　　名

川鄂乌头、白花松潘乌头、陕西乌头、细裂川鄂乌头、草乌、千锤打、羊角七。

◎主要特征

一年生至多年生草本。块根长圆形，茎缠绕，分枝。叶片草质，五角形，总状花序，萼片淡蓝紫色，花瓣无毛或疏被短毛。种子三棱形。花期8—9月，果期10月。

◎分布与生境

分布于四川北部、青海东部、甘肃南部、宁夏南部、陕西南部及山西南部等地；历山见于皇姑曼、红岩河、混沟、青皮掌；多生于海拔1400~3000m山地林中、林边及灌丛中。

◎主要用途

块根可入药。

瓜叶乌头

◆ **学名：*Aconitum hemsleyanum* Pritz.**
◆ **科属：毛茛科乌头属**

◎别　　名

草乌、粗茎乌头、滇南草乌、截基瓜叶乌头、毛枝瓜叶乌头、拳距瓜叶乌头、长距瓜叶乌头、爪盔瓜叶乌头、珠芽瓜叶乌头。

◎主要特征

多年生草本。块根圆锥形；茎缠绕，无毛，常带紫色，分枝；茎中部叶片五角形或卵状五角形，基部心形或近截形，3深裂至基部0.7~3.2cm处，中裂片梯状菱形、卵状菱形或短渐尖，不明显3浅裂，具少数小裂片或卵形粗齿，侧裂片斜扇形，不等2浅裂；叶柄稍短于叶片，疏被短柔毛或几无毛；总状花序生茎或分枝顶端，有2~6（~12）花；下部苞片叶状，或不分裂呈宽楔形，上部苞片小，线形；花梗常弧状弯曲，下垂；萼片深蓝色，无毛，上萼片高盔形或圆筒状盔形，直或稍凹，侧萼片近圆形；花瓣无毛或有毛，向后弯或拳转。花果期8—10月。

◎分布与生境

分布于四川、湖北、湖南北部、江西北部、浙江西北部、安徽西部、陕西南部、河南西部等地；历山见于云蒙、皇姑曼、混沟、猪尾沟；多生于海拔1700~2200m的山地林中及灌丛中。

◎主要用途

根可入药。

北乌头

◆ **学名：*Aconitum kusnezoffii* Rchb.**
◆ **科属：毛茛科乌头属**

◎别　　名

草乌、蓝靰鞡花、鸡头草、蓝附子、五毒根、鸦头、小叶鸦儿芦、穴种、小叶芦、勒革拉花。

◎主要特征

多年生草本。块根圆锥形或胡萝卜形，等距离生叶，通常分枝。叶片纸质或近革质。顶生总状花序，通常与其下的腋生花序形成圆锥花序；萼片紫蓝色，上萼片盔形或高盔形，花丝全缘或有2小齿；种子扁椭圆球形。花期7—9月。

◎分布与生境

分布于山西、河北、内蒙古、辽宁、吉林和黑龙江等地；历山见于云蒙、皇姑曼、舜王坪、锯齿山、大河、猪尾沟；多生于海拔1000~2400m山地草坡及疏林中。

◎主要用途

根可入药。

华北乌头

◆ 学名：*Aconitum jeholense* var. *angustium* (W. T. Wang) Y. Z. Zhao
◆ 科属：毛茛科乌头属

◎别　　名

细裂叶乌头。

◎主要特征

多年生草本，株高80~120cm。茎短，微弯，无毛。叶3全裂，裂片细裂，状似五角形，表面具毛，背面光滑。总状花序，着花近30朵，萼片盔形，花瓣2枚，蓝紫色。花期8—9月，果期9—10月。

◎分布与生境

分布于山西、河北西部、内蒙古等地；历山见于舜王坪草地中；多生于海拔1980~3000m的山地。

◎主要用途

根可入药。

高乌头

◆ 学名：*Aconitum sinomontanum* Nakai
◆ 科属：毛茛科乌头属

◎别　　名

穿心莲、麻布袋、曲芍、龙骨七、花花七、簑衣七、九连环、龙蹄叶。

◎主要特征

多年生草本植物。茎圆柱形，粗达2cm；茎中部以下几无毛。基生叶1枚，与茎下部叶具长柄；叶片肾形或圆肾形。总状花序具密集的花，萼片蓝紫色或淡紫色，外面密被短曲柔毛，上萼片圆筒形；花瓣无毛，唇舌形，距向后拳卷；心皮3，无毛。蓇葖长1.1~1.7cm；种子倒卵形，密生横狭翅。花期6—9月，果期8月。

◎分布与生境

分布于四川、内蒙古、河北、山西、陕西、甘肃等地；历山见于猪尾沟、西峡、云蒙；多生于山坡草地及林中。

◎主要用途

根可入药。

类叶升麻

◆ 学名：*Actaea asiatica* Hara
◆ 科属：毛茛科类叶升麻属

◎别　　名

绿豆升麻、绿升麻、绿衣升麻、马尾升麻。

◎主要特征

多年生草本。根状茎横走，黑褐色。茎圆柱形，不分枝。叶2~3枚，茎下部的叶为三回三出近羽状复叶，具长柄；叶片三角形。总状花序，苞片线状披针形，花瓣匙形。果序长5~17cm，与茎上部叶等长或超出上部叶；浆果黑色。种子约6粒，卵形，有3纵棱，深褐色。花期5—6月，果期7—9月。

◎分布与生境

分布于西藏东部、云南、四川、湖北、青海、甘肃、陕西、山西、河北等地；历山见于猪尾沟、下川、红岩河、青皮掌；多生于海拔350~3100m的山地林下、沟边阴处及河边湿草地。

◎主要用途

茎、叶可用作土农药；根茎可入药；可植于花境、草坪边缘或疏林下作观赏植物。

小升麻

◆ 学名：*Cimicifuga acerina* Sieb. et Zucc.
◆ 科属：毛茛科升麻属

◎别　　名

叶八角草、五角莲、黑八角莲、小升麻、金龟草。

◎主要特征

多年生草本，高25~150cm。根茎粗壮，横走。茎直立，无毛。叶1~2枚，一回三出复叶，三角形；顶生小叶卵状心形，侧生小叶斜卵状心形，边缘均有不规则锯齿。花白色。蓇葖果。花期7—9月，果期9—11月。

◎分布与生境

分布于山西、陕西、甘肃、安徽、浙江、河南、湖北、湖南等地；历山见于猪尾沟、西峡、东峡、红岩河、青皮掌、钥匙沟；多生于山坡林下草丛中。

◎主要用途

根状茎可供药用。

升麻

◆ 学名：*Cimicifuga foetida* L.
◆ 科属：毛茛科升麻属

◎别　　名

绿升麻、西升麻、空升麻、周升麻、鸡升麻、鬼脸升麻、苦壮菜。

◎主要特征

多年生草本。根茎粗壮，黑色；茎直立，中空。下部茎生叶片三角形，二至三回三出羽状全裂。圆锥花序；花两性；萼片5，倒卵状圆形，白色或绿白色，退化雄蕊位于萼片内面，能育雄蕊多数；心皮2~5，密被灰色毛。蓇葖果长圆形，被贴伏的柔毛，基部渐狭呈长2~3mm的柄，顶端有短喙；种子3~8粒，椭圆形，全体生膜质鳞翅。花期7—9月，果期8—10月。

◎分布与生境

分布于河南、山西、湖北、陕西、宁夏、甘肃、青海、四川、云南、西藏等地；历山见于猪尾沟、红岩河、云蒙、钥匙沟、锯齿沟、青皮掌；多生于山地林缘、林中及路旁草丛中。

◎主要用途

根茎可入药；嫩叶处理后可作野菜。

单穗升麻

◆ 学名：*Cimicifuga simplex* Wormsk.
◆ 科属：毛茛科升麻属

◎别　　名

米升麻、升麻、野菜麻、野菜升麻、草穗升麻、单株升麻、苦壮菜。

◎主要特征

多年生草本。根状茎粗壮，横走，外皮带黑色。茎单一，无毛；下部茎生叶有长柄，为二至三回三出近羽状复叶；叶片卵状三角形。总状花序不分枝或有时在基部有少数短分枝；苞片钻形，远较花梗为短；花梗和轴均密被灰色腺毛及柔毛。蓇葖果被贴伏的短柔毛。花期8—9月，果期9—10月。

◎分布与生境

分布于安徽、重庆、甘肃、广东、贵州、河北、黑龙江、河南、湖北、江西、吉林、辽宁、内蒙古、陕西、山西、四川、云南、浙江等地；历山见于猪尾沟、锯齿沟、西峡；多生于山地草坪、潮湿的灌丛及草丛。

◎主要用途

根茎可入药；嫩叶处理后可作野菜。

银莲花

◆ 学名：***Anemone cathayensis*** **Kitag.**
◆ 科属：**毛茛科银莲花属**

◎别　　名

华北银莲花、毛蕊银莲花。

◎主要特征

多年生草本。基生叶4~8；叶片圆肾形，两面疏生柔毛或变无毛，3全裂，中央裂片宽菱形或菱状倒卵形，3裂近中部；叶柄疏被长柔毛或变无毛。总苞片约5，无柄，不等大，菱形或倒卵形，3裂或不分裂；伞形花序简单；萼片5~6，白色或带粉红色，倒卵形；无花瓣；雄蕊多数，花丝条形；心皮无毛。瘦果扁平，宽椭圆形或近圆形。花期4—7月，果期7月。

◎分布与生境

分布于河北、山西等地；历山见于舜王坪附近高山草甸；多生于海拔1000~2600m的山坡草地、山谷沟边及多石砾坡地。

◎主要用途

可供观赏和药用。

钝裂银莲花

◆ 学名：***Anemone obtusibloa*** **D. Don.**
◆ 科属：**毛茛科银莲花属**

◎别　　名

高山银莲花。

◎主要特征

多年生草本，植株高10~30cm。基生叶7~15，有长柄，多少密被短柔毛；叶片肾状五角形或宽卵形，基部心形，3全裂或偶3裂近基部，中全裂片菱状倒卵形，二回浅裂，侧全裂片与中全裂片近等大或稍小，各回裂片互相多少邻接或稍覆压，脉近平。花莛2~5，有开展的柔毛；苞片3，无柄；萼片5（~8），白色、蓝色或黄色，倒卵形或狭倒卵形，子房密被柔毛。花期5—7月，果期8月。

◎分布与生境

分布于河北、山西、四川等地；历山见于舜王坪附近；多生于高山草地。

◎主要用途

民间可入药。

阿尔泰银莲花

◆ **学名：*Anemone altaica* Fisch**
◆ **科属：毛茛科银莲花属**

◎别　　名

穿骨七、九节菖蒲、玄参。

◎主要特征

多年生草本。根状茎横走或稍斜，叶片薄草质，宽卵形，3裂，边缘有齿，两面近无毛，叶柄无毛。花莛近无毛；苞片有柄，花梗柔毛，萼片白色，倒卵状长圆形或长圆形，顶端圆形，无毛；花丝近丝形；瘦果卵球形，有柔毛。花期3—5月，果期7月。

◎分布与生境

分布于湖北西北部、河南西部、陕西南部、山西南部；历山见于舜王坪、卧牛场、混沟、青皮掌；多生于海拔1200~1800m的山地谷中林下、草丛及沟边。

◎主要用途

根状茎可入药。

大火草

◆ **学名：*Anemone tomentosa* (Maxim.) Pei**
◆ **科属：毛茛科银莲花属**

◎别　　名

小白头翁、土羌活、土白头翁、铁蒿、水棉花、满天星、接骨莲、大星宿草、大鹏叶、白头翁、野棉花。

◎主要特征

多年生草本。根状茎斜，木质。基生叶2~5，有长柄；叶片心状卵形或心状宽卵形。花莛粗壮，有密或疏的柔毛；聚伞花序二至四回分枝；苞片3，形状似基生叶，但较小；花梗密被短茸毛；萼片5，白色或带粉红色，倒卵形；雄蕊长约为萼片长度的1/4，花丝丝形；子房密被绵毛。聚合果球形；瘦果有细柄，密被绵毛。花期7—10月，果期6—9月。

◎分布与生境

分布于湖南、贵州、云南、山西、河南等地；历山全境可见；多生于山地草坡、沟边及疏林中。

◎主要用途

可作观赏植物；根茎可入药。

小花草玉梅

◆ 学名：***Anemone rivularis* var. *flore-minore* Maxim.**
◆ 科属：**毛茛科银莲花属**

◎别　　名

草玉梅。

◎主要特征

多年生草本。株常粗壮；根状茎木质。基生叶有长柄；叶片肾状五角形，3全裂，中全裂片宽菱形或菱状卵形，有时宽卵形，两面都有糙伏毛；叶柄有白色柔毛，基部有短鞘。花莛直立；聚伞花序，苞片披针形至披针状线形，有柄，似基生叶，膜质，萼片白色，狭椭圆形或倒卵状狭椭圆形，花药椭圆形，花丝丝形。瘦果狭卵球形。花期5—8月，果期6—8月。

◎分布与生境

分布于四川西北部和北部、青海东部、新疆、甘肃南部和中部、宁夏、陕西、河南、山西、河北西部和北部、内蒙古南部、辽宁西部；历山全境可见；多生于山地林边及草坡上。

◎主要用途

根状茎可药用。

华北耧斗菜

◆ 学名：***Aquilegia yabeana* Kitag.**
◆ 科属：**毛茛科耧斗菜属**

◎别　　名

五铃花、紫霞耧斗。

◎主要特征

多年生草本。根圆柱形，上部分枝。基生叶数个，有长柄，小叶片菱状倒卵形或宽菱形，3裂，边缘有圆齿，表面无毛，背面疏被短柔毛；茎中部叶有稍长柄，通常为二回三出复叶，花序有少数花，密被短腺毛；苞片3裂或不裂，狭长圆形；花下垂；萼片紫色，狭卵形，花瓣紫色，子房密被短腺毛。种子黑色，狭卵球形。花期5—6月，果期8—9月。

◎分布与生境

分布于四川东北部、陕西南部、河南西部、山西、山东、河北和辽宁西部；历山全境山地林下均可见；多生于山地草坡及林边。

◎主要用途

根可提取饴糖，可入药；植株可作观赏植物。

紫花耧斗菜

◆ 学名：*Aquilegia viridiflora* var. *atropurpurea* (Willd.) Trevir.
◆ 科属：毛茛科耧斗菜属

◎别　　名

野耧斗菜、石头花、紫花菜。

◎主要特征

多年生草本。根肥大，圆柱形，黑褐色。茎常在上部分枝。基生叶少数，二回三出复叶；茎生叶数枚，为一至二回三出复叶，向上渐变小。萼片暗紫色或紫色；花瓣直立，倒卵形，雄蕊长伸出花外，蓇葖长1.5cm。种子黑色，狭倒卵形，具微凸起的纵棱。花期5—7月，果期7—8月。

◎分布与生境

分布于青海、山西、山东、河北、内蒙古、辽宁等地；历山全境可见；多生于山谷林中及沟边多石处。

◎主要用途

根茎可入药。

蜀侧金盏花

◆ 学名：*Adonis sutchuenensis* Franch.
◆ 科属：毛茛科侧金盏花属

◎别　　名

毛黄连、毛名、冰凌花。

◎主要特征

多年生草本。叶片卵状五角形，3全裂。花直径2~4.8cm，萼片约6，淡绿色，多为倒披针形；花瓣8~12，黄色，倒披针形或长圆状倒披针形，心皮多数，花柱短，柱头小，球形。花期4—6月，果期6月。

◎分布与生境

分布于四川西北部和东北部、陕西南部等地；历山见于青皮掌、卧牛场附近；多生于海拔1100~3300m的山地林中、灌丛中及草坡上。

◎主要用途

全草可入药。

短柱侧金盏花

◆ 学名：*Adonis brevistyla* Franch.
◆ 科属：毛茛科侧金盏花属

◎别　　名

水黄连、金山水黄连、短柱冰凉花、短柱福寿草。

◎主要特征

多年生草本。根状茎粗。茎常从下部分枝，基部有膜质鳞片，无毛。叶片五角形或三角状卵形，3全裂；全裂片有长或短柄，二回羽状全裂或深裂，末回裂片狭卵形，有锐齿。花瓣7~10（~14），白色，有时带淡紫色。瘦果倒卵形，疏被短柔毛，有短宿存花柱。花期4—5月，果期6月。

◎分布与生境

分布于四川西部、甘肃、陕西和山西的南部等地；历山见于卧牛场、舜王坪、青皮掌、云蒙；多生于海拔1900~3500m的山地林下及沟边草丛中。

◎主要用途

全草可入药。

白头翁

◆ 学名：*Pulsatilla chinensis* (Bunge) Regel
◆ 科属：毛茛科白头翁属

◎别　　名

菊菊苗、老翁花、老冠花、猫爪子花、羊胡子花、老冠花、将军草、大碗花。

◎主要特征

多年生草本。根状茎粗壮。基生叶4~5，通常在开花时刚刚生出，有长柄；叶片宽卵形，3全裂，叶柄有密长柔毛。花梗结果时伸长；花直立；萼片蓝紫色，长圆状卵形，背面有密柔毛；雄蕊长约为萼片之半。聚合果，瘦果纺锤形，有向上斜展的长柔毛。花期4—5月，果期5—6月。

◎分布与生境

分布于安徽、河南、甘肃南部、陕西、山西、山东、河北等地；历山全境习见；多生于平原和低山山坡草丛中、林边及干旱多石的坡地。

◎主要用途

根可入药。

铁筷子

◆ 学名：*Helleborus thibetanus* Franch.
◆ 科属：毛茛科铁筷子属

◎别　　名

黑毛七、九百棒、九龙丹、黑儿波、见春花、九朵云、九莲灯、九牛七、双铃草、小山桃儿七、小桃儿七、鸳鸯七、冰凉花、嚏根草。

◎主要特征

多年生草本。根状茎密生肉质长须根。茎无毛，上部分枝，基部有2~3个鞘状叶。基生叶1（~2）个，无毛，有长柄；叶片肾形或五角形，鸡足状3全裂。茎生叶近无柄，叶片较基生叶为小。花1~2朵生茎或枝端，在基生叶刚抽出时开放，无毛；萼片初粉红色，在果期变绿色，椭圆形或狭椭圆形；花瓣8~10，淡黄绿色，圆筒状漏斗形，具短柄。蓇葖扁，喙长约6mm；种子椭圆形，扁，光滑，有1条纵肋。花期4月，果期5月。

◎分布与生境

分布于四川西北部、甘肃南部、陕西南部和湖北西北部等；历山见于青皮掌、卧牛场附近；多生于高山林下灌丛中。

◎主要用途

全草可入药；可作观赏植物。

唐松草

◆ 学名：*Thalictrum aquilegiifolium* var. *sibiricum* Linnaeus
◆ 科属：毛茛科唐松草属

◎别　　名

土黄连、紫花顿、黑汉子腿、马尾连、草黄连。

◎主要特征

多年生草本植物。茎干挺立。三至四回三出复叶，小叶厚膜质，倒卵圆形或近圆形，3浅裂，全缘或具疏粗锯齿。夏天开花，圆锥花序伞房状，有多数密集的花；萼片线形，白色或紫红色，无花瓣。瘦果倒卵形，有3条宽纵翅，基部突变狭，心皮柄长3~5mm。花期7—8月，果实9月中下旬成熟。

◎分布与生境

分布于浙江、山东、河北、山西、内蒙古、辽宁、吉林、黑龙江等地；历山见于猪尾沟、西峡、云蒙、皇姑曼；多生于海拔500~1800m的草原、山地林边草坡及林中。

◎主要用途

根茎可入药。

瓣蕊唐松草

◆ 学名：*Thalictrum petaloideum* L.
◆ 科属：毛茛科唐松草属

◎别　　名

马尾黄连。

◎主要特征

多年生草本。植株全部无毛。茎上部分枝。基生叶数个，三至四回羽状复叶；小叶草质，形状变异很大，宽倒卵形、菱形或近圆形。花序伞房状，有少数或多数花；萼片4，白色，卵形；雄蕊多数，花药狭长圆形，花丝上部倒披针形，比花药宽。瘦果卵形，有8条纵肋。花期6—7月，果期8月。

◎分布与生境

分布于四川、青海、甘肃、宁夏、陕西、安徽、河南、山西、河北、内蒙古等地；历山见于舜王坪、青皮掌、云蒙；多生于山坡草地。

◎主要用途

根茎可入药。

贝加尔唐松草

◆ 学名：*Thalictrum baicalense* Turcz. ex Ledeb
◆ 科属：毛茛科唐松草属

◎别　　名

马尾黄连。

◎主要特征

多年生草本。植株全部无毛。三回三出复叶；小叶草质，顶生小叶宽菱形、扁菱形或菱状宽倒卵形，3浅裂。花序圆锥状，萼片4，绿白色，椭圆形，雄蕊15~20，花药长圆形，心皮3~7，花柱直。瘦果卵球形或宽椭圆球形，有8条纵肋。花期5—6月，果期8—9月。

◎分布与生境

分布于甘肃、陕西南部、河南西部、山西、河北等地；历山全境林下可见；多生于山地林下或湿润草坡。

◎主要用途

根可入药。

拟散花唐松草

◆ 学名：*Thaliotrum przewalskii* Maxim.
◆ 科属：毛茛科唐松草属

◎别　　名

马尾黄连。

◎主要特征

多年生草本。植株全部无毛。茎上部分枝。基生叶和茎下部在开花时枯萎；茎中部叶具短柄，为三至四回三出复叶；小叶薄草质，顶生小叶倒卵形或近圆形，3浅裂。花序有少数花；萼片白色，卵形，雄蕊10~15，花丝近丝形，上部稍变宽。瘦果下垂，扁，斜倒卵形或半倒卵形，两侧各有3条弧状弯曲的纵肋。花期6月，果期8—9月。

◎分布与生境

分布于河北、山西、东北等地；历山见于猪尾沟、西峡、云蒙、青皮掌；多生于山地草坡、林边或落叶松林中。

◎主要用途

根茎可入药。

东亚唐松草

◆ 学名：*Thalictrum minus* var. *hypoleucum* (Sieb.et Zucc.) Miq.
◆ 科属：毛茛科唐松草属

◎别　　名

穷汉子腿、佛爷指甲、金鸡脚下黄。

◎主要特征

多年生草本。植株全部无毛。茎下部叶有稍长柄或短柄，茎中部叶有短柄或近无柄，为四回三出羽状复叶；叶片长达20cm；小叶纸质或薄革质，顶生小叶楔状倒卵形、宽倒卵形、近圆形或狭菱形，背面淡绿色，脉不明显隆起或只中脉稍隆起，脉网不明显；叶柄基部有狭鞘。圆锥花序；萼片4，淡黄绿色，脱落，狭椭圆形。瘦果狭椭圆球形，稍扁，有8条纵肋。花期6—7月，果期7—8月。

◎分布与生境

分布于河南、陕西、山西、山东、河北、内蒙古、辽宁等地；历山见于青皮掌、皇姑漫、猪尾沟等地；多生于山地草坡、田边、灌丛中或林中。

◎主要用途

根可入药。

金莲花

◆ 学名：***Trollius chinensis*** **Bunge**
◆ 科属：**毛茛科金莲花属**

◎别　　名

旱荷、旱莲花寒荷、陆地莲、旱地莲、金梅草、金疙瘩。

◎主要特征

一年生或多年生草本；植株全体无毛。茎不分枝，疏生（2~）3~4叶。基生叶1~4个，有长柄；叶片五角形。茎生叶似基生叶，下部的具长柄，上部的较小，具短柄或无柄。花单独顶生或2~3朵组成稀疏的聚伞花序；萼片（6~）10~15（~19）片，金黄色，花瓣18~21个，稍长于萼片或与萼片近等长，狭线形，顶端渐狭。膏葖果具稍明显的脉网，喙长约1mm。种子近倒卵球形，黑色，光滑，具4~5棱角。花期6—7月，果期8—9月。

◎分布与生境

分布于山西、河南北部、河北、内蒙古东部、辽宁和吉林的西部等地；历山见于舜王坪山顶草地；多生于海拔1000~2200m的山地草坡或疏林下。

◎主要用途

花可供观赏和入药。

毛茛

◆ 学名：***Ranunculus japonicus*** **Thunb.**
◆ 科属：**毛茛科毛茛属**

◎别　　名

鱼疔草、鸭脚板、野芹菜、山辣椒、毛芹菜、起泡菜、烂肺草。

◎主要特征

多年生草本。须根多数簇生。茎直立，叶片圆心形或五角形，基部心形或截形，中裂片倒卵状楔形、宽卵圆形或菱形，两面贴生柔毛，叶柄生开展柔毛。裂片披针形，有尖齿牙或再分裂；聚伞花序有多数花，疏散；花贴生柔毛；萼片椭圆形，生白柔毛；花瓣倒卵状圆形，黄色；花托短小，无毛。聚合果近球形，瘦果扁平。花果期4—9月。

◎分布与生境

全国广布；历山全境可见；多生于田沟旁、林缘路边的湿草地上。

◎主要用途

可供观赏；全草可作外用药。

石龙芮

◆ 学名：*Ranunculus sceleratus* L.
◆ 科属：毛茛科毛茛属

◎别　　名

黄花菜、石龙芮毛茛。

◎主要特征

一年生草本。须根簇生。茎直立，高可达50cm。基生叶多数；叶片肾状圆形，茎生叶多数，聚伞花序有多数花；花小，萼片椭圆形，花瓣倒卵形，花药卵形。聚合果长圆形，由数百枚瘦果组成。花果期5—8月。

◎分布与生境

分布于全国各地；历山全境水边可见；多生于平原湿地或河沟边。

◎主要用途

全草可入药。

茴茴蒜

◆ 学名：*Ranunculus chinensis* Bunge
◆ 科属：毛茛科毛茛属

◎别　　名

芸芥、臭芸芥、臭荠、臭滨芥。

◎主要特征

一年生草本。须根多数簇生。茎直立粗壮，分枝多，与叶柄均密生开展的淡黄色糙毛。叶片宽卵形至三角形，裂片倒披针状楔形，顶端尖，两面伏生糙毛，侧生小叶柄较短，生开展的糙毛。花序有较多疏生的花，花梗贴生糙毛；萼片狭卵形，花瓣宽卵圆形，与萼片近等长或稍长，黄色或上面白色，花托在果期显著伸长，圆柱形。聚合果长圆形，瘦果扁平。花果期7—9月。

◎分布与生境

我国大部分地区可见；历山全境水边可见；生于海拔700~2500m的平原、丘陵、溪边、田旁的水湿草地。

◎主要用途

全草可入药。

翠雀

◆ 学名：*Delphinium grandiflorum* L.
◆ 科属：毛茛科翠雀属

◎别　　名

大花飞燕草、鸽子花、百部草、鸡爪连。

◎主要特征

多年生草本。与叶柄均被反曲而贴伏的短柔毛。基生叶和茎下部叶有长柄；叶片圆五角形，3全裂，叶柄基部具短鞘。总状花序有3~15花；萼片紫蓝色，椭圆形或宽椭圆形，距较长，钻形；花瓣蓝色，无毛，顶端圆形；退化雄蕊蓝色，瓣片近圆形或宽倒卵形。蓇葖果；种子倒卵状四面体形，沿棱有翅。花期5—10月，果期8—9月。

◎分布与生境

分布于山西、河北、贵州、内蒙古、辽宁等地；历山见于舜王坪、皇姑曼、青皮掌；多生于海拔500~2800m的山地草坡或丘陵砂地。

◎主要用途

可供观赏；种子可入药。

还亮草

◆ 学名：*Delphinium anthriscifolium* Hance
◆ 科属：毛茛科翠雀属

◎别　　名

飞燕草、鱼灯苏、蛇衔草、车子野芫荽。

◎主要特征

多年生草本。羽状复叶，近基部叶在开花时常枯萎；叶片菱状卵形或三角状卵形，羽片狭卵形，表面疏被短柔毛，背面无毛或近无毛；叶柄无毛或近无毛。总状花序，有花多达15朵；轴和花梗短柔毛；基部苞片叶状，小苞片生花梗中部，披针状线形，萼片堇色或紫色，椭圆形至长圆形，退化雄蕊与萼片同色，无毛。种子扁球形。花期3—5月，果期7—8月。

◎分布与生境

分布于山西、上海、江苏、浙江、安徽、福建、江西、河南、湖北、湖南、广东等地；历山见于青皮掌、云蒙、红岩河；多生于海拔200~1200m的丘陵、低山的山坡草丛或溪边草地。

◎主要用途

可供观赏；全草可入药。

秦岭翠雀花

◆ **学名：*Delphinium giraldii* Diels**
◆ **科属：毛茛科翠雀属**

◎别　　名

云雾七。

◎主要特征

多年生草本。下部茎生叶五角形，3全裂，两面疏生短柔毛；叶柄无毛。圆锥花序顶生，稀疏；花序轴和花梗均无毛；萼片蓝紫色，卵形或椭圆形，外面疏生短柔，距圆锥状钻形，花瓣2个，蓝紫色；退化雄蕊与萼片同色，具爪，瓣片2裂，腹面有黄色髯毛；心皮3个，无毛。蓇葖果3个。花期6—7月，果熟期8—9月。

◎分布与生境

分布于四川西北部、甘肃东南部、宁夏南部、陕西、湖北西部、河南西部、山西南部等地；历山见于猪尾沟、舜王坪、西峡、云蒙、西哄哄；多生于海拔1000m以上的山坡林缘或疏林中。

◎主要用途

根可入药。

大叶铁线莲

◆ **学名：*Clematis heracleifolia* DC.**
◆ **科属：毛茛科铁线莲属**

◎别　　名

木通花、草牡丹、草本女萎、气死大夫。

◎主要特征

直立草本或半灌木。有粗大的主根，木质化，表面棕黄色。茎粗壮，有明显的纵条纹，密生白色糙茸毛。三出复叶；小叶片亚革质或厚纸质，卵圆形；聚伞花序顶生或腋生，花梗粗壮，有淡白色的糙茸毛，每花下有一枚线状披针形的苞片；花杂性，雄花与两性花异株；花萼下半部呈管状，顶端常反卷；萼片4枚，蓝紫色。瘦果卵圆形，两面凸起，红棕色，被短柔毛，宿存花柱丝状，有白色长柔毛。花期8—9月，果期10月。

◎分布与生境

分布于华北、华东地区各地；历山见于猪尾沟、东峡、西峡、红岩河、钥匙沟、皇姑曼；多生于海拔200~1000m的山坡杂草丛中及灌丛中。

◎主要用途

可作观赏植物；根茎可入药。

半钟铁线莲

◆ 学名：*Clematis sibirica* var. *ochotensis*
◆ 科属：毛茛科铁线莲属

◎别　　名

扁莎草。

◎主要特征

多年生木质藤本。茎圆柱形，光滑无毛。当年生枝基部及叶腋有宿存的芽鳞，鳞片披针形，顶端有尖头，表面密被白色柔毛。小叶片窄卵状披针形至卵状椭圆形，顶端钝尖，上部边缘有粗齿，小叶柄短；花单生于当年生枝顶，钟状，萼片淡蓝色，长方椭圆形至狭倒卵形，退化雄蕊呈匙状条形，顶端圆形，雄蕊短于退化雄蕊，花丝线形而中部较宽，边缘被毛，花药内向着生。瘦果倒卵形，棕红色。花期5—6月，果期7—8月。

◎分布与生境

分布于黑龙江、内蒙古、河北、山西等地；历山见于猪尾沟、青皮掌、云蒙、舜王坪等地；多生于山谷、林边及灌丛中。

◎主要用途

可供观赏。

长瓣铁线莲

◆ 学名：*Clematis macropetala* Ledeb
◆ 科属：毛茛科铁线莲属

◎别　　名

大瓣铁线莲。

◎主要特征

木质藤本，长约2m。幼枝柔毛，老枝无毛。小叶片纸质，卵状披针形或菱状椭圆形，顶端渐尖，基部楔形或近于圆形，两面近于无毛，小叶柄短；叶柄微被稀疏柔毛。花单生于当年生枝顶端，花梗幼时微被柔毛，以后无毛；花萼钟状，萼片蓝色或淡紫色，狭卵形或卵状披针形，退化雄蕊呈花瓣状，披针形或线状披针形，雄蕊花丝线形，花药黄色，长椭圆形，药隔被毛。瘦果倒卵形。花期7月，果期8月。

◎分布与生境

分布于青海、甘肃、陕西南部、宁夏、山西、河北等地；历山见于舜王坪、皇姑曼、青皮掌、下川；多生于荒山坡、草坡岩石缝中及林下。

◎主要用途

可供观赏。

秦岭铁线莲

◆ **学名：*Clematis obscura* Maxim.**
◆ **科属：毛茛科铁线莲属**

◎别　　名

山木通。

◎主要特征

木质藤本。干时变黑。小枝疏生短柔毛，羽状复叶，小叶片或裂片纸质，顶端锐尖或渐尖，基部楔形、圆形至浅心形。聚伞花序，有花，有时花单生、腋生或顶生；萼片开展，白色，长圆形或长圆状倒卵形，雄蕊无毛。瘦果椭圆形至卵圆形。花期4—6月，果期8—11月。

◎分布与生境

分布于四川、湖北、甘肃南部、陕西、河南西部及山西南部等地；历山见于西哄哄、下川、云蒙；生于山地丘陵灌丛中、山坡、山谷阳处。

◎主要用途

可供观赏。

太行铁线莲

◆ **学名：*Clematis kirilowii* Maxim.**
◆ **科属：毛茛科铁线莲属**

◎主要特征

木质藤本植物。一回羽状复叶，小叶片纸质，卵形、长卵形至披针形，顶端渐尖或长渐尖，基部圆形或浅心形，两面无毛或近无毛，圆锥状聚伞花序多花；花序梗、花梗密生短柔毛；萼片开展，白色，椭圆形或倒卵形。花期9—10月，果期11—12月。

◎分布与生境

分布于山西南部及太行山一带；历山见于云蒙、东峡、西峡、青皮掌；多生于山坡、山谷灌丛中或沟边、路旁。

◎主要用途

根可药用；可作观赏植物。

短尾铁线莲

◆ 学名：*Clematis brevicaudata* DC.
◆ 科属：毛茛科铁线莲属

◎别　　名

掐尖菜。

◎主要特征

木质藤本。一回羽状复叶，小叶片纸质，卵形、长卵形至披针形，顶端渐尖或长渐尖，基部圆形或浅心形，两面无毛或近无毛，圆锥状聚伞花序多花；花序梗、花梗密生短柔毛；萼片开展，白色，椭圆形或倒卵形。花期9—10月，果期11—12月。

◎分布与生境

全国广布；历山全境林中可见；多生于山地灌丛或疏林中。

◎主要用途

根可入药；嫩芽可作野菜；可作观赏植物。

威灵仙

◆ 学名：*Clematis chinensis* Osbeck
◆ 科属：毛茛科铁线莲属

◎别　　名

移星草、九里火、乌头力刚、白钱草。

◎主要特征

木质藤本。干后变黑色。茎、小枝近无毛或疏生短柔毛。一回羽状复叶有5小叶，有时3或7，偶尔基部2小叶具裂。小叶片纸质，卵形至卵状披针形，或为线状披针形、卵圆形，顶端锐尖至渐尖，偶有微凹，基部圆形、宽楔形至浅心形，全缘，两面近无毛，或疏生短柔毛。常为圆锥状聚伞花序，多花，腋生或顶生；萼片4（~5），开展，白色，长圆形或长圆状倒卵形，顶端常凸尖，外面边缘密生茸毛或中间有短柔毛，雄蕊无毛。瘦果扁。花期6—9月，果期8—11月。

◎分布与生境

分布于广东、广西、陕西、河南等地；历山见于猕猴源附近；多生于山坡、山谷灌丛中、沟边、路旁草丛中。

◎主要用途

根可入药；全株可作农药。

粗齿铁线莲

◆ 学名：*Clematis grandidentata* (Rehder & E. H. Wilson) W. T. Wang
◆ 科属：毛茛科铁线莲属

◎别　　名

线木通、小木通、白头公公、大蓑衣藤、银叶铁线莲、大木通。

◎主要特征

落叶藤本。小枝密生白色短柔毛，老时外皮剥落。一回羽状复叶，有5小叶，有时茎端为三出叶；小叶片卵形或椭圆状卵形，顶端渐尖，基部圆形、宽楔形或微心形，常有不明显3裂，边缘有粗大锯齿。腋生聚伞花序常有3~7花，或呈顶生圆锥状聚伞花序，多花，较叶短；萼片4，开展，白色。瘦果扁，卵圆形。花期5—7月，果期7—10月。

◎分布与生境

分布于云南、四川、山西、陕西、河北、河南等地；历山全境可见；多生于山坡或山沟灌丛中。

◎主要用途

根可入药。

芹叶铁线莲

◆ 学名：*Clematis aethusifolia* Turcz.
◆ 科属：毛茛科铁线莲属

◎别　　名

碎叶铁线莲、透骨草、断肠草。

◎主要特征

多年生草质藤本。幼时直立，长大后呈匍匐状生长。二至三回羽状复叶或羽状细裂，末回裂片线形，顶端渐尖或钝圆，背面幼时微被柔毛，以后近于无毛；小叶柄短或长0.5~1cm，边缘有时具翅。聚伞花序腋生，常1（~3）花；苞片羽状细裂；花钟状；萼片4枚，淡黄色，长方椭圆形或狭卵形，两面近于无毛，外面仅边缘上密被乳白色茸毛，内面有三条直的中脉能见；子房扁平，卵形，被短柔毛，花柱被绢状毛。瘦果扁平，宽卵形或圆形，成熟后棕红色，被短柔毛，宿存花柱密被白色柔毛。花期7—8月，果期9月。

◎分布与生境

分布于青海东部、甘肃、河北、内蒙古、宁夏、山西、陕西等地；历山全境可见；多生于300~3000m的山坡及灌丛。

◎主要用途

可用于观赏。

灌木铁线莲

◆ 学名：*Clematis fruticosa* Turcz.
◆ 科属：毛茛科铁线莲属

◎主要特征

直立小灌木，高1m。枝有棱，紫褐色，有短柔毛，后变无毛。单叶对生或数叶簇生，叶片绿色，薄革质，狭三角形、披针形或狭披针形。花单生，或聚伞花序有3花，腋生或顶生；萼片4，斜上展呈钟状，黄色，长椭圆状卵形至椭圆形。瘦果扁，卵形至卵圆形，有黄色长柔毛。花期7—8月，果期10月。

◎分布与生境

分布于甘肃南部和东部、陕西北部、山西、河北北部及内蒙古等地；历山见于青皮掌；多生于山坡灌丛中或路旁。

◎主要用途

可供观赏。

黄花铁线莲

◆ 学名：*Clematis intricata* Bunge
◆ 科属：毛茛科铁线莲属

◎别　　名

透骨草、蓼吊秧。

◎主要特征

草质藤本。茎纤细，多分枝，有细棱，近无毛或有疏短毛。一至二回羽状复叶；小叶有柄，2~3全裂、深裂或浅裂，中间裂片线状披针形、披针形或狭卵形。聚伞花序腋生，通常为3花，有时单花；萼片4，黄色，狭卵形或长圆形。瘦果卵形至椭圆状卵形，被长柔毛。花期6—7月，果期8—9月。

◎分布与生境

分布于青海东部、甘肃南部（海拔1600~2600m）、陕西、山西、河北、辽宁凌源、内蒙古西部和南部等地；历山见于青皮掌、李疙瘩、下川；多生于山坡、路旁或灌丛中。

◎主要用途

全草可入药。

钝齿铁线莲

◆ 学名：*Clematis apiifolia* var. *argentilucida* (H. Léveillé & Vaniot) W. T. Wang
◆ 科属：毛茛科铁线莲属

◎别　　名

川木通。

◎主要特征

木质藤本。三出复叶，小叶片卵形或宽卵形，较大，常有不明显3浅裂，通常下面密生短柔毛，边缘有少数钝齿。圆锥状聚伞花序多花，萼片4，开展，白色，狭倒卵形。瘦果纺锤形或狭卵形，顶端渐尖，具宿存花柱。花期7—9月，果期9—10月。

◎分布与生境

分布于西南东部、甘肃、陕西南部、华南北部、华中南部至华东北部等地；历山见于猕猴源附近；多生于山坡林中或沟边。

◎主要用途

根可入药。

圆锥铁线莲

◆ 学名：*Clematis terniflora* DC.
◆ 科属：毛茛科铁线莲属

◎别　　名

铜脚威灵仙、蟹珠眼草、铜威灵、小叶力刚、黄药子。

◎主要特征

木质藤本。枝具短柔毛和浅纵沟。羽状复叶5（~7）小叶；小叶纸质，卵形或窄卵形，基部圆形、近心形或宽楔形，全缘。花序腋生并顶生，多花，萼片4，白色；宿存花柱羽毛状。瘦果近扁平，橙黄色，宽椭圆形或倒卵圆形，被柔毛，具窄边。花期6—8月，果期8—9月。

◎分布与生境

分布于陕西东南部、河南南部、湖北、湖南北部、江西、浙江、江苏等地；历山见于猕猴源附近沟谷；多生于山地、丘陵的林边或路旁草丛中。

◎主要用途

根可入药。

小木通

◆ **学名：*Clematis armandii* Franch.**
◆ **科属：毛茛科铁线莲属**

◎别　　名

川木通、蓑衣藤。

◎主要特征

木质藤本。枝疏被柔毛。三出复叶，小叶革质，窄卵形或披针形，端渐尖或渐窄，基部圆形至宽楔形，全缘。花序1~3，自老枝腋芽生出，7至多花，花序梗基部具三角形或长圆形宿存芽鳞；萼片4~5，白色或粉红色，平展，窄长圆形或长圆形。瘦果窄卵圆形，具羽毛状宿存花柱。花期3—4月，果期8—9月。

◎分布与生境

分布于西南东部、甘肃、陕西南部、华中南部、两广至闽西南地区；历山见于猕猴源附近沟谷；多生于山坡、山谷、路边灌丛中、林边或水沟旁。

◎主要用途

根可入药。

泡花树

◆ **学名：*Meliosma cuneifolia* Franch.**
◆ **科属：清风藤科泡花树属**

◎别　　名

山漆槁、黑黑木。

◎主要特征

落叶灌木或乔木。树皮黑褐色；小枝暗黑色，无毛。叶为单叶，纸质，倒卵状楔形或狭倒卵状楔形。圆锥花序顶生或生于上部叶叶腋里，花瓣黄色，2轮，外3内2。核果扁球形。花期6—7月，果期9—11月。

◎分布与生境

分布于陕西、甘肃、山东、江苏、安徽、江西、河南、湖北、湖南、四川及云南等地；历山见于青皮掌、云蒙、皇姑曼；多生于山坡或沟边杂木林中。

◎主要用途

根皮可入药。

暖木

◆ 学名：*Meliosma veitchiorum* Hemsl.
◆ 科属：清风藤科泡花树属

◎别　　名

扁莎草。

◎主要特征

落叶乔木。树皮灰色，有不规则的薄片状脱落。复叶连柄长60~90cm，叶轴圆柱形，基部膨大；小叶纸质，7~11片，卵形或卵状椭圆形。圆锥花序顶生，直立；花白色。核果近球形。花期5月，果期8—9月。

◎分布与生境

分布于云南北部、贵州东北部、四川、陕西南部、河南、湖北、湖南、安徽南部、浙江北部等地；历山见于混沟、云蒙；多生于海拔1000~3000m湿润的密林或疏林中。

◎主要用途

可作观赏树种；木材坚而轻，可作建筑、家具等用材；春发的嫩叶和枝条可食用。

雀舌黄杨

◆ 学名：*Buxus bodinieri* Lévl.
◆ 科属：黄杨科黄杨属

◎别　　名

匙叶黄杨。

◎主要特征

常绿灌木。枝圆柱形；小枝四棱形，被短柔毛，后变无毛。叶薄革质，通常匙形，亦有狭卵形或倒卵形，叶面绿色，光亮，叶背苍灰色，中脉两面凸出，侧脉极多，在两面或仅叶面显著。花序腋生，头状，花密集；苞片卵形，背面无毛，或有短柔毛。蒴果卵形，宿存花柱直立。花期2月，果期5—8月。

◎分布与生境

分布于云南、四川、贵州、广西、广东、江西、浙江、湖北、河南、甘肃、陕西、山西等地；历山见于李疙瘩附近；多生于平地或山坡林下。

◎主要用途

鲜叶、茎、根可入药；可作观赏植物；木材坚硬，可刻印章。

草芍药

◆ 学名：*Paeonia obovata* Maxim.
◆ 科属：芍药科芍药属

◎别　　名

山芍药、野芍药。

◎主要特征

多年生草本。根粗壮，长圆柱形。茎高30~70cm，无毛，基部生数枚鞘状鳞片。茎下部叶为二回三出复叶；叶片长14~28cm。单花顶生，直径7~10cm；萼片3~5。蓇葖果卵圆形，长2~3cm，成熟时果皮反卷呈红色。花期5月至6月中旬，果期9月。

◎分布与生境

分布于四川、河北、山西、陕西、甘肃等地；历山见于青皮掌、皇姑曼、舜王坪、猪尾沟；多生于海拔800~2600m的山坡草地及林缘。

◎主要用途

根可入药；花色泽艳丽，可作观赏植物；根含淀粉，可酿酒；种子含脂肪油；全株可用作植物性杀虫剂。

山白树

◆ 学名：*Sinowilsonia henryi* Hemsl.
◆ 科属：金缕梅科山白树属

◎别　　名

秃山白树。

◎主要特征

落叶灌木或小乔木。高约8m。嫩枝有灰黄色星状茸毛；老枝秃净，略有皮孔。芽体无鳞状苞片，有星状茸毛。叶纸质或膜质，倒卵形，稀为椭圆形。雄花总状花序无正常叶片，萼筒极短，萼齿匙形；雄蕊近于无柄，花丝极短。蒴果无柄，卵圆形。种子长8mm，黑色，有光泽；种脐灰白色。花果期5—9月。

◎分布与生境

分布于湖北、四川、甘肃、河南、山西等地；历山见于下川、猪尾沟、西峡、混沟；多生长于海拔1100~1600m的山谷或杂木林中。

◎主要用途

可作观赏植物；木材优良；种子可榨油。

连香树

◆ 学名：*Cercidiphyllum japonicum* Sieb. Et Zucc.
◆ 科属：连香树科连香树属

◎别　　名

芭蕉香清、山白果、五君树。

◎主要特征

落叶大乔木。树皮灰色或棕灰色。小枝无毛，短枝在长枝上对生；芽鳞片褐色。叶生短枝上的近圆形、宽卵形或心形，生长枝上的椭圆形或三角形，掌状脉7条直达边缘；叶柄无毛。雄花常4朵丛生，近无梗；苞片在花期红色，膜质；雌花2~6（~8）朵，丛生。蓇葖果2~4个，荚果状，褐色或黑色，微弯曲，先端渐细，有宿存花柱。花期4月，果期8月。

◎分布与生境

分布于山西西南部、河南、陕西、甘肃、安徽、浙江、江西、湖北及四川等地；历山见于东峡、混沟等地；多生于山谷边缘或林中开阔地的杂木林中。

◎主要用途

果实可入药；树皮可提取鞣酸。

刺果茶藨子

◆ 学名：*Ribes burejense* Fr. Schmidt
◆ 科属：茶藨子科茶藨子属

◎别　　名

刺李、大花醋栗。

◎主要特征

落叶灌木。老枝较平滑，灰黑色或灰褐色，枝具刺。叶宽卵圆形，幼时两面被短柔毛，老时渐脱落，下面沿叶脉有时具少数腺毛，老时脱落近无毛，常有稀疏腺毛。花两性，单生于叶腋或2~3朵组成短总状花序；雄蕊较花瓣长或几等长，花药卵状椭圆形，先端常无蜜腺；花柱无毛，几与雄蕊等长。果实圆球形，直径约1cm，具多数黄褐色小刺。花期5—6月，果期7—8月。

◎分布与生境

分布于黑龙江、吉林、辽宁、内蒙古、河北、山西、陕西、甘肃、河南等地；历山见于猪尾沟、青皮掌；多生于海拔900~2300m的山地针叶林、阔叶林、针阔叶混交林下及林缘处，也见于山坡灌丛及溪流旁。

◎主要用途

果实可食；茎皮和果实可入药。

东北茶藨子

◆ 学名：*Ribes mandshuricum* (Maxim.) Kom.
◆ 科属：茶藨子科茶藨子属

◎别　名

山麻子。

◎主要特征

落叶灌木，高1~3m。小枝灰色或褐灰色，皮纵向或长条状剥落，嫩枝褐色，具短柔毛或近无毛，无刺。芽卵圆形或长圆形。叶宽大，宽几与长相似。花两性，开花时直径3~5mm；总状花序长7~16cm。果实球形，直径7~9mm，红色，无毛，种子多数，较大，圆形。花期4—6月，果期7—8月。

◎分布与生境

分布于黑龙江、吉林、辽宁、内蒙古、河北、山西、陕西、甘肃等地；历山见于猪尾沟、舜王坪、青皮掌；多生于海拔300~1800m的山坡、山谷针阔叶混交林下或杂木林内。

◎主要用途

果实可食或酿酒。

美丽茶藨子

◆ 学名：*Ribes pulchellum* Turcz.
◆ 科属：茶藨子科茶藨子属

◎别　名

扁莎草。

◎主要特征

落叶灌木。小枝灰褐色，皮稍纵向条裂，嫩枝褐色或红褐色，有光泽，被短柔毛，老时毛脱落。芽卵圆形，长3~4mm，先端圆钝或微尖。叶宽卵圆形，基部近截形至浅心脏形，上面暗绿色。花单性，雌雄异株，形成总状花序；雄花序长5~7cm，具8~20朵疏松排列的花。果实球形，红色，无毛。花期5—6月，果期8—9月。

◎分布与生境

分布于内蒙古、北京、河北、山西、陕西、宁夏、甘肃和青海等地；历山见于猪尾沟、青皮掌；多生于海拔300~2800m的多石砾山坡、沟谷、黄土丘陵或阳坡灌丛中。

◎主要用途

可栽培供观赏；果实可供食用；木材可用于制作手杖等。

冰川茶藨子

◆ 学名：*Ribes glaciale* Wall.
◆ 科属：茶藨子科茶藨子属

◎别　　名

冰川茶藨。

◎主要特征

落叶灌木。小枝深褐灰色或棕灰色，皮长条状剥落，无刺。叶长卵圆形，稀近圆形，掌状3~5裂，叶柄浅红色。花单性，雌雄异株，组成直立总状花序。果实近球形或倒卵状球形，直径5~7mm，红色，无毛。花期4—6月，果期7—9月。

◎分布与生境

分布于陕西、山西、甘肃、河北、河南等地；历山见于舜王坪、皇姑曼、青皮掌；多生于山坡、山谷丛林、林缘或岩石上。

◎主要用途

叶、茎皮、果实可入药；果实可食。

瘤糖茶藨子

◆ 学名：*Ribes himalense* var. *verruculosum* (Rehd.) L. T. Lu
◆ 科属：茶藨子科茶藨子属

◎别　　名

象脚树。

◎主要特征

落叶小灌木。枝粗壮，小枝黑紫色或暗紫色，皮长条状或长片状剥落，无刺。叶卵圆形或近圆形，掌状3~5裂，裂片卵状三角形；叶柄红色，花两性，总状花序具花8~20朵；花萼绿色带紫红色晕或紫红色，萼筒钟形；花瓣近匙形或扇形，红色或绿色带浅紫红色。果实球形，红色或熟后转变成紫黑色，无毛。花期4—6月，果期7—8月。

◎分布与生境

分布于内蒙古、河北、山西、陕西、河南、甘肃等地；历山见于猪尾沟、舜王坪、青皮掌；多生于山坡路边灌丛内、山谷云杉林、高山栎林下及林缘。

◎主要用途

果实可食。

落新妇

◆ 学名：*Astilbe chinensis* (Maxim.) Franch. et Savat.
◆ 科属：虎耳草科落新妇属

◎别　名

红升麻、金毛三七、三花七、阴阳虎、虎麻、术活、铁杆升麻。

◎主要特征

多年生直立草本。根茎横走。基生叶为二至三回三出复叶，具长柄；小叶片卵形至长椭圆状卵形或倒卵形，边缘有尖锐的重锯齿；茎生叶2~3，较小，与基生叶相似。花轴直立；花两性或单性，圆锥花序与叶相对而生；萼筒浅杯状，5深裂；花瓣5，窄线状，淡紫色或紫红色。蒴果，成熟时橘黄色。花期8—9月，果期8月。

◎分布与生境

分布于东北、华北、西北、西南各地；历山见于猪尾沟、东峡、西峡、下川、皇姑曼；多生于海拔400~3600m的山坡林下阴湿地或林缘路旁草丛中。

◎主要用途

可作观赏植物；根状茎可入药。

柔毛金腰

◆ 学名：*Chrysosplenium pilosum* var. *valdepilosum* Ohwi
◆ 科属：虎耳草科金腰属

◎别　名

柔毛金腰子。

◎主要特征

多年生草本。茎匍匐，植物体具白色柔毛。单叶，具柄，无托叶；叶卵形，稍肉质，对生。通常为聚伞花序，围有苞叶，黄色；稀单花；花小型；无花瓣。种子多数，卵球形至椭圆球形。花果期4—7月。

◎分布与生境

分布于黑龙江、吉林、辽宁、河北、山西、陕西、甘肃南部等地；历山见于猪尾沟、混沟、青皮掌等地；多生于林下阴湿处或山谷石隙。

◎主要用途

杂草。

中华金腰

◆ 学名：*Chrysosplenium sinicum* Maxim.
◆ 科属：虎耳草科金腰属

◎别　　名

华金腰子。

◎主要特征

多年生草本。茎直立或斜生，无毛，有不孕枝。基生叶和根茎在花期多已枯萎；茎生叶卵形或宽卵形，每边具4~6个小钝齿；叶柄长度和叶片略等长。聚伞花序稍紧密；花钟状；萼片直立，4枚，卵形或扁圆形，黄绿色；无花瓣。蒴果2裂。花果期4—7月。

◎分布与生境

分布于山西、陕西、甘肃、湖北、四川等地；历山见于猪尾沟、混沟、皇姑曼；多生于河边湿地或山地树林中。

◎主要用途

杂草。

大叶金腰

◆ 学名：*Chrysosplenium macrophyllum* Oliv.
◆ 科属：虎耳草科金腰属

◎别　　名

龙香草、岩乌金菜、岩窝鸡、龙舌草、马耳朵草。

◎主要特征

多年生草本。具不育枝。花茎疏生褐色长柔毛。叶互生，具柄，叶片阔卵形至近圆形；基生叶数枚，具柄，叶片革质，倒卵形，全缘或具不明显之微波状小圆齿；茎生叶通常1枚，叶片狭椭圆形。多歧聚伞花序；花序分枝疏生褐色柔毛或近无毛；苞叶卵形至阔卵形，萼片近卵形至阔卵形，先端微凹，无毛；雄蕊高出萼片；子房半下位。蒴果先端近平截而微凹，2果瓣近等大。种子黑褐色，近卵球形。花果期4—6月。

◎分布与生境

分布于陕西南部、安徽南部、浙江西北部、江西、湖北等地；历山见于混沟底；多生于海拔1000~2236m的林下或沟旁阴湿处。

◎主要用途

全草可入药。

山溪金腰

◆ 学名：*Chrysosplenium nepalense* D. Don
◆ 科属：虎耳草科金腰属

◎主要特征

多年生草本。不育枝出自叶腋。花茎无毛。叶对生，叶片卵形至阔卵形，先端钝圆，边缘具6~16圆齿；叶柄长0.2~1.5cm，腹面和叶腋部具褐色乳头突起。聚伞花序具8~18花；苞叶阔卵形，边缘具5~10圆齿，基部通常宽楔形，稀偏斜形，苞腋具褐色乳头突起；花黄绿色；花梗无毛；萼片在花期直立，近阔卵形，先端钝圆，无毛；雄蕊8；子房近下位。蒴果2果瓣近等大。花果期5—7月。

◎分布与生境

分布于四川、云南和西藏等地；历山见于混沟底；多生于林下、草甸或石隙。

◎主要用途

林间杂草。

鬼灯檠

◆ 学名：*Rodgersia podophylla* A. Gray
◆ 科属：虎耳草科鬼灯檠属

◎别　　名

牛角七、老蛇莲、七叶鬼灯檠。

◎主要特征

多年生草本。根状茎横走；茎无毛。基生叶少数，具长柄，为掌状复叶，小叶片5（~7），近倒卵形，先端3（~5）浅裂，边缘有粗锯齿，叶柄疏生柔毛，基部扩大呈鞘状，边缘具长睫毛；茎生叶互生，较小。圆锥花序顶生，多花；萼片5~7，白色，近卵形；花瓣不存在；雄蕊通常10。蒴果；种子多数。花期6—7月，果期9月。

◎分布与生境

分布于山西、陕西、湖北、四川等地；历山见于混沟、猪尾沟、红岩河；多生于山坡阴湿处。

◎主要用途

根状茎可入药。

球茎虎耳草

◆ 学名：*Saxifraga sibirica* L.
◆ 科属：虎耳草科虎耳草属

◎别　　名

　　楔基虎耳草。

◎主要特征

　　多年生草本，具鳞茎。茎密被腺柔毛。基生叶具长柄，叶片肾形，7~9浅裂，叶柄长基部扩大，被腺柔毛；茎生叶肾形、阔卵形至扁圆形，基部肾形、截形至楔形，5~9浅裂。聚伞花序伞房状，稀单花；萼片直立，披针形至长圆形，花瓣白色，倒卵形至狭倒卵形；子房卵球形，花柱2，柱头小。花果期5—11月。

◎分布与生境

　　分布于黑龙江、河北、山西、陕西、甘肃、新疆、山东、湖北、湖南、四川等地；历山见于混沟、舜王坪、皇姑曼等地；多生于海拔770~5100m的林下、灌丛、高山草甸和石隙。

◎主要用途

　　杂草。

八宝

◆ 学名：*Hylotelephium erythrostictum* (Miq.) H. Ohba
◆ 科属：景天科八宝属

◎别　　名

　　八宝景天、活血三七、对叶景天、白花蝎子草。

◎主要特征

　　多年生草本。块根胡萝卜状。茎直立，不分枝。叶对生，少有互生或3叶轮生，长圆形至卵状长圆形。伞房花序顶生；花密生，花梗稍短或同长；萼片5，卵形；花瓣5，白色或粉红色，宽披针形，渐尖。花期8—10月，果期8月。

◎分布与生境

　　分布于云南、贵州、四川、湖北、安徽、浙江、江苏、陕西、河南、山东、山西、河北、辽宁、吉林、黑龙江等地；历山见于云蒙、混沟、下川；多生于海拔450~1800m的山坡草地或沟边。

◎主要用途

　　全草可入药；可作观赏植物。

轮叶八宝

◆ 学名：*Hylotelephium verticillatum* (L.) H. Ohba
◆ 科属：景天科八宝属

◎别　　名

轮叶景天、一代宗。

◎主要特征

多年生草本。茎不分枝。多4叶轮生，少有5叶轮生。下部的常为3叶轮生或对生，长圆状披针形至卵状披针形，边缘有整齐的疏齿。聚伞状伞房花序顶生；花密生，顶半圆球形，苞片卵形；萼片5，三角状卵形；花瓣5，淡绿色至黄白色，长圆状椭圆形。种子狭长圆形，淡褐色。花期7—8月，果期9月。

◎分布与生境

分布于四川、湖北、安徽、江苏、浙江、甘肃、陕西、河南、山东、山西、河北、辽宁、吉林等地；历山见于云蒙、卧牛场、皇姑曼、舜王坪等地；多生于海拔900~2900m的山坡草丛中或沟边阴湿处。

◎主要用途

全草可入药。

华北八宝

◆ 学名：*Hylotelephium tatarinowii* (Maxim.) H. Ohba
◆ 科属：景天科八宝属

◎别　　名

华北景天。

◎主要特征

多年生草本。根块状，茎直立，或倾斜，生叶多。叶互生，狭倒披针形至倒披针形。伞房状花序宽3~5cm；萼片5，卵状披针形；花瓣5，浅红色，卵状披针形；鳞片5，近正方形；心皮5，直立，卵状披针形，花柱稍外弯。花期7—8月，果期9月。

◎分布与生境

分布于山西、河北、内蒙古等地；历山见于皇姑曼、云蒙、青皮掌、卧牛场、舜王坪等地；多生于海拔1000~3000m处山地石缝中。

◎主要用途

可作观赏植物。

白八宝

◆ 学名：*Hylotelephium pallescens* (Freyn) H. Ohba
◆ 科属：景天科八宝属

◎别　　名

白花景天、长茎景天、白景天。

◎主要特征

多年生草本。根状茎短，直立。根束生。茎直立。叶互生，有时对生，长圆状卵形或椭圆状披针形，全缘或上部有不整齐的波状疏锯齿。复伞房花序，顶生；花瓣5，白色至浅红色，直立，披针状椭圆形；雄蕊10，对瓣的稍短，对萼的与花瓣同长或稍长。蓇葖果直立，披针状椭圆形。花期7—9月，果期8—9月。

◎分布与生境

分布于山西、河北、内蒙古、辽宁、吉林、黑龙江等地；历山见于舜王坪附近；多生于河边石砾滩子及林下草地上。

◎主要用途

民间可入药。

费菜

◆ 学名：*Sedum aizoon* L.
◆ 科属：景天科费菜属

◎别　　名

土三七、四季还阳、景天三七、长生景天、金不换、田三七。

◎主要特征

多年生草本。根状茎短，粗茎高可达50cm，直立。叶互生，坚实，近革质。聚伞花序有多花，萼片肉质，花瓣黄色，花柱长钻形。种子椭圆形。花果期6—9月。

◎分布与生境

分布于四川、湖北、江西、安徽、浙江、江苏、青海、宁夏、甘肃、内蒙古、宁夏、河南、山西、陕西、河北、山东、辽宁、吉林、黑龙江等地；历山全境林下可见；多生于山地林缘、灌木丛中、河岸草丛。

◎主要用途

可作观赏植物；全草可入药；嫩叶可当野菜。

堪察加景天

◆ 学名：*Sedum kamtschaticum* Fisch.
◆ 科属：景天科费菜属

◎别　　名

北景天、堪察加费菜。

◎主要特征

多年生草本。根状茎木质，茎斜上。叶少有轮生，叶片倒披针形、匙形至倒卵形，上部边缘有疏锯齿至疏圆齿。聚伞花序顶生；萼片披针形，基部宽，下部卵形，上部线形，花瓣黄色，披针形，雄蕊较花瓣稍短，花药橙黄色；鳞片细小，近正方形；种子细小，倒卵形，褐色。花期6—7月，果期8—9月。

◎分布与生境

分布于山西、河北、内蒙古、吉林等地；历山见于云蒙、青皮掌、猪尾沟、舜王坪等地；多生于海拔600~1800m的多石山坡。

◎主要用途

可作观赏植物。

细叶景天

◆ 学名：*Sedum elatinoides* Franch.
◆ 科属：景天科景天属

◎别　　名

半边莲、沟繁缕景天、小鹅儿肠、崖松、疣果景天。

◎主要特征

一年生草本。茎单生或丛生。3~6叶轮生，叶狭倒披针形，全缘，无柄或几无柄。花序圆锥状或伞房状，萼片5，狭三角形至卵状披针形，花瓣5，白色，披针状卵形。蓇葖果成熟时上半部斜展；种子卵形。花期5—7月，果期8—9月。

◎分布与生境

分布于四川、湖北、山西、陕西、甘肃等地；历山见于云蒙、下川、青皮掌、舜王坪、混沟；多生于山坡石上。

◎主要用途

全草可入药；可作观赏植物。

垂盆草

◆ **学名：*Sedum sarmentosum* Bunge**
◆ **科属：景天科景天属**

◎别　　名

狗牙半支、狗牙瓣、鼠牙半支、石指甲、佛指甲、打不死。

◎主要特征

多年生草本，多肉植物。花茎细，匍匐，节上生根，叶轮生，叶倒披针形至长圆形，聚伞花序，花少，花无梗；萼片披针形至长圆形，花瓣黄色，披针形至长圆形，鳞片楔状四方形，种子卵形。花期5—7月，果期8月。

◎分布与生境

分布于安徽、浙江、江苏、甘肃、陕西、河南、山东、山西、河北等地；历山见于云蒙、后河、下川；多生于山坡岩石石隙、山沟边、河边湿润处。

◎主要用途

可作观赏植物；全草可入药，也可食用。

火焰草

◆ **学名：*Sedum stellariifolium* Franch.**
◆ **科属：景天科景天属**

◎别　　名

繁缕景天、卧儿菜、繁缕叶景天、红瓦松、狗牙风。

◎主要特征

一年生或二年生草本。全株被腺毛。茎直立，较纤细，有多数斜上分枝，基部略木质化。叶互生；叶片正三角形或三角状卵形，全缘。总状聚伞花序，顶生，疏分枝，花多数；萼片5，披针形至长圆形；花瓣5，黄色，披针状长圆形。蓇葖果，上部略叉开，基部合生。种子长圆状卵形，有纵纹，淡褐色。花期6—8月，果期8—9月。

◎分布与生境

分布于辽宁、河北、山西、陕西、甘肃、山东、台湾、河南、湖北等地；历山见于云蒙、下川、西哄哄、舜王坪、青皮掌等地；多生于山坡或山谷石缝中。

◎主要用途

全草可入药。

小丛红景天

◆ 学名：***Rhodiola dumulosa*** **(Franch.) S. H. Fu**
◆ 科属：**景天科红景天属**

◎别　　名

雾灵景天、凤尾七。

◎主要特征

多年生草本。根粗壮，地上部分常被有残留的老枝。花茎聚生主轴顶端。叶互生，线形至宽线形，全缘。花序聚伞状，有4~7花；萼片5，线状披针形，花瓣5，白色或红色，披针状长圆形，直立。种子长圆形，有微乳头状突起，有狭翅。花期6—7月，果期8月。

◎分布与生境

分布于四川西北部、青海、甘肃、陕西、湖北、山西、河北、内蒙古、吉林等地；历山见于舜王坪附近；多生于海拔1600~3900m的山坡石上。

◎主要用途

根茎可入药。

狭叶红景天

◆ 学名：***Rhodiola kirilowii*** **(Regel) Maxim.**
◆ 科属：**景天科红景天属**

◎别　　名

壮健红景天、条叶红景天、大鳞红景天、宽狭叶红景天。

◎主要特征

多年生草本。根粗，直立。花茎少数，叶密生。叶互生，线形至线状披针形，先端急尖，边缘有疏锯齿，或有时全缘，无柄。花序伞房状，有多花；雌雄异株；萼片4或5，三角形，先端急尖；花瓣4或5，绿黄色，倒披针形，雄花中雄蕊8或10，与花瓣同长或稍超出，花丝花药黄色。蓇葖果披针形，有短而外弯的喙。花期6—7月，果期7—8月。

◎分布与生境

分布于西藏、云南、四川、新疆、青海、甘肃、陕西、山西、河北等地；历山见于舜王坪附近；多生于海拔2000~5600m的山地多石草地上或石坡上。

◎主要用途

根茎可入药。

瓦松

◆ 学名：*Orosta.chys fimbriata* (Turcz.) Berg.
◆ 科属：景天科瓦松属

◎别　　名

瓦花、瓦塔、狗指甲。

◎主要特征

二年生草本。叶互生，有刺，线形至披针形，总状紧密花序，紧密，可呈宽20cm的金字塔形；花梗长可达1cm，萼片长圆形，花瓣红色，披针状椭圆形，花药紫色；鳞片近四方形。蓇葖果长圆形，喙细。种子细小，卵形，多数。花期8—9月，果期9—10月。

◎分布与生境

全国广布；历山全境可见；多生于海拔1600m以下的山坡石上或屋瓦上。

◎主要用途

具有观赏价值；全草可入药。

扯根菜

◆ 学名：*Penthorum chinense* Pursh
◆ 科属：扯根菜科扯根菜属

◎别　　名

赶黄草、水泽兰、水杨柳。

◎主要特征

多年生草本，高40~65（~90）cm。根状茎分枝；茎不分枝，稀基部分枝，具多数叶。叶互生，无柄或近无柄，披针形至狭披针形。聚伞花序具多花，长1.5~4cm。蒴果红紫色，直径4~5mm。种子多数，卵状长圆形。花果期7—10月。

◎分布与生境

分布于黑龙江、吉林、辽宁、河北、山西、陕西、甘肃、江苏、安徽等地；历山见于下川、大河、后河水库附近；多生于海拔90~2200m的林下、灌丛草甸及水边。

◎主要用途

全草可入药；嫩苗可供蔬食。

葎叶蛇葡萄

◆ **学名：*Ampelopsis humulifolia* Bunge**
◆ **科属：葡萄科蛇葡萄属**

◎别　　名

葎叶白蔹、小接骨丹。

◎主要特征

落叶木质藤本。小枝无毛或偶有微毛。叶硬纸质，近圆形至阔卵形，掌状中裂或近深裂，先端渐尖，基部心形或近截形，边缘有粗齿，上面鲜绿色，有光泽，下面苍白色，无毛或脉上微有毛；叶柄与叶片等长或稍短，无毛。聚伞花序与叶对生，疏散，有细长总花梗；花小，淡黄色；萼杯状；花瓣5；雄蕊5，与花瓣对生；花盘浅杯状，子房2室。浆果球形，淡黄色或蓝色。花期5—6月，果期7—8月。

◎分布与生境

分布于内蒙古、辽宁、青海、河北、山西、陕西、河南、山东等地；历山全境低山区林中常见；多生于山沟地边、灌丛林缘或林中。

◎主要用途

根皮可入药。

乌头叶蛇葡萄

◆ **学名：*Ampelopsis aconitifolia* Bunge**
◆ **科属：葡萄科蛇葡萄属**

◎别　　名

草葡萄、草白敛、狗葡萄、过山龙。

◎主要特征

落叶木质藤本。枝细而光滑，借卷须攀附上升。掌状复叶，小叶3~5，披针形至菱状披针形，长4~9cm，羽状全裂。聚伞花序与叶对生，花小，黄绿色。浆果近球形，橙黄色至红色。花期5—6月，果期8—9月。

◎分布与生境

全国广布；历山全境低山区林中、路边、田埂常见；多生于路边、沟边、山坡林下灌丛中。

◎主要用途

果实可食；根皮可入药。

白蔹

◆ 学名：*Ampelopsis japonica* (Thunb.) Makino
◆ 科属：葡萄科蛇葡萄属

◎别　　名

山地瓜、野红薯、山葡萄秧、白根、五爪藤、菟核。

◎主要特征

木质藤本。小枝圆柱形，有纵棱纹，无毛。卷须不分枝或卷须顶端有短的分叉，相隔3节以上间断与叶对生。叶为掌状3~5小叶，小叶片羽状深裂或小叶边缘有深锯齿而不分裂。聚伞花序通常集生于花序梗顶端，直径1~2cm，通常与叶对生。果实球形，成熟后带白色，有种子1~3颗。种子倒卵形。花期5—6月，果期7—9月。

◎分布与生境

分布于辽宁、吉林、河北、山西、陕西、江苏、浙江、江西、河南等地；历山见于猪尾沟、东峡；多生于海拔100~900m的山坡地边、灌丛或草地。

◎主要用途

可栽培供观赏；全株可入药；块根可提取淀粉，供食用或酿酒。

山葡萄

◆ 学名：*Vitis amurensis* Rupr.
◆ 科属：葡萄科葡萄属

◎别　　名

阿穆尔葡萄、木龙、烟黑、野葡萄。

◎主要特征

木质藤本。小枝圆柱形，无毛，嫩枝疏被蛛丝状茸毛。叶阔卵圆形；叶柄初时被蛛丝状茸毛，以后脱落无毛；托叶膜质，褐色。花梗无毛；萼碟形；花瓣呈帽状黏合脱落；雄蕊5；花盘发达，5裂，高；雌蕊1，子房锥形，花柱明显，基部略粗，柱头微扩大。浆果成熟时紫色。花期5—6月，果期7—9月。

◎分布与生境

分布于黑龙江、吉林、辽宁、河北、山西、山东、安徽等地；历山见于混沟、青皮掌、皇姑曼、猪尾沟、东峡、云蒙等地；多生于山坡、沟谷林中或灌丛。

◎主要用途

果实可食或酿酒。

华北葡萄

◆ 学名：*Vitis bryoniifolia* Bunge
◆ 科属：葡萄科葡萄属

◎别　　名

蘡薁。

◎主要特征

木质藤本。小枝圆柱形。卷须2叉分枝，每隔2节间断与叶对生。叶长圆卵形，叶片3~5（7）深裂或浅裂，稀混生有不裂叶者。花杂性异株，圆锥花序与叶对生，基部分枝发达或有时退化成一卷须；花萼碟形；花瓣5，呈帽状黏合脱落；雄蕊5，花盘发达，5裂；雌蕊1。果实球形，成熟时紫红色。种子倒卵形。花期4—8月，果期6—10月。

◎分布与生境

分布于河北、陕西、山西、山东、江苏、安徽、浙江、湖北、湖南、江西等地；历山见于下川；多生于山谷林中、灌丛、沟边或田埂。

◎主要用途

全株可供药用；藤可造纸；果可酿果酒。

桑叶葡萄

◆ 学名：*Vitis ficifolia* Bge.
◆ 科属：葡萄科葡萄属

◎别　　名

毛葡萄、野葡萄、河南毛葡萄。

◎主要特征

木质大藤本。幼枝、叶柄和花序轴均密被白色蛛丝状毛，后变无毛；卷须分枝。叶卵形或宽卵形，多为3浅裂，少有3深裂或不裂，基部宽心形，边缘具小齿，下面密被白茸毛。圆锥花序；花瓣5，先端合生。浆果球形，成熟时紫色。花期5—7月，果期7—9月。

◎分布与生境

分布于河北、山西、陕西、山东、河南、江苏等地；历山见于皇姑曼、红岩河、青皮掌、云蒙；多生于山坡、沟谷灌丛中。

◎主要用途

果实可食或酿酒。

蒺藜

◆ 学名：*Tribulus terrestris* L.
◆ 科属：蒺藜科蒺藜属

◎别　　名

白蒺藜、名茨、旁通、屈人、止行、休羽、升推。

◎主要特征

一年生草本。茎平卧。偶数羽状复叶；小叶对生；矩圆形或斜短圆形。花腋生，花梗短于叶，花黄色；萼片宿存；子房5棱。果有分果瓣5，硬，无毛或被毛，中部边缘有锐刺2枚，下部常有小锐刺2枚，其余部位常有小瘤体。花期5—8月，果期6—9月。

◎分布与生境

全国广布；历山全境可见；多生于沙地、荒地、山坡、居民点附近。

◎主要用途

青鲜时可作饲料；果可入药。

山合欢

◆ 学名：*Albizia kalkora* (Roxb.) Prain
◆ 科属：豆科合欢属

◎别　　名

白夜合、马缨花、山合欢、山槐、刀头黄。

◎主要特征

落叶小乔木或灌木，通常高3~8m。枝条暗褐色，被短柔毛，有显著皮孔。二回羽状复叶；羽片2~4对；小叶5~14对，长圆形或长圆状卵形。荚果带状，深棕色，嫩荚密被短柔毛，老时无毛。种子4~12颗，倒卵形。花期5—6月，果期8—10月。

◎分布与生境

分布于我国华北、西北、华东、华南至西南部各地；历山见于青皮掌、红岩河、云蒙；多生于山坡灌丛、疏林中。

◎主要用途

树皮可入药；可作观赏植物。

皂荚

◆ **学名：*Gleditsia sinensis* Lam.**
◆ **科属：豆科皂荚属**

◎别　　名

皂荚树、皂角、猪牙皂、牙皂。

◎主要特征

落叶乔木或小乔木。枝灰色至深褐色。刺粗壮，圆柱形，常分枝，多呈圆锥状。叶为一回羽状复叶，边缘具细锯齿；小叶柄被短柔毛。花杂性，黄白色，组成总状花序；花序腋生或顶生；雄花花瓣长圆形。荚果带状，劲直或扭曲，果肉稍厚，两面臌起，弯曲作新月形，内无种子；果瓣革质，褐棕色或红褐色，常被白色粉霜。种子多颗，棕色，光亮。花期3—5月，果期5—12月。

◎分布与生境

分布于河北、山东、河南、山西、陕西、甘肃、江苏、安徽、浙江等地；历山全境低山区可见；多生于山坡林中或谷地、路旁。

◎主要用途

常栽培于庭院或宅旁；木材坚硬，为车辆、家具用材；荚果煎汁可代肥皂用；嫩芽、种子可食；荚果、种子、刺均可入药。

山皂荚

◆ **学名：*Gleditsia japonica* Miq.**
◆ **科属：豆科皂荚属**

◎别　　名

山皂角、皂荚树、皂角树、悬刀树、荚果树、乌樨树、日本皂荚。

◎主要特征

落叶乔木或小乔木。小枝微有棱，光滑无毛；粗壮，常分枝。叶羽状复叶，叶片先端圆钝，有时微凹，微粗糙，网脉不明显；小叶柄极短。花黄绿色，穗状花序；花序腋生或顶生，雄花深棕色，萼片三角状披针形，花瓣椭圆形，子房无毛，花柱短，胚珠多数。荚果带形，扁平，不规则旋扭或弯曲作镰刀状，种子多数，椭圆形。花期4—6月，果期6—11月。

◎分布与生境

分布于辽宁、河北、山西、山东、河南、江苏、安徽、浙江等地；历山见于青皮掌、皇姑曼、猪尾沟；多生于海拔100~1000m的向阳山坡、谷地、溪边路旁。

◎主要用途

荚果含皂素，可代肥皂并可作染料；种子可入药；嫩叶可食；木材坚实，可作建筑、器具、支柱等用材。

三籽两型豆

◆ **学名：*Amphicarpaea trisperma* Baker**
◆ **科属：豆科两型豆属**

◎别　　名

两型豆、山扁豆。

◎主要特征

一年生缠绕草本。茎纤细，被侧生淡褐色粗毛。小叶3，顶生小叶菱状卵形或卵形，侧生小叶偏卵形。总状花序，具3~5花腋生，花淡紫色或白色，旗瓣倒卵形，翼瓣椭圆形，先端圆，基部有耳，龙骨瓣椭圆形，侧稍凹，有爪。荚果扁平，镰刀状，含3种子。种子长圆肾形。花期7—9月，果期9—11月。

◎分布与生境

全国广布；历山全境低山区林下、路旁常见；多生于山坡灌草丛、林下及路边。

◎主要用途

可作牧草。

野大豆

◆ **学名：*Glycine soja* Sieb. et Zucc.**
◆ **科属：豆科大豆属**

◎别　　名

野毛豆、鹿藿、饿马黄、柴豆、野黄豆、野毛扁旦、马料豆。

◎主要特征

一年生缠绕草本。茎、小枝纤细。托叶片卵状披针形，顶生小叶卵圆形或卵状披针形，两面均被绢状的糙伏毛，侧生小叶斜卵状披针形。总状花序通常短，花小，花梗密生黄色长硬毛；苞片披针形；花萼钟状，裂片三角状披针形，花冠淡红紫色或白色，旗瓣近圆形。荚果长圆形。种子间稍缢缩，椭圆形，稍扁。花期7—8月，果期8—10月。

◎分布与生境

除新疆、青海和海南外，遍布全国；历山全境水边草地可见；多生于潮湿的田边、园边、沟旁、河岸、湖边、沼泽、草甸、沿海和岛屿向阳的矮灌木丛或芦苇丛中，稀见于沿河岸疏林下。

◎主要用途

可作牧草、绿肥和水土保持植物；种子、根、茎及叶均可入药。

直立黄芪

◆ 学名：*Astragalus adsurgens* Pall.
◆ 科属：豆科黄芪属

◎别　　名

斜茎黄耆、沙打旺。

◎主要特征

多年生草本。茎外倾上升或直立，多分枝，被白色丁字毛。叶长6~9cm；小叶17~25枚，椭圆形或长椭圆形，两面密被丁字毛。总状花序圆筒状，具多数花，腋生，结果时稍伸长，花冠淡黄，顶端紫色，旗瓣瓣片倒卵状匙形，翼瓣近等长于旗瓣，龙骨瓣略短；子房密被丁字毛，具短柄。荚果三棱状圆形，膨胀，密被丁字毛。花期7—9月，果期7—8月。

◎分布与生境

分布于东北、华北、西南、西北各地；历山全境可见；多生于草坡、草地及河边。

◎主要用途

可作牧草；种子可入药。

达乌里黄芪

◆ 学名：*Astragalus dahuricus* Pall. DC.
◆ 科属：豆科黄芪属

◎别　　名

达乌里黄耆、驴干粮。

◎主要特征

本种与直立黄芪*Astragalus adsurgens* Pall.类似，区别在于本种茎直立，不斜生；花序球形，长度短于复叶；荚果线型不鼓胀。花期7—9月，果期8—10月。

◎分布与生境

分布于东北、华北、西北及山东、河南、四川北部；历山全境可见；多生于海拔400~2500m的山坡和河滩草地。

◎主要用途

可作牧草。

糙叶黄芪

◆ 学名：*Astragalus scaberrimus* Bunge
◆ 科属：豆科黄芪属

◎别　　名

粗糙紫云英、春黄耆、糙叶黄耆。

◎主要特征

多年生草本。密被白色伏贴毛，小叶7~15，椭圆形，先端圆形，常有短尖，基部宽楔形，无小叶柄；托叶狭三角形。总状花序腋生，有3~7花；萼筒状，萼齿披针形；花冠淡黄色或白色，旗瓣匙形，顶端圆形，微缺，翼瓣和龙骨瓣稍短，翼瓣顶端微缺。荚果长圆形。花期4—8月，果期5—9月。

◎分布与生境

分布于东北、华北、西北各地；历山海拔1000m以下各地荒地、路边常见；多生于山坡石砾质草地、草原、沙丘及沿河流两岸的砂地。

◎主要用途

可作牧草及保持水土植物；全草可入药。

背扁黄芪

◆ 学名：*Astragalus complanatus* Bunge
◆ 科属：豆科黄芪属

◎别　　名

蔓黄芪、沙苑子、潼蒺藜。

◎主要特征

多年生草本。主根圆柱状，长达1m。茎平卧，1至多数，有棱，无毛或疏被粗短硬毛，分枝。羽状复叶具9~25片小叶。总状花序生3~7花，较叶长；总花梗长1.5~6cm。荚果略膨胀，狭长圆形；种子淡棕色，肾形，平滑。花期7—9月，果期8—10月。

◎分布与生境

分布于东北、华北及河南、陕西、山西、宁夏、甘肃、江苏、四川等地；历山见于李疙瘩、西哄哄、下川、大河、后河等地；多生于路边、沟岸、草坡及干草场。

◎主要用途

种子可入药；植株可作绿肥和饲料。

毛细柄黄芪

◆ 学名：*Astragalus capillipes* Fisch. ex Bunge.
◆ 科属：豆科黄芪属

◎别　　名

草珠黄耆。

◎主要特征

多年生草本。茎上升或近直立，无毛。奇数羽状复叶，通常具5~7（稀3~11）小叶；小叶卵形、长卵形或倒卵形，背面生白色伏毛。总状花序腋生，比叶长；花小，白色或带粉紫（红）色。荚果2室，近球形或卵状球形，无毛，具隆起的脉。花期7—9月，果期9—10月。

◎分布与生境

分布于内蒙古、河北、山西及陕西北部；历山全境海拔1200m以下山坡均可见；多生于河谷沙地、向阳山坡及路旁草地。

◎主要用途

可作牧草。

草木樨状黄芪

◆ 学名：*Astragalus melilotoides* Pall.
◆ 科属：豆科黄芪属

◎别　　名

草木樨状黄耆。

◎主要特征

多年生草本。主根粗壮。茎直立或斜生，多分枝，具条棱，被白色短柔毛或近无毛。羽状复叶有5~7片小叶；叶柄与叶轴近等长。总状花序生多数花，稀疏；总花梗远较叶长；花小；苞片小，披针形。荚果宽倒卵状球形或椭圆形，先端微凹；种子4~5颗，肾形，暗褐色。花期7—8月，果期8—9月。

◎分布与生境

分布于长江以北各地；历山全境海拔1200m以下山坡均可见；多生于向阳山坡、路旁草地或草甸草地。

◎主要用途

可作牧草；全草可入药。

杭子梢

◆ **学名：*Campylotropis macrocarpa* (Bge.) Rehd.**
◆ **科属：豆科杭子梢属**

◎别　　名

干枝柳、三叶豆。

◎主要特征

落叶灌木。小枝贴生或近贴生短或长柔毛，嫩枝毛密，少有具茸毛，老枝常无毛。羽状复叶具3小叶；托叶狭三角形、披针形或披针状钻形。总状花序单一（稀二）腋生并顶生，花序连总花梗长4~10cm或有时更长。荚果长圆形、近长圆形或椭圆形，先端具短喙尖，边缘生纤毛。花果期（5—）6—10月。

◎分布与生境

分布于河北、山西、陕西、甘肃、山东、江苏、安徽、浙江等地；历山全境海拔1500m以下山地均可见；多生于山坡、灌丛、林缘、山谷沟边及林中。

◎主要用途

该种作为营造防护林与混交林的树种，可起到固氮、改良土壤的作用；枝条可供编织；叶及嫩枝可作绿肥饲料；为蜜源植物；根可入药。

胡枝子

◆ **学名：*Lespedeza bicolor* Turcz.**
◆ **科属：豆科胡枝子属**

◎别　　名

帚条、随军茶、二色胡枝子、胡枝条。

◎主要特征

落叶灌木。茎多分枝，被疏柔毛。叶互生，三出复叶；顶生小叶较大，宽椭圆形，长圆形或卵形，侧生小叶较小，具短柄。总状花序腋生，较叶长；花萼杯状，紫褐色，萼齿4裂；花冠蝶形，紫红色。荚果1节，扁平，倒卵形，含种子一颗。花期7—8月，果期9—10月。

◎分布与生境

分布于黑龙江、吉林、辽宁、河北、内蒙古、山西、陕西、甘肃、山东等地；历山全境海拔1500m以下山地均可见；多生于山坡、林缘、路旁、灌丛及杂木林间。

◎主要用途

可作绿肥及饲料；根可入药。

达乌里胡枝子

◆ 学名：*Lespedeza daurica* (Laxm.) Schindl.
◆ 科属：豆科胡枝子属

◎别　名

兴安胡枝子。

◎主要特征

小灌木。茎通常稍斜升。羽状复叶；托叶线形，小叶片长圆形或狭长圆形，上面无毛，下面被贴伏的短柔毛；顶生小叶较大。总状花序腋生；总花梗密生短柔毛；小苞片披针状线形，有毛；花萼外面被白毛，萼裂片披针形，花冠白色或黄白色，旗瓣长圆形，翼瓣长圆形，龙骨瓣比翼瓣长，先端圆形。荚果小，倒卵形或长倒卵形，基部稍狭，两面凸起，有毛。花期7—8月，果期9—10月。

◎分布与生境

分布于东北、华北经秦岭淮河以北至西南各地；历山全境海拔1000m以下习见；多生于山坡、草地、路旁及沙质地上。

◎主要用途

为优良的饲用植物，亦可作绿肥。

绿叶胡枝子

◆ 学名：*Lespedeza buergeri* Miq.
◆ 科属：豆科胡枝子属

◎别　名

山姑豆。

◎主要特征

灌木。枝灰褐色或淡褐色。小叶卵状椭圆形，三叶生，叶面深绿色，叶背浅灰色似豆叶。总状花序腋生，在枝上部者构成圆锥花序；花萼钟状，5裂至中部，花有淡红色和白色两种，裂片卵状披针形或卵形，花冠淡黄绿色，子房有毛，花柱丝状，稍超出雄蕊，柱头头状。荚果长扁多节状，会黏衣裤。花期6—7月，果期8—9月。

◎分布与生境

分布于河南、江苏、浙江、安徽、江西、福建、湖北、四川、山西、甘肃等地；历山见于混沟、青皮掌、下川；多生于海拔1500m以下山坡、林下、山沟及路旁。

◎主要用途

根可入药。

截叶铁扫帚

◆ 学名：*Lespedeza cuneata* (Dum.-Cours.) G. Don
◆ 科属：豆科胡枝子属

◎别　　名

夜关门、千里光、半天雷、绢毛胡枝子、小叶胡枝子、鱼串草。

◎主要特征

小灌木。茎直立或斜升，被毛，上部分枝；分枝斜上举。叶密集，柄短，小叶楔形或线状楔形，先端截形成近截形，具小刺尖。总状花序腋生，具2~4朵花；总花梗极短；小苞片卵形或狭卵形，先端渐尖；花冠淡黄色或白色，旗瓣基部有紫斑。荚果宽卵形或近球形，被伏毛。种子1粒。花期7—8月，果期9—10月。

◎分布与生境

分布于陕西、甘肃、山东、山西、河南、湖北等地；历山全境海拔1000m以下常见；多生于山坡路旁。

◎主要用途

可作饲料和水土保持植物；根可入药。

尖叶铁扫帚

◆ 学名：*Lespedeza juncea* (L. f.) Pers.
◆ 科属：豆科胡枝子属

◎别　　名

细叶胡枝子。

◎主要特征

与截叶铁扫帚*Lespedeza cuneata* (Dum.-Cours.) G. Don类似，但本种叶子更细，叶尖补位平截状，稍尖，可以区分。花期7—9月，果期9—10月。

◎分布与生境

分布于黑龙江、吉林、辽宁、内蒙古、河北、山西、甘肃及山东等地；历山全境海拔1000m以下习见；多生于海拔1500m以下的山坡灌丛间。

◎主要用途

可作饲料。

美丽胡枝子

◆ 学名：*Lespedeza thunbergii* subsp. *formosa* (Vogel) H. Ohashi
◆ 科属：豆科胡枝子属

◎别　　名

毛胡枝子。

◎主要特征

直立灌木。多分枝，枝伸展，被疏柔毛。三出复叶；小叶椭圆形、长圆状椭圆形或卵形。总状花序单一，腋生，比叶长；被短柔毛；苞片卵状渐尖，密被茸毛；花梗短，被毛；花萼钟状，裂片长圆状披针形，花冠红紫色。荚果倒卵形或倒卵状长圆形，表面具网纹且被疏柔毛。花期7—9月，果期9—10月。

◎分布与生境

分布于河北、陕西、山西、甘肃、山东、江苏、安徽、浙江等地；历山全境海拔1000m以下习见；多生于山坡、路旁及林缘灌丛中。

◎主要用途

叶可作饲料；种子可榨油；枝条可作薪炭材料。

多花胡枝子

◆ 学名：*Lespedeza floribunda* Bunge
◆ 科属：豆科胡枝子属

◎别　　名

白毛蒿花、米汤草、铁鞭草。

◎主要特征

小灌木。根细长。枝有条棱。托叶线形，先端刺芒状；三出复叶；小叶具柄，叶片倒卵形、宽倒卵形或长圆形。总状花序腋生；花梗细长，长度超出复叶；花多数；小苞片卵形，先端急尖；花萼被柔毛，上部分离，裂片披针形或卵状披针形，先端渐尖；花冠紫色、紫红色或蓝紫色，旗瓣椭圆形，翼瓣稍短，龙骨瓣长于旗瓣。荚果宽卵形。花期6—9月，果期9—10月。

◎分布与生境

分布于辽宁、河北、山西、陕西、宁夏、甘肃、青海、山东等地；历山全境海拔1000m以下习见；多生于海拔1300m以下的石质山坡。

◎主要用途

可作观赏和水土保持植物；可作饲料。

红花锦鸡儿

◆ 学名：*Caragana rosea* Turcz. ex Maxim.
◆ 科属：豆科锦鸡儿属

◎别　　名

金雀儿、黄枝条。

◎主要特征

落叶灌木。树皮绿褐色或灰褐色，小枝细长。叶片假掌状；小叶楔状倒卵形，近革质，上面深绿色，下面淡绿色，小叶柄、小叶下面沿脉被疏柔毛。花梗单生，关节在中部以上，无毛；花萼管状，常紫红色，萼齿三角形，花冠黄色，旗瓣长圆状倒卵形，翼瓣长圆状线形，龙骨瓣的瓣柄与瓣片近等长，子房无毛。荚果圆筒形。花期4—6月，果期6—7月。

◎分布与生境

分布于东北、华北、华东及河南、甘肃南部等地；历山见于舜王坪、青皮掌、皇姑曼、锯齿山、云蒙；多生于山坡及沟谷。

◎主要用途

花可食；根可入药；可作观赏植物。

树锦鸡儿

◆ 学名：*Caragana arborescens* Lam.
◆ 科属：豆科锦鸡儿属

◎别　　名

蒙古鸡锦儿、小黄刺条、黄槐。

◎主要特征

小乔木或大灌木，高2~6m。老枝深灰色，平滑，小枝有棱，幼时绿色或黄褐色。小叶长圆状倒卵形。花梗2~5簇生，每梗1花，关节在上部，苞片小，刚毛状；花萼钟状，花冠黄色，旗瓣菱状宽卵形，龙骨瓣较旗瓣稍短，瓣柄较瓣片略短，耳钝或略呈三角形；子房无毛或被短柔毛。荚果圆筒形，无毛。花期5—6月，果期8—9月。

◎分布与生境

分布于黑龙江、内蒙古东北部、河北、山西、陕西、甘肃东部、新疆北部等地；历山见于青皮掌、舜王坪、皇姑曼、云蒙；多生于林间、林缘。

◎主要用途

可作观赏植物；全株可入药。

长柄山蚂蟥

◆ 学名：*Podocarpium podocarpum* (Candolle) H. Ohashi & R. R. Mill
◆ 科属：豆科长柄山蚂蟥属

◎别　　名

宽卵叶山蚂蝗、假山绿豆、东北山蚂蝗、圆菱叶山蚂蝗。

◎主要特征

直立草本。叶为羽状三出复叶，小叶3；托叶钻形，顶生小叶宽倒卵形，全缘，侧生小叶斜卵形，较小，偏斜。总状花序或圆锥花序，顶生或顶生和腋生；花冠紫红色，旗瓣宽倒卵形，翼瓣窄椭圆形，龙骨瓣与翼瓣相似。荚果通常有2荚节，背缝线弯曲。花果期8—9月。

◎分布与生境

分布于河北、山西、江苏、浙江、安徽、江西、山东、河南、湖北、湖南等地；历山见于云蒙、青皮掌、皇姑曼等地；多生于山坡路旁、草坡、次生阔叶林下或高山草甸处。

◎主要用途

全草可入药。

尖叶长柄山蚂蟥

◆ 学名：*Hylodesmum podocarpum* subsp. *oxyphyllum* (Candolle) H. Ohashi & R. R. Mill
◆ 科属：豆科长柄山蚂蟥属

◎别　　名

小山蚂蝗、山蚂蝗、尖叶长柄山蚂蝗。

◎主要特征

直立草本。根茎稍木质。叶为羽状三出复叶，小叶纸质，顶生小叶菱形，先端渐尖，尖头钝，基部楔形。总状花序或圆锥花序，顶生或顶生和腋生，通常每节生2花，花萼钟形，花冠紫红色，旗瓣宽倒卵形，翼瓣窄椭圆形，龙骨瓣与翼瓣相似；单体雄蕊。荚果通常具2荚节。花果期8—9月。

◎分布与生境

分布于秦岭淮河以南各地；历山见于云蒙、青皮掌、皇姑曼、混沟等地；多生于400~2200m的山坡路旁、沟旁、林缘或阔叶林中。

◎主要用途

全草可入药。

米口袋

◆ 学名：***Gueldenstaedtia verna*** **(Georgi) Boriss**
◆ 科属：**豆科米口袋属**

◎别　　名

小米口袋、甜地丁、响响米。

◎主要特征

多年生草本，高4~20cm。全株被白色长绵毛，果期过后毛渐稀少。主根圆锥形或圆柱形，粗壮，不分歧或稍分歧，上端具短缩的茎或根状茎。叶柄具沟，小叶椭圆形到长圆形，卵形到长卵形，有时披针形，顶端小叶有时为倒卵形。伞形花序，花冠紫堇色。荚果圆筒状。种子三角状肾形，具凹点。花期4月，果期5—6月。

◎分布与生境

分布于东北、华北、华东、陕西中南部、甘肃东部等地区；历山全境海拔1000m以下地区常见；多生于山坡、路旁、田边。

◎主要用途

全草可入药。

狭叶米口袋

◆ 学名：***Gueldenstaedtia stenophylla*** **Bunge**
◆ 科属：**豆科米口袋属**

◎别　　名

甜地丁。

◎主要特征

多年生草本。主根细长。分茎较缩短，具宿存托叶。羽状复叶，被疏柔毛；托叶宽三角形至三角形，被稀疏长柔毛。伞形花序具2~3（4）花；花序梗纤细，较叶长，被白色疏柔毛；花梗极短或近无梗。荚果圆筒形，被疏柔毛。种子肾形，具凹点。花期4月，果期5—6月。

◎分布与生境

分布于内蒙古、河北、山西、陕西、甘肃、浙江、河南及江西北部等地；历山见于大河、下川、西哄哄、后河水库；多生于向阳的山坡、草地等处。

◎主要用途

全草可入药；也可作饲料。

本氏木蓝

◆ **学名：*Indigofera bungeana* Walp.**
◆ **科属：豆科木蓝属**

◎别　　名

河北木蓝。

◎主要特征

直立灌木。茎褐色，被灰白色丁字毛。羽状复叶；托叶三角形，早落；小叶2~4对，椭圆形，稍倒阔卵形，疏被丁字毛。总状花序腋生；花冠紫色或紫红色，旗瓣阔倒卵形，翼瓣与龙骨瓣等长，龙骨瓣有距。荚果褐色，线状圆柱形，被白色丁字毛。种子椭圆形。花期5—6月，果期8—10月。

◎分布与生境

分布于辽宁、内蒙古、河北、山西、陕西等地；历山见于李疙瘩、西哄哄、下川、大河、青皮掌；多生于山坡、草地或河滩地。

◎主要用途

水土保持植物。

马棘

◆ **学名：*Indigofera pseudotinctoria* Matsum.**
◆ **科属：豆科木蓝属**

◎主要特征

小灌木。多分枝，枝细长。羽状复叶；叶柄被平贴丁字毛，叶轴上面扁平；托叶小，狭三角形，叶片对生，椭圆形、倒卵形或倒卵状椭圆形。总状花序，花开后较复叶为长，花密集；总花梗短于叶柄；花萼钟状，萼齿不等长，花冠淡红色或紫红色，旗瓣倒阔卵形，翼瓣基部有耳状附属物，花药圆球形，子房有毛。荚果线状圆柱形，果梗下弯。种子椭圆形。花期5—8月，果期9—10月。

◎分布与生境

分布于江苏、安徽、浙江、江西、福建、湖北、山西等地；历山见于云蒙、皇姑曼、青皮掌；多生于海拔100~1300m的山坡林缘及灌木丛中。

◎主要用途

可作饲料；全株可入药。

花木蓝

◆ 学名：*Indigofera Kirilowii* Maxim. ex Palibin
◆ 科属：豆科木蓝属

◎别　　名

吉氏木蓝、山绿豆、山扫帚、山花子、白秔子梢、朝鲜庭藤。

◎主要特征

小灌木。茎圆柱形，无毛，幼枝有棱，疏生白色丁字毛。羽状复叶；托叶披针形，早落；小叶（2~）3~5对，对生，阔卵形、卵状菱形或椭圆形。总状花序具少数花；花冠淡红色，稀白色，花瓣近等长，旗瓣椭圆形。荚果棕褐色，圆柱形。种子赤褐色，长圆形。花期5—7月，果期8月。

◎分布与生境

分布于吉林、辽宁、河北、山西、山东、江苏等地；历山见于青皮掌、皇姑曼；多生于山坡灌丛及疏林内或岩缝中。

◎主要用途

可作观赏植物；根可入药。

多花木蓝

◆ 学名：*ndigofera amblyantha* Craib
◆ 科属：豆科木蓝属

◎主要特征

直立灌木。少分枝。茎褐色或淡褐色，圆柱形，幼枝禾秆色，具棱。羽状复叶小叶3~4；叶柄具毛。总状花序腋生，近无总花梗，花冠淡红色，旗瓣倒阔卵形，先端螺壳状，瓣柄短，外面被毛，龙骨瓣较翼瓣短。荚棕褐色，线状圆柱形。种子褐色，长圆形。花期5—7月，果期9—11月。

◎分布与生境

分布于山西、陕西、甘肃、河南、河北、安徽、江苏等地；历山见于皇姑曼、混沟、青皮掌、舜王坪；多生于海拔600~1600m的山坡草地、沟边、路旁灌丛中及林缘。

◎主要用途

可作水土保持树种；枝叶可作饲料；根可入药。

鸡眼草

◆ 学名：*Kummerowia striata* (Thunb.) Schindl.
◆ 科属：豆科鸡眼草属

◎别　　名

掐不齐、牛黄黄、公母草。

◎主要特征

一年生草本。披散或平卧。多分枝，茎和枝上被倒生的白色细毛。叶为三出羽状复叶；托叶大，膜质，卵状长圆形，比叶柄长。花小，单生或2~3朵簇生于叶腋。荚果圆形或倒卵形，稍侧扁。花期7—9月，果期8—10月。

◎分布与生境

分布于东北、华北、华东、中南、西南等地区；历山低山区常见；多生于海拔500m以下的路旁、田边、溪旁、砂质地或缓山坡草地。

◎主要用途

为牧草；可作水土保持植物；全草可入药。

长萼鸡眼草

◆ 学名：*Kummerowia stipulacea* (Maxim.) Makino
◆ 科属：豆科鸡眼草属

◎别　　名

掐不齐。

◎主要特征

一年生草本。茎平伏，多分枝。叶片为三出羽状复叶；托叶卵形，叶柄短；小叶纸质，倒卵形、宽倒卵形或倒卵状楔形，侧脉多而密。花常腋生；小苞片生于萼下，花梗有毛；花萼膜质，阔钟形，裂片宽卵形，有缘毛；花冠上部暗紫色，翼瓣狭披针形。荚果椭圆形或卵形，稍侧扁。花期7—8月，果期8—10月。

◎分布与生境

分布于东北、华北、华东、中南、西北等地；历山海拔1000m以下各地常见；多生于路旁、草地、山坡、固定或半固定沙丘等处。

◎主要用途

全草可药用；可作饲料。

花苜蓿

◆ 学名：*Medicago ruthenica* (L.) Trautv.
◆ 科属：豆科苜蓿属

◎别　　名

扁豆子、苜蓿草、野苜蓿。

◎主要特征

多年生草本。茎丛生。羽状三出复叶；托叶披针形；小叶形状变化很大，长圆状倒披针形、楔形、线形以至卵状长圆形，侧脉8~18对，分叉并伸出叶边成尖齿，两面均隆起；顶生小叶稍大。花序伞形，具花（4~）6~9（~15）朵；花冠黄褐色，中央深红色至紫色条纹。荚果长圆形或卵状长圆形，扁平，先端钝急尖，具短喙，熟后变黑；有种子2~6粒。花期6—9月，果期8—10月。

◎分布与生境

分布于东北、华北各地及甘肃、山东、四川等地；历山全境可见；多生于草原、沙地、砂地、田埂、渠边、河岸及砂砾质土壤的山坡旷野。

◎主要用途

可作牧草；种子可入药。

天蓝苜蓿

◆ 学名：*Medicago lupulina* L.
◆ 科属：豆科苜蓿属

◎别　　名

杂花苜蓿。

◎主要特征

多年生草本。全株被柔毛或有腺毛。茎平卧或上升，多分枝。叶茂盛，羽状三出复叶；托叶卵状披针形；小叶倒卵形、阔倒卵形或倒心形。花序小，头状，总花梗细，挺直，比叶长，密被贴伏柔毛；苞片刺毛状，甚小；花冠黄色，旗瓣近圆形。荚果肾形，表面具同心弧形脉纹，被稀疏毛，熟时变黑；有种子1粒。种子卵形，褐色，平滑。花期7—9月，果期8—10月。

◎分布与生境

分布于东北、华北、西北、华中、四川、云南等地；历山全境可见；多生于湿草地及稍湿草地。

◎主要用途

全草可入药；可作饲料。

紫花苜蓿

◆ 学名：*Medicago sativa* L.
◆ 科属：豆科苜蓿属

◎别　　名

紫苜蓿、三叶草、草头、苜蓿。

◎主要特征

多年生草本。多分枝。叶具3小叶；小叶倒卵形或倒披针形，先端圆，中肋稍突出，上部叶缘有锯齿，两面有白色长柔毛；小叶柄有毛；托叶披针形，先端尖，有柔毛。总状花序腋生；花萼有柔毛，萼齿狭披针形，急尖；花冠紫色，长于花萼。荚果螺旋形，有疏毛，先端有喙，有种子数粒。种子肾形，黄褐色。花果期5—7月。

◎分布与生境

全国广布；历山全境可见；多生于田边、路旁、旷野、草原、河岸及沟谷等地。

◎主要用途

全草可入药；可作饲料；嫩叶可食。

草木樨

◆ 学名：*Melilotus officinalis* (L.) Pall.
◆ 科属：豆科草木樨属

◎别　　名

铁扫把、败毒草、省头草、香马料、黄香草木樨。

◎主要特征

二年生草本。茎直立，粗壮，多分枝。羽状三出复叶；托叶镰状线形，叶柄细长；小叶片倒卵形、阔卵形、倒披针形至线形，上面无毛，粗糙，下面散生短柔毛，顶生小叶稍大。总状花序腋生，具花，初时稠密，花开后渐疏松，苞片刺毛状，花梗与苞片等长或稍长；萼钟形，萼齿三角状披针形，花冠黄色，旗瓣倒卵形。荚果卵形，种子卵形，黄褐色，平滑。花期5—9月，果期6—10月。

◎分布与生境

分布于东北、华南、西南各地；历山全境可见；多生于山坡、河岸、路旁、砂质草地及林缘。

◎主要用途

可作牧草；地上部分可入药。

白香草木樨

◆ **学名：*Melilotus albus* Medic. ex Desr**
◆ **科属：豆科草木樨属**

◎别　　名

白花草木樨、白甜车轴草。

◎主要特征

与草木樨*Melilotus officinalis* (L.) Pall.类似，唯花色为白色。花果期6—9月。

◎分布与生境

我国多数地区有分布；历山全境可见；多生于山坡、河岸、路旁、砂质草地及林缘。

◎主要用途

全草可入药，并可作牧草。

刺果甘草

◆ **学名：*Glycyrrhiza pallidiflora* Maxim**
◆ **科属：豆科甘草属**

◎别　　名

狗甘草。

◎主要特征

多年生草本。根和根状茎无甜味，茎直立，多分枝，密被黄褐色鳞片状腺点。托叶披针形。总状花序腋生，花密集成球状；总花梗短于叶，苞片卵状披针形；花萼钟状；花冠淡紫色、紫色或淡紫红色，旗瓣卵圆形，顶端圆，基部具短瓣柄，龙骨瓣稍短于翼瓣。果序呈椭圆状，荚果卵圆形，顶端具突尖，种子黑色，圆肾形。花期6—7月，果期7—9月。

◎分布与生境

分布于东北、华北及陕西、山东、江苏等地；历山见于李疙瘩、后河、下川；多生于河滩地、岸边、田野及路旁。

◎主要用途

茎叶作绿肥，亦可药用。

茳芒香豌豆

◆ 学名：*Lathyrus davidii* Hance
◆ 科属：豆科山黧豆属

◎别　　名

大豌豆、大山黧豆。

◎主要特征

多年生草本。茎近直立或斜升，圆柱状。叶互生；托叶大，半箭头形；小叶片卵形或椭圆形，有时为菱状卵形或长卵形。总状花序腋生，通常有花10余朵；萼钟形，萼齿三角形至锥形，花黄色，雄蕊10，二体，子房无毛。荚果条形，两面膨胀，无毛。种子多数，近球形。花期6—7月，果期8—9月。

◎分布与生境

分布于东北、华北、陕西、山西、甘肃、山东、河南等地；历山见于下川、西哄哄、猪尾沟、混沟、青皮掌、皇姑曼；多生于山地林下、林缘、草坡灌丛中。

◎主要用途

种子可入药。

五脉山黧豆

◆ 学名：*Lathyrus quinquenervius* (Miq.) Litv.
◆ 科属：豆科山黧豆属

◎别　　名

山黧豆。

◎主要特征

多年生草本。根状茎横走，茎直立，单一，具棱及翅，有毛，后变无毛。叶具小叶1~2（~3）对；小叶质坚硬，椭圆状披针形或线状披针形。总状花序腋生，具5~8朵花。花梗长3~5mm，花蓝紫色或紫色。荚果线形。花期5—7月，果期8—9月。

◎分布与生境

分布于东北、华北、陕西、甘肃南部、青海东部等地；历山见于猪尾沟、舜王坪、云蒙、青皮掌；多生于山坡、林缘、路旁、草甸等处。

◎主要用途

可作饲料。

山野豌豆

◆ 学名：*Vicia amoena* Fisch. ex DC.
◆ 科属：豆科野豌豆属

◎别　　名

落豆秧、豆豌豌、山黑豆、透骨草。

◎主要特征

多年生草本。植株被疏柔毛，稀近无毛。主根粗壮，须根发达。茎具棱。偶数羽状复叶，几无柄。总状花序通常长于叶；花10~20（~30）密集着生于花序轴上部。荚果长圆形。两端渐尖，无毛。种子1~6，圆形；种脐内凹，黄褐色。花期4—6月，果期7—10月。

◎分布与生境

分布于东北、华北、陕西、甘肃、宁夏、河南等地；历山全境可见；多生于海拔80~7500m草甸、山坡、灌丛或杂木林中。

◎主要用途

可作牧草、观赏植物；全草可入药。

确山野豌豆

◆ 学名：*Vicia kioshanica* Bailey
◆ 科属：豆科野豌豆属

◎别　　名

确山巢菜、山豆根、芦豆苗。

◎主要特征

多年生草本。偶数羽状复叶，顶端卷须单一或有分支；托叶半箭头形，2裂，有锯齿；小叶3~7对，近互生，革质，长圆形或线形，叶全缘。总状花序柔软而弯曲，具花6~16（~20）朵疏松排列于花序轴上部，花冠紫色或紫红色，稀近黄色或红色。荚果菱形或长圆形，深褐色。花期4—6月，果期6—9月。

◎分布与生境

分布于陕西、甘肃、河北、河南、山西、湖北、山东、江苏、安徽、浙江等地；历山见于青皮掌、舜王坪附近；多生于山坡、谷地、田边、路旁灌丛或湿草地。

◎主要用途

茎、叶嫩时可食，亦为饲料；全草可入药。

广布野豌豆

◆ 学名：*Vicia cracca* L.
◆ 科属：豆科野豌豆属

◎别　　名

山落豆秧、兰花苕。

◎主要特征

多年生草本。根细长，多分支。茎攀缘或蔓生，有棱，被柔毛。偶数羽状复叶，叶轴顶端卷须有2~3分支。总状花序与叶轴近等长，花多数，10~40，密集一面向着总花序轴上部生。荚果长圆形或长圆菱形。种子3~6，扁圆球形。花果期5—9月。

◎分布与生境

全国广布；历山全境可见；多生于林间草地、草甸、灌丛。

◎主要用途

水土保持绿肥作物；嫩时为牛羊等饲料；为蜜源植物之一。

三齿萼野豌豆

◆ 学名：*Vicia bungei* Ohui
◆ 科属：豆科野豌豆属

◎别　　名

野豌豆、毛苕子、老豆蔓、三齿草藤、山豌豆、三齿野豌豆、大花野豌豆、山黧豆。

◎主要特征

一年生草本。茎具四棱，多分枝，全体有毛。羽状复叶，有卷须；小叶3~6对，矩圆形，先端截形或微凹，有短尖，基部圆形；托叶半戟形，有齿。总状花序腋生，花大，2~4朵，紫色，总花梗和花梗有疏柔毛；花萼钟状，萼齿5，宽三角形，上面2齿较短，疏被长柔毛；子房有毛，具长柄，花柱顶端周围有柔毛。荚果矩圆形，略膨胀。种子圆球形。花期4—5月，果期6—7月。

◎分布与生境

分布于黑龙江、吉林、辽宁、内蒙古、河北、山西、河南、山东、江苏等地；历山见于李疙瘩、下川、西哄哄；多生于山坡、谷地、草丛、田边及路旁。

◎主要用途

可作饲料；全草可入药。

大叶野豌豆

◆ 学名：*Vicia pseudo-orobus* Fischer & C. A. Meyer
◆ 科属：豆科野豌豆属

◎别　　名

大叶草藤、假香野豌豆。

◎主要特征

多年生草本。根茎粗壮，木质化，须根发达。茎直立或攀缘，有棱。偶数羽状复叶；顶端卷须发达，有2~3分支，托叶戟形。总状花序长于叶，花序轴单一，长于叶，花多，通常15~30。荚果长圆形，扁平，棕黄色。种子2~6，扁圆形。花期6—9月，果期8—10。

◎分布与生境

分布于东北、华北、西北及西南等地；历山见于下川、混沟、李疙瘩、西哄哄、皇姑曼；多生于海拔800~2000m的山地、灌丛或林中。

◎主要用途

全草可入药，也可作饲料。

大野豌豆

◆ 学名：*Vicia sinogigantea* B. J. Bao & Turland
◆ 科属：豆科野豌豆属

◎别　　名

山要樨、山扁豆、大巢菜、薇菜、薇。

◎主要特征

多年生草本；植株高0.4~1m。基部木质；茎有棱，多分支。偶数羽状复叶，卷须有2~3分支或单一；托叶2深裂，裂片披针形；小叶3~6对，近互生，椭圆形或卵圆形，两面被疏柔毛，叶脉7~8对，下面中脉凸出。总状花序长于叶，具6~16花；花萼钟状，萼齿窄披针形或锥形，外面被柔毛；花冠白色，有时为粉红色、紫色或淡紫色，旗瓣倒卵形，先端微凹，翼瓣与旗瓣近等长，龙骨瓣最短；子房无毛，具长柄，胚珠2~3，柱头上部四周被毛。荚果长圆形或菱形，棕色。花期6—7月，果期8—10月。

◎分布与生境

分布于华北、陕西、甘肃、河南、湖北、四川、云南等地；历山见于下川、混沟、李疙瘩、西哄哄、皇姑曼；多生于600~2900m的林下、河滩、草丛及灌丛。

◎主要用途

可作饲料；全草可入药。

歪头菜

◆ 学名：*Vicia unijuga* A. Br.
◆ 科属：豆科野豌豆属

◎别　　名

野豌豆、两叶豆苗、歪头草、豆苗菜、豆叶菜、偏头草、鲜豆苗。

◎主要特征

多年生草本。通常数茎丛生。叶轴末端为细刺尖头；偶见卷须，托叶戟形或近披针形，小叶一对，卵状披针形或近菱形。总状花序单一，稀有分支，呈圆锥状复总状花序，明显长于叶；花8~20朵，密集一面向花序轴上部；花萼紫色，无毛或近无毛，花冠蓝紫色、紫红色或淡蓝色。荚果扁形、长圆形，无毛。种子3~7，扁圆球形。花期6—7月，果期8—9月。

◎分布与生境

分布于西南、东北、华东、华北等地；历山全境可见；多生于山地、林缘、草地、沟边和灌丛。

◎主要用途

可供观赏，嫩叶可食，全草可入药。

披针叶野决明

◆ 学名：*Thermopsis lanceolata* R. Br.
◆ 科属：豆科野决明属

◎别　　名

披针叶黄华、牧马豆、东方野决明。

◎主要特征

多年生草本。茎直立，具沟棱，被黄白色贴伏或伸展柔毛。叶柄短，托叶叶状，卵状披针形；小叶片狭长圆形、倒披针形。总状花序顶生，花冠黄色，旗瓣近圆形，子房密被柔毛，具柄，荚果线形，先端具尖喙，被细柔毛，黄褐色。种子圆肾形，黑褐色。花期5—7月，果期6—10月。

◎分布与生境

分布于东北、华北、西北及四川、西藏等地；历山见于青皮掌、舜王坪；多生于高山草地、盐碱滩、河滩等地。

◎主要用途

全草可入药；可作饲料。

野葛

◆ 学名：*Pueraria lobata* (Willd.) Ohwi
◆ 科属：豆科葛属

◎别　　名

葛藤、甘葛、葛。

◎主要特征

多年生草质藤本。块根肥厚圆柱状。叶互生，顶生叶片菱状卵圆形。总状花序，腋生，蝶形花冠，紫红色。荚果长条形，扁平，密被黄褐色硬毛。花期7—8月，果期8—10月。

◎分布与生境

全国广布；历山全境可见；多分布于较温暖潮湿的坡地、沟谷、向阳矮小灌木丛中。

◎主要用途

茎皮纤维可供织布和造纸用；葛根和葛花可入药；葛根提取淀粉可食用；是一种良好的水土保持植物。

苦参

◆ 学名：*Sophora flavescens* Alt.
◆ 科属：豆科苦参属

◎别　　名

地槐、好汉枝、山槐子、野槐。

◎主要特征

亚灌木，稀呈灌木状。羽状复叶；托叶披针状线形，渐尖，互生或近对生，纸质，形状多变，椭圆形、卵形、披针形至披针状线形。总状花序顶生，花多数，花萼歪斜，白色或淡黄白色，旗瓣倒卵状匙形，龙骨瓣与翼瓣相似。荚果种子间稍缢缩，种子长卵形，稍压扁，深红褐色或紫褐色。花期6—8月，果期7—10月。

◎分布与生境

全国广布；历山全境海拔1500m以下习见；多生于山坡、沙地草坡灌木林中或田野附近。

◎主要用途

根可入药；种子有毒，可作农药；茎皮纤维可织麻袋。

白刺花

◆ 学名：*Sophora davidii* (Franch.) Skeels
◆ 科属：豆科苦参属

◎别　　名

苦刺、苦刺花、狼牙刺、铁马胡烧、马蹄针。

◎主要特征

灌木或小乔木。枝多开展。羽状复叶；托叶钻状，宿存；小叶片形态多变，一般为椭圆状卵形或倒卵状长圆形。总状花序着生于小枝顶端；花小，花萼钟状，蓝紫色，萼齿圆三角形，花冠白色或淡黄色，旗瓣倒卵状长圆形，柄与瓣片近等长，翼瓣与旗瓣等长，倒卵状长圆形，龙骨瓣比翼瓣稍短，镰状倒卵形，子房比花丝长。荚果非典型串珠状。种子卵球形，深褐色。花期3—8月，果期6—10月。

◎分布与生境

分布于华北、陕西、山西、甘肃、河南、江苏、浙江、湖北、湖南等地；历山见于青皮掌、皇姑曼、卧牛场；多生于河谷沙丘山坡路边的灌木丛中。

◎主要用途

根、叶、花、果实及种子可入药；可作观赏植物及水土保持树种。

蓝花棘豆

◆ 学名：*Oxytropis caerulea* (Pall.) DC.
◆ 科属：豆科棘豆属

◎别　　名

兰花棘豆。

◎主要特征

多年生草本。茎缩短。羽状复叶；托叶披针形，被绢状毛，叶柄与叶轴疏被贴伏柔毛；小叶长圆状披针形。总状花序，无毛或疏被贴伏白色短柔毛；苞片较花梗长，花萼钟状，萼齿三角状披针形，花冠天蓝色或蓝紫色，旗瓣瓣片长椭圆状圆形，子房几无柄，无毛，含胚珠。荚果长圆状卵形膨胀，果梗极短。花期6—7月，果期7—8月。

◎分布与生境

分布于东北、内蒙古、河北、山西等地；历山见于舜王坪、卧牛场、青皮掌；多生于山坡或山地林下。

◎主要用途

根可入药；可作牧草。

硬毛棘豆

◆ 学名：*Oxytropis hirta* Bunge
◆ 科属：豆科棘豆属

◎别　　名

毛棘豆。

◎主要特征

多年生草本。茎缩短，密被枯萎叶柄，羽状复叶托叶膜质；小叶8~12轮，每轮3~4片，长圆状披针形，边缘内卷，两面疏被白色长硬毛；穗形总状花序；花萼筒状，微膨胀，萼齿披针形；花冠红紫色；子房被硬毛。荚果革质，长圆形。花果期5—6月。

◎分布与生境

分布于东北、河北、山西、陕西、甘肃等地；历山见于李疙瘩、下川、青皮掌；多生于干草原、山坡路旁、丘陵坡地、山坡草地、覆沙坡地、石质山地阳坡和疏林下。

◎主要用途

全草可入药。

二色棘豆

◆ 学名：*Oxytropis bicolor* Bunge
◆ 科属：豆科棘豆属

◎别　　名

地角儿苗、鸡咀咀、猫爪花、地丁、人头草。

◎主要特征

多年生草本。茎极短，似无茎状。羽状复叶密被长柔毛；小叶7~17对，4片轮生，少有2片对生，披针形。花多数，排列成或疏或密的总状花序；花萼筒状，密生长柔毛，萼齿三角形，花冠蓝色，旗瓣菱状卵形，干后有绿色斑；子房有短柄。荚果矩圆形，密生长柔毛。花果期5—6月。

◎分布与生境

分布于华北、山东、陕西、甘肃等地；历山见于李疙瘩、西哄哄、下川、青皮掌；多生于干燥坡地、砂地、堤坝或路旁。

◎主要用途

嫩果可食；全草可入药。

远志

◆ 学名：***Polygala tenuifolia*** **Willd.**
◆ 科属：**远志科远志属**

◎别　　名

细草、小鸡腿、细叶远志、线茶。

◎主要特征

多年生草本。根圆柱形。茎直立或斜上，丛生，上部多分枝。叶互生，狭线形或线状披针形，全缘，无柄或近无柄。总状花序偏侧生与小枝顶端，细弱，通常稍弯曲；花淡蓝紫色；花瓣的2侧瓣倒卵形，中央花瓣较大，呈龙骨瓣状，背面顶端有撕裂成条的鸡冠状附属物。蒴果扁平，卵圆形，边有狭翅。种子卵形。花期5—7月，果期7—9月。

◎分布与生境

分布于东北、华北、西北、华中以及四川等地；历山全境可见；多生于草原、山坡草地、灌丛中以及杂木林下。

◎主要用途

根可入药。

西伯利亚远志

◆ 学名：***Polygala sibirica*** **L.**
◆ 科属：**远志科远志属**

◎别　　名

远志。

◎主要特征

多年生草本，高10~30cm。根直立或斜生，木质。茎丛生，通常直立，被短柔毛。叶互生，叶片纸质至亚革质，下部叶小卵形。总状花序腋外生或假顶生，通常高出茎顶，被短柔毛，具少数花，花淡蓝紫色；花瓣的2侧瓣倒卵形，中央花瓣较大，呈龙骨瓣状，背面顶端有撕裂成条的鸡冠状附属物。蒴果近倒心形。种子长圆形，黑色。花期4—7月，果期5—8月。

◎分布与生境

全国广布；历山全境可见；多生于砂质土、石砾、石灰岩山地灌丛、林缘或草地。

◎主要用途

根可入药。

瓜子金

◆ **学名：*Polygala japonica* Houtt.**
◆ **科属：远志科远志属**

◎别　　名

辰砂草、金锁匙、瓜子草、挂米草、高脚瓜子草、产后草、卵叶远志。

◎主要特征

多年生草本。根圆柱形，表面褐色。茎丛生，微被灰褐色细毛。叶互生，带革质，卵状披针形。总状花序腋生，花紫色；萼片5，不等大，内面2片较大，花瓣状；花瓣3，基部与雄蕊鞘相连，中间1片较大，龙骨状，背面先端有流苏状附属物。蒴果广卵形，顶端凹，边缘有宽翅，具宿萼。种子卵形，密被柔毛。花期4—5月，果期5—8月。

◎分布与生境

分布于东北、华北、西北、华东、华中和西南地区；历山见于混沟、云蒙、皇姑曼、青皮掌；多生于山坡草地或田埂上。

◎主要用途

全草入药。

小扁豆

◆ **学名：*Polygala tatarinowii* Regel**
◆ **科属：远志科远志属**

◎别　　名

小远志、野豌豆草、天星吊红。

◎主要特征

一年生直立草本。茎无毛。单叶互生，叶片纸质，卵形或椭圆形至阔椭圆形，全缘，叶柄稍具翅。总状花序顶生，花密集；花具小苞片2枚；萼片5，绿色，花后脱落，外面3枚小，卵形或椭圆形，内面2枚花瓣状，长倒卵形；花瓣3，红色至紫红色，龙骨瓣顶端无鸡冠状附属物。蒴果扁圆形，具翅。种子近长圆形，黑色。花期8—9月，果期9—11月。

◎分布与生境

分布于东北、华北、西北、华东、华中及西南地区；历山见于混沟、皇姑曼、青皮掌、猪尾沟；多生于山坡草地、杂木林下或路旁草丛中。

◎主要用途

全草可药用。

龙牙草

◆ 学名：*Agrimonia pilosa* Ldb.
◆ 科属：蔷薇科龙牙草属

◎别　　名

龙芽草、仙鹤草、老鹤嘴、毛脚茵。

◎主要特征

多年生草本。根茎短，叶为间断奇数羽状复叶，叶柄被稀疏柔毛或短柔毛；小叶片无柄或有短柄，托叶草质，绿色，镰形，茎下部托叶有时卵状披针形。花序穗状总状顶生，花序轴被柔毛，花梗被柔毛；裂片带形，小苞片对生，卵形，萼片三角卵形；花瓣黄色，花柱丝状，柱头头状。果实倒卵圆锥形，顶端有数层钩刺。花果期5—12月。

◎分布与生境

全国广布；历山全境可见；多生于溪边、路旁、草地、灌丛、林缘及疏林下。

◎主要用途

嫩叶可食；全草可入药。

路边青

◆ 学名：*Geum aleppicum* Jacq.
◆ 科属：蔷薇科路边青属

◎别　　名

水杨梅、草本水杨梅。

◎主要特征

多年生草本。须根簇生。茎直立。基生叶为大头羽状复叶，叶柄被粗硬毛，小叶大小极不相等，顶生小叶最大，叶片菱状广卵形或宽扁圆形，边缘常浅裂，有不规则粗大锯齿，两面绿色，疏生粗硬毛；茎生叶羽状复叶，顶生小叶披针形或倒卵披针形，茎生叶托叶大，绿色，卵形。花序顶生，疏散排列，花瓣黄色，比萼片长；萼片卵状三角形，副萼片狭小，披针形，花柱顶生。聚合果倒卵球形，瘦果被长硬毛，花柱宿存部分无毛。花果期7—10月。

◎分布与生境

分布于黑龙江、吉林、辽宁、内蒙古、山西、陕西、甘肃、新疆、山东等地；历山全境可见；多生于山坡草地、沟边、地边、河滩、林间隙地及林缘。

◎主要用途

全草可入药。

地榆

◆ 学名：*Sanguisorba officinalis* L.
◆ 科属：蔷薇科地榆属

◎别　　名

黄爪香、山地瓜、猪人参、血箭草。

◎主要特征

多年生草本。根粗壮。茎直立，有棱。基生叶羽状复叶，小叶4~8对，卵形或长圆状卵形，边缘有粗大圆钝稀急尖的锯齿；茎生叶较小，近无柄；基生叶托叶膜质，茎生叶托叶大，草质，半卵形，外侧边缘有锐锯齿。穗状花序椭圆形、圆柱形或卵球形，苞片2；萼片4，紫红色。瘦果包被在宿萼内，外面有4棱。花果期7—10月。

◎分布与生境

分布于全国各地；历山见于青皮掌、卧牛场、云蒙、舜王坪、下川等地；多生于草原、草甸、山坡草地、灌丛中及疏林下。

◎主要用途

根可入药；可作观赏植物。

地蔷薇

◆ 学名：*Chamaerhodos erecta* (L.) Bge.
◆ 科属：蔷薇科地蔷薇属

◎别　　名

追风蒿、茵陈狼牙。

◎主要特征

一年生或二年生草本，具长柔毛及腺毛。茎直立或弧曲上升。基生叶密生，莲座状，二回羽状3深裂，果期枯萎；茎生叶似基生叶，3深裂，近无柄。聚伞花序顶生，具多花；花瓣倒卵形，白色或粉红色，无毛，先端圆钝，基部有短爪。瘦果球形。花果期6—8月。

◎分布与生境

分布于黑龙江、吉林、辽宁、内蒙古、河北、山西、河南、陕西等地；历山见于李疙瘩、下川、西哄哄、青皮掌；多生于山坡、丘陵及干旱河滩。

◎主要用途

全草可入药。

蛇莓

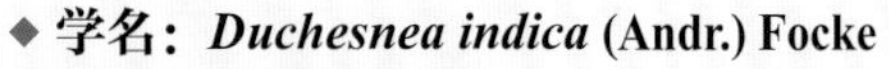

◆ 学名：*Duchesnea indica* (Andr.) Focke
◆ 科属：蔷薇科蛇莓属

◎别　　名

蛇泡草、龙吐珠、三爪风。

◎主要特征

多年生草本。根茎短，粗壮；匍匐茎多数，有柔毛。三出复叶；小叶片倒卵形至菱状长圆形，边缘有钝锯齿。花单生于叶腋；萼片卵形，副萼片倒卵形，比萼片长，先端常具3~5锯齿；花瓣倒卵形，黄色，先端圆钝；花托在果期膨大，海绵质，鲜红色，有光泽，外面有长柔毛。瘦果卵形。花期6—8月，果期8—10月。

◎分布与生境

全国各地都有分布；历山全境海拔1200m以下习见；多生于山坡、草地上、路旁、沟边及田埂杂草中。

◎主要用途

全株可入药；可作观赏植物。

东方草莓

◆ 学名：*Fragaria orientalis* Lozinsk.
◆ 科属：蔷薇科草莓属

◎别　　名

红颜草莓。

◎主要特征

多年生草本。叶为3小叶复叶；小叶质较薄，近无柄，倒卵形或菱状卵形，先端圆钝或急尖，顶生小叶基部楔形，侧生小叶基部偏斜，有缺刻状锯齿，上面散生疏柔毛，下面被疏柔毛，沿脉较密；叶柄被开展柔毛。花序聚伞状，有（1~）2~5（~6）花，基部苞片淡绿色或呈小叶状。聚合果半圆形，成熟后紫红色；宿萼开展或微反折；瘦果卵圆形。花果期5—7月。

◎分布与生境

分布于黑龙江、吉林、辽宁、内蒙古、河北、山西、陕西、甘肃、青海等地；历山全境习见；多生于海拔600~3000m的林下、山坡草地、路旁沟边及田埂杂草中。

◎主要用途

果实鲜红色，质软而多汁，香味浓厚，略酸微甜，可生食或供制果酒、果酱；可作观赏植物。

银露梅

◆ 学名：*Potentilla glabra* Lodd.
◆ 科属：蔷薇科金露梅属

◎别　　名

银老梅、白花棍儿茶。

◎主要特征

落叶灌木。树皮纵向剥落。小枝红褐色。羽状复叶，叶柄被绢毛或疏柔毛；小叶片长圆形、倒卵长圆形或卵状披针形，两面绿色，托叶薄膜质，单花或数朵生于枝顶，花梗密被长柔毛或绢毛；萼片卵圆形，顶端急尖至短渐尖，花瓣白色，宽倒卵形，顶端圆钝，比萼片长；花柱近基生，瘦果褐棕色近卵形。花果期6—11月。

◎分布与生境

分布于内蒙古、河北、山西、陕西、甘肃、青海、安徽、湖北、四川、云南等地；历山见于舜王坪附近；多生于山坡草地、河谷岩石缝中、灌丛及林中。

◎主要用途

可作观赏植物；嫩叶可作茶叶；花、叶可入药；可用于制作饲料。

蕨麻

◆ 学名：*Potentilla anserina* L.
◆ 科属：蔷薇科蕨麻属

◎别　　名

鹅绒委陵菜、莲花菜、蕨麻委陵菜、延寿草、人参果。

◎主要特征

多年生草本。根向下延长，有时在根的下部长成纺锤形或有椭圆形块根。茎匍匐。基生叶为间断羽状复叶，小叶对生或互生，无柄或顶生小叶有短柄，椭圆形，倒卵椭圆形或长椭圆形，上面绿色，下面密被紧贴银白色绢毛，茎生叶与基生叶相似，单花腋生；萼片三角卵形，副萼片椭圆形或椭圆披针形。花瓣黄色，倒卵形、顶端圆形。聚合瘦果。花果期5—10月。

◎分布与生境

分布于黑龙江、吉林、辽宁、内蒙古、河北、山西、陕西、甘肃、宁夏等地；历山全境可见；多生于河岸、路边、山坡草地及草甸。

◎主要用途

块根可食或酿酒；根可提取鞣酸并入药；茎叶可提取黄色染料；为蜜源植物和饲料植物。

朝天委陵菜

◆ **学名：*Potentilla supina* L.**
◆ **科属：蔷薇科委陵菜属**

◎别　　名

鸡毛菜、铺地委陵菜、仰卧委陵菜、伏萎陵菜。

◎主要特征

一年生或二年生草本。茎平展，上升或直立，叉状分枝。基生叶羽状复叶，叶柄被疏柔毛或脱落几无毛；小叶互生或对生，无柄，小叶片长圆形或倒卵状长圆形，茎生叶与基生叶相似，向上小叶对数逐渐减少；基生叶托叶膜质，褐色，茎生叶托叶草质，绿色，全缘，有齿或分裂。花茎上多叶，萼片三角卵形，顶端急尖，萼片稍长或近等长；花瓣黄色，倒卵形。瘦果长圆形，先端尖。花果期3—10月。

◎分布与生境

分布于黑龙江、吉林、辽宁、内蒙古、河北、山西、陕西、宁夏、甘肃、新疆、山东等地；历山全境可见；多生于海拔100~2000m的田边、荒地、河岸沙地、草甸及山坡湿地。

◎主要用途

块根营养价值高，可食，亦可入药。

委陵菜

◆ **学名：*Potentilla chinensis* Ser.**
◆ **科属：蔷薇科委陵菜属**

◎别　　名

翻白草、白头翁、蛤蟆草、天青地白。

◎主要特征

多年生草本。根粗壮，圆柱形，稍木质化。花茎直立或上升。叶为羽状复叶，有小叶；茎生叶托叶草质，绿色，边缘锐裂。伞房状聚伞花序，萼片三角卵形，花瓣黄色，宽倒卵形，顶端微凹，比萼片稍长；花柱近顶生。瘦果卵球形，深褐色，有明显皱纹。花果期4—10月。

◎分布与生境

分布于东北、华北、华东等地；历山全境可见；多生于山坡草地、沟谷、林缘、灌丛及疏林下。

◎主要用途

根含鞣酸，可提制栲胶；全草可入药；嫩苗可食并可作猪饲料。

腺毛委陵菜

◆ 学名：*Potentilla longifolia* Willd. ex Schlecht.
◆ 科属：蔷薇科委陵菜属

◎别　　名

粘委陵菜、粘萎陵菜。

◎主要特征

一年生草本。根粗壮，圆柱形。花茎直立或微上升，被短柔毛、长柔毛及腺体，伞房花序集生于花茎顶端，少花；萼片三角披针形，顶端通常渐尖，副萼片长圆状披针形，顶端渐尖或圆钝，与萼片近等长或稍短，外面密被短柔毛及腺体；花瓣黄色，宽倒卵形，顶端微凹，与萼片近等长，果时直立增大。瘦果近肾形或卵球形，直径约1mm，光滑。花果期7—9月。

◎分布与生境

分布于黑龙江、吉林、内蒙古、河北、山西、甘肃、青海、新疆、山东、四川、西藏等地；历山见于下川、李疙瘩、西哄哄、舜王坪等地；多生于山坡草地、高山灌丛、林缘及疏林下。

◎主要用途

全草可入药。

菊叶委陵菜

◆ 学名：*Potentilla tanacetifolia* Willd.
◆ 科属：蔷薇科委陵菜属

◎别　　名

叉菊委陵菜、蒿叶委陵菜。

◎主要特征

多年生草本。花茎直立或上升，被长柔毛、短柔毛或卷曲柔毛。基生叶羽状复叶，有小叶5~8对；小叶互生或对生，茎生叶与基生叶相似；基生叶托叶膜质，褐色，外被疏柔毛，茎生叶托叶革质，绿色，边缘深撕裂状，下面被短柔毛或长柔毛。伞房状聚伞花序，多花，副萼片披针形或椭圆披针形；花瓣黄色，倒卵形，顶端微凹。瘦果卵球形，具脉纹。花果期5—10月。

◎分布与生境

分布于黑龙江、吉林、辽宁、内蒙古、河北、山西、陕西、甘肃、山东等地；历山见于青皮掌、皇姑曼、舜王坪、云蒙；多生于山坡草地、林边、路旁。

◎主要用途

全草可入药；可作饲料。

西山委陵菜

◆ 学名：*Potentilla sischanensis* Bge. ex Lehm.
◆ 科属：蔷薇科委陵菜属

◎别　　名

多裂委陵菜。

◎主要特征

多年生草本。根粗壮，圆柱形，木质化。花茎丛生，直立或上升，被白色茸毛及稀疏长柔毛，老时脱落。基生叶为羽状复叶，亚革质，有小叶3~5对，稀达8对，小叶卵圆形，深裂。聚伞花序疏生，萼片卵状披针形或三角状卵形，副萼片狭窄，披针形，比萼片短或几等长，花瓣黄色，倒卵形，顶端圆钝或微凹。瘦果卵圆形，成熟后有皱纹。花果期4—8月。

◎分布与生境

分布于内蒙古、河北、山西、陕西、宁夏、甘肃、青海等地；历山见于青皮掌附近；多生于干旱山坡、黄土丘陵、草地及灌丛中。

◎主要用途

可作牧草。

皱叶委陵菜

◆ 学名：*Potentilla ancistrifolia* Bge.
◆ 科属：蔷薇科委陵菜属

◎别　　名

钩叶委陵菜。

◎主要特征

多年生草本。花茎直立。基生叶为羽状复叶，有小叶2~4对，茎生叶托叶草质，绿色，卵状披针形或披针形。伞房状聚伞花序顶生，疏散，花瓣黄色，倒卵长圆形，顶端圆形。成熟瘦果表面有脉纹。花果期5—9月。

◎分布与生境

分布于黑龙江、吉林、辽宁、河北、山西、陕西、甘肃、河南、湖北、四川等地；历山见于云蒙、西峡、东峡、混沟、舜王坪等地高山石缝中；多生于海拔300~2400m的山坡草地、岩石缝、多砂砾地及灌木林下。

◎主要用途

可作观赏植物。

薄叶委陵菜

◆ 学名：*Potentilla ancistrifolia* var. *dickinsii* (Franch.et Sav.) Koidz.
◆ 科属：蔷薇科委陵菜属

◎别　　名

疏毛钩叶委陵菜、薄叶皱叶委陵菜。

◎主要特征

本变种与皱叶委陵菜*Potentilla ancistrifolia* Bge.的区别：基生叶有小叶2~3对，常混生有3小叶，小叶两面被稀疏柔毛或脱落几无毛，上面不皱褶，下面网脉不明显突出。成熟瘦果光滑或脉纹不明显。花果期6—9月。

◎分布与生境

分布于辽宁、河北、山西、陕西、甘肃、河南、安徽等地；历山见于云蒙、东峡、西峡、猪尾沟；多生于山坡岩石缝中、沟边、草地及林下。

◎主要用途

可作观赏植物。

翻白草

◆ 学名：*Potentilla discolor* Bge.
◆ 科属：蔷薇科委陵菜属

◎别　　名

鸡腿根、鸡拔腿、天藕、叶下白、鸡爪参、翻白萎陵菜。

◎主要特征

多年生草本。根粗壮，下部常肥厚呈纺锤形。花茎直立，上升或微铺散，密被白色绵毛。基生叶有小叶2~4对，小叶下密被白色茸毛。聚伞花序有花数朵至多朵，疏散，花黄色。瘦果近肾形，光滑。花果期5—9月。

◎分布与生境

分布于黑龙江、辽宁、内蒙古、河北、山西、陕西、山东、河南等地；历山见于青皮掌、舜王坪、卧牛场、云蒙、锯齿山等地；多生于荒地、山谷、沟边、山坡草地、草甸及疏林下。

◎主要用途

全草可入药；嫩叶可食；块根含淀粉。

莓叶委陵菜

◆ 学名：*Potentilla fragarioides* L.
◆ 科属：蔷薇科委陵菜属

◎别　　名

雉子筵、满山红、毛猴子、菜飘子。

◎主要特征

多年生草本。根、花茎多数，丛生。基生叶羽状复叶，有小叶，叶柄被开展疏柔毛，小叶片倒卵形、椭圆形或长椭圆形，近基部全缘，两面绿色，茎生叶，小叶与基生叶小叶相似，基生叶托叶膜质，褐色，茎生叶托叶草质，绿色，卵形，伞房状聚伞花序顶生，多花，花梗纤细，萼片三角卵形，副萼片长圆披针形，花瓣黄色，倒卵形，成熟瘦果近肾形。花期4—6月，果期6—8月。

◎分布与生境

分布于黑龙江、吉林、辽宁、内蒙古、河北、山西、陕西、甘肃、山东等地；历山全境可见；多生于地边、沟边、草地、灌丛及疏林下。

◎主要用途

可作观赏植物；根和根茎可入药。

等齿委陵菜

◆ 学名：*Potentilla simulatrix* Wolf
◆ 科属：蔷薇科委陵菜属

◎主要特征

多年生匍匐草本。根细，多分枝；匍匐枝纤细，常在节上生根，被短柔毛及长柔毛；基生叶为三出掌状复叶，叶柄被短柔毛及长柔毛，小叶几无柄。单花自叶腋生，花梗纤细；萼片卵状披针形，副萼片长椭圆形，与萼片等长，稀略长；花瓣黄色，倒卵形，顶端微凹或圆钝。瘦果有不明显脉纹。花果期4—10月。

◎分布与生境

分布于吉林、辽宁、内蒙古、北京、天津、河北、山西等地；历山全境可见；多生于林下溪边阴湿处。

◎主要用途

可作观赏植物。

绢毛匍匐委陵菜

◆ 学名：*Potentilla reptans* L. var. *sericophylla* Franch.
◆ 科属：蔷薇科委陵菜属

◎别　　名

绢毛细蔓萎陵菜、金金棒、金棒锤、五爪龙。

◎主要特征

本种与等齿委陵菜*Potentilla simulatrix* Wolf类似，区别在于本种小叶边缘锯齿较深，不整齐，叶下具有明显的白色绢毛；花较大。花果期4—9月。

◎分布与生境

分布于内蒙古、河北、山西、陕西、甘肃、河南、山东、江苏、浙江等地；历山见于青皮掌、猪尾沟、混沟；多生于山坡草地、渠旁、溪边灌丛及林缘。

◎主要用途

块根和全草可入药；也可作观赏植物。

匍枝委陵菜

◆ 学名：*Potentilla flagellaris* Willd. ex Schlecht.
◆ 科属：蔷薇科委陵菜属

◎别　　名

蔓委陵菜、鸡儿头苗。

◎主要特征

多年生匍匐草本。根细而簇生。匍匐枝长8~60cm，被伏生短柔毛或疏柔毛。基生叶掌状五出复叶。单花与叶对生，花梗长1.5~4cm，被短柔毛，花黄色。成熟瘦果长圆状卵形，表面呈泡状突起。花果期5—9月。

◎分布与生境

分布于黑龙江、吉林、辽宁、河北、山西、甘肃、山东等地；历山见于下川、西哄哄、李疙瘩附近；多生于阴湿草地、水旁及疏林下。

◎主要用途

嫩苗可食，可作饲料；可作观赏植物。

多茎委陵菜

◆ **学名：*Potentilla multicaulis* Bge.**
◆ **科属：蔷薇科委陵菜属**

◎别　　名

猫爪子。

◎主要特征

多年生草本。根圆柱形粗壮。花茎多而密生，常带暗红色，被白色长毛。基生叶为羽状复叶，叶柄暗红色，小叶片无柄，椭圆形至倒卵形，上部小叶远比下部小叶大，边缘羽伏深裂，裂片带形，顶端舌状，上面绿色，脉上疏生白色长柔毛，茎生叶与基生叶形状相似，聚伞花序多花，初开时密集，花后疏散；萼片三角卵形，顶端急尖，花瓣黄色，倒卵形或近圆形。瘦果卵球形有皱纹。花果期4—9月。

◎分布与生境

分布于辽宁、内蒙古、河北、河南、山西、陕西、甘肃、宁夏等地；历山全境可见；多生于耕地边、沟谷阴处、向阳砾石山坡、草地及疏林下。

◎主要用途

可作牧草；地上部分可入药。

红柄白鹃梅

◆ **学名：*Exochorda giraldii* Hesse**
◆ **科属：蔷薇科白鹃梅属**

◎别　　名

白鹃梅、打刀木、紫芯树、龙柏木。

◎主要特征

落叶灌木。小枝开展，无毛，幼时绿色，老时红褐色。冬芽卵形，红褐色。叶片椭圆形、长椭圆形，稀长倒卵形，全缘，稀中部以上有钝锯齿，上下两面均无毛或下面被柔毛；叶柄长，常红色，无毛，不具托叶。总状花序，有花6~10朵，无毛；苞片全缘，两面均无毛；萼筒内外两面均无毛；花瓣倒卵形或长圆倒卵形，白色；雄蕊着生在花盘边缘；花柱分离。蒴果倒圆锥形，无毛。花期5月，果期7—8月。

◎分布与生境

分布于河北、河南、山西、陕西、甘肃、安徽、江苏、浙江、湖北、四川等地；历山见于青皮掌、皇姑曼、云蒙等地；生于山坡及灌木林中。

◎主要用途

根皮及树皮可入药；可作观赏植物。

华北珍珠梅

◆ 学名：*Sorbaria kirilowii* (Regel) Maxim
◆ 科属：蔷薇科珍珠梅属

◎别　　名

吉氏珍珠梅、珍珠树、干狼柴、米帘子、鱼子花。

◎主要特征

落叶灌木。枝条红褐色。羽状复叶，具有小叶片13~21；小叶片对生，披针形至长圆披针形，边缘有尖锐重锯齿。顶生大型密集的圆锥花序，分枝斜出或稍直立；萼筒浅钟状；萼片长圆形，全缘，萼片与萼筒约近等长；花瓣倒卵形或宽卵形，白色；雄蕊20，与花瓣等长或稍短于花瓣；花盘圆杯状。蓇葖果长圆柱形，无毛，萼片宿存。花期6—7月，果期9—10月。

◎分布与生境

分布于河北、河南、山东、山西、陕西、甘肃、青海、内蒙古等地；历山南北低山区习见；多生于山坡阳处及杂木林中。

◎主要用途

可作观赏植物。

三桠绣线菊

◆ 学名：*Spiraea trilobata* L.
◆ 科属：蔷薇科绣线菊属

◎别　　名

三桠绣线菊、团叶绣球、三裂叶绣线菊。

◎主要特征

落叶灌木。小枝细瘦，老时暗灰褐色。叶片近圆形，先端钝，常3裂，边缘自中部以上有少数圆钝锯齿。伞形花序具总梗，无毛，有花15~30朵；花瓣宽倒卵形，白色；先端常微凹；雄蕊比花瓣短。蓇葖果开张，花柱顶生稍倾斜，具直立萼片。花期5—6月，果期7—8月。

◎分布与生境

分布于黑龙江、辽宁、内蒙古、山东、山西、河北、河南、安徽、陕西、甘肃等地；历山全境可见；多生于多岩石向阳坡地及灌木丛中。

◎主要用途

叶、果实可入药；可作观赏植物。

华北绣线菊

◆ 学名：*Spiraea fritschiana* Schneid.
◆ 科属：蔷薇科绣线菊属

◎别　　名

柳叶绣线菊、蚂蝗梢。

◎主要特征

灌木。枝条粗壮，小枝具明显棱角。叶片卵形、椭圆卵形或椭圆长圆形，边缘有不整齐重锯齿或单锯齿，上面深绿色，下面浅绿色，叶柄幼时具短柔毛。复伞房花序顶生于当年生直立新枝上，多花，无毛；苞片披针形或线形，萼筒钟状，萼片三角形，花瓣卵形，先端圆钝，白色，子房具短柔毛，蓇葖果几直立，开张，花柱顶生。花期6月，果期7—8月。

◎分布与生境

分布于河南、陕西、山西、山东、江苏、浙江等地；历山见于云蒙和皇姑曼；多生于岩石坡地及山谷丛林间。

◎主要用途

根、果实可入药；可作观赏植物。

毛花绣线菊

◆ 学名：*Spiraea dasyantha* Bge.
◆ 科属：蔷薇科绣线菊属

◎别　　名

茸毛绣线菊、筷棒、石崩子、筷子木。

◎主要特征

灌木。小枝细瘦，呈明显的“之”字形弯曲，灰褐色；冬芽卵形小，先端急尖，叶片菱状卵形，先端急尖或圆钝，基部楔形，上面深绿色，下面密被白色茸毛，羽状脉显著。伞形花序，有花10~20朵；花梗密集，苞片线形，有茸毛；花萼外白色茸毛；萼筒钟状，萼片三角形或卵状三角形，花瓣宽倒卵形至近圆形，白色；花盘圆环形。蓇葖果开张。花期5—6月，果期7—8月。

◎分布与生境

分布于内蒙古、辽宁、河北、山西、湖北、江苏、江西等地；历山见于青皮掌、舜王坪；多生于向阳干燥坡地。

◎主要用途

可作观赏植物。

土庄绣线菊

◆ 学名：*Spiraea pubescens* Turcz.
◆ 科属：蔷薇科绣线菊属

◎别　　名

土庄花、石蒡子、小叶石棒子、蚂蚱腿、柔毛绣线菊。

◎主要特征

灌木。小枝稍弯曲，嫩时褐黄色，老时灰褐色。叶片菱状卵形至椭圆形，上面有稀疏柔毛，下面被灰色短柔毛；叶柄被短柔毛。伞形花序具总梗，有花15~20朵；花梗无毛；苞片线形，被短柔毛；萼筒外面无毛，内面有灰白色短柔毛；萼片卵状三角形；花瓣卵形，白色；雄蕊约与花瓣等长；花盘圆环形；花柱短于雄蕊。蓇葖果开张，仅在腹缝微被短柔毛，花柱顶生，稍倾斜开展或几直立。花期5—6月，果期7—8月。

◎分布与生境

分布于黑龙江、吉林、辽宁、内蒙古、河北、河南、山西、陕西、甘肃等地；历山全境可见；多生于干燥岩石坡地、向阳或半阴处及杂木林内。

◎主要用途

茎髓可入药；可作观赏植物。

绣球绣线菊

◆ 学名：*Spiraea blumei* G. Don
◆ 科属：蔷薇科绣线菊属

◎别　　名

石棒子。

◎主要特征

灌木。小枝细，深红褐色或暗灰褐色。伞形花序有总梗，无毛，具花10~25朵；苞片披针形，萼筒钟状，萼片三角形或卵状三角形，花瓣宽倒卵形，白色。蓇葖果较直立，萼片直立。花期4—6月，果期8—10月。

◎分布与生境

分布于辽宁、河北、山东、山西、河南、安徽、广西等地；历山见于皇姑曼、青皮掌；多生于半阴坡、半阳坡灌丛及林缘。

◎主要用途

可作观赏植物；根及果实可供药用。

蒙古绣线菊

◆ **学名：*Spiraea mongolica* Maxim.**
◆ **科属：蔷薇科绣线菊属**

◎别　　名

石棒子、石砾子。

◎主要特征

灌木。小枝细瘦。冬芽长卵形，叶片长圆形或椭圆形，先端圆钝或微尖，上面无毛，下面色较浅，有羽状脉；叶柄极短。伞形总状花序具总梗，有花无毛；苞片线形，萼筒近钟状，萼片三角形，花瓣近圆形，白色；子房具短柔毛，蓇葖果直立开张。花期5—7月，果期7—9月。

◎分布与生境

分布于内蒙古、河北、河南、山西、陕西、甘肃、青海、四川、西藏等地；历山见于舜王坪附近；多生于山坡灌丛、山顶及山谷多石砾地。

◎主要用途

花可入药；可作观赏植物。

中华绣线菊

◆ **学名：*Spiraea chinensis* Maxim.**
◆ **科属：蔷薇科绣线菊属**

◎别　　名

华绣线菊、铁黑汉条。

◎主要特征

灌木，高1.5~3m。小枝呈拱形弯曲，红褐色。叶片菱状卵形至倒卵形，边缘有缺刻状粗锯齿，或具不明显3裂。伞形花序具花16~25朵；花瓣近圆形，先端微凹或圆钝，白色；雄蕊22~25，短于花瓣或与花瓣等长。蓇葖果开张，全体被短柔毛，花柱顶生，直立或稍倾斜，具直立，萼片稀反折。花期3—6月，果期6—10月。

◎分布与生境

分布于内蒙古、河北、河南、陕西、湖北、湖南、安徽、江西等地；历山见于小云蒙、转林沟、舜王坪；多生于山坡灌丛、山谷溪边及田野路旁。

◎主要用途

可供观赏。

高山绣线菊

◆ 学名：*Spiraea alpina* Pall.
◆ 科属：蔷薇科绣线菊属

◎主要特征

灌木。枝条直立或开张，小枝有明显棱角，幼时被短柔毛，红褐色，老时灰褐色，无毛。叶片多数簇生，线状披针形至长圆状倒卵形，叶柄甚短或几无柄。伞形总状花序，具短总梗，有花3~15朵；花瓣倒卵形或近圆形，先端圆钝或微凹，白色；雄蕊20，几与花瓣等长或稍短于花瓣。蓇葖果开张，无毛或仅沿腹缝线具稀疏短柔毛，花柱近顶生，开展，常具直立或半开张萼片。花期6—7月，果期8—9月。

◎分布与生境

分布于陕西、甘肃、青海、四川、西藏等地；历山见于青皮掌附近；多生于向阳坡地或灌丛中。

◎主要用途

可供观赏。

山桃

◆ 学名：*Prunus davidiana* (Carr.) C. de Vos
◆ 科属：蔷薇科李属

◎别　　名

苦桃、野桃、山毛桃、桃花。

◎主要特征

落叶乔木。树皮暗紫色，光滑；小枝细长，幼时无毛。叶卵状披针形，具细锐锯齿。花单生，先叶开放，萼筒钟形，萼片紫色；花瓣倒卵形或近圆形，粉红色。核果近球形，熟时淡黄色，密被柔毛；果肉薄而干，不可食，成熟时不裂；核球形或近球形，具纵、横沟纹和孔穴，与果肉分离。花期3—4月，果期7—8月。

◎分布与生境

分布于山东、河北、河南、山西、陕西、甘肃、四川、云南等地；历山全境可见；多生于山坡、山谷沟底或荒野疏林及灌丛内。

◎主要用途

华北地区主要作桃、梅、李等果树的砧木，也可供观赏；木材质硬而重，可做各种细工及手杖；果核可做玩具或念珠；种仁可榨油供食用。

山杏

◆ 学名：*Prunus sibirica* L.
◆ 科属：蔷薇科李属

◎别　　名

野杏、西伯利亚杏、蒙古杏。

◎主要特征

灌木或小乔木，高2~5m。叶片卵形或近圆形，先端长渐尖至尾尖。花单生，先于叶开放；花萼紫红色，花后反折；花瓣近白色或粉红色。果实扁球形，黄色或橘红色，果肉较薄而干燥，成熟时开裂，味酸涩不可食。花期3—4月，果期6月。

◎分布与生境

分布于东北、华北及内蒙古等地；历山全境可见；多生于干燥的向阳山坡。

◎主要用途

可供观赏；可作杏的砧木；杏仁处理后可食，可入药。

微毛樱桃

◆ 学名：*Prunus clarofolia* (Schneid.) Yü et Li
◆ 科属：蔷薇科李属

◎别　　名

西南樱桃、微毛野樱桃。

◎主要特征

灌木或乔木。叶卵形、卵状椭圆形或倒卵状椭圆形，有单锯齿或重锯齿，托叶披针形，边有腺齿或有羽状分裂腺齿。花序伞形或近伞形，有2~4花，花叶同放；萼筒钟状，无毛或几无毛，萼片卵状三角形或披针状三角形；花瓣白色或粉红色，倒卵形或近圆形；花柱基部有疏柔毛，柱头头状。核果熟时红色，长椭圆形；核微具棱纹。花期4—6月，果期6—7月。

◎分布与生境

分布于河北、山西、陕西、甘肃、湖北、四川、贵州、云南等地；历山见于皇姑曼、云蒙、青皮掌；多生于山坡林中或灌丛中。

◎主要用途

可供观赏。

长腺樱桃

◆ 学名：*Prunus dolichadenia* (Cardot) S. Y. Jiang & C. L. Li
◆ 科属：蔷薇科李属

◎别　　名

野樱桃、山樱桃。

◎主要特征

小乔木或呈灌木状。树皮棕褐色。叶片宽椭圆形或倒卵状长圆形，边有尖锐重锯齿，齿端腺体细长，呈芒状，叶柄被疏柔毛，顶端有时具有一对有柄腺体或无腺体；托叶羽状细裂，裂片或齿顶端腺体棒状。花序伞形总状，有花4~5朵，萼筒管形钟状，基部稍膨大，花粉红色或白色。核果椭圆状卵形；核表面有棱纹。花期7月，果期8月。

◎分布与生境

分布于山西、陕西；历山见于皇姑曼、青皮掌、云蒙；多生于山谷阴处或山坡密林中。

◎主要用途

可供观赏。

毛叶山樱花

◆ 学名：*Prunus serrulata* var. *pubescens* (Makino) Yü et Li
◆ 科属：蔷薇科李属

◎别　　名

毛叶樱花、毛叶福岛樱。

◎主要特征

乔木。小枝无毛；冬芽无毛。叶卵状椭圆形或倒卵状椭圆形，有渐尖单锯齿及重锯齿，齿尖有小腺体；叶柄无毛，先端有1~3圆形腺体，托叶早落。花序伞房总状或近伞形，有2~3花；萼筒管状，萼片三角状披针形，全缘；花瓣白色，稀粉红色，倒卵形，先端下凹。核果球形或卵圆形，熟后紫黑色。花期4—5月，果期6—7月。

◎分布与生境

分布于山西、陕西、河北、山东等地；历山见于青皮掌、皇姑曼、云蒙等地；多生于杂木林中。

◎主要用途

可供观赏。

注：在历山地区发现的植株叶下明显具毛，故定名为毛叶山樱花。

欧李

◆ 学名：***Prunus humilis*** **(Bge.) Sok**
◆ 科属：**蔷薇科李属**

◎别　　名

山梅子、小李仁、耨李儿、钙果。

◎主要特征

落叶灌木。树皮灰褐色，小枝被柔毛。叶互生，长圆形或椭圆状披针形，先端尖，边缘有浅细锯齿，下面沿主脉散生短柔毛；托叶线形，早落。花与叶同时开放，单生或2朵并生，花梗有稀疏短柔毛；萼片5，花后反折；花瓣5，白色或粉红色。核果近球形，熟时鲜红色或橘黄色。花期4—5月，果期5—6月。

◎分布与生境

分布于黑龙江、吉林、辽宁、内蒙古、河北、山东、山西等地；历山全境低山区阳坡习见；多生于荒山坡或沙丘边。

◎主要用途

果可食；种仁可榨油，也可入药。

毛樱桃

◆ 学名：***Prunus tomentosa*** **(Thunb.) Wall**
◆ 科属：**蔷薇科李属**

◎别　　名

山樱桃、梅桃、山豆子、樱桃。

◎主要特征

灌木，稀小乔木状。叶卵状椭圆形或倒卵状椭圆形，有急尖或粗锐锯齿。花单生或2朵簇生，花叶同放，近先叶开放或先叶开放；萼筒管状或杯状，萼片三角状卵形；花瓣白色或粉红色，倒卵形。核果近球形，熟时红色。花期4—5月，果期6—9月。

◎分布与生境

分布于黑龙江、吉林、辽宁、内蒙古、河北、山西、陕西、甘肃等地；历山全境可见；多生于山坡林中、林缘、灌丛或草地。

◎主要用途

果实微酸甜，可食及酿酒；种仁含油，可制肥皂及润滑油用；种仁可入药；可作观赏植物。

榆叶梅

◆ 学名：*Prunus triloba* Lindl.
◆ 科属：蔷薇科李属

◎别　　名

小桃红。

◎主要特征

灌木稀小乔木。叶片宽椭圆形至倒卵形，叶边具粗锯齿或重锯齿。花1~2朵，先于叶开放，花瓣近圆形或宽倒卵形，粉红色；雄蕊25~30，短于花瓣；子房密被短柔毛，花柱稍长于雄蕊。果实近球形，红色，外被短柔毛；果肉薄，成熟时开裂；核近球形，具厚硬壳，表面具不整齐的网纹。花期4—5月，果期5—7月。

◎分布与生境

分布于黑龙江、吉林、辽宁、内蒙古、河北、山西、陕西、甘肃、山东、江西、江苏、浙江等地；历山转林沟、猪尾沟等地可见；多生于低至中海拔的坡地、沟旁乔灌木林下或林缘。

◎主要用途

可供观赏。

稠李

◆ 学名：*Prunus padus* L.
◆ 科属：蔷薇科李属

◎别　　名

臭李子、臭耳子。

◎主要特征

落叶乔木。树皮粗糙而多斑纹，老枝紫褐色或灰褐色，有浅色皮孔。叶片椭圆形、长圆形或长圆倒卵形，托叶膜质，线形，先端渐尖，边有带腺锯齿，早落。总状花序具有多花，长7~10cm，基部通常有2~3叶。核果卵球形，顶端有尖头。花期4—5月，果期5—10月。

◎分布与生境

分布于黑龙江、吉林、辽宁、内蒙古、河北、山西、河南、山东等地；历山见于云蒙、舜王坪、青皮掌、卧牛场、皇姑曼、猪尾沟、混沟；多生于山坡、山谷或灌丛中。

◎主要用途

可供观赏。

细齿稠李

◆ 学名：***Prunus obtusata*** **Koehne**
◆ 科属：**蔷薇科李属**

◎主要特征

落叶乔木。老枝紫褐色或暗褐色，无毛，有散生浅色皮孔；小枝幼时红褐色。叶片窄长圆形、椭圆形或倒卵形；叶柄通常顶端两侧各具1腺体；托叶膜质，早落。总状花序具多花，花瓣白色。核果卵球形，顶端有短尖头，黑色。花期4—5月，果期6—10月。

◎分布与生境

分布于甘肃、陕西、河南、安徽、浙江、台湾、江西、湖北、湖南、贵州、云南、四川等地；历山见于猪尾沟、混沟；生于海拔840~3200m的山坡杂木林、密林或疏林下、山谷、沟底和溪边等处。

◎主要用途

可供观赏。

蕤核

◆ 学名：***Prinsepia uniflora*** **Batal.**
◆ 科属：**蔷薇科扁核木属**

◎别　　名

马茹子、扁核木。

◎主要特征

灌木。老枝紫褐色，树皮光滑；小枝灰绿色或灰褐色，无毛或有极短柔毛。叶互生或丛生，近无柄；叶片长圆披针形或狭长圆形。花单生或2~3朵，簇生于叶丛内；花梗长3~5mm，无毛。核果球形，红褐色或黑褐色，无毛，有光泽；核为左右压扁的卵球形，有沟纹。花期4—5月，果期8—9月。

◎分布与生境

分布于河南、山西、陕西、内蒙古、甘肃和四川等地；历山见于下川、李疙瘩、西哄哄附近；多生于山坡阳处或山脚下。

◎主要用途

果实可酿酒、制醋或食用；种子可入药。

水栒子

◆ 学名：*Cotoneaster multiflorus* Bge.
◆ 科属：蔷薇科栒子属

◎别　　名

栒子木、多花栒子。

◎主要特征

落叶灌木。枝条细瘦，小枝圆柱形，无毛。叶片卵形或宽卵形，上面无毛，下面幼时稍有茸毛，托叶线形，疏生柔毛，花多数，呈疏松的聚伞花序，苞片线形，萼筒钟状，萼片三角形，花瓣平展，近圆形，白色；雄蕊稍短于花瓣。果实近球形或倒卵形，红色。花期5—6月，果期8—9月。

◎分布与生境

分布于黑龙江、辽宁、内蒙古、河北、山西、河南、陕西、甘肃、青海等地；历山见于混沟、猪尾沟、西峡、云蒙、皇姑曼、青皮掌；多生于沟谷、山坡杂木林中。

◎主要用途

叶及果实均可入药；可作观赏植物。

西北栒子

◆ 学名：*Cotoneaster zabelii* Schneid.
◆ 科属：蔷薇科栒子属

◎别　　名

札氏栒子、杂氏灰栒子、土兰条。

◎主要特征

落叶灌木。枝条细瘦开张，小枝圆柱形，深红褐色。叶片椭圆形至卵形；叶柄长1~3mm；托叶披针形。花3~13朵，呈下垂聚伞花序；花梗长2~4mm；萼筒钟状；萼片三角形；花瓣直立，倒卵形或近圆形，浅红色；雄蕊18~20，较花瓣短；花柱2，离生，短于雄蕊。果实倒卵形至卵球形，鲜红色。花期5—6月，果期8—9月。

◎分布与生境

分布于青海、陕西、甘肃、宁夏、河北、河南、山东、山西、湖北、湖南等地；历山见于混沟、云蒙、青皮掌、皇姑曼、猪尾沟；多生于沟谷边、山坡阴处、石灰岩山地及灌木丛中。

◎主要用途

为水土保持树种、观果绿化树木；枝条可供编织用；果实含淀粉，可酿酒；种子可榨油；枝、叶、果实可入药。

灰栒子

◆ 学名：*Cotoneaster acutifolius* Turcz.
◆ 科属：蔷薇科栒子属

◎别　　名

黑果栒子。

◎主要特征

落叶灌木。枝条开张，小枝细瘦，圆柱形。叶片椭圆卵形至长圆卵形，先端急尖，基部宽楔形，叶柄具短柔毛；托叶线状披针形，脱落。聚伞花序，总花梗和花梗被长柔毛；苞片线状披针形，萼筒钟状或短筒状，萼片三角形，花瓣直立，宽倒卵形或长圆形，白色外带红晕；花柱离生，短于雄蕊。果实椭圆形稀倒卵形。花期5—6月，果期9—10月。

◎分布与生境

分布于内蒙古、河北、山西、河南、湖北、陕西、甘肃、青海、西藏等地；历山见于下川、猪尾沟、混沟、皇姑曼等地；多生于山坡、山麓、山沟及丛林中。

◎主要用途

可作为园林观果植物。

山楂

◆ 学名：*Crataegus pinnatifida* Bge.
◆ 科属：蔷薇科山楂属

◎别　　名

山里果、山里红、酸里红、山里红果、酸枣、红果、红果子、山林果。

◎主要特征

落叶乔木。树皮粗糙，暗灰色或灰褐色；有明显的刺。叶片宽卵形或三角状卵形，稀菱状卵形，叶片基部截形或宽楔形，通常两侧各有3~5羽状深裂片，中脉或侧脉有短柔毛。伞房花序，具多花，萼筒钟状，萼片三角卵形至披针形，花瓣倒卵形或近圆形，白色；果实近球形或梨形，深红色，有浅色斑点；小核3~5。花期5—6月，果期9—10月。

◎分布与生境

分布于黑龙江、吉林、辽宁、内蒙古、河北、河南、山东、山西、陕西、江苏等地；历山全境可见；多生于山坡林边或灌木丛中。

◎主要用途

果实可食，也可入药。

毛山楂

◆ **学名：*Crataegus maximowiczii* Schneid.**
◆ **科属：蔷薇科山楂属**

◎别　　名

野山楂、模糊梨、毛山里红、橘红山楂。

◎主要特征

灌木或小乔木。小枝粗壮，圆柱形；冬芽卵形，紫褐色。叶片宽卵形或菱状卵形，上面散生短柔毛，下面密被灰白色长柔毛，托叶膜质，半月形或卵状披针形。复伞房花序，多花，总花梗和花梗均被灰白色柔毛，苞片膜质，线状披针形，萼筒钟状，外被灰白色柔毛，萼片三角卵形或三角状披针形，花瓣近圆形，白色。果实球形，橘红色。花期5—6月，果期8—9月。

◎分布与生境

分布于黑龙江、吉林、辽宁、山西和内蒙古等地；历山见于青皮掌、混沟；多生于杂木林中、林边、河岸沟边及路边。

◎主要用途

木材可做家具、文具、木柜等；果可食；可作观赏植物。

野山楂

◆ **学名：*Crataegus cuneata* Sieb. et Zucc.**
◆ **科属：蔷薇科山楂属**

◎别　　名

山梨、毛枣子、猴楂、大红子、浮萍果、红果子、牧虎梨、小叶山楂、南山楂。

◎主要特征

落叶灌木。通常具细刺，小枝细弱，圆柱形，有棱。叶片宽倒卵形至倒卵状长圆形，叶顶端3缺刻，叶边缘有粗锯齿；基部楔形，下延连于叶柄，叶柄两侧有叶翼；托叶大形，草质，镰刀状，边缘有齿。伞房花序；花瓣近圆形或倒卵形，长6~7mm，白色，基部有短爪。果实近球形或扁球形，红色或黄色，常具有宿存反折萼片或1苞片；小核4~5。花期5—6月，果期9—11月。

◎分布与生境

分布于河南、湖北、江西、湖南、安徽、江苏、浙江、云南等地；历山见于青皮掌附近；多生于山谷、多石湿地或山地灌丛中。

◎主要用途

果实可食，也可入药；嫩叶可以代茶；茎叶煮汁可洗漆疮。

辽宁山楂

◆ 学名：*Crataegus sanguinea* Pall.
◆ 科属：蔷薇科山楂属

◎别　　名

野山楂、红果、血红山楂、查肉。

◎主要特征

落叶灌木，稀小乔木。刺短粗，锥形。冬芽三角卵形，叶片宽卵形或菱状卵形，裂片宽卵形，上面毛较密，下面柔毛多生在叶脉上；叶柄粗短，托叶草质，镰刀形或不规则心形，边缘有粗锯齿。伞房花序，多花，密集，苞片膜质，线形，萼片三角卵形，花瓣长圆形，白色；花药淡红色或紫色，果实近球形，萼片宿存。花期5—6月，果期7—8月。

◎分布与生境

分布于辽宁、吉林、黑龙江、河北、山西、内蒙古和新疆等地；历山见于青皮掌、皇姑曼、云蒙、舜王坪；多生于山坡或河沟旁杂木林中。

◎主要用途

可供观赏。

甘肃山楂

◆ 学名：*Crataegus kansuensis* E. H.Wilson
◆ 科属：蔷薇科山楂属

◎别　　名

野山楂、面丹子。

◎主要特征

灌木或乔木。枝刺多，锥形。冬芽近圆形。叶片宽卵形，裂片三角卵形，叶柄细，托叶膜质，卵状披针形，边缘有腺齿。伞房花序，苞片与小苞片膜质，披针形，萼片三角卵形，花瓣近圆形，白色。果实近球形，红色或橘黄色，萼片宿存。花期5月，果期7—9月。

◎分布与生境

分布于甘肃、山西、河北、陕西、贵州和四川等地；历山见于云蒙、混沟、猪尾沟、青皮掌等地；多生于在杂木林中、山坡阴处及山沟旁。

◎主要用途

果可食，可入药；可作观赏植物。

桔红山楂

◆ **学名：*Crataegus aurantia* Pojark.**
◆ **科属：蔷薇科山楂属**

◎别　　名

橘红山楂。

◎主要特征

落叶灌木至小乔木。无刺或有刺，深紫色。小枝一年生深紫色，老时灰褐色。叶片宽卵形，边缘有2~3对浅裂片，锯齿尖锐不整齐。复伞房花序，多花，萼筒钟状；萼片宽三角形，花后反折；花瓣近圆形，白色。果实幼时长圆卵形，成熟时近球形，干时橘红色。花期5—6月，果期8—9月。

◎分布与生境

分布于山西、陕西、甘肃、河北等地；历山见于青皮掌；多生于海拔1000~1800m的山坡杂木林中。

◎主要用途

果可食，也可入药。

山荆子

◆ **学名：*Malus baccata* (L.) Borkh.**
◆ **科属：蔷薇科苹果属**

◎别　　名

林荆子、山定子、山丁子。

◎主要特征

落叶乔木。幼枝红褐色，老枝暗褐色。叶片椭圆形或卵形，边缘有细锐锯齿。伞形花序，具花4~6朵；萼筒外面无毛；萼片披针形；花瓣倒卵形，基部有短爪，白色。果实近球形，红色或黄色，柄洼及萼洼稍微陷入，萼片脱落。花期4—6月，果期9—10月。

◎分布与生境

分布于东北、华北、西北等地；历山全境可见；多生于山坡杂木林中及山谷阴处灌木丛中。

◎主要用途

属蜜源植物；木材可供制作器具；嫩叶可代茶，还可制作家畜饲料；为苹果的砧木；果实可入药；可作观赏植物。

毛山荆子

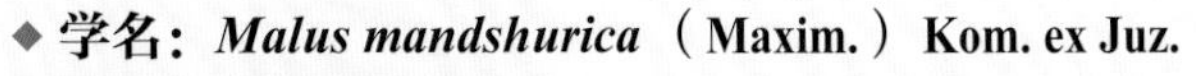

◆ 学名：***Malus mandshurica*（Maxim.）Kom. ex Juz.**
◆ 科属：**蔷薇科苹果属**

◎别　　名

山定子、山荆子、棠梨木。

◎主要特征

与山荆子*Malus baccata* (L.) Borkh.相比，毛山荆子幼枝条和叶下、叶柄、花序、萼片均有明显的毛。花期5—6月，果期8—9月。

◎分布与生境

分布于东北及内蒙古、山西、陕西、甘肃等地；历山见于猪尾沟、西峡、西哄哄等地；多生于海拔100~2100m的山坡杂木林中、山顶及山沟。

◎主要用途

果、花、叶和茎可入药。

三叶海棠

◆ 学名：***Malus sieboldii* (Regal) Rehd.**
◆ 科属：**蔷薇科苹果属**

◎别　　名

山茶果、野黄子、山楂子。

◎主要特征

灌木。小枝稍有棱角，暗紫色或紫褐色。叶互生；叶柄有短柔毛；叶片椭圆形、长椭圆形或卵形，边缘有尖锐锯齿，常3，稀5浅裂。花两性；有花4~8朵，集生于小枝顶端，萼片5，花瓣红色，基部有短爪。梨果近球形，红色或褐色，萼裂片脱落。花期4—5月，果期8—9月。

◎分布与生境

分布于辽宁、陕西、山西、甘肃、山东、浙江、江西、福建、湖北等地；历山见于皇姑曼、云蒙、青皮掌；多生于海拔150~2000m的山坡杂木林或灌木丛中。

◎主要用途

果实可食，也可入药。

河南海棠

◆ 学名：***Malus honanensis*** **Rehder**
◆ 科属：**蔷薇科苹果属**

◎主要特征

灌木或小乔木。小枝细弱，圆柱形，嫩时被稀疏茸毛，不久脱落，老枝红褐色，无毛，具稀疏褐色皮孔。叶片宽卵形至长椭卵形。伞形总状花序，具花5~10朵，花梗细，长1.5~3cm，嫩时被柔毛。果实近球形，黄红色，萼片宿存。花期5月，果期8—9月。

◎分布与生境

分布于河南、河北、山西、陕西和甘肃等地；历山见于西哄哄、皇姑曼、舜王坪、青皮掌；多生于海拔800~2600m的山谷或山坡丛林中。

◎主要用途

可供观赏。

楸子

◆ 学名：***Malus prunifolia*** **(Willd.) Borkh.**
◆ 科属：**蔷薇科苹果属**

◎别　　名

海棠果、海红果、柰子、海红。

◎主要特征

小乔木，高达3~8m。小枝粗壮，圆柱形。叶片卵形或椭圆形，叶柄长1~5cm，嫩时密被柔毛，老时脱落。花4~10朵，近似伞形花序。果实卵形，直径2~2.5cm，红色。果梗细长。花期4—5月，果期8—9月。

◎分布与生境

分布于河北、山东、山西、河南、陕西、甘肃、辽宁、内蒙古等地野生或栽培；历山本地多见栽培种，西哄哄附近有野生种；多生于海拔50~1300m的山坡、平地或山谷梯田边。

◎主要用途

可作观赏植物；果实可食用，也可入药；可用作嫁接各种观赏园艺品种海棠的砧木。

木梨

◆ 学名：*Pyrus xerophila* Yü
◆ 科属：蔷薇科梨属

◎别　　名

大梨、棠梨、野梨、酸梨。

◎主要特征

乔木。小枝粗壮，幼时无毛或具稀疏柔毛，二年生枝条褐灰色，具稀疏白色皮孔。叶卵形或长卵形，具钝锯齿；叶柄无毛。伞形总状花序，有3~6花；萼片三角状卵形，花瓣宽卵形，具短爪，白色。果卵球形或椭圆形，褐色，有稀疏斑点。花期4月，果期8—9月。

◎分布与生境

分布于河南、陕西、山西、西藏和新疆等地；历山见于皇姑曼、云蒙、混沟、下川；多生于山坡、灌木丛中。

◎主要用途

可用作栽培梨树的砧木；可供观赏；果实可酿酒或制醋。

杜梨

◆ 学名：*Pyrus betulifolia* Bunge
◆ 科属：蔷薇科梨属

◎别　　名

棠梨、土梨、海棠梨、野梨子，灰梨。

◎主要特征

落叶乔木。枝常有刺；二年生枝条紫褐色。叶片菱状卵形至长圆卵形，幼叶上下两面均密被灰白色茸毛；叶柄被灰白色茸毛；托叶早落。伞形总状花序，有花10~15朵，花梗被灰白色茸毛，苞片膜质，线形，花瓣白色，雄蕊花药紫色，花柱具毛。果实近球形，褐色，有淡色斑点。花期4月，果期8—9月。

◎分布与生境

分布于辽宁、河北、河南、山东、山西、陕西、甘肃、湖北、江苏、安徽、江西等地；历山全境可见；多生于山坡阳坡。

◎主要用途

枝叶、果实可入药；可用于街道庭院及公园的绿化树。

豆梨

◆ 学名：*Pyrus calleryana* Decne.
◆ 科属：蔷薇科梨属

◎别　　名

野梨、台湾野梨、山梨、鹿梨、刺仔、鸟梨、阳檖、赤梨、酱梨。

◎主要特征

乔木。小枝粗壮，幼枝有茸毛，不久脱落。叶片宽卵形至卵形，稀长椭卵形，边缘有钝锯齿，两面无毛；叶柄无毛。伞形总状花序，花序梗无毛，具花6~12朵；萼筒无毛；萼片披针形；花瓣卵形，基部具短爪，白色；雄蕊20，稍短于花瓣。梨果球形，直径约1cm，黑褐色，有斑点，萼片脱落。花期4月，果期8—9月。

◎分布与生境

分布于山东、河南、山西、江苏、浙江、江西、安徽、湖北等地；历山见于下川、西哄哄、李疙瘩附近；多生于温暖潮湿的山坡、沼地、杂木林中。

◎主要用途

可作西洋梨的砧木；根、叶、果实均可入药；木材坚硬，可供制作粗细家具及雕刻图章。

褐梨

◆ 学名：*Pyrus phaeocarpa* Rehd.
◆ 科属：蔷薇科梨属

◎别　　名

棠杜梨、杜梨。

◎主要特征

乔木。小枝幼时具白色茸毛，二年生枝条紫褐色，无毛。叶片椭圆卵形至长卵形，边缘有尖锐锯齿，叶柄微被柔毛或近于无毛。伞形总状花序，有花5~8朵，萼片三角披针形，花瓣卵形，基部具有短爪，白色；雄蕊20，长约花瓣之半。果实球形或卵形，褐色，有斑点，萼片脱落。花期4月，果期8—9月。

◎分布与生境

分布于河北、山东、山西、陕西、甘肃等地；历山见于李疙瘩、西哄哄附近；多生于山坡或黄土丘陵地杂木林中。

◎主要用途

可作观赏植物；果实可食。

水榆花楸

◆ 学名：***Sorbus alnifolia*** **(Sieb. et Zucc.) K. Koch**
◆ 科属：**蔷薇科花楸属**

◎别　　名

黄山榆、花楸、枫榆、千筋树、粘枣子。

◎主要特征

乔木，高可达20m。小枝圆柱形。冬芽卵形，先端急尖，外具数枚暗红褐色无毛鳞片。叶片卵形至椭圆卵形，先端短渐尖，侧脉直达叶边齿尖；叶柄无毛或微具稀疏柔毛。复伞房花序较疏松，有花，总花梗和花梗具稀疏柔毛；萼筒钟状，外面无毛，萼片三角形，花瓣白色；花柱基部或中部以下合生，光滑无毛。果实椭圆形或卵形，红色或黄色。花期5月，果期8—9月。

◎分布与生境

分布于黑龙江、吉林、辽宁、河北、河南、陕西、山西、甘肃、山东、安徽等地；历山见于混沟、皇姑曼、青皮掌、猪尾沟等地；多生于山坡、山沟、山顶混交林或灌木丛中。

◎主要用途

观赏树；木材可供制作器具、车辆及模型用；树皮可制作染料；纤维可供造纸原料；果实可食或酿酒。

花楸

◆ 学名：***Sorbus pohuashanensis*** **(Hance) Hedl.**
◆ 科属：**蔷薇科花楸属**

◎别　　名

百花花楸、马加木、臭山槐。

◎主要特征

乔木，高达8m。小枝粗壮，圆柱形。奇数羽状复叶，小叶片5~7对，卵状披针形或椭圆披针形，边缘有细锐锯齿。复伞房花序具多数密集花朵；萼片三角形；花瓣宽卵形或近圆形，白色，内面微具短柔毛；雄蕊20，几与花瓣等长。果实近球形，红色或橘红色，具宿存闭合萼片。花期6月，果期9—10月。

◎分布与生境

分布于东北、内蒙古、河北、山西、甘肃、山东等地；历山见于皇姑曼、舜王坪、青皮掌、云蒙；多生于海拔900~2500m的山坡或山谷杂木林内。

◎主要用途

木材可作家具原材料，花叶美丽，有观赏价值；果可制酱、酿酒及入药。

北京花楸

◆ 学名：*Sorbus discolor* (Maxim.) Maxim.
◆ 科属：蔷薇科花楸属

◎别　　名

臭山槐。

◎主要特征

本种与花楸树*Sorbus pohuashanensis* (Hance) Hedl.的异点在于其花序和叶片无毛，花序较稀疏，果实黄色或白色；而后者的花序和叶片多少被茸毛，花序较密，果实红色易于区别。花期5月，果期8—9月。

◎分布与生境

分布于河北、河南、山西、山东、甘肃、内蒙古等地；历山见于舜王坪和青皮掌；多生于山地阳坡阔叶混交林中。

◎主要用途

可供观赏。

陕甘花楸

◆ 学名：*Sorbus koehneana* Schneid.
◆ 科属：蔷薇科花楸属

◎主要特征

叶灌木或小乔木。小枝红褐色至灰黑色。羽状复叶，小叶17~25个，小叶近无柄，长圆形至长圆披针形，每侧有9~14齿，叶轴上有浅沟，两侧有窄翅。复伞房花序，花多数，萼被疏毛，花瓣卵圆形，白色；雄蕊20枚，长为花瓣的1/3，花药褐色。果球形，白色，萼片微闭合。花期6月，果期9月。

◎分布与生境

分布于山西、河南、陕西、甘肃、青海、湖北、四川等地；历山见于云蒙、皇姑曼、青皮掌、舜王坪；多生于溪谷阴坡山林中。

◎主要用途

可作园林观赏树种。

湖北花楸

◆ 学名：***Sorbus hupehensis*** **C. K. Schneid.**
◆ 科属：**蔷薇科花楸属**

◎主要特征

乔木，高5~10m。小枝圆柱形，暗灰褐色。奇数羽状复叶，小叶4~8对，矩圆状披针形或卵状披针形，先端急尖或短渐尖，边缘有尖锐锯齿，近基部1/3或1/2几为全缘，下面沿中脉有白色茸毛，渐脱落；托叶小，革质，后脱落。复伞形花序有多数花，总花梗和花梗无毛或疏生白色柔毛；花白色。梨果球形，红色，萼裂片宿存且闭合。花期5—7月，果期8—9月。

◎分布与生境

分布于湖北、江西、安徽、山东、四川、贵州、陕西、山西、甘肃、青海等地；历山见于云蒙、青皮掌；多生于高山阴坡或山沟密林内。

◎主要用途

可供观赏；果实可用于制作果酱、果糕及酿酒。种子含脂肪和苦杏素，可供制肥皂及医药工业；枝皮含鞣酸。

牛迭肚

◆ 学名：***Rubus crataegifolius*** **Bunge.**
◆ 科属：**蔷薇科悬钩子属**

◎别　　名

山楂叶悬钩子、树梅。

◎主要特征

直立灌木。枝具沟棱，有微弯皮刺。单叶，卵形至长卵形，下面脉上有柔毛和小皮刺，边缘3~5掌状分裂；叶柄疏生柔毛和小皮刺。花数朵簇生或呈短总状花序，常顶生；花萼外面有柔毛；萼片卵状三角形或卵形；花瓣椭圆形或长圆形，白色，几与萼片等长；雄蕊直立，花丝宽扁；雌蕊多数，子房无毛。果实近球形，暗红色，无毛，有光泽；核具皱纹。花期5—6月，果期7—9月。

◎分布与生境

分布于黑龙江、辽宁、吉林、河北、河南、山西、山东等地；历山全境可见；多生于向阳山坡灌木丛中或林缘。

◎主要用途

果酸甜，可生食，也可制果酱或酿酒；全株含鞣酸，可提取栲胶；茎皮含纤维，可作造纸及制纤维板原料；果和根可入药。

弓茎悬钩子

◆ 学名：*Rubus flosculosus* Focke
◆ 科属：蔷薇科悬钩子属

◎别　　名

弓茎莓、小花莓、山挂牌条。

◎主要特征

灌木。枝拱曲，红褐色。小叶卵形、卵状披针形或卵状长圆形，顶生小叶有时为菱状披针形，托叶小，线形。顶生花序为狭圆锥花序，侧生者为总状花序，花梗细，苞片小，线状披针形；花萼外密被灰白色茸毛；萼片卵形至长卵形，花瓣近圆形，粉红色，花药紫色，花丝线形。果实球形，红色至红黑色。花期6—7月，果期8—9月。

◎分布与生境

分布于河南、山西、陕西、甘肃、湖北、四川、西藏；历山全境可见；多生于山谷河旁、沟边或山坡杂木丛中。

◎主要用途

果较小，甜酸可食，也可供制醋。

喜阴悬钩子

◆ 学名：*Rubus mesogaeus* Focke
◆ 科属：蔷薇科悬钩子属

◎别　　名

黑莓。

◎主要特征

攀缘灌木。老枝有稀疏基部宽大的皮刺，小枝红褐色或紫褐色，具稀疏针状皮刺或近无刺。小叶常3枚，稀5枚，顶生小叶宽菱状卵形或椭圆卵形，顶端渐尖；叶柄、叶轴均有柔毛和稀疏钩状小皮刺。伞房花序生于侧生小枝顶端或腋生，具花数朵；总花梗具柔毛，有稀疏针刺；花梗密被柔毛；花白色或浅粉红色。果实扁球形，紫黑色，无毛；核三角卵球形，有皱纹。花期4—5月，果期7—8月。

◎分布与生境

分布于河南、陕西、山西、甘肃、湖北、台湾、四川、贵州、云南、西藏等地；历山见于猪尾沟、青皮掌、云蒙、西峡；多生于海拔900~2700m的山坡、山谷林下潮湿处或沟边冲积台地。

◎主要用途

根、果实可入药；果实可鲜食。

华北覆盆子

◆ 学名：***Rubus idaeus*** **Linn. var.** ***borealisinensis*** **Yü et Lu**
◆ 科属：**蔷薇科悬钩子属**

◎别　　名

树莓、白毛莓。

◎主要特征

灌木，株高1~2m，枝条疏生皮刺。奇数羽状复叶，小叶3~5，叶柄及叶背面密被白色纤毛和小刺，总状花序，顶生；花白色。聚合核果具白色短茸毛，小果红色。花果期7—8月。

◎分布与生境

分布于内蒙古、河北西部、山西东部至西部等地；历山全境杂木林中及草甸均可见；多生于山谷阴处、山坡林间或密林下、白桦林缘或草甸间。

◎主要用途

果实可入药，也可鲜食。

茅莓

◆ 学名：***Rubus parvifolius*** **L.**
◆ 科属：**蔷薇科悬钩子属**

◎别　　名

红梅消、三月泡。

◎主要特征

灌木。枝呈弓形弯曲，被柔毛和稀疏钩状皮刺。小叶3枚，在新枝上偶有5枚，菱状圆形或倒卵形。伞房花序顶生或腋生，稀顶生花序呈短总状，具花数朵，被柔毛和细刺，花粉色。果实卵球形，红色，无毛或具稀疏柔毛；核有浅皱纹。花期5—6月，果期7—8月。

◎分布与生境

分布于黑龙江、吉林、辽宁、河北、河南、山西、陕西、甘肃等地；历山见于李疙瘩、西哄哄、下川；多生于山坡杂木林下、向阳山谷、路旁或荒野。

◎主要用途

果实酸甜多汁，可供食用、酿酒及制醋等；根和叶含鞣酸，可提取栲胶；全株可入药；可作观赏植物。

石生悬钩子

◆ 学名：*Rubus saxatilis* L.
◆ 科属：蔷薇科悬钩子属

◎别　　名

天山悬钩子。

◎主要特征

多年生草本。茎细，圆柱形，不育茎有鞭状匍枝，具小针刺和稀疏柔毛，有时具腺毛。复叶常具3小叶，或稀单叶分裂，小叶片卵状菱形至长圆状菱形。花常2~10朵成束或呈伞房状花序；花小，直径在1cm以下；花瓣小，匙形或长圆形，白色，直立。果实球形，红色，小核果较大；核长圆形，具蜂巢状孔穴。花期6—7月，果期7—8月。

◎分布与生境

分布于黑龙江、吉林、辽宁、内蒙古、河北、山西、新疆等地；历山见于转林沟、混沟底、舜王坪；多生于石砾地、灌丛或针阔叶混交林下。

◎主要用途

果实可食。

黄果悬钩子

◆ 学名：*Rubus xanthocarpus* Bureau et Franch.
◆ 科属：蔷薇科悬钩子属

◎别　　名

泡儿刺、莓子刺、地莓子、黄莓子。

◎主要特征

低矮半灌木。地上茎草质，疏生较长直立针刺。小叶3枚，有时5枚，长圆形或椭圆状披针形，边缘具不整齐锯齿，侧生小叶几无柄，均被疏柔毛和直立针刺。花1~4朵呈伞房状，顶生或腋生，稀单生；花梗有柔毛和疏生针刺；花萼外被较密直立针刺和柔毛；萼片长卵圆形至卵状披针形；花瓣倒卵圆形至匙形，白色，基部有长爪。果实扁球形，橘黄色，无毛；核具皱纹。花期5—6月，果期8月。

◎分布与生境

分布于陕西、甘肃、安徽、四川等地；历山见于青皮掌、小云蒙；多生于山坡路旁、林缘、林中或山沟石砾滩地。

◎主要用途

果实可食或入药。

秀丽莓

◆ **学名：*Rubus amabilis* Focke**
◆ **科属：蔷薇科悬钩子属**

◎别　　名

美丽悬钩子。

◎主要特征

灌木。具稀疏皮刺；花枝短，具柔毛和小皮刺。小叶7~11枚，卵形或卵状披针形。花单生于侧生小枝顶端，下垂；花梗疏生细小皮刺；花直径3~4cm；花萼绿色带红色，外面密被短柔毛，无刺或有时具稀疏短针刺或腺毛；萼片宽卵形；花瓣近圆形，白色。果实长圆形稀椭圆形，红色，幼时具稀疏短柔毛，老时无毛；核肾形，稍有网纹。花期4—5月，果期7—8月。

◎分布与生境

分布于陕西、甘肃、河南、山西、湖北、四川、青海等地；历山见于转林沟、青皮掌、猪尾沟；多生于山麓、沟边或山谷丛林中。

◎主要用途

果实可食。

美蔷薇

◆ **学名：*Rosa bella* Rehd. et Wils**
◆ **科属：蔷薇科蔷薇属**

◎别　　名

野蔷薇、刺蘼、刺红、买笑、油瓶瓶。

◎主要特征

直立灌木。小枝有细而较直立的皮刺。羽状复叶；小叶7~9，长椭圆形或卵形，边缘有锐锯齿；叶柄和叶轴有柔毛和腺毛，有时有小皮刺；托叶宽。花粉红色，芳香。蔷薇果，椭球形，深红色，顶端渐细略呈颈状，表面被腺毛。花期5—7月，果期8—10月。

◎分布与生境

分布于西北、华北各地；历山全境杂木林中可见；多生于林下、沟谷、河边。

◎主要用途

果实及花可入药；花可提取香精；果实可做果酱或酿酒。

单瓣黄刺玫

◆ 学名：*Rosa xanthina* Lind
◆ 科属：蔷薇科蔷薇属

◎别　　名

刺玖花、黄刺莓、破皮刺玫、刺玫花。

◎主要特征

落叶灌木。小枝褐色或褐红色，具刺。奇数羽状复叶，小叶常7~13枚，近圆形或椭圆形，边缘有锯齿；托叶小，下部与叶柄连生，先端分裂成披针形裂片，边缘有腺体，近全缘。花黄色，无苞片。果球形，红黄色。花期5—6月，果期7—8月。

◎分布与生境

分布于内蒙古、河北、山西等地；历山全境可见；多生于山坡灌丛。

◎主要用途

可供观赏；可作保持水土及园林绿化树种；果实可食、制果酱；花可提取芳香油；花、果可药用。

黄蔷薇

◆ 学名：*Rosa hugonis* Hemsl.
◆ 科属：蔷薇科蔷薇属

◎别　　名

刺玫、黄花蔷薇。

◎主要特征

该种近似黄刺玫*Rosa xanthina* Lind，但该种小枝有皮刺和针刺；小叶片下面无毛，叶边锯齿较尖锐；花直径比较大，4~5.5cm。花期5—6月，果期7—8月。

◎分布与生境

分布于山西、陕西、甘肃、青海、四川等地；历山见于青皮掌；多生于山坡向阳处、杯边灌丛中。

◎主要用途

可作观赏植物；花可提取香精；果实可入药。

山刺玫

◆ 学名：*Rosa davurica* Pall.
◆ 科属：蔷薇科蔷薇属

◎别　　名

野蔷薇、刺玫蔷薇、刺玫果、红根。

◎主要特征

落叶灌木植物。小枝及叶柄基部常有成对的皮刺，刺弯曲，基部大。羽状复叶，小叶5~7枚，矩圆形或长卵圆形，边缘近中部以上有锐锯齿，上面无毛，下面灰绿色，有白霜、柔毛和腺体。花单生或数朵聚生，深红色。蔷薇果球形或卵形，红色。花期6—7月，果期8—9月。

◎分布与生境

分布于东北、华北、西北各地；历山全境可见；多生于疏林地或林缘。

◎主要用途

果肉多浆味酸可食；花、果、根可入药；根皮、茎皮和叶含鞣酸，可提制栲胶。

钝叶蔷薇

◆ 学名：*Rosa sertata* Rolfe
◆ 科属：蔷薇科蔷薇属

◎别　　名

红花野蔷薇。

◎主要特征

灌木。小枝圆柱形，细弱，无毛，散生直立皮刺或无刺。小叶7~11，广椭圆形至卵状椭圆形，两面无毛；托叶大部分贴生于叶柄，离生部分耳状，卵形，无毛，边缘有腺毛。花单生或3~5朵，排成伞房状；萼片卵状披针形，先端延长呈叶状，全缘；花瓣粉红色或玫瑰色，宽倒卵形，先端微凹，基部宽楔形，比萼片短。果卵球形，深红色。花期6月，果期8—10月。

◎分布与生境

分布于甘肃、陕西、山西、河南、安徽、江苏、浙江、江西等地；历山见于混沟、青皮掌；多生于山坡、路旁、沟边或疏林中。

◎主要用途

根可入药；可作观赏植物。

假升麻

◆ 学名：***Aruncus sylvester*** **Kostel.**
◆ 科属：**蔷薇科假升麻属**

◎别　　名

高凉菜、棣棠升麻。

◎主要特征

多年生草本。基部木质化。二回稀三回羽状复叶；小叶3~9，菱状卵形、卵状披针形或长椭圆形，先端渐尖，稀尾尖，基部宽楔形，稀圆，有不规则尖锐重锯齿，两面近无毛或沿边缘被疏柔毛；小叶柄很短或近无柄；大型穗状圆锥花序；花瓣倒卵形，先端圆钝，白色；雄花具雄蕊20；雌花心皮3~4。蓇葖果并立，无毛，果梗下垂；萼片宿存，开展稀直立。花期6月，果期8—9月。

◎分布与生境

分布于黑龙江、吉林、辽宁、河南、甘肃、陕西、湖南、江西、安徽等地；历山见于猪尾沟、红岩河等地；多生于山沟、山坡杂木林下。

◎主要用途

全草可入药。

沙棘

◆ 学名：***Hippophae rhamnoides*** **Linn.**
◆ 科属：**胡颓子科沙棘属**

◎别　　名

醋柳、黄酸刺、酸刺柳、黑刺、酸刺。

◎主要特征

落叶灌木或乔木。棘刺较多，粗壮，顶生或侧生。嫩枝褐绿色，密被银白色而带褐色鳞片，老枝灰黑色，粗糙；芽大，金黄色或锈色。单叶通常近对生，与枝条着生相似，纸质，狭披针形或矩圆状披针形，下面银白色或淡白色，被鳞片，叶柄极短。花单性。果实圆球形，橙黄色或橘红色。种子小，阔椭圆形至卵形。花期4—5月，果期9—10月。

◎分布与生境

分布于河北、内蒙古、山西、陕西、甘肃、青海、四川西部等地；历山全境可见；多生于向阳的山嵴、谷地、干涸河床地、山坡、多砾石、沙质土壤或黄土上。

◎主要用途

果实含多种维生素，可做果汁；叶可制茶；果实也可榨油；为水土保持植物。

牛奶子

◆ **学名：*Elaeagnus umbellate* Thunb.**
◆ **科属：胡颓子科胡颓子属**

◎别　　名

剪子果、甜枣、麦粒子、甜枣、秋胡颓子、倒卵叶胡颓子、伞花胡颓子。

◎主要特征

落叶直立灌木。小枝甚开展，多分枝，幼枝密被银白色和少数黄褐色鳞片；芽银白色或褐色至锈色。叶纸质或膜质，椭圆形至卵状椭圆形或倒卵状披针形。花较叶先开放，黄白色，芳香，密被银白色盾形鳞片，1~7花簇生新枝基部，单生或成对生于幼叶腋。果实几球形或卵圆形，幼时绿色，被银白色或有时全被褐色鳞片，成熟时红色；果梗直立。花期4—5月，果期7—8月。

◎分布与生境

分布于华北、华东、西南各地和陕西、甘肃、青海、宁夏、辽宁、湖北等地；历山见于云蒙、青皮掌、舜王坪；多生于海拔20~3000m的向阳的林缘、灌丛、荒坡和沟边。

◎主要用途

果实可生食，可制果酒、果酱等；叶可作土农药，可杀棉蚜虫；亦是观赏植物；果实、叶、根可入药；可提取香精、工业用油；可作人造纤维板、植物源农药等的原材料。

木半夏

◆ **学名：*Elaeagnus multiflora* Thunb.**
◆ **科属：胡颓子科胡颓子属**

◎别　　名

秤砣子、洞甩叶、牛奶子、判楂。

◎主要特征

落叶直立灌木。通常无刺，稀老枝上具刺；幼枝细弱伸长，密被锈色或深褐色鳞片，稀具淡黄褐色鳞片，老枝粗壮，圆柱形，鳞片脱落。叶膜质或纸质，椭圆形或卵形至倒卵状阔椭圆形。花白色，被银白色和散生少数褐色鳞片，常单生于新枝基部叶腋。果实椭圆形，密被锈色鳞片，成熟时红色；果梗在花后伸长。花期5月，果期6—7月。

◎分布与生境

分布于河北、山西、山东、浙江、安徽、江西、福建、陕西、湖北、四川和贵州等地；历山见于青皮掌附近；多生于向阳山坡、灌木丛中。

◎主要用途

果实、根、叶可入药；果可食，供酿酒和制作果酱；可作为蜜源植物；花可用来提取芳香油。

酸枣

◆ 学名：*Ziziphus jujuba* Mill. var. *spinosa* (Bunge) Hu ex H. F. Chow
◆ 科属：鼠李科枣属

◎别　　名

棘、棘子、野枣、山枣、葛针。

◎主要特征

落叶灌木或小乔木。小枝呈“之”字形弯曲，紫褐色。酸枣树上的托叶刺有2种，一种直伸，长达3cm，另一种常弯曲。叶互生，叶片椭圆形至卵状披针形，边缘有细锯齿，基部3出脉。花黄绿色，2~3朵簇生于叶腋。核果小，近球形或短矩圆形，熟时红褐色，近球形或长圆形，核两端钝。花期6—7月，果期8—9月。

◎分布与生境

全国广布；历山全境低山区可见；多生于海拔1700m以下的山区、丘陵、平原、野生山坡、旷野或路旁。

◎主要用途

果实可食；种仁可入药；叶可制茶。

北枳椇

◆ 学名：*Hovenia dulcis* Thunb.
◆ 科属：鼠李科枳椇属

◎别　　名

拐枣、枳椇、鸡爪子、枸、万字果、鸡爪树、金果梨、南枳椇。

◎主要特征

高大乔木。小枝褐色或黑紫色。叶互生，厚纸质至纸质，宽卵形、椭圆状卵形或心形，边缘常具整齐浅而钝的细锯齿，叶柄无毛。二歧式聚伞圆锥花序，顶生和腋生；花两性，萼片具网状脉或纵条纹；花瓣椭圆状匙形，具短爪。浆果状核果近球形，成熟时黄褐色或棕褐色；果序轴明显膨大。种子暗褐色或黑紫色。花期5—7月，果期8—10月。

◎分布与生境

分布于甘肃、陕西、山西、河南、安徽、江苏、浙江、江西、福建、广东等地；历山见于云蒙、红岩河、皇姑曼、青皮掌等地；多生于山坡林缘或疏林中。

◎主要用途

果柄可食；种子可入药。

猫乳

◆ 学名：*Rhamnella franguloides* (Maxim.) Weberb.
◆ 科属：鼠李科猫乳属

◎别　　名

鼠矢枣、长叶绿柴、山黄、糯米牙。

◎主要特征

落叶灌木或小乔木。幼枝绿色。叶倒卵状矩圆形、倒卵状椭圆形、矩圆形或长椭圆形，边缘具细锯齿，叶柄被密柔毛；托叶披针形。花黄绿色，两性，6~18个排成腋生聚伞花序；萼片三角状卵形；花瓣宽倒卵形，顶端微凹。核果圆柱形，成熟时红色或橘红色，干后变黑色或紫黑色。花期5—7月，果期7—10月。

◎分布与生境

分布于河北、山西、陕西、山东、江苏、安徽、浙江、江西、河南等地；历山见于云蒙、红岩河、皇姑曼；多生于海拔1100m以下的山坡、路旁和林中。

◎主要用途

果实、根可入药。

勾儿茶

◆ 学名：*Berchemia sinica* C. K. Schneid. in Sarg.
◆ 科属：鼠李科勾儿茶属

◎别　　名

枪子柴、老鼠屎。

◎主要特征

藤状或攀缘灌木。幼枝无毛，老枝黄褐色。叶纸质至厚纸质，互生或在短枝顶端簇生，卵状椭圆形或卵状矩圆形；叶柄带红色，无毛。花黄色或淡绿色，单生或数个簇生，无或有短总花梗，在侧枝顶端排成具短分枝的窄聚伞状圆锥花序，花序轴无毛，有时为腋生的短总状花序。核果圆柱形，基部稍宽，有皿状的宿存花盘，成熟时紫红色或黑色。花期6—8月，果期翌年5—6月。

◎分布与生境

分布于河南、山西、陕西、甘肃、四川、云南、贵州、广西、广东、湖南、湖北等地；历山见于云蒙、红岩河、青皮掌；多生于山坡、沟谷灌丛或杂木林中。

◎主要用途

根可入药。

多花勾儿茶

◆ 学名：*Berchemia floribunda* (Wall.) Brongn.
◆ 科属：鼠李科勾儿茶属

◎别　　名

勾儿茶、牛鼻圈、牛儿藤、金刚藤、扁担藤、扁担果、牛鼻角秧。

◎主要特征

藤状或直立灌木。幼枝黄绿色，光滑无毛。叶纸质，上部叶较小，卵形或卵状椭圆形至卵状披针形。花多数，通常数个簇生排成顶生宽聚伞圆锥花序，或下部兼腋生聚伞总状花序。核果圆柱状椭圆形，无毛。花期7—10月，果期翌年4—7月。

◎分布与生境

分布于山西、陕西、甘肃、河南、安徽、江苏、浙江、江西、福建、广东等地；历山见于云蒙、混沟、猪尾沟、西峡；多生于海拔2600m以下的山坡、沟谷、林缘、林下或灌丛中。

◎主要用途

根可入药；农民常用枝制作牛鼻圈；嫩叶可代茶。

小叶鼠李

◆ 学名：*Rhamnus parvifolia* Bunge
◆ 科属：鼠李科鼠李属

◎别　　名

黑格铃、大绿、叫驴子、麻绿、琉璃枝、驴子刺。

◎主要特征

灌木。小枝对生或近对生，紫褐色，初时被短柔毛，后变无毛，平滑，稍有光泽，枝端及分叉处有针刺。花单性，雌雄异株，黄绿色，4基数，有花瓣，通常数个簇生于短枝上；花梗长4~6mm，无毛；雌花花柱2半裂。核果倒卵状球形，成熟时黑色，具2分核。花期4—5月，果期6—9月。

◎分布与生境

分布于黑龙江、吉林、辽宁、内蒙古、河北、山西、山东、河南、陕西等地；历山全境低山区阳坡习见；多生于海拔400~2300m的向阳山坡、草丛或灌丛中。

◎主要用途

可用于制作盆景。

锐齿鼠李

◆ 学名：*Rhamnus arguta* Maxim.
◆ 科属：鼠李科鼠李属

◎别　　名

牛李子、照家茶、火李、老乌眼。

◎主要特征

灌木或小乔木。树皮灰褐色；小枝常对生或近对生，枝端有时具针刺。叶薄纸质或纸质，近对生或对生，或兼互生，在短枝上簇生，卵状心形或卵圆形，边缘具密锐锯齿，叶柄带红色或红紫色。花单性，雌雄异株，4基数，具花瓣；雄花10~20个簇生于短枝顶端或长枝下部叶腋；雌花数个簇生于叶腋。核果球形或倒卵状球形，基部有宿存的萼筒，具3~4个分核，成熟时黑色。花期5—6月，果期6—9月。

◎分布与生境

分布于黑龙江、河北、河南、山东、山西、陕西等地；历山见于云蒙、下川、青皮掌、皇姑曼等地；多生于气候干燥、土质瘠薄的山脊、山坡处。

◎主要用途

种子榨油，可作润滑油；茎叶及种子熬成液汁可作杀虫剂。

鼠李

◆ 学名：*Rhamnus davurica* Pall.
◆ 科属：鼠李科鼠李属

◎别　　名

大绿、大脑头、大叶鼠李、黑老鸦刺。

◎主要特征

灌木或小乔木，高达10m。幼枝无毛，小枝对生或近对生，褐色或红褐色。叶纸质，对生或近对生，或在短枝上簇生，宽椭圆形或卵圆形，稀倒披针状椭圆形。花单性，雌雄异株，4基数，有花瓣，雌花1~3个生于叶腋或数个簇生于短枝端。核果球形，黑色，具2分核。种子卵圆形，黄褐色。花期5—6月，果期7—10月。

◎分布与生境

分布于黑龙江、吉林、辽宁、河北、山西等地；历山见于青皮掌、皇姑曼、云蒙等地；多生于海拔1800m以下的山坡林下、灌丛、林缘和沟边阴湿处。

◎主要用途

种子榨油制作润滑油；果肉可药用；树皮和叶可提取栲胶；树皮和果实可提制黄色染料；木材坚实，可供制家具及雕刻之用。

冻绿

◆ 学名：*Rhamnus utilis* Decne.
◆ 科属：鼠李科鼠李属

◎别　　名

红冻、黑狗丹、山李子、绿子、大绿。

◎主要特征

灌木或小乔木。小枝褐色或紫红色，对生或近对生，枝端常具针刺。叶纸质，对生或近对生，或在短枝上簇生，椭圆形、矩圆形或倒卵状椭圆形，边缘具细锯齿或圆齿状锯齿。花单性，雌雄异株，4基数，具花瓣；雄花数个簇生于叶腋，雌花2~6个簇生于叶腋或小枝下部。核果圆球形或近球形，成熟时黑色，具2分核。花期4—6月，果期5—8月。

◎分布与生境

分布于甘肃、陕西、河南、河北、山西、安徽、江苏、浙江、江西等地；历山见于青皮掌、皇姑曼、猪尾沟、云蒙、东峡；多生于海拔1500m以下的山地、丘陵、山坡草丛、灌丛或疏林下。

◎主要用途

种子油可作润滑油；果实、树皮及叶可作黄色染料；果肉可入药。

柳叶鼠李

◆ 学名：*Rhamnus erythroxylon* Pallas
◆ 科属：鼠李科鼠李属

◎别　　名

黑疙瘩、黑格铃、红木鼠李、茶叶树。

◎主要特征

灌木，稀乔木。叶纸质，互生或在短枝上簇生，条形或条状披针形，边缘有疏细锯齿；叶柄长3~15mm；托叶钻状。花单性，雌雄异株，黄绿色，有花瓣；雄花数个簇生于短枝端，宽钟状，萼片三角形；雌花萼片狭披针形。核果球形，成熟时黑色；果梗6~8mm。种子倒卵圆形，淡褐色。花期5月，果期6—7月。

◎分布与生境

分布于内蒙古、河北、山西、陕西、甘肃等地；历山见于李疙瘩附近；多生于干旱沙丘、荒坡、乱石中或山坡灌丛中。

◎主要用途

叶可代茶，也可入药。

卵叶鼠李

◆ 学名：*Rhamnus bungeana* J. Vass
◆ 科属：鼠李科鼠李属

◎别　　名

小叶鼠李、麻李。

◎主要特征

小灌木。小枝对生或近对生，灰褐色，腋芽极小。叶对生或近对生，纸质，卵形、卵状披针形或卵状椭圆形，边缘具细圆齿，上面绿色，托叶钻形宿存。花小，黄绿色，单性，雌雄异株，花瓣小，雌花有退化的雄蕊，子房球形。核果倒卵状球形或圆球形，成熟时紫色或黑紫色。种子卵圆形。花期4—5月，果期6—9月。

◎分布与生境

分布于吉林、河北、山西、山东、河南及湖北西部等地；历山全境低山区阳坡习见；多生于海拔1800m以下的山坡阳处或灌丛中。

◎主要用途

叶及树皮含绿色染料，可染布。

少脉雀梅藤

◆ 学名：*Sageretia paucicostata* Maxim.
◆ 科属：鼠李科雀梅藤属

◎别　　名

对节木、对结刺、对结子。

◎主要特征

直立灌木，或稀小乔木。小枝刺状。叶顶端钝或圆形，边缘具钩状细锯齿，叶柄被短细柔毛。花无梗或近无梗，黄绿色，无毛，单生或2~3个簇生，排成疏散穗状或穗状圆锥花序，常生于侧枝顶端或小枝上部叶腋；萼片稍厚，三角形；花瓣匙形，短于萼片，顶端微凹。核果倒卵状球形或圆球形，成熟时黑色或黑紫色，具3分核。种子扁平，两端微凹。花期5—9月，果期7—10月。

◎分布与生境

分布于河北、河南、山西、陕西、甘肃、四川、云南、西藏东部等地；历山见于云蒙、皇姑曼、钥匙沟、东峡、西峡、红岩河等地；多生于山坡、山谷灌丛或疏林中。

◎主要用途

植株可作盆景。

兴山榆

◆ 学名：*Ulmus bergmanniana* Schneid.
◆ 科属：榆科榆属

◎主要特征

落叶乔木。树皮灰白色、深灰色或灰褐色，纵裂，粗糙。叶椭圆形、长圆状椭圆形、长椭圆形、倒卵状矩圆形或卵形，尖头边缘有明显的锯齿，基部多少偏斜。花自花芽抽出，在去年生枝上排成簇状聚伞花序。翅果宽倒卵形、倒卵状圆形、近圆形或长圆状圆形。花果期3—5月。

◎分布与生境

分布于甘肃、山西、陕西、河南、浙江等地；历山见于皇姑曼、青皮掌、猪尾沟；多生于海拔1500~2600m的山坡及溪边的阔叶林中。

◎主要用途

木材可作家具、器具、车辆及室内装修等用材。

春榆

◆ 学名：*Ulmus davidiana* var. *japonica* (Rehd.) Nakai
◆ 科属：榆科榆属

◎别　　名

大叶榆、白榆。

◎主要特征

落叶乔木或灌木。树皮色较深，纵裂成不规则条状，幼枝被或密或疏的柔毛，当年生枝无毛或多少被毛。叶倒卵形或倒卵状椭圆形，稀卵形或椭圆形。花在去年生枝上排成簇状聚伞花序。翅果倒卵形或近倒卵形，翅果无毛，位于翅果中上部或上部，上端接近缺口，宿存花被无毛，裂片4，果梗被毛。花果期4—5月。

◎分布与生境

分布于黑龙江、吉林、辽宁、内蒙古、河北、山东、浙江、山西、安徽等地；历山全境可见；多生于河岸、溪旁、沟谷、山麓及排水良好的冲积地和山坡。

◎主要用途

木材可作家具、器具、室内装修、车辆、造船、地板等用材；枝皮可代麻制绳，枝条可编筐；可选作造林树种。

黑榆

◆ **学名：*Ulmus davidiana* Planch.**
◆ **科属：榆科榆属**

◎别　　名

山毛榆、热河榆、东北黑榆。

◎主要特征

落叶乔木或灌木。树皮浅灰色或灰色，纵裂成不规则条伏。小枝有时具向四周膨大而不规则纵裂的木栓层。叶倒卵形或倒卵状椭圆形，稀卵形或椭圆形，先端尾状渐尖或渐尖，基部歪斜，叶边缘具重锯齿，叶柄被毛或仅上面有毛。花在去年生枝上排成簇状聚伞花序。翅果倒卵形或近倒卵形，果翅通常无毛，果核部分常被密毛，或被疏毛，位于翅果中上部或上部，上端接近缺口。花期4月，果期5月。

◎分布与生境

分布于辽宁、河北、山西、河南及陕西等地；历山见于云蒙、钥匙沟、皇姑曼等地；多生长于石灰岩山地及谷地。

◎主要用途

木材主要供家具、农具等用；可作庭荫树，或列植作行道树；幼枝皮的纤维可制绳索；叶可作饲料；嫩果可生食。

裂叶榆

◆ **学名：*Ulmus laciniata* (Trautv.) Mayr.**
◆ **科属：榆科榆属**

◎别　　名

青榆、大青榆、麻榆、大叶榆、粘榆、尖尖榆。

◎主要特征

落叶乔木。树皮淡灰褐色或灰色，浅纵裂，裂片较短，常翘起，表面常呈薄片状剥落。叶倒卵形、倒三角状、倒三角状椭圆形或倒卵状长圆形，先端通常3~7裂，叶面密生硬毛，叶背被柔毛，叶柄极短。花排成簇状聚伞花序。翅果椭圆形或长圆状椭圆形，除顶端凹缺柱头面被毛外，余处无毛。花果期4—5月。

◎分布与生境

分布于黑龙江、吉林、辽宁、内蒙古、河北、陕西、山西及河南等地；历山全境林中均可见；多生于山坡、谷地、溪边。

◎主要用途

木材可供制作器具；可作庭荫树；树皮可提取纤维；果实在民间可用于杀虫。

脱皮榆

◆ 学名：*Ulmus lamellosa* T. Wang et S. L. Chang ex L. K. Fu
◆ 科属：榆科榆属

◎别　　名

小叶榆、榔榆。

◎主要特征

落叶小乔木。树皮灰色或灰白色，不断地裂成不规则薄片脱落；小枝上无扁平而对生的木栓翅。托叶条状披针形，被毛，早落。叶倒卵形。花常自混合芽抽出，春季与叶同时开放。翅果常散生于新枝的近基部，稀2~4个簇生于去年生枝上，果核位于翅果的中部；宿存花被钟状，被短毛；果梗长3~4mm，密生伸展的腺状毛与柔毛。花果期4—6月。

◎分布与生境

分布于辽宁、山西、河南、河北等地；历山见于西哄哄、皇姑曼；多生于海拔100~1600m的山谷或山坡杂木林中。

◎主要用途

木材坚硬致密，可供制车辆、家具等。

大果榆

◆ 学名：*Ulmus macrocarpa* Hance
◆ 科属：榆科榆属

◎别　　名

黄榆、山榆、毛榆。

◎主要特征

落叶乔木或灌木。树皮暗灰色或灰黑色，纵裂，粗糙，小枝有时两侧具对生而扁平的木栓翅，间或上下亦有微凸起的木栓翅，稀在较老的小枝上有4条几等宽而扁平的木栓翅。叶宽倒卵形、倒卵状圆形、倒卵状菱形或倒卵形，厚革质，大小变异很大，基部渐窄至圆，偏斜或近对称，边缘具大而浅钝的重锯齿。花自花芽或混合芽抽出，在去年生枝上排成簇状聚伞花序或散生于新枝的基部。翅果较大；倒卵状圆形、近圆形或宽椭圆形。花果期4—5月。

◎分布与生境

分布于黑龙江、吉林、辽宁、内蒙古、河北、山东、江苏北部、安徽北部、河南、山西、陕西、甘肃及青海东部等地；历山全境可见；多生于山坡、谷地、台地、黄土丘陵、固定沙丘及岩缝中。

◎主要用途

种子可入药；木材可供制作器具；幼枝可作编织材料；树叶适合作饲料。

榆

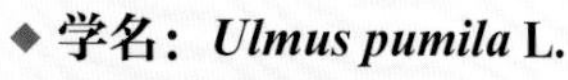

◆ 学名：***Ulmus pumila*** **L.**

◆ 科属：**榆科榆属**

◎别　　名

白榆、家榆、榆树。

◎主要特征

落叶乔木。在干瘠之地长成灌木状；老皮暗灰色，不规则深纵裂，粗糙。叶椭圆状卵形、长卵形、椭圆状披针形或卵状披针形，基部偏斜或近对称，边缘具重锯齿或单锯齿，侧脉每边9~16条。花先叶开放，在上一年生枝的叶腋呈簇生状。翅果近圆形，稀倒卵状圆形，除顶端缺口柱头面被毛外，余处无毛。花果期3—6月。

◎分布与生境

分布于东北、华北、西北及西南等地；历山全境可见；多生于海拔1000m以下的河流两岸、山麓和田边。

◎主要用途

可作观赏树；树叶、树皮、果实可入药；树皮磨粉可食；嫩果可生食或加工；木材可供制器具。

青檀

◆ 学名：***Pteroceltis tatarinowii*** **Maxim.**

◆ 科属：**榆科青檀属**

◎别　　名

翼朴、檀树、摇钱树。

◎主要特征

乔木。树皮灰色或深灰色，不规则的长片状剥落。叶纸质，宽卵形至长卵形，基部不对称，边缘有不整齐的锯齿，基部3出脉；叶柄被短柔毛。翅果状坚果近圆形或近四方形，翅宽，稍带木质，顶端有凹缺，果实外面无毛或多少被曲柔毛。花期3—5月，果期8—10月。

◎分布与生境

分布于河北、山西、陕西、甘肃南部、青海东南部、山东、江苏等地；历山见于云蒙、红岩河、青皮掌、皇姑曼、钥匙沟等地；多生于山谷溪边、石灰岩山地疏林中。

◎主要用途

茎皮、枝皮纤维为制造驰名国内外书画宣纸的优质原料；木材坚实，可作家具、农具、绘图板及细木工用材；可作石灰岩山地的造林树种；种子可榨油；叶、树皮、果实可入药。

大麻

◆ 学名：*Cannabis sativa* L.
◆ 科属：大麻科大麻属

◎别　　名

山丝苗、线麻、胡麻、野麻、火麻。

◎主要特征

一年生直立草本。密生灰白色贴伏毛。叶掌状全裂，边缘具向内弯的粗锯齿。雄花序长达25cm；花黄绿色，花被5，膜质，外面被细伏贴毛，雄蕊5，花丝极短，花药长圆形；小花柄长2~4mm；雌花绿色；花被1，紧包子房，略被小毛；子房近球形，外面包于苞片。瘦果为宿存黄褐色苞片所包，果皮坚脆，表面具细网纹。花期5—6月，果期为7月。

◎分布与生境

全国广布；历山见于西哄哄、李疙瘩、下川附近；多生于田野荒地。

◎主要用途

种子、叶可入药；种仁可榨油；茎皮纤维可供编织。

注：本种为栽培逸生品种，其变种印度大麻为毒品，本种几乎不含大麻素，不是违禁种。

葎草

◆ 学名：*Humulus scandens* (Lour.) Merr.
◆ 科属：大麻科葎草属

◎别　　名

蛇割藤、割人藤、拉拉秧、拉拉藤、五爪龙、勒草、葛葎。

◎主要特征

多年生攀缘草本。茎、枝、叶柄均具倒钩刺。叶片纸质，肾状五角形，掌状，基部心脏形，表面粗糙，背面有柔毛和黄色腺体，裂片卵状三角形，边缘具锯齿；雄花小，黄绿色，圆锥花序，雌花序球果状，苞片纸质，三角形，子房为苞片包围，瘦果成熟时露出苞片外。花期5—6月，果期9—10月。

◎分布与生境

我国除新疆、青海外，各地均有分布；历山全境有分布；多生于沟边、荒地、废墟、林缘边。

◎主要用途

全草可入药，也可作饲料。

黑弹树

◆ 学名：*Celtis bungeana* Bl.
◆ 科属：大麻科朴属

◎别　　名

小叶朴、黑弹朴。

◎主要特征

落叶乔木。树皮灰色或暗灰色；当年生小枝淡棕色，老后色较深，无毛，散生椭圆形皮孔，上一年生小枝灰褐色；冬芽棕色或暗棕色，鳞片无毛。叶厚纸质，狭卵形、长圆形、卵状椭圆形至卵形。果单生叶腋，黑色，果柄较细软，无毛；核近球形，肋不明显，表面极大部分近平滑或略具网孔状凹陷，直径4~5mm。花期4—5月，果期10—11月。

◎分布与生境

分布于河北、山东、山西、内蒙古、甘肃、宁夏等地；历山见于云蒙、皇姑曼、青皮掌；多生于海拔150~2300m的路旁、山坡、灌丛或林边。

◎主要用途

木材坚硬，可供工业用材；茎皮为造纸和人造棉原料；果实榨油可作润滑油；树皮、根皮可入药。

大叶朴

◆ 学名：*Celtis koraiensis* Nakai
◆ 科属：大麻科朴属

◎别　　名

大叶白麻子、白麻子。

◎主要特征

落叶乔木，高可达15m。冬芽深褐色，叶片椭圆形至倒卵状椭圆形，先端具尾状长尖，长尖常由平截状先端伸出，边缘具粗锯齿，两面无毛，果单生叶腋，近球形至球状椭圆形，成熟时橙黄色至深褐色。花期4—5月，果期9—10月。

◎分布与生境

分布于河北、山东、安徽北部、山西南部、河南西部、陕西南部和甘肃东部等地；历山见于云蒙、皇姑曼、卧牛场、青皮掌；多生于海拔100~1500m的山坡、沟谷林中。

◎主要用途

叶可入药；树皮可作造纸材料；可作观赏植物。

黄果朴

◆ 学名：*Celtis labilis* Schneid
◆ 科属：大麻科朴属

◎别　　名

垂珠树、木瓜娘、白麻子、抛果树。

◎主要特征

落叶乔木，高达27m。小枝幼时被黄色或淡黄褐色柔毛，后变无毛。短果枝秋冬脱落。叶卵状椭圆形至椭圆状矩圆形，先端短且渐尖，基部斜圆形，中上部边缘有钝锯齿，上面粗糙，被散生贴伏的硬毛和乳头状突起。核果黄色，2~3个生于叶腋，果梗与叶柄等长。花期4—5月，果期9—10月。

◎分布与生境

分布于河南、山西、江苏、安徽、浙江、福建、江西、湖南、湖北等地；历山见于混沟、皇姑曼、青皮掌；多生于路旁、山坡及林缘。

◎主要用途

可作观赏植物。

大果榉

◆ 学名：*Zelkova sinica* Schneid
◆ 科属：大麻科榉属

◎别　　名

小叶榉树、圆齿鸡油树、抱树、赤肚榆。

◎主要特征

乔木。树皮灰白色，呈块状剥落。叶纸质或厚纸质，卵形或椭圆形，叶面绿，幼时疏生粗毛。雄花1~3朵腋生，花被（5~）6（~7）裂。核果呈不规则的倒卵状球形，顶端微偏斜，几乎不凹陷，表面光滑无毛，除背腹脊隆起外几乎无凸起的网脉，果梗被毛。花期4月，果期8—9月。

◎分布与生境

分布于甘肃、陕西、四川北部、湖北西北部、河南、山西南部和河北等地；历山见于云蒙、皇姑曼、青皮掌；多生于山谷、溪旁及较湿润的山坡疏林中。

◎主要用途

树皮、叶可入药；木材可作器物、建材原料；茎皮含纤维46%，可制作人造棉、绳索和纸张；为优良的观叶树种。

光叶榉

◆ **学名：*Zelkova serrata* (Thunb.) Makino**
◆ **科属：大麻科榉属**

◎别　名

红珠树、榉树、鸡油树、光光榆、马柳光树。

◎主要特征

乔木。树皮灰白色或褐灰色，呈不规则的片状剥落。叶薄纸质至厚纸质，大小形状变异很大，卵形、椭圆形或卵状披针形，基部有的稍偏斜，叶柄粗短。雄花具极短的梗，花被裂至中部，花被裂片（5~）6~7（~8），不等大，雌花近无梗，花被片4~5（~6）。核果几乎无梗，淡绿色，斜卵状圆锥形，上面偏斜，凹陷。花期4月，果期9—11月。

◎分布与生境

分布于甘肃、陕西、山西、山东、江苏、安徽、浙江、江西、福建等地；历山见于混沟、云蒙；多生于河谷、溪边疏林中。

◎主要用途

树皮、叶可入药；木材可作器物、建材原料；茎皮含纤维，可制作人造棉、绳索和纸张；为优良的观叶树种。

异叶榕

◆ **学名：*Ficus heteromorpha* Hemsl.**
◆ **科属：桑科榕属**

◎别　名

奶浆果。

◎主要特征

落叶灌木或小乔木。树皮灰褐色。叶多形，琴形、椭圆形或椭圆状披针形，先端渐尖或为尾状，基部圆形或浅心形，表面略粗糙，背面有细小钟乳体，全缘或微波状，基生侧脉较短，侧脉6~15对，红色；叶柄红色。榕果成对生短枝叶腋，球形或圆锥状球形，光滑，成熟时紫黑色，雄花和瘿花同生于一榕果中。瘦果光滑。花期4—5月，果期5—7月。

◎分布与生境

广泛分布于长江流域中下游及华南地区，北至陕西、湖北、河南、山西等地；历山见于混沟、云蒙；多生于山谷、坡地及林中。

◎主要用途

茎皮纤维可供造纸；榕果成熟可食或制作果酱；叶可制作猪饲料；果实、根或全株可入药。

柘

◆ **学名：*Cudrania tricuspidata* (Carr.) Bur. ex Lavalle**
◆ **科属：桑科柘属**

◎别　　名

柘树、柘桑。

◎主要特征

叶灌木或小乔木。树皮灰褐色，小枝无毛，略具棱，有棘刺。叶片卵形或菱状卵形，偶为三裂，先端渐尖，叶柄被微柔毛。雌雄异株，雌雄花序均为球形头状花序，单生或成对腋生，具短总花梗；雄花有苞片，附着于花被片上，花被片肉质，先端肥厚，内卷，雄蕊与花被片对生，花丝在花芽时直立。聚花果近球形，肉质，成熟时橘红色。花期5—6月，果期6—7月。

◎分布与生境

分布于华北、华东、中南、西南各地；历山见于混沟、云蒙、钥匙沟、皇姑曼、青皮掌；多生于山地或林缘。

◎主要用途

茎皮纤维可以造纸；根皮可药用；嫩叶可以养幼蚕；果可生食或酿酒；木材心部黄色，质坚硬细致，可以用于制作家具或黄色染料；为良好的绿篱树种。

构树

◆ **学名：*Broussonetia papyrifera* (Linnaeus) L' Hér ex Vent.**
◆ **科属：桑科构属**

◎别　　名

构桃树、构乳树、楮树、楮实子、沙纸树、谷木、谷浆树、假杨梅。

◎主要特征

落叶乔木。树皮暗灰色；小枝密生柔毛。树皮平滑，浅灰色或灰褐色，全株含乳汁。叶螺旋状排列，广卵形至长椭圆状卵形，先端渐尖，基部心形，两侧常不相等，边缘具粗锯齿，不分裂或3~5裂。花雌雄异株；雄花序为柔荑花序；雌花序球形头状。聚花果成熟时橙红色，肉质；瘦果具与等长的柄。花期4—5月，果期6—7月。

◎分布与生境

全国广布；历山全境海拔1000m以下沟谷习见；多生于庄稼附近的荒地、田园及沟旁。

◎主要用途

乳液、根皮、树皮、叶、果实及种子可入药；雄花序、果实可食。

桑

◆ **学名：*Morus alba* L.**
◆ **科属：桑科桑属**

◎别　　名

桑葚、家桑。

◎主要特征

落叶乔木或灌木，高可达15m。树体富含乳浆，树皮黄褐色。叶卵形至广卵形，叶端尖，叶基圆形或浅心脏形，边缘有粗锯齿，有时有不规则的分裂。叶面无毛，有光泽，叶背脉上有疏毛。雌雄异株，葇荑花序，聚花果卵圆形或圆柱形，黑紫色或白色。花期4—5月，果期5—8月。

◎分布与生境

全国广布；历山全境可见；多生于山坡及林中。

◎主要用途

桑叶可饲蚕；果实可食；全株（树皮、枝条、果实）可入药。

鸡桑

◆ **学名：*Morus australis* Poir.**
◆ **科属：桑科桑属**

◎别　　名

小叶桑。

◎主要特征

灌木或小乔木。树皮灰褐色。叶卵形，先端急尖或尾状，基部楔形或心形，边缘具粗锯齿，不分裂或3~5裂，表面粗糙。雄花序被柔毛，雄花绿色，具短梗，花被片卵形；雌花序球形，密被白色柔毛，雌花花被片长圆形，暗绿色。聚花果短椭圆形，成熟时红色或暗紫色。花期3—4月，果期4—5月。

◎分布与生境

分布于辽宁、河北、陕西、山西、甘肃、山东、安徽、浙江、江西、福建等地；历山全境有分布；多生于海拔500~1000m的石灰岩山地或林缘及荒地。

◎主要用途

茎皮纤维可制纸张和人造棉；果可生食、酿酒、制醋；叶可饲蚕；叶、果实、根皮可入药。

蒙桑

◆ 学名：*Morus mongolica* (Bur.) Schneid.
◆ 科属：桑科桑属

◎别　　名

裂叶蒙桑、崽桑、岩桑、云南桑、山桑、尾叶蒙桑、马尔康桑、圆叶蒙桑。

◎主要特征

落叶乔木或灌木。无刺；冬芽具芽鳞，呈覆瓦状排列。叶互生，边缘具锯齿，全缘至深裂，基生叶脉三至五出，侧脉羽状。花雌雄异株或同株，或同株异序，雌雄花序均为穗状；雄花，花被覆瓦状排列，雄蕊与花被片对生，在花芽时内折，退化雌蕊陀螺形；雌花，花被片覆瓦状排列，结果时增厚为肉质；聚花果长1.5cm，成熟时红色至紫黑色。花期3—4月，果期4—5月。

◎分布与生境

分布于黑龙江、吉林、辽宁、内蒙古、新疆、青海、河北、山西、河南、山东等地；历山全境有分布；多生于海拔800~1500m的山地或林中。

◎主要用途

茎皮纤维造高级纸，脱胶后作混纺和单纺原料；根皮可入药；木材可供制家具、器具等一般用材；果实可食，也可加工成桑葚酒、桑葚干、桑葚蜜等；植株可用作园景树；种子含脂肪油，可榨油制香皂用。

细野麻

◆ 学名：*Boehmeria gracilis* C. H. Wright
◆ 科属：荨麻科苎麻属

◎别　　名

麦麸草、野线麻、红棉麻（陕西）红线麻。

◎主要特征

亚灌木或多年生草本。茎和分枝疏被短伏毛。叶对生，同一对叶近等大或稍不等大；叶片草质，圆卵形、菱状宽卵形或菱状卵形，顶端骤尖，基部圆形、圆截形或宽楔形，边缘在基部之上有齿。穗状花序单生叶腋，通常雌雄异株。雄花无梗，花被片4，船状椭圆形。雌花花被纺锤形，顶端有2小齿。瘦果卵球形，基部有短柄。花期6—8月，果期8月。

◎分布与生境

分布于浙江、安徽、湖北、四川东部、陕西南部、河南西部、山西东南等地；历山见于皇姑曼、猪尾沟、西峡、西哄哄、红岩河等地；多生于海拔100~1600m的丘陵、低山山坡草地、灌丛、石上或沟边。

◎主要用途

茎皮纤维坚韧，可作造纸、绳索、人造棉及纺织原料；全草可药用。

悬铃木叶苎麻

◆ 学名：*Boehmeria tricuspis* (Hance) Makino.
◆ 科属：荨麻科苎麻属

◎别　　名

山麻、方麻、八角麻。

◎主要特征

多年生草本。密生短糙毛。叶对生；叶片坚纸质，轮廓近圆形或宽卵形，先端骤尖，基部宽楔形或截形，边缘生粗齿，上部的齿为重出，上面粗糙，两面均生糙毛；叶柄长1~9cm。雌花序长达15cm；雌花序直径约2.5mm。瘦果狭倒卵形或狭椭圆形，生短硬毛，宿存花柱丝形。花果期4—7月。

◎分布与生境

分布于贵州、江西、陕西、山西等地；历山见于红岩河、皇姑曼、钥匙沟、猪尾沟、西哄哄等地；多生于山地、沟边或林边。

◎主要用途

根、叶可入药。

大叶苎麻

◆ 学名：*Boehmeria japonica* (Linnaeus f.) Miquel
◆ 科属：荨麻科苎麻属

◎别　　名

长穗苎麻、细野麻、山麻、大蛮婆草、火麻风。

◎主要特征

亚灌木或多年生草本。上部通常有较密的开展或贴伏的糙毛。叶对生，同一对叶等大或稍不等大；叶片纸质，近圆形、圆卵形或卵形，顶端骤尖，有时不明显三骤尖。穗状花序单生叶腋，雌雄异株，不分枝。瘦果倒卵球形，光滑。花期6—9月，果期7月。

◎分布与生境

分布于广东、广西、贵州、湖南、江西、福建、台湾、浙江等地；历山见于红岩河、小云蒙；多生于丘陵或低山山地灌丛中、疏林中、田边或溪边。

◎主要用途

茎皮纤维可代麻，可供纺织麻布用；叶可药用，又可制作猪饲料。

蝎子草

◆ 学名：*Girardinia diversifolia* subsp. *suborbiculata* (C. J. Chen) C. J. Chen & Friis
◆ 科属：荨麻科蝎子草属

◎别　　名

红藿毛草、火麻草。

◎主要特征

一年生草本。叶膜质，叶片宽卵形或近圆形，先端短尾状或短渐尖，上面疏生纤细的糙伏毛，下面有稀疏的微糙毛，叶柄疏生刺毛和细糙伏毛；托叶披针形或三角状披针形。花雌雄同株，雌花序对生于叶腋；雄花序穗状，团伞花序枝密生刺毛，花被片深裂卵形，雌花近无梗。瘦果宽卵形，双凸透镜状。花期7—9月，果期9—11月。

◎分布与生境

分布于吉林、辽宁、河北、山西、内蒙古东部、河南西部及陕西等地；历山全境低海拔沟谷住宅附近习见；多生于海拔50~800m的林下沟边或住宅旁阴湿处。

◎主要用途

全草可入药。

艾麻

◆ 学名：*Laportea cuspidata* (Wedd.) Friis
◆ 科属：荨麻科艾麻属

◎别　　名

蝎子草、红火麻、红线麻、千年老鼠屎、活麻、山活麻、麻杆七、蛇麻草、山苎麻。

◎主要特征

多年生草本。根数条丛生，纺锤状；茎在上部呈“之”字形，疏生刺毛和短柔毛。叶近膜质至纸质，卵形、椭圆形或近圆形，先端长尾状，边缘具粗大的锐齿，两面疏生刺毛和短柔毛。花序雌雄同株，雄花序圆锥状，生雌花序之下部叶腋，直立；雌花序长穗状，生于茎梢叶腋。瘦果卵形，歪斜，双凸透镜状，绿褐色，具短的弯折的柄。花期6—7月，果期8—9月。

◎分布与生境

分布于云南、四川、贵州、湖南、湖北、陕西、河南、山西，河北等地；历山全境沟谷习见；多生于山地林下或沟边阴湿地带。

◎主要用途

根可入药。

珠芽艾麻

◆ 学名：*Laportea bulbifera* (Sieb. et Zucc.) Wedd.
◆ 科属：荨麻科艾麻属

◎别　　名

零余子艾麻、铁秤铊、火麻、珠芽螫麻、顶花螫麻。

◎主要特征

多年生草本。茎下部多少木质化，在上部常呈“之”字形弯曲，有短柔毛和稀疏的刺毛。珠芽1~3个，常生于不生长花序的叶腋，木质化，球形，多数植株无珠芽。叶卵形至披针形，有时宽卵形，先端渐尖，边缘自基部以上有牙齿或锯齿，上面生糙伏毛和稀疏的刺毛，下面脉上生短柔毛和稀疏的刺毛。花序雌雄同株，稀异株，圆锥状，花序轴上生短柔毛和稀疏的刺毛；雄花序生茎顶部以下的叶腋，具短梗。瘦果圆状倒卵形或近半圆形，偏斜，扁平。花期6—8月，果期8—12月。

◎分布与生境

分布于黑龙江、吉林、辽宁、山东、河北、山西、河南、安徽、陕西、甘肃等地；历山见于红岩河、云蒙、皇姑曼、猪尾沟；多生于海拔1000~2400m的山坡林下或林缘路边半阴坡湿润处。

◎主要用途

根可入药。

透茎冷水花

◆ 学名：*Pilea pumila* (L.) A. Gray
◆ 科属：荨麻科冷水花属

◎别　　名

美豆、直苎麻、肥肉草、冰糖草。

◎主要特征

一年生草本。茎肉质，鲜时透明。叶卵形或宽卵形，顶端渐尖，无锯齿，基部楔形，边缘有三角状锯齿，两面疏生短毛和细密的线形钟乳体。花雌雄同株或异株，呈短而紧密的聚伞花序，无花序梗或有短梗；雄花的花被片2，裂片顶端下有短角，雄蕊2；雌花花被片3，近等长，线状披针形，内有退化雄蕊3。瘦果扁卵形，表面散生有褐色斑点。花果期7—9月。

◎分布与生境

除新疆、青海、台湾和海南外，几乎遍及全国；历山全境可见；多生于海拔400~2200m的山坡林下或岩石缝的阴湿处。

◎主要用途

根、茎可药用。

墙草

◆ **学名：*Parietaria micrantha* Ledeb.**
◆ **科属：荨麻科墙草属**

◎别　　名

白猪仔菜、白石薯。

◎主要特征

一年生草本，铺散生长。茎上升平卧或直立，肉质，纤细，多分枝，被短柔毛。叶膜质，卵形或卵状心形，先端锐尖或钝尖，基部圆形或浅心形。花杂性，聚伞花序数朵，具短梗或近簇生状，绿色。两性花具梗，花被片4深裂，褐绿色。果实坚果状，卵形，黑色，极光滑，有光泽，具宿存的花被和苞片。花期6—7月，果期8—10月。

◎分布与生境

分布于新疆、青海、西藏、云南、贵州、湖南、湖北、安徽、四川、甘肃、陕西、山西、河北、内蒙古、辽宁、吉林、黑龙江等地；历山见于云蒙、皇姑曼、青皮掌、舜王坪；多生于山坡阴湿草地屋宅、墙上或岩石下阴湿处。

◎主要用途

全草可入药。

狭叶荨麻

◆ **学名：*Urtica angustifolia* Fisch. ex Hornem**
◆ **科属：荨麻科荨麻属**

◎别　　名

螯麻子、小荨麻、哈拉海。

◎主要特征

多年生草本植物，茎四棱形，叶披针形至披针状条形，稀狭卵形，上面粗糙，下面沿脉疏生细糙毛，叶柄短，托叶离生，雌雄异株，花序圆锥状，雄花近无梗，花被片在近中部合生，裂片卵形，瘦果卵形或宽卵形，双凸透镜状。花期6—8月，果期8—9月。

◎分布与生境

分布于黑龙江、吉林、辽宁、内蒙古、山东、河北和山西等地；历山全境林下及水边习见；多生于海拔800~2200m的山地河谷溪边或台地潮湿处。

◎主要用途

茎皮纤维可作纺织原料；幼嫩茎叶可食；全草可入药。

宽叶荨麻

◆ 学名：*Urtica laetevirens* Maxim.
◆ 科属：荨麻科荨麻属

◎别　　名

蝥麻、哈拉海。

◎主要特征

多年生草本。根状茎匍匐；茎纤细，节间常较长，四棱形，近无刺毛或有稀疏的刺毛和疏生细糙毛，不分枝或少分枝。叶常近膜质，卵形或披针形；叶柄纤细，向上的渐变短，疏生刺毛和细糙毛；托叶每节4枚，离生或有时上部的多少合生，条状披针形或长圆形，被微柔毛。雌雄同株，稀异株，雄花序近穗状，纤细，生上部叶腋；雌花序近穗状，生下部叶腋，较短，纤细，稀缩短成簇生状，小团伞花簇稀疏地着生于序轴上。花期6—8月，果期8—9月。

◎分布与生境

分布于辽宁、内蒙古、山西、河北、山东、河南、陕西等地；历山全境林下可见；多生于海拔800~3500m的山谷溪边或山坡林下阴湿处。

◎主要用途

茎皮纤维可作纺织原料；幼嫩茎叶可食；全草可入药。

麻叶荨麻

◆ 学名：*Urtica cannabina* L.
◆ 科属：荨麻科荨麻属

◎别　　名

火麻草、蝥麻子、赤麻子、哈拉海、蝎子草。

◎主要特征

多年生草本。横走的根状茎木质化；茎下部四棱形，常近于无刺毛，具少数分枝。叶片轮廓五角形，掌状3全裂，稀深裂，一回裂片再羽状深裂；上面常只疏生细糙毛，后渐变无毛，下面有短柔毛和在脉上疏生刺毛。花雌雄同株，雄花序圆锥状，生下部叶腋，雌花序生上部叶腋，常穗状。瘦果狭卵形，顶端锐尖，稍扁。花期7—8月，果期8—10月。

◎分布与生境

分布于新疆、甘肃、四川西北部、陕西、山西、河北、内蒙古等地；历山见于李疙瘩、后河水库、大河等地；多生于丘陵性草原、坡地、沙丘坡上、河漫滩、河谷、溪旁。

◎主要用途

茎皮纤维可作纺织原料；幼嫩茎叶可食；全草可入药。

槲栎

◆ 学名：*Quercus aliena* Bl.
◆ 科属：壳斗科栎属

◎别　　名

大叶栎树、白栎树、虎朴、板栎树、青冈树、白皮栎、孛孛栎、白栎、细皮青冈、大叶青冈、青冈、菠萝树、槲树、橡树。

◎主要特征

落叶乔木。树皮暗灰色，深纵裂。老枝暗紫色。叶片长椭圆状倒卵形至倒卵形，叶缘具波状钝齿，侧脉每边10~15条；叶柄无毛。雄花序下垂；雌花序生于新枝叶腋，单生或2~3朵簇生。壳斗杯形，包着坚果约1/2。坚果椭圆形至卵形，果脐微突起。花期（3—）4—5月，果期9—10月。

◎分布与生境

分布于陕西、山西、山东、江苏、安徽、浙江、江西、河南、湖北、湖南等地；历山全境可见；多生于海拔100~2000m的向阳山坡，常与其他树种组成混交林或形成小片纯林。

◎主要用途

木材坚硬，可作建筑、家具及薪炭等用材；种子富含淀粉，可酿酒，也可制凉皮、粉条、豆腐及酱油等，又可榨油；壳斗、树皮富含鞣酸；可作观叶树种。

锐齿槲栎

◆ 学名：*Quercus aliena* var. *acuteserrata* Maxim.
◆ 科属：壳斗科栎属

◎别　　名

孛孛栎。

◎主要特征

本变种与原变种不同处：叶缘具粗大锯齿，齿端尖锐，内弯，叶背密被灰色细茸毛，叶片形状变异较大。花期3—4月，果期10—11月。

◎分布与生境

分布于辽宁东南部、河北、山西、陕西、甘肃、山东、江苏、安徽、浙江、江西等地；历山见于青皮掌、卧牛场、舜王坪、猪尾沟、西哄哄等地；多生于海拔100~2700m的山地杂木林中，或形成小片纯林。

◎主要用途

同槲栎。

槲树

◆ 学名：*Quercus dentata* Thunb.
◆ 科属：壳斗科栎属

◎别　　名

柞栎、橡树、青岗、金鸡树、大叶波罗。

◎主要特征

落叶乔木。树皮暗灰褐色，深纵裂。小枝粗壮。叶片倒卵形或长倒卵形，叶缘波状裂片或粗锯齿，侧脉每边4~10条；叶柄长2~5mm，密被棕色茸毛。雄花序生于新枝叶腋，花数朵簇生于花序轴上；雌花序生于新枝上部叶腋。壳斗杯形，包着坚果1/3~1/2；小苞片革质，窄披针形，反曲或直立。坚果卵形至宽卵形，无毛，有宿存花柱。花期4—5月，果期9—10月。

◎分布与生境

分布于河南、河北、山东、云南、山西等地；历山全境有分布；多生于海拔500m以下阳坡处。

◎主要用途

叶、皮和种子可入药；树皮、壳斗可提取栲胶；叶可饲蚕；种子含淀粉，可酿酒或制作饲料。

蒙古栎

◆ 学名：*Quercus mongolica* Fischer ex Ledebour
◆ 科属：壳斗科栎属

◎别　　名

柞树、辽东栎、大果蒙古栎、粗齿蒙古栎、小叶槲树、锐齿蒙栎。

◎主要特征

落叶乔木。树皮灰褐色，纵裂。幼枝绿色，无毛。叶片倒卵形至长倒卵形；叶柄长2~5mm，无毛。雄花序生于新枝基部，雄蕊通常8；雌花序生于新枝上端叶腋。壳斗浅杯形，小苞片长三角形，扁平微突起，被稀疏短茸毛。坚果卵形至卵状椭圆形，顶端有短茸毛；果脐微突起。花期4—5月，果期9月。

◎分布与生境

分布于黑龙江、吉林、辽宁、内蒙古、河北、山西、陕西、宁夏、甘肃、青海、山东、河南、四川等地；历山见于青皮掌、舜王坪、云蒙、皇姑曼；多生于阳坡、半阳坡，形成小片纯林或混交林。

◎主要用途

叶可饲柞蚕；种子可酿酒或作饲料；木材可做器物，也可用作薪柴；枝叶和壳斗含鞣酸，可提制栲胶。

橿子栎

◆ 学名：*Quercus baronii* Skan
◆ 科属：壳斗科栎属

◎别　　名

橿子树、老黄橿、黄橿子、栀子树。

◎主要特征

半常绿灌木或乔木。叶片卵状披针形，顶端渐尖，基部圆形或宽楔形，叶缘有锐锯齿，叶背中脉有灰黄色长茸毛，后渐脱落，叶柄被灰黄色茸毛。雄花花序轴被茸毛；具数朵花。壳斗杯形，包着坚果，小苞片钻形，坚果卵形或椭圆形，果脐微突起。花期4月，果期翌年9月。

◎分布与生境

分布于山西、陕西、甘肃、河南、湖北、四川等地；历山见于云蒙、皇姑曼、卧牛场、青皮掌等地；多生于海拔500~2700m的山坡、山谷杂木林中及石灰岩山地。

◎主要用途

木材坚硬，耐久，耐磨损，可供车辆、家具等用材；种子含淀粉；树皮和壳斗含鞣酸，可提取栲胶；为优良薪炭材。

匙叶栎

◆ 学名：*Quercus spathulata* Seem.
◆ 科属：壳斗科栎属

◎别　　名

青橿、匙叶山栎。

◎主要特征

常绿乔木。叶革质，叶片倒卵状匙形、倒卵状长椭圆形，叶缘上部有锯齿或全缘，侧脉每边7~8条；叶柄有茸毛。雄花序花序轴被苍黄色茸毛。壳斗杯形，包着坚果2/3~3/4，小苞片线状披针形，赭褐色，被灰白色柔毛，先端向外反曲。坚果卵形至近球形，顶端有茸毛，果脐微突起。花期3—5月，果期翌年10月。

◎分布与生境

分布于山西、陕西、甘肃、河南、湖北、四川、贵州、云南等地；历山见于云蒙、皇姑曼；多生于海拔500~2800m的山地森林中。

◎主要用途

木材坚硬、耐久，可供作车辆、家具用材；种子含淀粉，供食用；树皮、壳斗含鞣酸，可提取栲胶。

麻栎

◆ 学名：*Quercus acutissima* Carruth.
◆ 科属：壳斗科栎属

◎别　　名

栎、橡碗树。

◎主要特征

落叶乔木。树皮深灰褐色。叶片形态多样，通常为长椭圆状披针形，叶缘有刺芒状锯齿，叶片两面同色，叶柄幼时被柔毛，后渐脱落。雄花序常数个集生于当年生枝下部叶腋，有花，花柱壳斗杯形，小苞片钻形或扁条形，向外反曲，被灰白色茸毛。坚果卵形或椭圆形，顶端圆形，果脐突起。花期3—4月，果期翌年9—10月。

◎分布与生境

分布于辽宁、河北、山西、山东、江苏、安徽、浙江、江西、福建等地；历山见于青皮掌；多生于海拔60~2200m的山地阳坡，形成小片纯林或混交林。

◎主要用途

叶可饲柞蚕；种子含淀粉，可作饲料和工业用淀粉；壳斗、树皮可提取栲胶；木材可供制作器具。

栓皮栎

◆ 学名：*Quercus variabilis* Bl.
◆ 科属：壳斗科栎属

◎别　　名

软木栎、粗皮青冈、白麻栎。

◎主要特征

落叶乔木。树皮黑褐色，具木栓层，小枝无毛。叶片卵状披针形或长椭圆形，顶端渐尖，叶柄无毛。雄花花序轴密被褐色茸毛，雄蕊较多；雌花序生叶腋，花柱包着坚果2/3，小苞片钻形。坚果近球形或宽卵形，顶端圆，果脐突起。花期3—4月，果期翌年9—10月。

◎分布与生境

分布于河北、山西、陕西、甘肃、山东、江苏、安徽等地；历山全境可见；多生于海拔800m以下的阳坡。

◎主要用途

树皮木栓层发达，是我国生产软木的主要原料；果实含淀粉，可作饲料；壳斗、树皮富含鞣酸，可提取栲胶。

胡桃楸

◆ 学名：*Juglans mandshurica* Maxim
◆ 科属：胡桃科胡桃属

◎别　　名

核桃楸、野核桃、山核桃。

◎主要特征

乔木，高20余米。树皮灰色，具浅纵裂；幼枝被有短茸毛。奇数羽状复叶生于萌发条上者，长可达80cm，苞片顶端钝，雌性穗状花序具4~10雌花，雌花长5~6mm，被有茸毛。果序长10~15cm，俯垂；果实球状、卵状或椭圆状。花期5月，果期8—9月。

◎分布与生境

分布于黑龙江、吉林、辽宁、河北、山西等地；历山见于下川、猪尾沟、西峡、转林沟等地；多生于土质肥厚、湿润、排水良好的沟谷两旁或山坡的阔叶林中。

◎主要用途

可作观赏树种；种仁可食或榨油，也可入药；木材坚硬，为良好用材。

白桦

◆ 学名：*Betula platyphylla* Suk.
◆ 科属：桦木科桦木属

◎别　　名

桦树、白皮桦。

◎主要特征

落叶乔木，高可达25m。树皮白色，纸状分层剥离，皮孔黄色。小枝细，红褐色，无毛。叶厚纸质，三角状卵形、三角状菱形或三角形，少有菱状卵形和宽卵形。果序单生，圆柱形或矩圆状圆柱形，通常下垂，坚果小而扁，两侧具宽翅。花期5—6月，果期8—10月。

◎分布与生境

分布于东北、华北、河南、陕西、宁夏、甘肃、青海、四川、云南、西藏东南部等地；历山全境山地均可见；多生于海拔400~4100m的山坡或林中。

◎主要用途

可供观赏；木材可供一般建筑及制作器具之用；树皮可提桦油；树汁液可做清凉饮料。

红桦

◆ 学名：*Betula albo-sinensis* Burk.
◆ 科属：桦木科桦木属

◎别　　名

红皮桦、纸皮桦。

◎主要特征

大乔木，高可达30m。树皮淡红褐色或紫红色，小枝紫红色。叶片卵形或卵状矩圆形，顶端渐尖，上面深绿色，下面淡绿色，雄花序圆柱形，无梗；苞鳞紫红色。果序圆柱形，序梗纤细，果苞中裂片矩圆形或披针形，侧裂片近圆形，小坚果卵形，膜质翅与果近等宽。花果4—5月，果期6—7月。

◎分布与生境

分布于云南、四川东部、湖北西部、河南、河北、山西、陕西、甘肃、青海等地；历山见于皇姑曼、青皮掌、舜王坪、大河、下川等地；多生于山坡杂木林中。

◎主要用途

木材坚硬，结构细密，可作用具或胶合板的材料；树皮可做帽子或包装用。

坚桦

◆ 学名：*Betula chinensis* Maxim.
◆ 科属：桦木科桦木属

◎别　　名

杵榆、铁桦。

◎主要特征

落叶小乔木或灌木。树皮暗灰色，纵裂或不开裂。枝灰褐色或紫红色，具皮孔，小枝密被柔毛。叶卵形或宽卵形，顶端锐尖或钝圆，叶缘具不规则重锯齿，雄花序长1.5~2.5cm，顶生，圆柱状。果序近球形，单生，直立或下垂。花期5月，果期7月。

◎分布与生境

分布于东北、河北、山西、山东、河南、陕西、甘肃等地；历山见于下川、舜王坪、锯齿山等地；多生于海拔400~900m的山坡、山脊、石山坡及沟谷等林中。

◎主要用途

木材可供制作农具、器具等用；株形优美，可用于园林绿化；树皮含鞣酸，可提制栲胶。

糙皮桦

◆ 学名：***Betula utilis*** **D. Don**
◆ 科属：**桦木科桦木属**

◎别　　名

黑桦、黑皮桦、山桦。

◎主要特征

乔木，高可达33m。树皮暗红褐色，呈层剥裂。叶厚纸质，卵形、长卵形至椭圆形或矩圆形，顶端渐尖或长渐尖，有时呈短尾状，基部圆形或近心形，边缘具不规则的锐尖重锯齿。果序全部单生或单生兼有2~4枚排成总状，直立或斜展，圆柱形或矩圆状圆柱形。小坚果倒卵形，上部疏被短柔毛，膜质翅与果近等宽。花期5—6月，果期8—10月。

◎分布与生境

分布于西藏、云南、四川西部、陕西、甘肃、青海、河南、河北和山西等地；历山见于各海拔1800m以上地区；多生长于海拔1700~3100m的山坡林中。

◎主要用途

木材坚硬，多用于军事方面；树皮可炼油，并可造纸。

千金榆

◆ 学名：***Carpinus cordata*** **Bl.**
◆ 科属：**桦木科鹅耳枥属**

◎别　　名

千金鹅耳枥、半拉子。

◎主要特征

乔木，高可达15m。树皮灰色。叶厚纸质，叶片卵形或矩圆状卵形，较少倒卵形，顶端渐尖，基部斜心形，边缘锯齿，叶柄无毛或疏被长柔毛。果序无毛或疏被短柔毛；果苞宽卵状矩圆形，小坚果矩圆形，无毛，具不明显的细肋。花果期6—9月。

◎分布与生境

分布于东北、华北、河南、陕西、甘肃等地；历山见于混沟、云蒙、皇姑曼、下川、青皮掌等地；多生于海拔500~2500m的较湿润、肥沃的阴山坡或山谷杂木林中。

◎主要用途

可供观赏。

鹅耳枥

◆ 学名：***Carpinus turczaninowii*** **Hance**
◆ **科属：桦木科鹅耳枥属**

◎别　　名

穗子榆、山榆。

◎主要特征

乔木，高可达10m。树皮暗灰褐色，粗糙，枝细瘦，灰棕色。叶片顶端锐尖或渐尖，边缘具规则或不规则的重锯齿，叶柄疏被短柔毛。果序序轴均被短柔毛；果苞变异较大，疏被短柔毛，外侧的基部无裂片，小坚果宽卵形，无毛。花果期5—9月。

◎分布与生境

分布于辽宁南部、山西、河北、河南、山东、陕西、甘肃等地；历山全境山地均可见；生于海拔500~2000m的山坡或山谷林中，山顶及贫瘠山坡亦能生长。

◎主要用途

木材坚韧，可制农具、家具、日用小器具等；种子含油，可供食用或工业用。

小叶鹅耳枥

◆ 学名：***Carpinus turczaninowii*** **var.** ***stipulata*** **(H. Winkl.) H. Winkl**
◆ **科属：桦木科鹅耳枥属**

◎别　　名

穗子榆、山榆。

◎主要特征

鹅耳枥*Carpinus turczaninowii* Hance的变种。本变种与原变种的区别：叶较小，顶端渐尖，边缘具单锯齿。

◎分布与生境

分布于陕西、甘肃等地；历山见于青皮掌、皇姑曼、云蒙；多生于海拔1000~1500m的山坡林中。

◎主要用途

木材坚韧，可制农具、家具、日用小器具等；种子含油，可供食用或工业用。

平榛

◆ 学名：*Corylus heterophylla* Fich.
◆ 科属：桦木科榛属

◎别　　名

榛子、火榛子、榛。

◎主要特征

灌木或小乔木。树皮灰色。枝条暗灰色，无毛。叶为矩圆形或宽倒卵形，顶端凹缺或截形，中央具三角状突尖，边缘具不规则的重锯齿；叶柄疏被短毛或近无毛。雄花序单生；果苞钟状，密被短柔毛兼有疏生的长柔毛，上部浅裂，裂片三角形，边缘全缘；序梗密被短柔毛。坚果近球形，无毛或仅顶端疏被长柔毛。花果期4—10月。

◎分布与生境

分布于华北、东北各地；历山全境海拔1000m以下山坡常见；多生于海拔200~1000m的山地阴坡灌丛中。

◎主要用途

果实可食或入药；果皮可制作活性炭。

毛榛

◆ 学名：*Corylus mandshurica* Maxim.
◆ 科属：桦木科榛属

◎别　　名

毛榛子、火榛子。

◎主要特征

灌木。树皮暗灰色或灰褐色，叶宽卵形、矩圆形或倒卵状矩圆形，叶柄细瘦。雄花序2~4枚排成总状；苞鳞密被白色短柔毛。果单生或2~6枚簇生，坚果几球形，被苞片全部包裹。花果期4—10月。

◎分布与生境

分布于黑龙江、吉林、辽宁、河北、山西、山东、陕西、甘肃东部、四川东部和北部等地；历山全境均可见；多生于海拔400~1500m的山坡灌丛中或林下。

◎主要用途

种仁可以食用或药用；果皮可制作活性炭；木材坚硬，可用于制作手杖。

虎榛子

◆ **学名：*Ostryopsis davidiana* Decne.**
◆ **科属：桦木科虎榛子属**

◎别　　名

胡榛子、棱榆、榛子。

◎主要特征

灌木，高1~3m。树皮浅灰色；枝条灰褐色；小枝褐色，芽卵状，细小。叶卵形或椭圆状卵形；叶柄密被短柔毛。雄花序单生于小枝的叶腋；苞鳞宽卵形，外面疏被短柔毛。果4枚至多枚排成总状，序梗细瘦。果苞厚纸质，小坚果宽卵圆形或几球形，褐色，有光泽，疏被短柔毛，具细肋。花果期4—9月。

◎分布与生境

分布于辽宁西部、内蒙古、河北、山西、陕西、甘肃及四川北部等地；历山全境阳坡均可见；多生于海拔800~2400m的山坡，为黄土高原的优势灌木，也生于杂木林及油松林下。

◎主要用途

树皮及叶含鞣酸，可提取栲胶；种子含油，可供食用和制肥皂；枝条可编农具，经久耐用。

铁木

◆ **学名：*Ostrya japonica* Sarg.**
◆ **科属：桦木科铁木属**

◎别　　名

黑疙瘩、黑木。

◎主要特征

乔木，高达20m。树皮暗灰色，粗糙，纵裂。枝条暗灰褐色，具不显著的条棱；小枝褐色，具细条棱。叶卵形至卵状披针形；边缘具不规则的重锯齿，侧脉10~15（~17）对；叶柄细瘦，密被短柔毛。雄花序单生叶腋间或2~4枚聚生，下垂；花序梗短；苞鳞宽卵形，具短尖。果4至多枚聚生成直立或下垂的总状果序，生于小枝顶端；果苞膜质，膨胀，倒卵状矩圆形或椭圆形，顶端具短尖，基部圆形并被长硬毛，上部无毛或仅顶端疏被短柔毛，网脉显著。小坚果长卵圆形，淡褐色，有光泽，具数肋，无毛。花果期4—9月。

◎分布与生境

分布于河北、河南、陕西、山西、甘肃及四川西部等地；历山见于云蒙、下川、混沟等地；多生于海拔1000~2800m的山坡林中。

◎主要用途

木材较坚硬，可供制家具及建筑材料之用。

赤瓟

◆ 学名：*Thladiantha dubia* Bunge
◆ 科属：葫芦科赤瓟属

◎别　　名

气包、赤包、山屎瓜。

◎主要特征

攀缘草质藤本。全株被黄白色的长柔毛状硬毛。根块状。茎稍粗壮，有棱沟。叶柄稍粗，长2~6cm；叶片宽卵状心形。雌雄异株；雄花单生或聚生于短枝的上端呈假总状花序。果实卵状长圆形，橘红色。种子卵形，黑色，平滑无毛。花期6—8月，果期8—10月。

◎分布与生境

分布于黑龙江、吉林、辽宁、河北、山西、山东、陕西、甘肃和宁夏等地；历山见于猪尾沟、东峡、西峡、红岩河、青皮掌、钥匙沟、皇姑曼；多生于海拔300~1800m的山坡、河谷及林缘湿处。

◎主要用途

果实和根可入药；可作观赏植物。

斑叶赤瓟

◆ 学名：*Thladiantha maculata* Cogn.
◆ 科属：葫芦科赤瓟属

◎别　　名

斑赤瓟。

◎主要特征

本种与赤瓟*Thladiantha dubia* Bunge类似，区别在于本种植株较为细弱，叶上有明显的白色斑块，果实光滑无毛。花期6—8月，果期8—10月。

◎分布与生境

分布于湖北、山西、陕西、河南等地；历山见于混沟、皇姑曼；多生于海拔570~1800m的沟谷和林下。

◎主要用途

同赤瓟。

假贝母

◆ 学名：***Bolbostemma paniculatum*** **(Maxim.) Franquet**
◆ 科属：**葫芦科假贝母属**

◎别　名

土贝母。

◎主要特征

多年生攀缘草本。鳞茎肥厚，肉质，乳白色；茎草质，无毛，攀缘状，枝具棱沟，无毛。叶柄纤细，叶片卵状近圆形。花雌雄异株；雌、雄花序均为疏散的圆锥状，极稀花单生，花序轴丝状。果实圆柱状。种子卵状菱形，暗褐色，表面有雕纹状凸起，边缘有不规则的齿。花期6—8月，果期8—9月。

◎分布与生境

分布于河北、山东、河南、山西、陕西、甘肃、四川等地；历山见于钥匙沟、红岩河、皇姑曼、东峡、西哄哄等地；多生长于阴山坡。

◎主要用途

地下块茎可入药。

长萼栝楼

◆ 学名：***Trichosanthes laceribractea*** **Hayata**
◆ 科属：**葫芦科栝楼属**

◎别　名

王瓜、土瓜、瓜蒌。

◎主要特征

攀缘草本。茎具纵棱及槽，无毛或疏被短刚毛状刺毛。单叶互生，叶片纸质，形状变化较大，轮廓近圆形或阔卵形。花雌雄异株。雄花总状花序腋生。果实球形至卵状球形。种子长方形或长方状椭圆形。花期7—8月，果期9—10月。

◎分布与生境

分布于江西、山西、湖北、广西、广东和四川等地；历山见于西哄哄附近；多生于海拔200~1020m的山谷密林中或山坡路旁。

◎主要用途

根和果皮可入药。

中华秋海棠

◆ 学名：*Begonia grandis* Dry subsp. *sinensis* (A. DC.) Irmsch.
◆ 科属：秋海棠科秋海棠属

◎别　　名

野秋海棠、秋海棠。

◎主要特征

多年生中型草本。根状茎近球形，几无分枝。叶较小，椭圆状卵形至三角状卵形，先端渐尖，下面色淡，偶带红色，基部心形，宽侧下延呈圆形。花序较短，呈伞房状至圆锥状二歧聚伞花序；花小，粉红色。蒴果具3不等大之翅。种子极多。花期7月，果期8月。

◎分布与生境

分布于河北、山东、河南、山西、甘肃（南部）、陕西等地；历山见于皇姑曼、钥匙沟、红岩河、青皮掌等地；多生于山谷阴湿岩石上、滴水的石灰岩边、疏林阴处、荒坡阴湿处以及山坡林下。

◎主要用途

可供观赏；根状茎可入药。

南蛇藤

◆ 学名：*Celastrus orbiculatus* Thunb.
◆ 科属：卫矛科南蛇藤属

◎别　　名

金银柳、金红树、过山风。

◎主要特征

落叶藤状灌木。小枝光滑无毛，叶通常阔倒卵形，近圆形或长方椭圆形，边缘具锯齿，两面光滑无毛或叶背脉上具稀疏短柔毛，聚伞花序腋生，花小，雄花萼片钝三角形；花瓣倒卵椭圆形或长方形，花盘浅杯状，雌花花冠较雄花窄小，肉质，子房近球状。蒴果近球状。种子椭圆状稍扁，赤褐色，有橘红色假种皮。花期5—6月，果期7—10月。

◎分布与生境

全国广布；历山全境林中均可见；多生于海拔450~2200m的山坡灌丛。

◎主要用途

可作观赏植物；果实可入药。树皮制优质纤维，种子可榨油。

苦皮藤

◆ 学名：*Celastrus angulatus* Maxim.
◆ 科属：卫矛科南蛇藤属

◎别　名

苦树皮、马断肠、老虎麻、棱枝南蛇藤、老麻藤。

◎主要特征

藤状灌木。小枝常具4~6纵棱，皮孔密生，圆形到椭圆形，白色，腋芽卵圆状。叶大，近革质，长方阔椭圆形、阔卵形或圆形。聚伞圆锥花序顶生，下部分枝长于上部分枝，略呈塔锥形。蒴果近球状；种子椭圆状，有橘红色假种皮。花果期5—9月。

◎分布与生境

分布于河北、山东、河南、陕西、山西、甘肃、江苏、安徽、江西等地；历山见于云蒙、下川、猪尾沟、青皮掌、皇姑曼、锯齿山、大河；多生于海拔1000~2500m的山地丛林及山坡灌丛中。

◎主要用途

树皮纤维可供造纸及人造棉原料；果皮及种子含油脂可供工业用；根皮及茎皮可用于制作杀虫剂和灭菌剂。

卫矛

◆ 学名：*Euonymus alatus* (Thunb.) Sieb
◆ 科属：卫矛科卫矛属

◎别　名

鬼箭羽、鬼箭、六月凌、四面锋、蓖箕柴、四棱树、山鸡条子。

◎主要特征

灌木。小枝常具2~4列宽阔木栓翅。叶卵状椭圆形、边缘具细锯齿，两面光滑无毛；叶柄长1~3mm。聚伞花序1~3花；花白绿色，4数；萼片半圆形；花瓣近圆形；雄蕊着生花盘边缘处，花丝极短，花药宽阔长方形。蒴果1~4深裂，裂瓣椭圆状。种子椭圆状或阔椭圆状，种皮褐色或浅棕色，假种皮橙红色，全包种子。花期5—6月，果期7—10月。

◎分布与生境

全国广布；历山全境可见；多生于山坡、沟地边沿。

◎主要用途

带栓翅的枝条可入中药。

扶芳藤

◆ 学名：*Euonymus fortunei* (Turcz.) Hand.-Mazz.
◆ 科属：卫矛科卫矛属

◎别　名

爬行卫矛、胶东卫矛、文县卫矛、胶州卫矛、常春卫矛。

◎主要特征

常绿藤状灌木，高约1m。各部无毛；下部枝有须状气生根。单叶对生，薄革质，椭圆形、长圆状椭圆形或长倒卵形，基部楔形，边缘齿浅不明显，小脉不明显。聚伞花序3~4次分枝，每花序有4~7花，分枝中央有单花；花4数，白绿色；花萼裂片半圆形；花瓣近圆形；雄蕊花丝细长，花盘方形；子房三角状锥形，4棱。果序柄长2~3.5cm；蒴果近球形，熟时粉红色，果皮光滑；种子长方椭圆形，假种皮鲜红色，全包种子。花期6月，果期10月。

◎分布与生境

分布于江苏、浙江、安徽、江西、湖北、湖南、四川、陕西等地；历山全境可见；多生于海拔500~2000m的山坡丛林中。

◎主要用途

枝条入中药。

丝棉木

◆ 学名：*Euonymus maackii* Rupr.
◆ 科属：卫矛科卫矛属

◎别　名

明开夜合、华北卫矛、桃叶卫矛、白杜。

◎主要特征

乔木，高达6m。叶卵状椭圆形、卵圆形或窄椭圆形，先端长渐尖，基部阔楔形或近圆形，边缘具细锯齿，有时极深而锐利；叶柄通常细长，但有时较短。花淡白绿色或黄绿色；雄蕊花药紫红色，花丝细长。蒴果倒圆心状，成熟后果皮粉红色。种子长椭圆状，种皮棕黄色，假种皮橙红色，全包种子。花期5—6月，果期9月。

◎分布与生境

全国广布；历山全境山地林中均可见；多生于杂木林中。

◎主要用途

根皮可入药；可作观赏植物。

八宝茶

◆ 学名：*Euonymus przwalskii* Maxim.
◆ 科属：卫矛科卫矛属

◎别　　名

甘青卫矛。

◎主要特征

小灌木。茎枝常具4棱栓翅，小枝具4窄棱。叶窄卵形、窄倒卵形或长方披针形，边缘有细密浅锯齿，叶柄较短。聚伞花序多为一次分枝，3花或达7花；花深紫色，偶带绿色。蒴果紫色，扁圆倒锥状或近球状，顶端4浅裂，长5~7mm，最宽直径5~7mm；果序梗及小果梗均细长。种子黑紫色，橙色假种皮包围种子基部，可达中部。花果期7—9月。

◎分布与生境

分布于山西、新疆、青海、四川、云南等地；历山见于锯齿山、青皮掌、皇姑曼、猪尾沟；多生于山坡林阴处。

◎主要用途

枝条可入药。

石枣子

◆ 学名：*Euonymus sanguineus* Loes
◆ 科属：卫矛科卫矛属

◎别　　名

血色卫矛。

◎主要特征

灌木。叶厚纸质至近革质，卵形、卵状椭圆形或长方椭圆形，叶缘具细密锯齿；叶柄长5~10mm。聚伞花序具长梗，顶端有3~5细长分枝，除中央枝单生花，其余常具一对3花小聚伞；花白绿色，4数。蒴果扁球状，4翅略呈三角形。花果期6—9月。

◎分布与生境

分布于甘肃、陕西、山西、河南、湖北、四川、贵州和云南等地；历山见于混沟、西峡、猪尾沟；多生于山地林缘或丛灌中。

◎主要用途

可供观赏。

腥臭卫矛

◆ 学名：***Euonymus sanguineus*** **var.** ***paedidus*** **L. M. Wang**
◆ 科属：卫矛科卫矛属

◎主要特征

本变种与石枣子*Euonymus sanguineus* Loes类似，区别是本种变种植物体带有明显的腥臭气味。

◎分布与生境

分布于山西、河北；历山见于青皮掌、猪尾沟、云蒙；多生于山地林缘或丛灌中。

◎主要用途

可作观赏植物。

紫花卫矛

◆ 学名：***Euonymus porphyreus*** **Loes.**
◆ 科属：卫矛科卫矛属

◎别　　名

糯米条。

◎主要特征

灌木。叶纸质，卵形，长卵形或阔椭圆形，边缘具细密小锯齿，齿尖常稍内曲；叶柄长3~7mm。聚伞花序具细长花序梗，梗端有3~5分枝，每枝有3出小聚伞；花4数，深紫色，花瓣长方椭圆形或窄卵形。蒴果近球状，4翅窄长，先端常稍窄并稍向上内曲。花果期6—9月。

◎分布与生境

分布于陕西、山西、湖北、四川、贵州、云南等地；历山见于青皮掌、皇姑曼、猪尾沟、西峡；多生于山地丛林中。

◎主要用途

根、枝条可入药。

梅花草

◆ 学名：*Parnassia palustris* Linn.
◆ 科属：卫矛科梅花草属

◎主要特征

多年生草本。基生叶丛生，卵圆形或心形，基部心形，全缘。茎生叶1，生于茎中部，无柄，形状与基生叶相似。花单生于茎顶，白色，形似梅花；萼片5，长椭圆形；花瓣5，平展，卵圆形；雄蕊5，与花瓣互生，退化雄蕊5，丝状分裂。蒴果卵圆形。种子多数。花期7—8月，果期8—9月。

◎分布与生境

分布于东北、华北及陕西甘肃、青海等地；历山见于混沟、猪尾沟、下川、舜王坪等地；多生于山坡、林边、山沟、湿草地。

◎主要用途

全草可入药。

细叉梅花草

◆ 学名：*Parnassia oreophila* Hance
◆ 科属：卫矛科梅花草属

◎别　　名

四川苍耳七、梅花草。

◎主要特征

多年生小草本，高17~30cm。根状茎粗壮，形状不定，常呈长圆形或块状，其上有残存褐色鳞片，周围长出丛密细长的根。基生叶2~8，具柄；叶片卵状长圆形或三角状卵形。花单生于茎顶，花瓣白色，宽匙形或倒卵长圆形，有5条紫褐色脉；雄蕊5，顶生；退化雄蕊5。蒴果长卵球形；种子多数，沿整个缝线着生，褐色，有光泽。花期7—8月，果期9月。

◎分布与生境

分布于河北、山西、陕西、宁夏、甘肃、青海、四川等地；历山见于舜王坪草地上；多生于高山草地、山腰林缘、阴坡潮湿处以及路旁等处。

◎主要用途

全草可入药。

酢浆草

◆ 学名：*Oxalis corniculata* L.
◆ 科属：酢浆草科酢浆草属

◎别　　名

酸浆草、酸酸草、斑鸠酸、三叶酸、酸咪咪、钩钩草。

◎主要特征

多年生草本植物。全体有疏柔毛。茎匍匐或斜升，多分枝。叶互生，掌状复叶有3小叶，倒心形，小叶无柄。花单生或数朵集为伞形花序状，腋生，总花梗淡红色；萼片5，披针形或长圆状披针形，宿存；花瓣5，黄色，长圆状倒卵形。蒴果长圆柱形，5棱。种子长卵形，褐色或红棕色。花果期2—9月。

◎分布与生境

全国广布；历山海拔1000m以下各地常见；多生于山坡草池、河谷沿岸、路边、田边、荒地或林下阴湿处等。

◎主要用途

全草可入药；茎叶含草酸，可用以磨镜或擦铜器。

乳浆大戟

◆ 学名：*Euphorbia esula* Linn.
◆ 科属：大戟科大戟属

◎别　　名

乳浆草、宽叶乳浆大戟、松叶乳汁大戟、东北大戟、岷县大戟、太鲁阁大戟、新疆大戟、华北大戟、猫眼草、猫眼睛、新月大戟。

◎主要特征

多年生草本。根圆柱状，不分枝或分枝。茎单生或丛生，单生时自基部多分枝。叶线形至卵形，变化极不稳定，先端尖或钝尖，基部楔形至平截。花序单生于二歧分枝的顶端，基部无柄；总苞钟状。蒴果三棱状球形；花柱宿存；成熟时分裂为3个分果爿。种子卵球状，成熟时黄褐色。花果期4—10月。

◎分布与生境

全国广布；历山全境可见；多生于路旁、杂草丛、山坡、林下、河沟边、荒山、沙丘及草地。

◎主要用途

种子含油量达30%，可供工业用；全草可入药。

地锦草

◆ 学名：*Euphorbia humifusa* Willd

◆ 科属：大戟科大戟属

◎别　　名

血见愁、红丝草、奶浆草。

◎主要特征

一年生草本，含白色乳汁。茎平卧地面，呈红色。叶2列对生，椭圆形，边缘有细锯齿；叶柄极短。杯状聚伞花序，单生于枝腋或叶腋；总苞倒圆锥形，淡红色，边缘4裂；腺体4枚，椭圆形；雄花数朵和雌花1朵同生于总苞内。蒴果扁卵形而小，有3棱，无毛。种子卵形。花期7—8月，果期8月。

◎分布与生境

全国广布；历山全境可见；多生于田野路旁及庭院间。

◎主要用途

全草可入药。

狼毒大戟

◆ 学名：*Euphorbia fischeriana* Steud.

◆ 科属：大戟科大戟属

◎别　　名

狼毒、白狼毒、大猫眼草、猫眼根、山红萝根。

◎主要特征

多年生草本。根圆柱状，肉质，常分枝。茎单一不分枝，叶互生，于茎下部鳞片状，呈卵状长圆形。花序单生二歧分枝的顶端，无柄，花序单生二歧分枝的顶端，无柄；总苞钟状，具白色柔毛，边缘4裂；腺体4，半圆形，淡褐色。雄花多枚，伸出总苞之外；雌花1枚。蒴果卵球状，被白色长柔毛；成熟时分裂为3个分果爿。种子扁球状，灰褐色。花果期5—7月。

◎分布与生境

分布于黑龙江、吉林、辽宁、内蒙古、河北、山西等地；历山见于舜王坪、卧牛场、青皮掌；多生于草原、干燥丘陵坡地、多石砾的山坡。

◎主要用途

根可入药。

钩腺大戟

◆ 学名：*Euphorbia sieboldiana* Morr. et Decne
◆ 科属：大戟科大戟属

◎别　　名

林大戟、月腺大戟、猫眼草。

◎主要特征

多年生草本。根状茎较粗壮。茎单一或自基部多分枝。叶互生，椭圆形、倒卵状披针形或长椭圆形，变异较大，全缘；叶柄极短或无；总苞叶3~5枚，椭圆形或卵状椭圆形；伞幅3~5，苞叶2枚，常呈肾状圆形，变异较大；总苞杯状，边缘4裂，腺体4，新月形，两端具角，颜色多变。雄花多数，伸出总苞之外；雌花1枚。蒴果三棱状球状，成熟时分裂为3个分果爿。种子近长球状，灰褐色。花果期4—9月。

◎分布与生境

全国广布；历山全境可见；多生于田间、林缘、灌丛、林下、山坡及草地。

◎主要用途

根状茎可入药。

铁苋菜

◆ 学名：*Acalypha australis* L.
◆ 科属：大戟科铁苋菜属

◎别　　名

海蚌含珠、血见愁、叶里藏珠。

◎主要特征

一年生草本。小枝细长，被贴毛柔毛，毛逐渐稀疏。叶膜质，长卵形、近菱状卵形或阔披针形。雌雄花同序，花序腋生，稀顶生，雌花苞片1~2（~4）枚，卵状心形，花后增大，边缘具三角形齿，苞腋具雌花1~3朵；雄花生于花序上部，排列成穗状或头状。蒴果直径4mm，具3个分果爿，果皮具疏生毛和毛基变厚的小瘤体。种子近卵状。花果期4—12月。

◎分布与生境

全国大部分地区均分布；历山全境可见，是常见杂草；多生于平原、山坡较湿润耕地及空旷草地。

◎主要用途

以全草或地上部分可入药；嫩叶可食。

地构叶

◆ 学名：*Speranskia tuberculata* (Bunge) Baill.
◆ 科属：大戟科地构叶属

◎别　　名

珍珠透骨草、瘤果地构叶。

◎主要特征

多年生草本。茎直立，分枝较多，被伏贴短柔毛。叶纸质，披针形或卵状披针形，边缘具疏离圆齿或有时深裂，齿端具腺体；叶柄较短。总状花序上部有雄花20~30朵，下部有雌花6~10朵；苞片卵状披针形或卵形。蒴果扁球形，被柔毛和具瘤状突起。种子卵形，灰褐色。花果期4—9月。

◎分布与生境

分布于辽宁、吉林、内蒙古、河北、河南、山西、陕西、甘肃等地；历山见于下川、转林沟、李疙瘩、西哄哄；多生于山坡草丛或灌丛中。

◎主要用途

全草可入药。

雀儿舌头

◆ 学名：*Leptopus chinensis* (Bunge) Pojark.
◆ 科属：叶下珠科雀舌木属

◎别　　名

黑钩叶、赤金子、闹羊草、黑构叶、雀舌木。

◎主要特征

直立灌木。茎上部和小枝条具棱。叶片膜质至薄纸质，卵形、近圆形、椭圆形或披针形，叶面深绿色，叶背浅绿色。花小，雌雄同株，单生或2~4朵簇生于叶腋；萼片、花瓣均为5。蒴果圆球形或扁球形，基部有宿存的萼片。花期2—8月，果期6—10月。

◎分布与生境

全国各地均有分布；历山全境可见；多生于山地灌丛、林缘、路旁、岩崖或石缝中。

◎主要用途

可作庭园绿化灌木；叶可供杀虫农药；根可入药。

叶下珠

◆ 学名：*Phyllanthus urinaria* L.
◆ 科属：叶下珠科叶下珠属

◎别　　名

珍珠草、十字珍珠、日开夜合、夜合草、夜合珍珠、阴阳草、老鸦珠、叶底珠。

◎主要特征

一年生草本。茎通常直立，基部多分枝，叶片纸质，因叶柄扭转而呈羽状排列，长圆形或倒卵形，下面灰绿色，侧脉明显；叶柄极短；托叶卵状披针形，花雌雄同株，雄花簇生于叶腋，萼片倒卵形，雌花单生于小枝中下部的叶腋内。蒴果圆球状，红色，表面具小凸刺，有宿存的花柱和萼片，种子橙黄色。花期4—6月，果期7—11月。

◎分布与生境

分布于河北、山西、陕西、华东、华中、华南、西南等地；历山全境低山区习见；多生于海拔500m以下的旷野平地、旱田、山地路旁或林缘。

◎主要用途

全草可入药。

一叶荻

◆ 学名：*Fluggea suffruticosa* (Pall.) Baill.
◆ 科属：叶下珠科白饭树属

◎别　　名

叶屈珠、小粒蒿、花扫条、马扫帚牙、小孩拳、叶下珠。

◎主要特征

灌木。根浅红棕色。树皮浅灰棕色，多不规则的纵裂。茎多分枝，当年新枝淡黄绿色，略具棱角。叶互生，椭圆形、矩圆形或卵状矩圆形，全缘或有不整齐披状齿或细钝齿，叶柄短。花小，单性，雌雄异株，无花瓣，雄花每3~12朵簇生于叶腋；雌花单生，或2~3朵簇生。蒴果三棱状扁球形，红褐色，无毛，3瓣裂。花期7—8月，果期9—10月。

◎分布与生境

分布于东北、华北、华东及湖南、河南、陕西、四川等地；历山全境低山区习见；多生于山坡灌丛中及向阳处。

◎主要用途

嫩枝叶和根可入药。

青杨

◆ 学名：*Populus cathayana* Rehd.
◆ 科属：杨柳科杨属

◎主要特征

落叶乔木，高可达30m。树冠宽卵形。树皮幼时灰绿色，平滑，老时灰白色，浅纵裂。叶柄圆柱形，无毛；叶卵形、椭圆状卵形、椭圆形或狭卵形。雄花序长5~6cm，雄蕊30~35，苞片条裂；雌花序长4~5cm，柱头2~4裂。果序长10~15（~20）cm；蒴果卵圆形。花期3—5月，果期5—7月。

◎分布与生境

分布于辽宁、华北、西北、四川等地，各地多有栽培；历山各地均见；多生于沟谷、河岸和阴坡山麓。

◎主要用途

木材纹理直，结构细，质轻柔，加工易，可作家具、箱板及建筑用材；为四旁绿化、防林树种。

山杨

◆ 学名：*Populus davidiana* Dode
◆ 科属：杨柳科杨属

◎别　　名

大叶杨、响杨、麻嘎勒。

◎主要特征

落叶乔木，高可达25m。树皮光滑灰绿色或灰白色，老树基部黑色粗糙；树冠圆形。叶子接近圆形，具有波浪状钝齿；早春先叶开花，雌雄异株，柔荑花序下垂，红色花药，苞片深裂，裂缘有毛。蒴果2裂。花期3—4月，果期4—5月。

◎分布与生境

分布于黑龙江、内蒙古、吉林、华北、西北、华中及西南高山地区；历山各地均见；多生于山坡、山脊和沟谷地带，常形成小面积纯林或与其他树种形成混交林。

◎主要用途

木材白色，可供造纸、火柴杆及民房建筑等用；树皮可制作药用或提取栲胶；萌枝条可编筐；幼枝及叶可制作动物饲料；幼叶红艳、美观，可供观赏。

辽杨

◆ 学名：*Populus maximowiczii* A. Henry
◆ 科属：杨柳科杨属

◎别　　名

臭梧桐。

◎主要特征

落叶乔木，高达30m。树冠开展。幼树皮灰绿色或淡黄灰色，平滑，老干树皮灰色，深沟裂。小枝圆柱形，粗壮。芽圆锥形，光亮，具黏性。果枝叶倒卵状椭圆形、椭圆形、椭圆状卵形或宽卵形；萌枝叶较大，阔卵圆形或长卵形；叶柄短。雄花序长5~10cm，花序轴无毛；苞片尖裂，边缘具长柔毛；雄蕊30~40；雌花序细长，花序轴无毛。果序长10~18cm；蒴果卵球形，无柄或近无柄，无毛，3~4瓣裂。花期4—5月，果期5—6月。

◎分布与生境

分布于辽宁、吉林、河北、黑龙江、陕西、山西、内蒙古等地；历山见于猪尾沟、西峡、青皮掌；多生于溪谷林内。

◎主要用途

为木材树种；可作绿化景观。

小青杨

◆ 学名：*Populus pseudo-simoni* Kitag.
◆ 科属：杨柳科杨属

◎主要特征

乔木，高达20m。树冠广卵形；树皮灰白色，老时浅沟裂；幼枝绿色或淡褐绿色，有棱，萌枝棱更显著，小枝圆柱形，淡灰色或黄褐色，无毛。芽圆锥形，较长，黄红色，有黏性。叶菱状椭圆形、菱状卵圆形、卵圆形或卵状披针形，边缘具细密交错起伏的锯齿，有缘毛，上面深绿色，无毛，罕脉上被短柔毛，下面淡粉绿色，无毛；叶柄圆形。雄花序长5~8cm；雌花序长5.5~11cm，子房圆形或圆锥形，无毛，柱头2裂。蒴果近无柄，长圆形，2~3瓣裂。花期3—4月，果期4—5（—6）月。

◎分布与生境

分布于东北、华北及陕西、甘肃、青海、四川等地；历山见于各地；多生于海拔2300m以下的山坡、山沟和河岸。

◎主要用途

可栽培供观赏；树皮可入药。

小叶杨

◆ 学名：*Populus simonii* Carr.
◆ 科属：杨柳科杨属

◎别　　名

南京白杨、河南杨、明杨、青杨。

◎主要特征

乔木，高达20m。树皮幼时灰绿色，老时暗灰色，沟裂；树冠近圆形。幼树小枝及萌枝有明显棱脊，常为红褐色，后变黄褐色，老树小枝圆形，细长而密，无毛。芽细长，先端长渐尖，褐色，有黏质。叶菱状卵形、菱状椭圆形或菱状倒卵形，边缘平整，具细锯齿，无毛，上面淡绿色，下面灰绿色或微白色，无毛。雄花花序轴无毛；雌花序苞片淡绿色，裂片褐色，无毛。果序长；蒴果小，2（3）瓣裂，无毛。花期3—5月，果期4—6月。

◎分布与生境

分布于东北、华北、华中、西北及西南各地均产；历山全境海拔1800m以下可见；多生于溪河两侧的河滩沙地，沿溪沟可见。

◎主要用途

树皮可药用；木材可作建材原料；可作观赏树种。

秦岭柳

◆ 学名：*Salix alfredi* Gorz ex Rehder et kobuski
◆ 科属：杨柳科柳属

◎别　　名

山柳。

◎主要特征

小乔木或灌木，高4~5m。小枝细，褐紫色，有光泽。叶椭圆形或卵状椭圆形，先端急尖，基部圆形，上面绿色，下面浅绿色或灰蓝色，初有短柔毛，后无毛，幼叶中脉上有长柔毛，全缘。花序与叶同时开放，有短梗。蒴果近球形，长3mm，散生短柔毛，有明显的柄。花期5月中下旬至6月上旬，果期7月。

◎分布与生境

主要分布于青海（尖扎、门源）、甘肃南部、陕西、山西；历山见于卧牛场、青皮掌和锯齿山等地；多生于山坡。

◎主要用途

枝条可编筐。

崖柳

◆ 学名：***Salix floderusii*** **Nakai.**
◆ 科属：杨柳科柳属

◎别　　名

山柳。

◎主要特征

灌木，稀小乔木，高4~6m。小枝较粗，幼枝有白柔毛，老枝无毛；芽有毛。托叶小，卵状长椭圆形或卵状披针形，有毛，常脱落，在萌枝上明显；叶形多变，长椭圆状披针形、长椭圆形或倒卵状长椭圆形，稀倒披针形。花先于叶开放或与叶近同时开放，无花序梗，轴有毛。蒴果卵状圆锥形，有绢毛。花期5月初，果期5月底至6月初。

◎分布与生境

分布于东北、华北等地；历山见于青皮掌、皇姑曼；多生于沼泽地或较湿润山坡。

◎主要用途

可供观赏。

紫枝柳

◆ 学名：***Salix heterochroma*** **Seemen**
◆ 科属：杨柳科柳属

◎别　　名

山柳、红皮柳。

◎主要特征

灌木或小乔木，高达10m。枝深紫红色或黄褐色。叶椭圆形至披针形或卵状披针形，上面深绿色，下面带白粉，具疏绢毛，全缘或有疏细齿；花叶几乎同时开放，雄花序近无梗；雌花序圆柱状。蒴果卵状长圆形，长约5mm，先端尖，被灰色柔毛。花期4—5月，果期5—6月。

◎分布与生境

分布于山西、陕西、甘肃、湖北、湖南、四川等地；历山全境有分布；多生于海拔1450~2100m的林缘、山谷等处。

◎主要用途

水土保持树种。

旱柳

◆ 学名：*Salix matsudana* Koidz.
◆ 科属：杨柳科柳属

◎别　　名

馒头柳、柳树。

◎主要特征

落叶乔木，高达20m，胸径达80cm。大枝斜上，树冠广圆形；树皮暗灰黑色，有裂沟；枝细长，直立或斜展，浅褐黄色或带绿色，后变褐色，无毛，幼枝有毛。芽微有短柔毛。叶披针形，先端长渐尖，基部窄圆形或楔形，上面绿色，无毛，有光泽，下面苍白色或带白色，有细腺锯齿缘，幼叶有丝状柔毛；叶柄短。花序与叶同时开放；雄花序圆柱形，长多少有花序梗，花药黄色；雌花序较雄花序短，有3~5小叶生于短花序梗上。果序长达2（2.5）cm。花期4月，果期4—5月。

◎分布与生境

生于东北、华北平原、西北黄土高原，西至甘肃、青海，南至淮河流域以及浙江、江苏，为平原地区常见树种；历山全境有分布；多生于海拔10~3600m地区的干旱地或水湿地。

◎主要用途

具有绿化、观赏价值；树皮可入药；嫩芽及花序可作野菜。

中国黄花柳

◆ 学名：*Salix sinica* C. Wang et C. F. Fang
◆ 科属：杨柳科柳属

◎别　　名

大叶柳、山柳。

◎主要特征

灌木或小乔木。当年生幼枝有柔毛，后无毛，小枝红褐色。叶形多变化，一般为椭圆形、椭圆状披针形、椭圆状菱形、倒卵状椭圆形，稀披针形、卵形或宽卵形；托叶半卵形至近肾形，较大；花先叶开放；雄花序无梗，宽椭圆形至近球形，雌花序短圆柱形。蒴果线状圆锥形，长达6mm，果柄与苞片几等长。花期4月下旬，果期5月下旬。

◎分布与生境

分布于华北、西北和内蒙古等地；历山全境有分布；多生于山坡或林中。

◎主要用途

可供观赏。

红皮柳

◆ 学名：*Salix sinopurpurea* C. Wang et Ch. Y. Yang
◆ 科属：杨柳科柳属

◎主要特征

灌木，高3~4m。小枝淡绿或淡黄色，无毛；当年枝初有短茸毛，后无毛。芽长卵形或长圆形，棕褐色，初有毛，后无毛。叶对生或斜对生，披针形；托叶卵状披针形或斜卵形，几等于叶柄长，边缘有凹缺腺齿，下面苍白色。花先叶开放，花序圆柱形，子房卵形，密被灰茸毛，柄短，柱头头状。花期4月，果期5月。

◎分布与生境

分布于甘肃、陕西、山西、河北、河南、湖北等地；历山各地水边习见；多生于海拔1000~1600m的山地灌丛，或沿河生长。

◎主要用途

水土保持树种；木材可作薪材；树皮可入药。

皂柳

◆ 学名：*Salix wallichiana* Anderss.
◆ 科属：杨柳科柳属

◎别　　名

山柳。

◎主要特征

灌木或乔木。小枝红褐色、黑褐色或绿褐色。芽卵形。叶披针形，长圆状披针形、卵状长圆形或狭椭圆形，上面初有丝毛，后无毛，平滑，下面有平伏的绢质短柔毛或无毛，浅绿色至有白霜，幼叶发红色；全缘；托叶小比叶柄短。花序先叶开放或近同时开放，无花序梗。蒴果长可达9mm，有毛或近无毛，开裂后，果瓣向外反卷。花期4月中下旬至5月初，果期5月。

◎分布与生境

分布于河北、山西、陕西、河南、湖北、湖南、四川、贵州、云南；历山各地均可见；多生于山谷溪流旁、林缘或山坡。

◎主要用途

可供观赏；根可入药。

毛叶山桐子

◆ 学名：*Idesia polycarpa* var. *vestita* Diels
◆ 科属：杨柳科山桐子属

◎别　　名

秦岭山桐子。

◎主要特征

落叶乔木。树皮不裂；小枝圆柱形。叶薄革质或厚纸质，卵形或心状卵形，先端渐尖或尾状，基部通常心形，边缘有粗齿，齿尖有腺体。花单性，雌雄异株或杂性，黄绿色，有芳香，花瓣缺，排列成顶生下垂的圆锥花序。浆果成熟期血红色，果实长圆形至圆球状，高过于宽，果梗细小。种子红棕色，圆形。花期4—5月，果期10—11月。

◎分布与生境

分布于陕西、甘肃、河南、山西等地；历山见于青皮掌、云蒙；多生于阔叶林中。

◎主要用途

可作观赏植物；种子含油，供工业用；木材松软，可供作建筑、家具、器具等用材；花多芳香，为养蜂业的蜜源资源植物。

紫花地丁

◆ 学名：*Viola philippica* Cav.
◆ 科属：堇菜科堇菜属

◎别　　名

野堇菜、光瓣堇菜、光萼堇菜。

◎主要特征

多年生草本。无地上茎，叶片下部呈三角状卵形或狭卵形，上部者较长，呈长圆形、狭卵状披针形或长圆状卵形。花中等大，紫堇色或淡紫色，稀呈白色，喉部色较淡并带有紫色条纹。蒴果长圆形。种子卵球形，淡黄色。花果期4月中下旬至9月。

◎分布与生境

全国广布；历山全境可见；多生于田间、荒地、山坡草丛、林缘或灌丛中。

◎主要用途

全草可供药用；嫩叶可作野菜；可作早春观赏花卉。

早开堇菜

◆ 学名：*Viola prionantha* Bunge
◆ 科属：堇菜科堇菜属

◎别　　名

光瓣堇菜、锯花堇菜、犁铧草、早花地丁、尖瓣堇菜、铧头草。

◎主要特征

多年生草本。无地上茎。叶多数，均基生；叶片在花期呈长圆状卵形、卵状披针形或狭卵形。果期叶片显著增大，三角状卵形，叶柄较粗壮，托叶苍白色或淡绿色，干后呈膜质，离生部分线状披针形。花大，紫堇色或淡紫色，喉部色淡并有紫色条纹，无香味。蒴果长椭圆形，无毛。种子多数，卵球形。花果期4月上中旬至9月。

◎分布与生境

全国广布；历山全境可见；多生于山坡草地、沟边、宅旁等向阳处。

◎主要用途

全草可供药用；可作早春观赏花卉。

鸡腿堇菜

◆ 学名：*Viola acuminata* Ledeb.
◆ 科属：堇菜科堇菜属

◎别　　名

走边疆、红铧头草。

◎主要特征

多年生草本。茎直立。通常无基生叶；叶片心形、卵状心形或卵形，边缘具钝锯齿及短缘毛，两面密生褐色腺点，叶柄上部者较短，托叶草质，叶状，通常羽状深裂呈流苏状，或浅裂呈齿牙状。花淡紫色或近白色，具长梗；花梗细，被细柔毛，萼片线状披针形，花瓣有褐色腺点，子房圆锥状，无毛，花柱基部微向前膝曲，蒴果椭圆形，无毛。花果期5—9月。

◎分布与生境

分布于黑龙江、吉林、辽宁、内蒙古、河北、山西、陕西、甘肃、山东、江苏等地；历山全境林下可见；多生于杂木林林下、林缘、灌丛、山坡草地或溪谷湿地等处。

◎主要用途

我国民间全草可供药用；嫩叶可作蔬菜。

双花堇菜

◆ **学名：*Viola biflora* L.**
◆ **科属：堇菜科堇菜属**

◎别　名

双花黄堇菜、短距堇菜、谷穗补、孪生堇菜，短距黄花堇菜。

◎主要特征

多年生草本。地上茎较细弱，2或数条簇生，直立或斜升。基生叶2至数枚，叶片肾形、宽卵形或近圆形，边缘具钝齿；茎生叶具短柄。花黄色或淡黄色，花梗细弱，上部有2枚披针形小苞片；萼片线状披针形或披针形，花瓣长圆状倒卵形，具紫色脉纹，距短筒状。蒴果长圆状卵形，无毛。花果期5—9月。

◎分布与生境

分布于东北、华北、西北及山东、台湾、河南、四川、云南、西藏等地；历山见于舜王坪草甸；多生于高山及亚高山地带草甸、灌丛、林缘、岩石缝隙间。

◎主要用途

根、花、叶可入药。

斑叶堇菜

◆ **学名：*Viola uariegataisch* Fisch ex Link**
◆ **科属：堇菜科堇菜属**

◎别　名

天蹄。

◎主要特征

多年生草本。根茎通常短而细。叶均基生，呈莲座状；托叶近膜质，2/3与叶柄合生；叶片圆形或卵圆形，边缘具平而圆的钝齿，上面绿色，沿叶脉有明显的白色斑纹，下面通常稍带紫红色。花红紫色或暗紫色，距筒状。蒴果椭圆形，无毛或疏生短毛。种子淡褐色。花期4—8月，果期6—9月。

◎分布与生境

分布于东北、华北及陕西、甘肃、安徽等地；历山全境林下均可见；多生于山坡草地、林下、灌丛中或阴处岩石缝隙中。

◎主要用途

全草可入药。

球果堇菜

◆ 学名：***Viola collina*** **Besser**
◆ 科属：**堇菜科堇菜属**

◎别　　名

毛果堇菜、圆叶毛堇菜。

◎主要特征

多年生草本。无地上茎。叶均基生，呈莲座状；叶片宽卵形或近圆形，边缘具浅而钝的锯齿；叶柄具狭翅；托叶膜质，披针形，基部与叶柄合生，边缘具较稀疏的流苏状细齿。花淡紫色，具长梗，在花梗的中部或中部以上有2枚小苞片；距较短。蒴果球形，密被白色柔毛，成熟时果梗通常向下方弯曲，致使果实接近地面。花果期5—8月。

◎分布与生境

分布于黑龙江、吉林、辽宁、内蒙古、河北、山西、陕西、宁夏、甘肃、山东等地；历山全境林下习见；多生于林下、林缘、灌丛、草坡、沟谷及路旁较阴湿处。

◎主要用途

全草可入药。

奇异堇菜

◆ 学名：***Viola mirabilis*** **L.**
◆ 科属：**堇菜科堇菜属**

◎别　　名

伊吹堇菜。

◎主要特征

多年生草本。花后抽出地上茎；茎直立，被柔毛或无毛。茎中部常仅1枚叶片，上部叶片密生；叶宽心形或肾形，先端圆或短尖，基部心形，具浅圆齿，上面两侧及下面叶脉被柔毛；基生叶叶柄具窄翅，茎生叶上部者极短或无柄，托叶大，基部者鳞片状，卵形，赤褐色，上部者宽披针形；花较大，淡紫色或紫堇色，生于基生叶叶腋者常不结实，具长梗，生于茎生叶者结实，具短梗，梗具2枚小苞片；萼片长圆状披针形或披针形，花瓣倒卵形，侧瓣内面近基部密生长须毛，下瓣连距长达2cm，距较粗，上弯。蒴果椭圆形，无毛。花果期5—8月。

◎分布与生境

分布于黑龙江、吉林、辽宁、内蒙古等地；历山见于青皮掌、转林沟；多生于阔叶林或针阔叶混交林下、林缘、山地灌丛及草坡等处。

◎主要用途

无主要用途，为杂草。

蒙古堇菜

◆ 学名：*Viola mongolica* Franch.
◆ 科属：堇菜科堇菜属

◎别　　名

白花堇菜。

◎主要特征

多年生草本。无地上茎。叶基生；叶心形、卵状心形或椭圆状心形；叶柄具窄翅，托叶1/2与叶柄合生。花白色；花梗常高出于叶，近中部有2线形小苞片；萼片椭圆状披针形或窄长圆形，具缘毛；侧瓣内面近基部稍有须毛，下瓣连距长1.5~2cm，中下部有时具紫色条纹。蒴果卵形，无毛。花果期5—8月。

◎分布与生境

分布于黑龙江、吉林、辽宁、内蒙古（大青山）、河北、甘肃等地；历山见于青皮掌；多生于阔叶林、针叶林林下及林缘、石砾地等处。

◎主要用途

无主要用途，为杂草。

深山堇菜

◆ 学名：*Viola selkirkii* Pursh ex Gold
◆ 科属：堇菜科堇菜属

◎别　　名

一口血。

◎主要特征

多年生草本。无地上茎和匍匐枝。叶基生，通常较多，呈莲座状；叶片薄纸质，心形或卵状心形；叶柄有狭翅，疏生白色短毛；托叶淡绿色，1/2与叶柄合生。花淡紫色，具长梗；花梗通常在中部有2枚小苞片；小苞片线形，萼片卵状披针形，花瓣倒卵形，侧方花瓣无须毛，下方花瓣连距长1.5~2cm；距较粗。蒴果较小，椭圆形。花果期5—7月。

◎分布与生境

分布于黑龙江、吉林、辽宁、内蒙古（东部）、河北、山西、陕西、甘肃等地；历山见于混沟底、红岩河、猪尾沟；多生于海拔1700m以下的针阔叶混交林、落叶阔叶林及灌丛下腐殖层较厚的土壤上，还有溪谷、沟旁阴湿处。

◎主要用途

无主要用途，为杂草。

野亚麻

◆ 学名：***Linum stelleroides*** **Planch.**
◆ 科属：亚麻科亚麻属

◎别　　名

亚麻、疗毒草、野胡麻、山胡麻、丁竹草、繁缕亚麻。

◎主要特征

一年生或二年生草本。茎直立，圆柱形，基部木质化，无毛。叶互生，线形、线状披针形或狭倒披针形，无柄，全缘。单花或多花组成聚伞花序；萼片5，绿色；花瓣5，倒卵形，淡红色、淡紫色或蓝紫色；雄蕊5枚。蒴果球形或扁球形。种子长圆形。花期6—9月，果期8—10月。

◎分布与生境

分布于黑龙江、吉林、辽宁、内蒙古、河南、宁夏、甘肃、青海、山西等地；历山见于下川、李疙瘩、西哄哄、后河附近；多生于平坦沙地、固定沙丘、干燥山坡及草原上。

◎主要用途

全草可入药。

突脉金丝桃

◆ 学名：***Hypericum przewalskii*** **Maxim.**
◆ 科属：金丝桃科金丝桃属

◎别　　名

大叶刘寄奴、大对经草、突縢金丝、王不留行、老君茶、大花金丝桃。

◎主要特征

多年生草本，全体无毛。茎多数，圆柱形。叶无柄，叶片向茎基部者渐变小而靠近，茎最下部者为倒卵形，向茎上部者为卵形或卵状椭圆形，基部心形而抱茎，全缘，侧脉约4对，与中脉在上面凹陷，下面凸起。花序顶生，花瓣5，长圆形黄色；雄蕊5束。蒴果卵珠形。种子淡褐色，圆柱形。花期6—7月，果期8—9月。

◎分布与生境

分布于陕西、山西、甘肃、青海、河南、湖北西部、四川等地；历山见于舜王坪、青皮掌、混沟；多生于山坡及河边灌丛等处。

◎主要用途

可供观赏。

红旱莲

◆ 学名：*Hypericum ascyron* L.
◆ 科属：金丝桃科金丝桃属

◎别　　名

牛心菜、山辣椒、大叶金丝桃、救牛草、八宝茶、大金雀、黄海棠。

◎主要特征

多年生草本。茎直立或在基部上升，单一或数茎丛生，叶片披针形、长圆状披针形、长圆状卵形至椭圆形或狭长圆形。花序具1~35花，顶生，近伞房状至狭圆锥状，花瓣金黄色，倒披针形。蒴果为或宽或狭的卵珠形或卵珠状三角形。种子棕色或黄褐色，圆柱形。花期7—8月，果期8—9月。

◎分布与生境

除新疆及青海外，全国各地均产；历山全境林下及山顶草地均可见；多生于山坡林下、林缘、灌丛间、草丛、草甸、溪旁及河岸湿地等处。

◎主要用途

可供观赏；全草可入药。

赶山鞭

◆ 学名：*Hypericum attenuatum* Choisy
◆ 科属：金丝桃科金丝桃属

◎别　　名

小金丝桃、小茶叶、小金雀、女儿茶、小旱莲、刘寄奴、乌腺金丝桃。

◎主要特征

多年生直立草本。上部多分枝。茎圆柱形，散生黑色腺点或黑点。单叶对生；无柄。叶片卵形、长圆状卵形或卵状长圆形，基部渐狭而多少抱茎，两面及边缘散生黑色腺点。花多数，呈顶生圆锥状花序或聚伞花序；萼片表面及边缘有黑色腺点；花瓣5，淡黄色，不等边形，旋转状排列，沿表面及边缘有稀疏的黑色腺点。蒴果卵圆状长椭圆形，室间开裂。花期7—8月，果期9—11月。

◎分布与生境

分布于东北、华北及陕西、甘肃、山东、江苏等地；历山见于猪尾沟、青皮掌、皇姑曼、舜王坪；多生于山坡杂草中。

◎主要用途

全草可入药。

牻牛儿苗

◆ 学名：*Erodium stephanianum* Willd.
◆ 科属：牻牛儿苗科牻牛儿苗属

◎别　　名

太阳花、狼怕怕。

◎主要特征

多年生草本。茎多数，仰卧或蔓生，被柔毛。叶对生；基生叶和茎下部叶具长柄；叶片轮廓卵形或三角状卵形，二回羽状深裂，全缘或具疏齿。伞形花序腋生；萼片矩圆状卵形，先端具长芒，花瓣紫红色，倒卵形。蒴果长喙形，密被短糙毛。种子褐色，具斑点。花期6—8月，果期8—9月。

◎分布与生境

全国广布；历山全境低山区习见；多生于干山坡、农田边、沙质河滩地和草原等。

◎主要用途

全草可入药。

粗根老鹳草

◆ 学名：*Geranium dahuricum* DC.
◆ 科属：牻牛儿苗科老鹳草属

◎别　　名

长白老鹳草。

◎主要特征

多年生草本。具簇生纺锤形块根。茎直立，具棱槽。叶基生和茎上对生；基生叶和茎下部叶具长柄；叶片七角状肾圆形，掌状7深裂近基部。花序腋生和顶生，萼片卵状椭圆形；花瓣紫红色，倒长卵形，密被白色柔毛；果实长喙形；种子肾形，具密的微凹小点。花期7—8月，果期8—9月。

◎分布与生境

分布于东北、内蒙古、河北、山西、陕西、宁夏、甘肃、青海、四川西部和西藏东部等地；历山见于舜王坪草甸；多生于山地草甸或亚高山草甸。

◎主要用途

可作观赏树种；根状茎含鞣酸，可提取栲胶。

灰背老鹳草

◆ 学名：*Geranium wlassowianum* Fisch. ex Link
◆ 科属：牻牛儿苗科老鹳草属

◎主要特征

多年生草本。具簇生纺锤形块根。基生叶具长柄，柄长为叶片的4~5倍，被短柔毛；叶片五角状肾圆形，基部浅心形，5深裂达中部或稍过之，背面灰白色。花序腋生和顶生；萼片长卵形或矩圆状椭圆形，先端具长尖头；花瓣淡紫红色，具深紫色脉纹，宽倒卵形，被长柔毛。蒴果长喙形，被短糙毛。花期7—8月，果期8—9月。

◎分布与生境

分布于东北、山西、河北、山东和内蒙古等地；历山见于舜王坪、青皮掌；多生于低山、中山的草甸、林缘、河岸湿地、沼泽地等。

◎主要用途

可供观赏。

鼠掌老鹳草

◆ 学名：*Geranium sibiricum* L.
◆ 科属：牻牛儿苗科老鹳草属

◎别　　名

鼠掌草、西伯利亚老鹳草。

◎主要特征

一年生或多年生草本。茎纤细，仰卧或近直立。叶对生；基生叶和茎下部叶具长柄；下部叶片肾状五角形，掌状5深裂，上部叶片具短柄，3~5裂。总花梗丝状，单生于叶腋；萼片卵状椭圆形或卵状披针形；花瓣倒卵形，淡紫色或白色。蒴果长喙形，被疏柔毛，果梗下垂。花期6—7月，果期8—9月。

◎分布与生境

分布于东北、华北、湖北、西北、西南等地；历山全境海拔1500m以下习见；多生于林缘、疏灌丛、河谷草甸。

◎主要用途

可作牧草。

毛蕊老鹳草

◆ 学名：*Geranium platyanthum* Duthie
◆ 科属：牻牛儿苗科老鹳草属

◎主要特征

多年生草本。根茎短粗，直生或斜生，叶基生和茎上互生。花序通常为伞形聚伞花序，顶生或有时腋生，花瓣淡紫红色，宽倒卵形或近圆形，经常向上反折。蒴果长约3cm，被开展的短糙毛和腺毛。种子肾圆形，灰褐色。花期6—7月，果期8—9月。

◎分布与生境

分布于东北、华北、西北等地；历山见于青皮掌、舜王坪、猪尾沟、云蒙；多生于山地林下、灌丛和草甸。

◎主要用途

全草可入药；可供观赏。

野老鹳草

◆ 学名：*Geranium carolinianum* L.
◆ 科属：牻牛儿苗科老鹳草属

◎别　　名

老鹳草。

◎主要特征

一年生草本。根纤细，具棱角。基生叶早枯，茎生叶互生或最上部对生；托叶披针形或三角状披针形，外被短柔毛；叶片圆肾形，基部心形，裂片楔状倒卵形或菱形，小裂片条状矩圆形，先端急尖。花序腋生和顶生，呈伞形；苞片钻状，萼片长卵形或近椭圆形，花瓣淡紫红色，倒卵形。蒴果被短糙毛，果瓣由喙上部先裂向下卷曲。花期4—7月，果期5—9月。

◎分布与生境

分布于山东、山西、安徽、江苏、浙江、江西、湖南、湖北、四川和云南等地；历山见于李疙瘩、西哄哄附近；多生于平原和低山荒坡杂草丛中。

◎主要用途

全草可入药。

水柳

◆ 学名：*Lythrum salicaria* L.
◆ 科属：千屈菜科千屈菜属

◎别　　名

水枝柳、对叶莲。

◎主要特征

多年生草本。茎直立，多分枝。枝通常具4棱。叶对生或三叶轮生，披针形或阔披针形，顶端钝或短尖，基部圆形或心形，有时略抱茎，全缘，无柄。花组成小聚伞花序，簇生；苞片阔披针形至三角状卵形或三角形；附属体针状，直立，红紫色或淡紫色，倒披针状长椭圆形，基部楔形，着生于萼筒上部，有短爪，稍皱缩；伸出萼筒之外；子房2室，花柱长短不一。蒴果扁圆形。花果期6—9月。

◎分布与生境

全国广布；历山全境自然水域边可见；多生于河岸、湖畔、溪沟边和潮湿草地。

◎主要用途

可供观赏；全草可入药。

柳兰

◆ 学名：*Chamerion angustifolium* (L.) Holub
◆ 科属：柳叶菜科柳兰属

◎别　　名

糯芋、火烧兰、铁筷子。

◎主要特征

多年生草本。直立，丛生。茎枝圆柱状。叶螺旋状互生，稀近基部对生，无柄，叶片披针状长圆形至倒卵形、线状披针形或狭披针形，边缘近全缘或稀疏浅小齿，稍微反卷。总状花序，直立，无毛，萼片紫红色；花瓣4，粉红色。蒴果密被贴生的白灰色柔毛；种子狭倒卵状，褐色。花期6—9月，果期8—10月。

◎分布与生境

分布于黑龙江、吉林、内蒙古、河北、山西、宁夏、甘肃、青海等地；历山主要见于舜王坪草甸；多生于高山草甸、河滩、砾石坡。

◎主要用途

蜜源植物；嫩苗可食，茎叶可作猪饲料；根状茎可入药；全草含鞣酸，可制栲胶。

柳叶菜

◆ 学名：*Epelobium hirsutum* L.
◆ 科属：柳叶菜科柳叶菜属

◎别　　名

水丁香、地母怀胎草、菜籽灵、通经草。

◎主要特征

多年生草本。茎密生展开的白色长柔毛及短腺毛。下部叶对生，上部叶互生；叶片长圆状披针形至披针形，边缘具细齿。花两性，单生于叶腋，浅紫色；花瓣4，宽倒卵形。蒴果圆柱形，具4棱，4开裂，被长柔毛及短腺毛。种子椭圆形，棕色，先端具一簇白色种缨。花期4—11月，果期7—8月。

◎分布与生境

分布于东北、华北、中南、西南及陕西、新疆、浙江等地；历山见于猪尾沟、西峡、东峡、后河等地；多生于林下湿处、沟边或沼泽地。

◎主要用途

根或全草可入药；嫩叶可食。

细籽柳叶菜

◆ 学名：*Epilobium minutiflorum* Hausskn.
◆ 科属：柳叶菜科柳叶菜属

◎主要特征

多年生直立草本。茎多分枝，稀不分枝。叶对生，花序上的互生，长圆状披针形至狭卵形，边缘具细锯齿，侧脉每侧4~7条，隆起。花序开花前稍下垂，被灰白色柔毛与稀疏的腺毛。花直立；萼片长圆状披针形；花瓣白色，稀粉红色或玫瑰红色，长圆形、菱状卵形或倒卵形。蒴果条形，被曲柔毛稀变无毛。种子狭倒卵状，顶端具透明的长喙，褐色。种缨白色。花期6—8月，果期7—10月。

◎分布与生境

分布于内蒙古、河北、山西、陕西、宁夏、甘肃、新疆及西藏西部等地；历山见于舜王坪、青皮掌、皇姑曼、云蒙；多生于水边、高山草地和荒坡湿处。

◎主要用途

田野杂草。

沼生柳叶菜

◆ **学名：*Epilobium palustre* L.**
◆ **科属：柳叶菜科柳叶菜属**

◎别　　名

独木牛、水湿柳叶菜、沼泽柳叶菜。

◎主要特征

多年生直立草本。自茎基部底下或地上生出纤细的越冬匍匐枝，稀疏的节上生成对的叶。不分枝或分枝，有时中部叶腋有退化枝，圆柱状，无棱线，周围被曲柔毛，有时下部近无毛。叶对生，花序上的互生，近线形至狭披针形。花粉红色。蒴果被曲柔毛；顶端具长喙褐色。种缨灰白色或褐黄色，不易脱落。花期6—8月，果期8—9月。

◎分布与生境

分布于黑龙江、吉林、辽宁、内蒙古、河北、山西、陕西、甘肃等地；历山见于青皮掌、皇姑曼、云蒙、西峡、东峡、西哄哄等地；多生于湖塘、沼泽、河谷、溪沟旁、亚高山与高山草地湿润处。

◎主要用途

全草入药。

牛泷草

◆ **学名：*Circaea cordata* Royle**
◆ **科属：柳叶菜科露珠草属**

◎别　　名

露珠草、心叶露珠草。

◎主要特征

粗壮草本，全株被毛。叶窄卵形或宽卵形，基部常心形，有时宽楔形、圆形或平截，先端短渐尖，具锯齿或近全缘。总状花序顶生；花序轴混生腺毛与柔毛；萼片卵形，开花时反曲；花瓣白色，倒卵形，先端凹缺。果近扁球形，具毛。花期6—8月，果期7—9月。

◎分布与生境

分布于黑龙江、吉林、辽宁、河北、山西、陕西、甘肃、山东、安徽等地；历山全境可见；多生于林下。

◎主要用途

林中杂草。

水珠草

◆ 学名：*Circaea lutetiana* L.
◆ 科属：柳叶菜科露珠草属

◎别　　名

露珠草、虱子草。

◎主要特征

草本植物。茎无毛，稀疏生曲柔毛。叶狭卵形、阔卵形至矩圆状卵形，边缘具锯齿。总状花序，萼片通常紫红色，反曲；花瓣倒心形，粉红色；先端凹缺。果实梨形至近球形，果上具明显纵沟；具短果梗。花期6—8（—9）月，果期7—9月。

◎分布与生境

分布于东北、华北、山东、江苏、安徽、浙江、河南、广西等地；历山见于皇姑曼、钥匙沟、猪尾沟等地；多生于山坡灌木丛或林下。

◎主要用途

全草可入药。

高山露珠草

◆ 学名：*Circaea alpina* L.
◆ 科属：柳叶菜科露珠草属

◎主要特征

一年生草本，茎被毛。叶不透明，卵形、阔卵形至近三角形，多带紫红色，基部圆形至截形或心形。花序无毛，稀疏被腺毛；花梗无毛，开花时上升或与总状花序轴垂直；萼片狭卵形、阔卵形至矩圆状卵形；花瓣白色或粉红色，倒卵形、中部下凹的倒卵形或倒三角形，先端凹缺。果实球形，具毛。花期6—9月，果期7—9月。

◎分布与生境

分布于黑龙江、吉林、辽宁、内蒙古、河北、山西、山东及安徽等地；历山全境可见；多生于路边、林下。

◎主要用途

林中杂草。

小花山桃草

◆ 学名：*Gaura parviflora* Dougl.
◆ 科属：柳叶菜科山桃草属

◎主要特征

一年生草本，全株尤茎上部、花序、叶、苞片、萼片密被伸展灰白色长毛与腺毛；茎直立，不分枝，或在顶部花序之下少数分枝。基生叶宽倒披针形，基部渐狭下延至柄。茎生叶狭椭圆形、长圆状卵形，有时菱状卵形。花序穗状，生茎枝顶端；花傍晚开放；花管带红色；萼片绿色，花期反折；花瓣白色，以后变红色，倒卵形。蒴果坚果状，纺锤形。花期7—8月，果期8—9月。

◎分布与生境

分布于河北、河南、山东、安徽、江苏等地；历山见于西哄哄、女英峡、下川路边；多生于路边草地。

◎主要用途

逸生杂草。

省沽油

◆ 学名：*Staphylea bumalda* DC.
◆ 科属：省沽油科省沽油属

◎别　　名

珍珠花。

◎主要特征

落叶灌木。树皮紫红色或灰褐色，有纵棱。枝条开展。绿白色复叶对生，有长柄，柄长2.5~3cm，具三小叶。圆锥花序顶生，直立，花白色；萼片长椭圆形。蒴果膀胱状，扁平，2室，先端2裂。种子黄色，有光泽。花期4—5月，果期8—9月。

◎分布与生境

分布于黑龙江、吉林、辽宁、河北、山西、陕西、浙江、湖北、安徽、江苏、四川等地；历山见于青皮掌、红岩河、皇姑曼、猪尾沟、西峡；多生于路旁、山地或丛林中。

◎主要用途

种子可入药，种子油可制肥皂及油漆；茎皮可作纤维。

膀胱果

◆ 学名：*Staphylea holocarpa* Hemsl.
◆ 科属：省沽油科省沽油属

◎别　　名

大果省沽油。

◎主要特征

落叶灌木或小乔木。幼枝平滑，三小叶，小叶近革质，无毛，长圆状披针形至狭卵形。广展的伞房花序，长5cm，或更长，花白色或粉红色，在叶后开放。蒴果3裂，梨形膨大，基部狭，顶平截，种子近椭圆形，灰色，有光泽。花期5月，果期9月。

◎分布与生境

分布于河南、陕西、山西、甘肃、湖北、湖南、广东、广西、贵州、四川、西藏东部等地；历山见于青皮掌、皇姑曼、猪尾沟、云蒙等地；生于海拔1000~1800m的疏林及灌丛内。

◎主要用途

花白色有香气，果实奇特，植株秀丽，可栽培作庭园观赏花木；种子可榨油，供制肥皂、油漆之用。

中国旌节花

◆ 学名：*Stachyurus chinensis* Franch.
◆ 科属：旌节花科旌节花属

◎别　　名

旌节花、萝卜药、水凉子、尖叶旌节花、尖尾叶旌节花、骤尖叶旌节花、宽叶旌节花。

◎主要特征

落叶灌木。树皮光滑紫褐色或深褐色；小枝粗壮，圆柱形，具淡色椭圆形皮孔。叶于花后发出，互生，纸质至膜质，卵形，长圆状卵形至长圆状椭圆形，叶柄长，通常暗紫色。穗状花序腋生，先叶开放，无梗；花黄色。果实圆球形，无毛，近无梗，基部具花被的残留物。花期3—4月，果期5—7月。

◎分布与生境

分布于河南、陕西、西藏、浙江、安徽、江西、湖南、湖北、四川、贵州等地；历山见于转林沟、小云蒙；多生于海拔400~3000m的山坡谷地林中或林缘。

◎主要用途

枝条、果实可入药。

盐肤木

◆ 学名：*Rhus chinensis* Mill.
◆ 科属：漆树科盐肤木属

◎别　　名

盐霜柏、盐酸木、敷烟树、蒲连盐、老公担盐、五倍子树。

◎主要特征

落叶小乔木或灌木。小枝棕褐色。羽状复叶，叶轴具翅；小叶片卵形或椭圆状卵形或长圆形，小叶无柄。圆锥花序宽大，多分枝，雌花序较短，密被锈色柔毛；苞片披针形，花白色，裂片长卵形，花瓣倒卵状长圆形，开花时外卷；花丝线形，花药卵形，子房不育；卵形，核果球形，略压扁，成熟时红色。花期8—9月，果期10月。

◎分布与生境

除东北、内蒙古和新疆外，其余各地均有分布；历山见于红岩河、皇姑曼、青皮掌；多生于海拔170~2700m的向阳山坡、沟谷、溪边的疏林或灌丛中。

◎主要用途

可作观赏植物；种子可榨油；根、叶、花及果均可入药；为五倍子蚜的宿主。

青麸杨

◆ 学名：*Rhus potaninii* Maxim.
◆ 科属：漆树科盐肤木属

◎别　　名

漆树、铁倍树根、五倍子、漆倍子、棓子树。

◎主要特征

落叶乔木。树皮灰褐色，小枝无毛。奇数羽状复叶有小叶3~5对，叶轴无翅，小叶卵状长圆形或长圆状披针形，全缘，小叶具短柄。圆锥花序被微柔毛；花白色。核果近球形，略压扁，密被具节柔毛和腺毛，成熟时红色。花果期5—9月。

◎分布与生境

分布于云南、四川、甘肃、陕西、山西、河南等地；历山见于青皮掌、皇姑曼、猪尾沟、西峡、西哄哄；多生于山坡疏林或灌木中。

◎主要用途

可作观赏植物；种子可榨油；根、叶、花及果均可入药；为五倍子蚜的宿主。

红麸杨

◆ 学名：*Rhus punjabensis* var. *sinica* (Diels) Rehd. et Wils.
◆ 科属：漆树科盐肤木属

◎别　　名

红肤杨。

◎主要特征

落叶乔木或小乔木。树皮灰褐色，小枝被微柔毛。奇数羽状复叶有小叶3~6对。圆锥花序长15~20cm，密被微茸毛。核果近球形，略压扁，径约4mm，成熟时暗紫红色，被具节柔毛和腺毛。种子小。花果期6—10月。

◎分布与生境

分布于贵州、湖南、湖北、陕西、山西、甘肃、四川、西藏等地；历山见于青皮掌、云蒙可见；多生于石灰山灌丛或密林中。

◎主要用途

可作观赏植物；种子可榨油；根、叶、花及果均可入药；为五倍子蚜的宿主。

漆树

◆ 学名：*Toxicodendron vernicifluum* (Stokes) F. A. Barkl.
◆ 科属：漆树科漆树属

◎别　　名

大木漆、山漆、木漆、瞎妮子。

◎主要特征

落叶乔木。树皮灰白色，粗糙，呈不规则纵裂。奇数羽状复叶互生，常螺旋状排列，有小叶4~6对。圆锥花序长15~30cm，与叶近等长，被灰黄色微柔毛，花序轴及分枝纤细，疏花；花黄绿色。果序多少下垂，核果肾形或椭圆形。花期5—6月，果期7—10月。

◎分布与生境

除黑龙江、吉林、内蒙古和新疆外，均有分布；历山见于李疙瘩、云蒙、下川；多生于向阳山坡林内。

◎主要用途

树干韧皮部可割取生漆；种子油可制油墨、肥皂；果皮可取蜡，制作蜡烛、蜡纸。叶可提取鞣酸，可制栲胶；叶、根可作土农药；木材可供建筑用；干漆可入药。

野漆树

◆ 学名：*Toxicodendron succedaneum*(L.) O. Kuntze
◆ 科属：漆树科漆树属

◎别　　名

染山红、臭毛漆树、山漆、山贼仔、漆树、痒漆树、檫子树、漆木、洋漆树、木蜡树。

◎主要特征

落叶乔木或小乔木。奇数羽状复叶互生，有小叶4~7对。圆锥花序长7~15cm，为叶长之半，多分枝，无毛；花黄绿色。核果大，偏斜，压扁。花期5—6月，果期7—10月。

◎分布与生境

分布于华北、华东、中南、西南及台湾等地；历山分布较广，全境沟谷山坡均可见；多生于海拔150~2500m的林中。

◎主要用途

叶可入药。

黄栌

◆ 学名：*Cotinus coggygria* Scop.
◆ 科属：漆树科黄栌属

◎别　　名

红叶、红叶黄栌、黄道栌、黄溜子、黄龙头。

◎主要特征

落叶小乔木或灌木。树冠圆形，木质部黄色；单叶互生，叶片全缘或具齿，叶倒卵形或卵圆形。圆锥花序疏松、顶生，花小、杂性，仅少数发育；不育花的花梗花后伸长，被羽状长柔毛，宿存；花瓣5枚，长卵圆形或卵状披针形。核果小，肾形扁平，绿色，侧面中部具残存花柱。种子肾形，无胚乳。花期5—6月，果期7—8月。

◎分布与生境

分布于西南、华北各地；历山全境低山区习见；多生于山坡林中。

◎主要用途

可供观赏；根茎可入药。

黄连木

◆ 学名：*Pistacia chinensis* Bunge
◆ 科属：漆树科黄连木属

◎别　　名

楷木、黄连茶、岩拐角、凉茶树、茶树、药树、药木、黄连树、鸡冠果、烂心木、鸡冠木、黄儿茶、田苗树、木蓼树、黄连芽、木黄连、药子树。

◎主要特征

落叶乔木。树干扭曲，树皮暗褐色，呈鳞片状剥落。偶数羽状复叶互生，有小叶5~6对，叶轴具条纹，被微柔毛，叶柄上面平，被微柔毛。花单性异株，先花后叶，圆锥花序腋生，雄花序排列紧密，雌花序排列疏松；花小，花梗长约1mm。核果倒卵状球形，略压扁，成熟时紫红色，干后具纵向细条纹，先端细尖。花果期7—9月。

◎分布与生境

分布于华北、西北及江南各地；历山见于皇姑曼、云蒙、舜王坪、猪尾沟、青皮掌；多生于杂木林中。

◎主要用途

木材鲜黄色，可提黄色染料；木材材质坚硬致密，可作家具和细工用材；种子榨油，可作润滑油或制皂；幼叶可作蔬菜，并可代茶；具有观赏价值；树皮及叶可入药；根、枝、叶、皮可制农药。

栾树

◆ 学名：*Koelreuteria paniculata* Laxm.
◆ 科属：无患子科栾树属

◎别　　名

木栾、栾华、木兰芽。

◎主要特征

落叶乔木或灌木。树皮灰褐色至灰黑色，老时纵裂；羽状复叶；小叶具不规则锯齿；圆锥花序，花黄色，花瓣4；蒴果圆锥形，具3棱，膨胀，顶端渐尖，果瓣卵形，外面有网纹，内面平滑且略有光泽。种子近球形。花期6—8月，果期9—10月。

◎分布与生境

分布于我国北部及中部大部分地区；历山全境低山区习见；多生于低山区山谷、阳坡。

◎主要用途

可作观赏植物；嫩叶可作野菜；木材黄白色，易加工，可制家具；叶可作蓝色染料；花可供药用，亦可作黄色染料。

青榨槭

◆ 学名：*Acer davidii* Franch.
◆ 科属：无患子科槭树属

◎别　　名

青虾蟆、大卫槭。

◎主要特征

落叶乔木。树皮黑褐色或灰褐色，常纵裂成蛇皮状。小枝绿色。叶纸质，长圆卵形或近长圆形。花黄绿色，杂性，雄花与两性花同株，呈下垂的总状花序；花瓣5。翅果嫩时淡绿色，成熟后黄褐色；翅展开成钝角或几乎水平。花期4月，果期9月。

◎分布与生境

分布于华北、华东、中南、西南各地；历山全境天然林中习见；多生于海拔500~1500m的疏林中。

◎主要用途

可作绿化和造林树种；树皮纤维较长，又含丹宁，可作工业原料。

葛萝槭

◆ 学名：*Acer grosseri* Pax
◆ 科属：无患子科槭树属

◎别　　名

蝴蝶树、鸡火树。

◎主要特征

落叶乔木。树皮光滑，淡褐色。小枝无毛，绿色。叶纸质，叶片卵形，基部近于心脏形，叶柄细瘦。花淡黄绿色，单性，雌雄异株，萼片长圆卵形，先端钝尖，花瓣倒卵形，雄蕊、花盘无毛。翅果嫩时淡紫色，成熟后黄褐色；小坚果略微扁平。花期4月，果期9月。

◎分布与生境

分布于河北、山西、河南、陕西、甘肃、湖北西部、湖南、安徽等地；历山见于青皮掌、猪尾沟、混沟；多生于海拔1000~1600m的疏林中。

◎主要用途

可供观赏。

茶条槭

◆ 学名：*Acer ginnala* Maxim.
◆ 科属：无患子科槭树属

◎别　　名

茶条牙、茶条子、麻良子、茶条木、茶条树。

◎主要特征

落叶灌木或小乔木。树皮粗糙、灰色。小枝细瘦。叶片长圆卵形或长圆椭圆形，叶柄细瘦。伞房花序无毛，具多数的花，花杂性，雄花与两性花同株；萼片卵形，黄绿色，花瓣长圆卵形，白色。果实黄绿色或黄褐色，翅张开近于直立或呈锐角。花期5月，果期10月。

◎分布与生境

分布于黑龙江、吉林、辽宁、内蒙古、河北、山西、河南、陕西、甘肃等地；历山见于青皮掌、皇姑曼、猪尾沟、云蒙、混沟可见；多生于海拔800m以下的丛林中。

◎主要用途

嫩叶可加工制成茶叶，也可入药；木材可作薪炭及小农具用材；树皮纤维可代麻及作制纸浆、人造棉等的原料；花为良好蜜源；种子可榨油；可供观赏。

色木槭

◆ 学名：*Acer pictum* Thunb. ex Murray
◆ 科属：无患子科槭树属

◎别　　名

色木枫、五角槭。

◎主要特征

落叶乔木。树皮粗糙。叶片纸质，近椭圆形，5裂，偶有3裂，裂片卵形。花多数，杂性，雄花与两性花同株；萼片黄绿色，长圆形，花瓣淡白色。翅果嫩时紫绿色，成熟时淡黄色。小坚果压扁状，翅长圆形，张开呈锐角或近于钝角。花期5月，果期9月。

◎分布与生境

分布于东北、华北和长江流域各地；历山全境低山区林地习见；多生于干旱山坡、河边、河谷、林缘、林中、路边。

◎主要用途

树皮纤维良好，可作人造棉及造纸的原料；叶含鞣酸；种子可榨油，供工业用，也可食用；木材细密，可供制作农具；根、叶可入药；可供观赏。

元宝槭

◆ **学名：*Acer truncatum* Bunge**
◆ **科属：无患子科槭树属**

◎别　　名

元宝枫、枫树。

◎主要特征

落叶乔木。树皮灰褐色或深褐色，深纵裂。小枝绿色。叶纸质，常5裂，稀7裂。花黄绿色，杂性，雄花与两性花同株，常呈无毛的伞房花序，萼片5，黄绿色，花瓣5，淡黄色或淡白色。翅果嫩时淡绿色，成熟时淡黄色或淡褐色，翅张开成锐角或钝角。花期4月，果期8月。

◎分布与生境

分布于吉林、辽宁、内蒙古、河北、山西、山东等地；历山低山区林中习见；多生于林中。

◎主要用途

材坚韧细致，可作车辆、器具、建筑等用材；种子可榨油，可供食用及工业用。树皮纤维可造纸及代用棉；栽培供观赏。

五角槭

◆ **学名：*Acer pictum* subsp. *mono* (Maxim.) H. Ohashi**
◆ **科属：无患子科槭树属**

◎别　　名

五龙皮、五角枫、地锦槭、水色树、细叶槭、色木槭、弯翅色木槭、色树。

◎主要特征

本种与元宝槭*Acer truncatum* Bunge相近，但本种的叶较细而薄，通常长与宽6~7cm，基部深心脏形，明显7裂；果序伞房状，淡紫色，较短，包括长1~1.2cm的总果梗在内，共长4cm；翅果较小，长2.3~2.5cm，张开成锐角，极易区别。花期5月，果期9月。

◎分布与生境

分布于浙江、山西、陕西等地；历山见于转林沟、皇姑漫等地；多生于阔叶林中。

◎主要用途

可供观赏。

建始槭

◆ 学名：*Acer henryi* Pax
◆ 科属：无患子科槭树属

◎别　　名

三叶槭、亨氏槭、亨利槭树、亨利槭、三叶枫。

◎主要特征

落叶乔木，高约10m。树皮浅褐色。叶纸质，3小叶组成的复叶；小叶椭圆形或长圆椭圆形。穗状花序，下垂，花淡绿色，单性，雄花与雌花异株。翅果嫩时淡紫色，成熟后黄褐色，小坚果凸起，翅张开成锐角或近于直立。花期4月，果期9月。

◎分布与生境

分布于山西南部、河南、陕西、甘肃、江苏、浙江、安徽、湖北等地；历山见于混沟底；多生于海拔500~1500m的疏林中。

◎主要用途

可供观赏。

三角槭

◆ 学名：*Acer buergerianum* Miq.
◆ 科属：无患子科槭树属

◎主要特征

落叶乔木。树皮褐色或深褐色，当年生枝紫色或紫绿色；多年生枝淡灰色或灰褐色。叶纸质、卵形或倒卵形，3裂或不裂。花多数呈顶生伞房花序，叶长大以后开花；萼片5，黄绿色，卵形，花瓣5，淡黄色。翅果黄褐色；小坚果明显凸起，翅与小坚果共长2~2.5cm，张开成锐角或近于直立。花期4月，果期8—9月。

◎分布与生境

分布于山西南部、河南、陕西、甘肃、江苏等地；历山见于小云蒙、转林沟；多生于阔叶林中。

◎主要用途

可供观赏。

庙台槭

◆ 学名：*Acer miaotaiense* P. C. Tsoong
◆ 科属：无患子科槭树属

◎别　　名

留坝槭、羊角槭。

◎主要特征

落叶大乔木。树皮深灰色；小枝无毛。叶纸质，宽卵形，先端骤短尖，基部心形，稀平截，常3（5）裂，无毛。果序伞房状。小坚果扁平，被极密的黄色茸毛；翅长圆形，连同小坚果长2.5cm，张开几乎水平。花期6月，果期9月。

◎分布与生境

分布于陕西、甘肃等地；历山见于转林沟；多生于阔叶林中。

◎主要用途

可供观赏。

花椒

◆ 学名：*Zanthoxylum bungeanum* Maxim
◆ 科属：芸香科花椒属

◎别　　名

秦椒、蜀椒、南椒、巴椒、陆拔、汉椒、川椒、点椒。

◎主要特征

落叶小乔木。全株有皮刺。羽状复叶，叶轴常有狭窄的叶翼；小叶卵形，椭圆形，稀披针形。花序顶生或生于侧枝之顶；花被片黄绿色。果紫红色，单个分果瓣散生微凸起的油点，顶端有甚短的芒尖或无。花期4—5月，果期8—9月或10月。

◎分布与生境

全国广布；历山见于云蒙、皇姑曼、钥匙沟、猪尾沟、青皮掌、西哄哄等地；多生于山地坡地上。

◎主要用途

果实可作调料，也可入药；嫩叶可食；枝条可制杖。

竹叶花椒

◆ 学名：***Zanthoxylum armatum*** **DC.**
◆ 科属：**芸香科花椒属**

◎别　　名

蜀椒、秦椒、崖椒、野花椒、狗椒、山花椒、竹叶总管、白总管、万花针、土花椒、狗花椒、竹叶椒。

◎主要特征

小乔木或灌木。枝无毛，基部具宽而扁锐刺；奇数羽状复叶，叶轴、叶柄具翅，下面有时具皮刺，无毛；小叶3~9（~11），对生，纸质，几无柄，披针形、椭圆形或卵形，先端渐尖，基部楔形或宽楔形，疏生浅齿，或近全缘，齿间或沿叶缘具油腺点，叶下面基部中脉两侧具簇生柔毛，下面中脉常被小刺；聚伞状圆锥花序腋生或兼生于侧枝之顶，具花约30朵，花枝无毛；花被片6~8，1轮，大小几乎相同，淡黄色；果紫红色，疏生微凸油腺点。花期4—5月，果期8—10月。

◎分布与生境

分布于山东以南各地；历山见于小云蒙、红岩河；多生于低丘陵坡地至海拔2200m山地的多类生境，石灰岩山地亦常见。

◎主要用途

根、茎、叶、果及种子均可用作草药，又可用作驱虫及醉鱼剂；果可用作食物的调味料及防腐剂。

臭檀

◆ 学名：***Tetradium daniellii*** **(Bennett) T. G. Hartley**
◆ 科属：**芸香科吴茱萸属**

◎别　　名

臭檀吴茱萸、达氏吴茱萸。

◎主要特征

落叶乔木。树皮平滑，灰色或褐黑色。叶有小叶5~11片，小叶纸质阔卵形或卵状椭圆形。伞房状聚伞花序，花蕾近圆球形；萼片及花瓣均5片。分果瓣紫红色。种子卵形，褐黑色。花期6—8月，果期9—11月。

◎分布与生境

全国广布；历山见于云蒙、青皮掌、皇姑曼；多生于平地及山坡向阳地方。

◎主要用途

为风景林树种和庭院绿化树种；种子可榨油，用于油漆工业；材质坚硬，适作家具用材及细工材；花含香豆素；果实可药用。

苦木

◆ **学名：** ***Picrasma quassioides*** **(D. Don) Benn.**
◆ **科属：苦木科苦木属**

◎别　　名

黄楝瓣树、狗胆木、苦木霜、苦胆木、熊胆树、黄楝树。

◎主要特征

落叶乔木。树皮紫褐色，全株有苦味。叶互生，卵状披针形或广卵形，叶面无毛，托叶披针形。花雌雄异株，组成腋生复聚伞花序，花瓣与萼片同数，卵形或阔卵形。核果成熟后蓝绿色。种皮薄，萼宿存。花果期4—9月。

◎分布与生境

分布于黄河流域及其以南各地；历山见于云蒙、大河、锯齿山、青皮掌；多生于山地杂木林中。

◎主要用途

树皮及根皮极苦，可入药；木材可作制器具用材；可作观赏树。

臭椿

◆ **学名：** ***Ailanthus altissima*** **(Mill.) Swingle**
◆ **科属：苦木科臭椿属**

◎别　　名

樗、椿树、木砻树。

◎主要特征

落叶乔木。树皮平滑而有直纹。叶为奇数羽状复叶，有小叶13~27。圆锥花序长；花淡绿色；萼片5，花瓣5。翅果长椭圆形。种子位于翅的中间，扁圆形。花期4—5月，果期8—10月。

◎分布与生境

分布于我国北部、东部及西南部各地；历山全境低山区习见；多生于低山区林地、路旁。

◎主要用途

树皮、根皮、果实均可入药；可作观赏树。

苦楝

◆ 学名：*Melia azedarach* L.
◆ 科属：楝科楝属

◎别　　名

棟树、紫花树。

◎主要特征

落叶乔木。树皮灰褐色。叶为2~3回奇数羽状复叶，小叶对生，叶片卵形、椭圆形至披针形，顶生叶略大。圆锥花序约与叶等长，花芳香；花瓣淡紫色。核果球形至椭圆形，内果皮木质。种子椭圆形。花期4—5月，果期10—12月。

◎分布与生境

分布于我国黄河以南各地；历山见于西哄哄、下川附近；多生于低海拔旷野、路旁或疏林中。

◎主要用途

木材致密，可作器具及建筑用材；花、叶、果实、根皮均可入药；果核仁油可供制润滑油和肥皂。

苘麻

◆ 学名：*Abutilon theophrasti* Medicus
◆ 科属：锦葵科苘麻属

◎别　　名

椿麻、塘麻、青麻、白麻、车轮草。

◎主要特征

一年生亚灌木草本。茎枝被柔毛。叶圆心形，边缘具细圆锯齿，两面均密被星状柔毛；叶柄被星状细柔毛；托叶早落。花单生于叶腋，花梗被柔毛；花萼杯状，裂片卵形；花黄色，花瓣倒卵形。蒴果半球形。种子肾形，褐色，被星状柔毛。花期7—8月。

◎分布与生境

除青藏高原外，其他各地均有分布；历山全境习见；多生于路旁、荒地和田野间。

◎主要用途

茎皮纤维可编织麻袋、搓绳索、编麻鞋等纺织材料；种子含油，可供制皂、油漆或作工业用润滑油；全草可作药用。

野西瓜苗

◆ 学名：*Hibiscus trionum* L.
◆ 科属：锦葵科木槿属

◎别　　名

秃汉头、野芝麻、和尚头、山西瓜秧、小秋葵、香铃草、打瓜花、灯笼花、黑芝麻、尖炮草、天泡草。

◎主要特征

一年生直立或平卧草本。叶二型，下部的叶圆形，中裂片较长，两侧裂片较短，裂片倒卵形至长圆形，通常羽状全裂。花单生于叶腋，花萼钟形，淡绿色，花淡黄色，内面基部紫色，花瓣倒卵形。蒴果长圆状球形，黑色。种子肾形，黑色。花期7—10月。

◎分布与生境

全国广布；历山全境低山区习见；多生于沟渠、田边、路旁、居民点附近、荒坡、旷野。

◎主要用途

全草可入药；嫩叶可食或作饲料。

野葵

◆ 学名：*Malva verticillata* Linn.
◆ 科属：锦葵科锦葵属

◎别　　名

冬葵、野葵苗、冬葵、滑菜、冬苋菜、冬寒菜。

◎主要特征

二年生草本。茎干被星状长柔毛。叶肾形或圆形，通常为掌状5~7裂，裂片三角形。花3至多朵簇生于叶腋，花紫色，花瓣带条纹。果扁球形。种子肾形，无毛，紫褐色。花期3—11月。

◎分布与生境

全国广布；历山全境靠近村庄附近路边常见；多生于荒野路旁、草地。

◎主要用途

种子、根和叶可作中草药；嫩苗可供蔬食。

光果田麻

◆ **学名：*Corchoropsis crenata* var. *hupehensis* Pampanini**
◆ **科属：锦葵科田麻属**

◎别　名

田麻、野芝麻棵子。

◎主要特征

一年生草本。茎纤细，多分枝，全株密被白色星状柔毛。叶互生，卵形至椭圆状卵形，先端短尖，基部圆形或截形至心脏形，边缘具粗钝锯齿。花黄色，单生于叶腋，花萼狭披针形，密被星状柔毛；花瓣5枚。蒴果，平滑无毛，基部具宿存萼，呈角状果，2瓣开裂。种子倒卵形深棕色。花期5—7月，果期7—8月。

◎分布与生境

分布于东北、华北、华东及湖北、湖南、贵州、四川、广东等地；历山见于下川、李疙瘩、西哄哄、猪尾沟、舜王坪、钥匙沟、青皮掌；多生于潮湿地山坡丛林中。

◎主要用途

全草可入药。

田麻

◆ **学名：*Corchoropsis tomentosa* (Thunb.) Makino**
◆ **科属：锦葵科田麻属**

◎别　名

黄花喉草、白喉草、野络麻。

◎主要特征

本种与光果田麻*Corchoropsis crenata* var. hupehensis Pampanini类似，主要区别在于本种果实上有明显的星芒状柔毛。花期8—9月，果期10月。

◎分布与生境

分布于东北、华北、华东、中南及西南等地；历山见于下川、西哄哄、西峡、青皮掌等地；多生于丘陵、低山干山坡或多石处。

◎主要用途

茎皮纤维可代麻，可用于制作绳索或麻袋；全草可入药。

扁担杆

◆ 学名：*Grewia biloba* G. Don
◆ 科属：锦葵科扁担杆属

◎别　　名

扁担木、孩儿拳头、柏麻、版筒柴、扁担杆子、二裂解宝木。

◎主要特征

灌木或小乔木。多分枝，嫩枝被粗毛。叶薄革质，椭圆形或倒卵状椭圆形，边缘有细锯齿。聚伞花序腋生，萼片狭长圆形，花瓣短小，白色。核果橙红色，有2~4分核；核果红色，无毛，2裂，每裂有2小核。花期5—7月，果期8—9月。

◎分布与生境

分布于安徽、山东、河北、山西、河南、陕西等地；历山全境低山区可见；多生于丘陵、低山路边草地、灌丛或疏林。

◎主要用途

根或全株可入药；树皮可作人造棉材料；去皮的茎可作编织用；可作观赏植物。

紫椴

◆ 学名：*Tilia amurensis* Rupr.
◆ 科属：锦葵科椴树属

◎别　　名

阿穆尔椴、籽椴、小叶椴、椴树。

◎主要特征

落叶乔木。树皮暗灰色，片状脱落。叶阔卵形或卵圆形，边缘粗锯齿。聚伞花序有花3~20朵；苞片狭带形；花瓣黄白色。果实卵圆形，被星状茸毛，有棱或有不明显的棱。花期7月，果期9月。

◎分布与生境

分布于东北和华北；历山见于猪尾沟、云蒙、混沟；多生于混交林内。

◎主要用途

紫椴木是制作家具与木制雕刻工艺品的上等材质；花可入药；是上等的蜜源植物；为优质行道树和绿化树种。

蒙椴

◆ 学名：*Tilia mongolica* Maxim.
◆ 科属：锦葵科椴树属

◎别　　名

小叶椴、白皮椴、米椴。

◎主要特征

落叶乔木。树皮淡灰色，有不规则薄片状脱落。嫩枝无毛，顶芽卵形，无毛。叶阔卵形或圆形，边缘具不规则锯齿。聚伞花序，有花6~12朵，具舌状苞片，花黄白色。果实倒卵形，被毛，有棱或有不明显的棱。花期7月，果期9月。

◎分布与生境

分布于内蒙古、河北、河南、山西及江宁西部等地；历山见于舜王坪、皇姑曼、混沟、猪尾沟；多生于湿润阴坡。

◎主要用途

木材是优质建筑材料；茎皮纤维坚韧，可用于造纸或替代麻；花可以药用，制成干花可以食用，是制作饮料的上等原料；花是蜜源植物，叶是很好的饲料，果实可榨油；可作观赏植物。

瑞香狼毒

◆ 学名：*Stellera chamaejasme* L.
◆ 科属：瑞香科狼毒属

◎别　　名

续毒、川狼毒、白狼毒、猫儿眼根草、狼毒。

◎主要特征

多年生草本。根茎木质，粗壮；茎直立，丛生，不分枝。叶散生，稀对生或近轮生，披针形或长圆状披针形，稀长圆形。花白色、黄色至带紫色，芳香，多花头状花序，顶生，圆球形。果实圆锥形。花期4—6月，果期7—9月。

◎分布与生境

全国广布；历山见于舜王坪草甸；多生于干燥而向阳的高山草坡、草坪或河滩台地。

◎主要用途

毒性较大，可以杀虫；根可入药，还可提取工业用酒精；根及茎皮可造纸。

草瑞香

◆ 学名：*Diarthron linifolium* Turcz.
◆ 科属：瑞香科草瑞香属

◎别　　名

粟麻、元棍条。

◎主要特征

一年生草本。茎直立，细弱，上部分枝。叶互生，近无柄，条形或条状披针形，绿色全缘。花小，呈顶生穗状花序，花被筒状，下端绿色，上端暗红色，顶4裂。果实卵状，黑色，有光泽，被残有的花被筒下部所包围。花期5—7月，果期6—8月。

◎分布与生境

分布于吉林、河北、山西、陕西、甘肃、新疆、江苏等地；历山见于李疙瘩、下川、大河、后河水库；多生于山坡、山谷、丘陵、河滩地。

◎主要用途

全草可入药。

河朔荛花

◆ 学名：*Wikstroemia chamaedaphne* Meisn.
◆ 科属：瑞香科荛花属

◎别　　名

矮雁皮、羊厌厌、拐拐花、岳彦花、黄芫花。

◎主要特征

落叶灌木。分枝多而纤细，无毛；幼枝近四棱形，绿色，后变为褐色。叶对生，近革质，披针形，全缘。花黄色，穗状花序或由穗状花序组成的圆锥花序，花冠碟状。果卵形，熟时干燥。花期6—8月，果期9月。

◎分布与生境

分布于河北、河南、山西、陕西、甘肃、四川、湖北、江苏等地；历山全境低山阳坡及河滩地习见；多生于山坡及路旁。

◎主要用途

纤维可造纸、作人造棉；茎叶可作土农药杀害虫；可作水土保持树种。

黄瑞香

◆ 学名：*Daphne giraldii* Nitsche
◆ 科属：瑞香科瑞香属

◎别　　名

野蒙花、新蒙花、祖师麻。

◎主要特征

落叶直立灌木。枝圆柱形，无毛。叶互生，常密生于小枝上部，膜质，倒披针形。花黄色，微芳香，常3~8朵组成顶生的头状花序。果实卵形或近圆形，成熟时红色。花期6月，果期7—8月。

◎分布与生境

分布于黑龙江、辽宁、陕西、山西、甘肃、青海、新疆、四川等地；历山见于云蒙、皇姑曼、青皮掌、猪尾沟、舜王坪等地；多生于山地林缘或疏林中。

◎主要用途

可栽培供观赏用；茎皮及根皮可入药；树皮纤维可作造纸原料。

裸茎碎米荠

◆ 学名：*Cardamine scaposa* Franch.
◆ 科属：十字花科碎米荠属

◎别　　名

落叶梅。

◎主要特征

多年生草本，全体无毛。根状茎短，匍匐生长。基生叶为单叶，近圆形或肾状圆形，边缘波状；无茎生叶。总状花序顶生，有3~8花；花瓣白色，倒卵形；长角果扁平，光滑无毛。种子长圆形，淡褐色。花期5—6月，果期7月。

◎分布与生境

分布于河北、山西、陕西、河南等地；历山见于猪尾沟、混沟、钥匙沟、转林沟、云蒙、皇姑曼等地；多生于山坡灌丛中及林下潮湿处。

◎主要用途

全草可入药。

紫花碎米荠

◆ 学名：*Cardamine tangutorum* O. E. Schulz
◆ 科属：十字花科碎米荠属

◎别　　名

唐古特碎米荠。

◎主要特征

多年生草本。匍匐生长。茎单一，不分枝。基生叶有长叶柄；小叶3~5对，顶生小叶与侧生小叶的形态和大小相似。总状花序有十几朵花，花紫色；外轮萼片长圆形。长角果线形，扁平；果梗直立。种子长椭圆，褐色。花期5—7月，果期6—8月。

◎分布与生境

分布于河北、山西、陕西、甘肃、青海、四川、云南等地；历山见于青皮掌、卧牛场、舜王坪；多生于高山山沟草地及林下阴湿处。

◎主要用途

全草可食用；可供药用；可供观赏。

白花碎米荠

◆ 学名：*Cardamine leucantha* (Tausch) O. E. Schulz
◆ 科属：十字花科碎米荠属

◎别　　名

菜子七、白花石芥菜。

◎主要特征

多年生草本。根状茎短而匍匐。基生叶有长叶柄，顶生小叶片卵形至长卵状披针形，顶端渐尖，边缘有不整齐的钝齿或锯齿。总状花序顶生，花瓣白色，长圆状楔形。长角果线形。种子长圆形，栗褐色。花期4—7月，果期6—8月。

◎分布与生境

分布于河北、山西、河南、安徽、江苏、浙江、湖北、江西等地；历山见于猪尾沟、东峡、西峡、钥匙沟、云蒙；多生于路边、山坡湿草地、杂木林下及山谷沟边阴湿处。

◎主要用途

全草晒干，民间用以代茶叶；根状茎及全草可入药；嫩苗可作野菜食用。

大叶碎米荠

◆ 学名：*Cardamine macrophylla* Willd.
◆ 科属：十字花科碎米荠属

◎别　　名

普贤菜、半边菜、菜子七、妇人参。

◎主要特征

多年生草本。根状茎匍匐延伸。茎较粗壮，圆柱形，直立。茎生叶通常4~5枚，有叶柄；小叶4~5对。总状花序多花；外轮萼片淡红色，花瓣紫红色。长角果扁平；果瓣平坦无毛；果梗直立开展。种子椭圆形。花期5—6月，果期7—8月。

◎分布与生境

分布于内蒙古、河北、山西、湖北、陕西、甘肃、青海等地；历山见于舜王坪草甸；多生于海拔1600~4200m的山坡灌木林下、沟边、石隙、高山草坡水湿处。

◎主要用途

全草可药用；嫩苗可食用；为良好的饲料。

离子芥

◆ 学名：*Chorispora tenella* (Pall.) DC.
◆ 科属：十字花科离子芥属

◎别　　名

红花荠菜、离子草。

◎主要特征

一年生草本。植株具稀疏单毛和腺毛。基生叶丛生；茎生叶披针形，较基生叶小。总状花序疏展，花淡紫色或淡蓝色；萼片披针形；花瓣顶端钝圆，下部具细爪。长角果圆柱形，略向上弯曲，具横节，向上渐尖。种子长椭圆形，褐色。花果期4—8月。

◎分布与生境

分布于辽宁、内蒙古、河北、山西、河南、陕西、甘肃等地；历山全境可见；多生于干燥荒地、荒滩、牧场、山坡草丛、路旁沟边及农田中。

◎主要用途

嫩叶可作野菜；植株可作饲料。

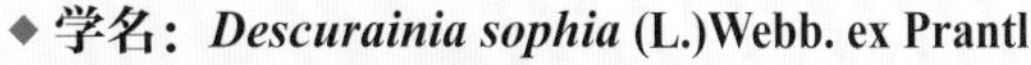

播娘蒿

◆ 学名：*Descurainia sophia* (L.)Webb. ex Prantl
◆ 科属：十字花科播娘蒿属

◎别　　名

大蒜芥、米米蒿、麦蒿。

◎主要特征

一年生草本，全株有叉状毛。茎直立，分枝多。茎生叶为多；叶片为3回羽状深裂，裂片下部叶具柄，上部叶无柄。花序伞房状，萼片直立，早落，花瓣黄色，长圆状倒卵形。长角果圆筒状，无毛，果瓣中脉明显。种子多数，长圆形。花期4—5月，果期6—7月。

◎分布与生境

全国广布；历山全境可见；多生于山坡、田野及农田。

◎主要用途

种子含油40%，可工业用，也可食用；种子亦可药用；嫩叶可作野菜。

山西异蕊芥

◆ 学名：*Dimorphostemon shanxiensis* R. L. Guo et T. Y. Cheo
◆ 科属：十字花科花旗杆属

◎主要特征

二年生草本。具白色单毛和淡褐色腺毛。茎有时微带紫色。叶片长圆形至线形，边缘篦齿状或具疏齿，近无柄。总状花序顶生和侧生，花瓣白色，稀呈淡紫红色；长雄蕊花丝一侧具齿或扁平扩大呈片状。角果细长圆柱形。种子椭圆形，淡褐色，顶部具膜质边缘。花果期7—8月。

◎分布与生境

分布于山西、四川等地；历山见于舜王坪山顶草甸；生于海拔2700~3000m的路旁、荒地、山坡及山地向阳处。

◎主要用途

杂草。

葶苈

◆ **学名：*Draba nemorosa* L.**
◆ **科属：十字花科葶苈属**

◎别　　名

丁历、大适、大室。

◎主要特征

一年生或二年生草本。茎直立；植株具叉状毛和星状毛，基生叶莲座状，长倒卵形，边缘有细齿，无柄。总状花序有花数朵，密集呈伞房状，花瓣黄色。短角果长圆形或长椭圆形，具毛。种子椭圆形，褐色。花期3月至4月上旬，果期5—6月。

◎分布与生境

分布于东北、华北、华东的江苏和浙江、西北、西南的四川及西藏等地；历山全境低山区习见；多生于田边路旁，山坡草地及河谷湿地。

◎主要用途

种子可入药；种子含油，可供制皂、工业用。

光果葶苈

◆ **学名：*Draba nemorosa* var. *leiocarpa* Lindbl.**
◆ **科属：十字花科葶苈属**

◎主要特征

本变种与原种葶苈*Draba nemorosa* L.的区别在于此种短角果光滑无毛，其余特征基本一致。

◎分布与生境

分布于山东、河北、山西等地；历山见于青皮掌、舜王坪；多生于山坡草丛。

◎主要用途

同葶苈。

蒙古葶苈

◆ 学名：*Draba mongolica* Turcz.
◆ 科属：十字花科葶苈属

◎别　　名

毛果蒙古葶苈。

◎主要特征

多年生丛生草本。根茎分枝多，分枝茎下部宿存纤维状枯叶，上部簇生莲座状叶。茎直立，单一或分枝，着生叶片变化较大，有的疏生，有的紧密，被灰白色小星状毛、分枝毛或单毛。莲座状茎生叶披针形；茎生叶长卵形，基部宽，无柄或近于抱茎；总状花序有花10~20朵，密集成伞房状，下面数花有时具叶状苞片；萼片椭圆形，背面生单毛和叉状毛；花瓣白色，长倒卵形；雄蕊短卵形，子房长椭圆形，无毛。短角果卵形或狭披针形，扁平或扭转；果梗呈近于直角开展或贴近花序轴。种子黄棕色。花期6—7月，果期6—7月。

◎分布与生境

分布于黑龙江、内蒙古、河北、山西、陕西、甘肃、青海、新疆、四川、西藏等地；历山见于舜王坪南天门附近；多生于山顶岩石隙间、山顶草地、阳坡及河滩地。

◎主要用途

杂草。

糖芥

◆ 学名：*Erysimum bungei* (Kitag.) Kitag.
◆ 科属：十字花科糖芥属

◎主要特征

一年生或二年生草本，密生伏贴2叉毛。茎直立，具棱角。叶披针形或长圆状线形，全缘。总状花序顶生，有多数花；花瓣橘黄色。长角果线形。种子每室1行，长圆形，侧扁，深红褐色。花期6—8月，果期7—9月。

◎分布与生境

分布于东北、华北、陕西、江苏、四川等地；历山全境可见；多生于田边、荒地。

◎主要用途

全草可入药。

波齿糖芥

◆ 学名：*Erysimum sinuatum* (Franch.) Hand.-Mazz.
◆ 科属：十字花科糖芥属

◎别　　名

波齿叶糖芥。

◎主要特征

一年生草本。茎直立，分枝，具2叉毛。茎生叶密生，叶片线形或线状狭披针形，边缘近全缘或具波状裂齿。总状花序，顶生或腋生；萼片长椭圆形；花瓣深黄色，匙形。果梗短；长角果圆柱形；果瓣具中脉。花果期4—6月。

◎分布与生境

分布于河北、北京、河南、山西等地；历山北部各地可见；多生于海拔500m以上路边、山坡。

◎主要用途

杂草。

独行菜

◆ 学名：*Lepidium apetalum* Willd.
◆ 科属：十字花科独行菜属

◎别　　名

腺茎独行菜、北葶苈子、昌古、辣辣菜、苦葶苈。

◎主要特征

一年生或二年生草本。茎直立。基生叶窄匙形，一回羽状浅裂或深裂；茎上部叶线形，有疏齿或全缘。总状花序；萼片早落，卵形；花瓣不存在或退化成丝状。短角果近圆形或宽椭圆形，扁平，顶端微缺，上部有短翅。种子椭圆形，棕红色。花果期5—7月。

◎分布与生境

分布于东北、华北、江苏、浙江、安徽等地；历山全境可见；多生于山坡、山沟、路旁及村庄附近。

◎主要用途

嫩叶可作野菜食用；全草及种子可供药用；种子可榨油。

山嵛菜

◆ 学名：***Eutrema yunnanense*** **Franch.**
◆ 科属：**十字花科山嵛菜属**

◎别　　名

山葵。

◎主要特征

多年生草本。根茎横卧。基生叶具柄，叶片近圆形，基部深心形，茎生叶具柄，叶片向上渐小，长卵形或卵状三角形。花序密集呈伞房状，萼片卵形，花瓣白色。角果长圆筒状，两端渐窄；果瓣中脉明显；果梗纤细。种子长圆形，褐色。花期3—4月，果期7—8月。

◎分布与生境

分布于江苏、浙江、湖北、湖南、陕西、山西、甘肃、四川、云南等地；历山见于混沟、皇姑曼、猪尾沟；多生于海拔1000~3500m的林下、山坡草丛、沟边、水中。

◎主要用途

根茎可作调料、药材；茎叶可食。

豆瓣菜

◆ 学名：***Nasturtium officinale*** **R. Br.**
◆ 科属：**十字花科豆瓣菜属**

◎别　　名

西洋菜、河菜。

◎主要特征

多年生水生草本。全体光滑无毛，单数羽状复叶，小叶片3~9枚，宽卵形、长圆形或近圆形，小叶柄细而扁，叶柄基部呈耳状，略抱茎。总状花序顶生，花多数，萼片长卵形，花瓣白色，倒卵形或宽匙形。角果条形。花期4—5月，果期6—7月。

◎分布与生境

分布于黑龙江、河北、山西、山东、河南、安徽、江苏、广东、广西、陕西等地；历山见于李疙瘩、下川、西哄哄、后河；多生于水沟边、山涧河边、沼泽地或水田中。

◎主要用途

茎叶可食；全草可入药。

蔊菜

◆ 学名：*Rorippa indica* (L.) Hiern.
◆ 科属：十字花科蔊菜属

◎别　　名

辣米菜、江剪刀草、印度蔊菜。

◎主要特征

一年生或二年生直立草本。叶互生，基生叶及茎下部叶具长柄，叶形多变化，顶端裂片大，卵状披针形，边缘具不整齐牙齿。总状花序顶生或侧生，花小；萼片卵状长圆形，花瓣黄色，匙形。长角果线状圆柱形。种子多数，细小，卵圆形而扁。花期4—6月，果期6—8月。

◎分布与生境

分布于山东、河南、江苏、浙江、福建、台湾、湖南、江西、广东、陕西、山西等地；历山全境靠近村庄路边田野常见；多生于路旁、田边、园圃、河边、屋边墙脚及山坡路旁等较潮湿处。

◎主要用途

全草可入药；嫩叶可食。

沼生蔊菜

◆ 学名：*Rorippa islandica* (Oed.) Borb.
◆ 科属：十字花科蔊菜属

◎别　　名

水萝卜、涩生蔊菜、荷兰芥、湿生葶苈、水前草、水葶苈、黄花荠菜、风花菜、沼泽蔊菜。

◎主要特征

一年生或二年生草本，光滑无毛。茎直立。基生叶多数，具柄；叶片羽状深裂或大头羽裂，长圆形至狭长圆形，边缘不规则浅裂或呈深波状，基部耳状抱茎；茎生叶向上渐小。总状花序顶生或腋生，花小，黄色。短角果椭圆形或近圆柱形，果瓣肿胀。种子褐色。花期4—7月，果期6—8月。

◎分布与生境

分布于黑龙江、吉林、辽宁、内蒙古、河北、山西、山东、河南等地；历山全境潮湿草地和水边习见；多生于潮湿环境或近水处、溪岸、路旁、田边、山坡草地及草场。

◎主要用途

全草可入药；嫩叶可食。

球果蔊菜

◆ 学名：*Rorippa globosa* (Turcz.) Hayek
◆ 科属：十字花科蔊菜属

◎别　　名

风花菜。

◎主要特征

一年生草本。全株无毛，茎直立，叶片长圆形或倒卵状披针形，下部叶常大头羽裂，上部叶常不裂，先端渐尖或钝，两侧具短叶耳，两面无毛，边缘具不整齐的齿裂。总状花序顶生，花梗极短，花淡黄色，花瓣稍短于萼片，基部具短爪。短角果球形，无毛，顶端有短喙。种子多数。花期5—6月，果期7—8月。

◎分布与生境

分布于黑龙江、吉林、江宁、河北、山西、山东、安徽、江苏、浙江等地；历山全境自然水域水边均可见；多生于湿地或河岸。

◎主要用途

全草可入药；嫩叶可食。

诸葛菜

◆ 学名：*Orychophragmus violaceus* (L.) O. E. Schulz
◆ 科属：十字花科诸葛菜属

◎别　　名

二月兰、紫金草。

◎主要特征

一年生或二年生草本，无毛。茎直立，基生叶及下部茎生叶大头羽状全裂，顶裂片近圆形或短卵形，侧裂片卵形或三角状卵形。叶柄疏生细柔毛。花紫色、浅红色或白色；花萼筒状，紫色，花瓣宽倒卵形，密生细脉纹。长角果线形。种子卵形至长圆形，黑棕色。花期4—5月，果期5—6月。

◎分布与生境

分布于辽宁、河北、山西、山东、河南、安徽、江苏、浙江、湖北等地；历山全境靠近村庄的路旁、荒地习见；多生于平原、山地、路旁或地边。

◎主要用途

嫩叶可食；种子可榨油；可作观赏植物。

荠

◆ 学名：*Capsella bursa-pastoris* (Linn.) Medic.
◆ 科属：十字花科荠属

◎别　　名

茅荠菜、菱角菜、荠菜。

◎主要特征

一年生或二年生草本。茎直立。基生叶丛生呈莲座状，茎生叶窄披针形或披针形。总状花序顶生及腋生，萼片长圆形，花瓣白色。短角果正三角形。种子2行，长椭圆形，浅褐色。花果期4—6月。

◎分布与生境

全国广布；历山全境田野和低山区习见；多生于山坡、田边、路旁。

◎主要用途

全草可入药；茎叶可作蔬菜食用；种子含油，可供制油漆及肥皂。

垂果南芥

◆ 学名：*Catolobus pendulus* (L.) Al-Shehbaz
◆ 科属：十字花科垂果南芥属

◎别　　名

毛果南芥、疏毛垂果南芥、粉绿垂果南芥。

◎主要特征

二年生草本。茎上部分枝。基生叶至开花、结果时脱落；茎下部叶长椭圆形或倒卵形，边缘有浅锯齿，叶柄长达1cm；茎上部叶窄长椭圆形或披针形，基部心形或箭形，抱茎。总状花序顶生或腋生，有花十几朵；萼片椭圆形，被单毛、2~3叉毛或星状毛；花瓣白色，匙形。长角果线形，弧曲，下垂。花期6—9月，果期7—10月。

◎分布与生境

分布于黑龙江、吉林、辽宁、内蒙古、河北、山西、湖北、陕西、甘肃等地；历山全境可见；多生于山坡、路旁、河边草丛、高山灌木林下和荒漠地区。

◎主要用途

全株可入药。

圆锥南芥

◆ 学名：*Arabis paniculata* Franch.
◆ 科属：十字花科南芥属

◎别　　名

高山南芥、小花南芥。

◎主要特征

二年生草本。茎直立，自中部以上常呈圆锥状分枝，被2~3叉毛及星状毛。基生叶簇生，叶片长椭圆形，与茎生叶均为顶端渐尖，边缘具疏锯齿，基部下延成有翅的叶柄；茎生叶多数，叶片长椭圆形至倒披针形，基部呈心形或肾形，半抱茎或抱茎。总状花序顶生或腋生呈圆锥状；花瓣白色，长匙形。长角果线形，排列疏松，斜向外展。花期5—6月，果期7—9月。

◎分布与生境

分布于山西、陕西、河北、云南等地；历山见于舜王坪；多生于山坡林下荒地。

◎主要用途

杂草。

垂果大蒜芥

◆ 学名：*Sisymbrium heteromallum* C. A. Mey.
◆ 科属：十字花科大蒜芥属

◎别　　名

短瓣大蒜芥。

◎主要特征

一年生或二年生草本。植株高达90cm。茎直立，单一或分枝，被疏毛。茎下部叶长椭圆形或披针形，篦齿状羽状深裂，顶端裂片披针形，全缘或有齿，侧裂片2~6对，卵状披针形或线形，常有齿；茎上部叶无柄，羽裂，裂片线形，常有齿，柄长2~5cm；茎上部叶无柄，羽裂，裂片线形。花有苞片；萼片淡黄色；花瓣黄色，先端钝，基部有爪。长角果线形，长4~8cm，开展或外弯；果瓣稍隆起；果柄长1~1.5cm，纤细，常外弯。种子长圆形，长约1mm，黄棕色。花果期4—9月。

◎分布与生境

分布于山西、陕西、甘肃、青海、新疆、四川、云南等地；历山见于舜王坪南天门附近；多生于海拔900~2500m的草地、阳坡及河滩地。

◎主要用途

杂草。

百蕊草

◆ 学名：***Thesium chinense*** **Turcz.**
◆ 科属：**檀香科百蕊草属**

◎主要特征

多年生柔弱草本。茎细长，簇生，基部以上疏分枝，斜升，有纵沟。叶线形，长1.5~3.5cm，先端急尖或渐尖，具单脉。花单一，5数，腋生；花梗长3~3.5mm；苞片1，线状披针形；小苞片2，线形，边缘粗糙；花被绿白色，花被管呈管状，裂片先端锐尖，内弯，内面有不明显微毛。坚果椭圆形或近球形，有明显隆起的网脉，顶端的宿存花被近球形。花期4—5月，果期6—7月。

◎分布与生境

全国大部分地区均分布；历山见于云蒙、皇姑曼、猪尾沟、混沟等地；生于荫蔽湿润或潮湿的小溪边、田野、草甸，也生于草甸和沙漠地带边缘、干草原与栎树林的石砾坡地上。

◎主要用途

全株可入药。

槲寄生

◆ 学名：***Viscum coloratum*** **(Kom.) Nakai**
◆ 科属：**檀香科槲寄生属**

◎别　　名

冬青、寄生子、北寄生。

◎主要特征

常绿寄生灌木。枝条圆形，二歧分枝。叶对生，稀3枚轮生，厚革质或革质，长椭圆形至椭圆状披针形，叶柄短。雌雄异株；花序顶生或腋生于茎叉状分枝处。果球形，具宿存花柱，成熟时淡黄色或橙红色，果皮平滑。花期4—5月，果期9—11月。

◎分布与生境

全国大部分地区均产；历山见于云蒙、皇姑曼、猪尾沟、混沟等地，多寄生在山杨上；多生于阔叶林中，寄生于榆、杨、柳、桦、栎、梨、李、苹果、枫杨、赤杨、椴属植物上。

◎主要用途

全株可入药。

北桑寄生

◆ 学名：***Loranthus tanakae*** **Franch. et Sav.**
◆ 科属：**桑寄生科桑寄生属**

◎别　　名

杏寄生、欧洲栎寄生。

◎主要特征

落叶寄生小灌木。丛生于寄主枝上，常二歧分枝。叶对生；叶片纸质，绿色，倒卵形承圆形，全缘，两面无毛。花两性或单性，雌雄同株或异株，穗状花序顶生于具1~3对叶的小枝上，花被裂片6，黄绿色。果实球形，半透明，橙黄色，表面平滑。花期4—5月，果期9—10月。

◎分布与生境

分布于河北、山西、陕西、甘肃、四川等地；历山见于云蒙、混沟、皇姑曼、猪尾沟等地；本地多寄生于榆属、杏属、苹果属、李属植物上。

◎主要用途

全株可入药。

柽柳

◆ 学名：***Tamarix chinensis*** **Lour.**
◆ 科属：**柽柳科柽柳属**

◎别　　名

垂丝柳、西河柳、西湖柳、红柳、阴柳。

◎主要特征

灌木或小乔木。茎多分枝。树皮及枝条均为红褐色。叶互生；无叶柄；叶片细小，呈鳞片状，蓝绿色。花为圆锥状复总状花序，顶生，花小，粉红色。蒴果狭小，先端具毛。花期6—7月，果期8—9月。

◎分布与生境

分布于辽宁、河北、山西、河南、山东、江苏等地；历山见于李疙瘩、西哄哄；多生于河流冲积平原、滩头、潮湿盐碱地和沙荒地。

◎主要用途

枝条、叶可入药；可作观赏植物。

宽苞水柏枝

◆ 学名：*Myricaria bracteata* Royle
◆ 科属：柽柳科水柏枝属

◎别　　名

水柽柳、河柏。

◎主要特征

灌木。多分枝；老枝灰褐色或紫褐色。叶密生于当年生绿色小枝上，卵形、卵状披针形、线状披针形或狭长圆形。总状花序顶生于当年生枝条上，密集呈穗状；苞片通常宽卵形或椭圆形；花粉红色。蒴果狭圆锥形。种子狭长圆形或狭倒卵形，顶端有白色长柔毛。花期6—7月，果期8—9月。

◎分布与生境

分布于新疆、西藏、青海、甘肃、山西等地；历山见于李疙瘩、西哄哄、大河、后河；多生于河谷砂砾质河滩、湖边砂地以及山前冲积扇砂砾质戈壁上。

◎主要用途

树枝、叶可入药。

二色补血草

◆ 学名：*Limonium bicolor* (Bag.) Kuntze
◆ 科属：白花丹科补血草属

◎别　　名

燎眉蒿、补血草、扫帚草、匙叶草、血见愁、秃子花、苍蝇花。

◎主要特征

多年生草本。全体光滑无毛。茎丛生。叶多基生，匙形或长倒卵形，基部窄狭成翅柄，近于全缘。花茎直立，多分枝，花序着生于枝端而位于一侧，或近于头状花序；萼筒漏斗状，棱上有毛，白色或淡黄色，宿存；花瓣匙形至椭圆形；雄蕊着生于花瓣基部。蒴果5棱，包于萼内。花期5月下旬至7月，果期6—8月。

◎分布与生境

分布于东北、黄河流域各地和江苏北部；历山见于李疙瘩、下川；多生于田野、荒地，特别是弱碱性土上。

◎主要用途

全草可入药。

萹蓄

◆ 学名：*Polygonum aviculare* L.
◆ 科属：蓼科萹蓄属

◎别　　名

扁竹、扁蓄。

◎主要特征

一年生草本。茎平卧、上升或直立，自基部多分枝，具纵棱。叶椭圆形、狭椭圆形或披针形。花单生或数朵簇生于叶腋，遍布于植株，花粉红色。瘦果卵形。花期5—7月，果期6—8月。

◎分布与生境

全国广布；历山全境可见；多生于田边、沟边湿地。

◎主要用途

全草可供药用；幼苗及嫩茎可食；全株可作饲料。

习见蓼

◆ 学名：*Polygonum plebeium* R. Br.
◆ 科属：蓼科萹蓄属

◎别　　名

小扁蓄、腋花蓼、铁马齿苋、习见萹蓄。

◎主要特征

一年生草本。茎平卧，自基部分枝，具纵棱。叶狭椭圆形或倒披针形。花腋生；粉红色。瘦果宽卵形，黑褐色，平滑，有光泽，包于宿存花被内。花期5—8月，果期6—9月。

◎分布与生境

全国广布；历山见于下川、西哄哄、李疙瘩；多生于田边、路旁、水边湿地。

◎主要用途

全草可入药。

西伯利亚蓼

◆ **学名：*Knorringia sibirica* (Laxmann) Tzvelev**
◆ **科属：蓼科西伯利亚蓼属**

◎别　　名

剪刀股。

◎主要特征

多年生草本。茎外倾或近直立，无毛。叶片长椭圆形或披针形，无毛；托叶鞘筒状，膜质，上部偏斜。花序圆锥状，顶生；花黄绿色。瘦果卵形，具3棱，黑色，有光泽，包于宿存的花被内或凸出。花果期6—9月。

◎分布与生境

全国广布；历山见于李疙瘩、西哄哄、下川；多生于路边、湖边、河滩、山谷湿地、沙质盐碱地。

◎主要用途

全草或根茎可入药；茎叶可食。

拳参

◆ **学名：*Bistorta officinalis* Raf.**
◆ **科属：蓼科拳参属**

◎别　　名

拳蓼、紫参、倒根草。

◎主要特征

多年生草本。根茎肥厚扭曲，外皮紫红色；茎直立，不分枝；根生叶丛生，有长柄；叶片椭圆形至卵状披针形。茎生叶较小；托叶鞘膜质。总状花序呈穗状，顶生；花被5深裂，白色或淡红色。瘦果椭圆形，两端尖，褐色，有光泽，稍长于宿存的花被。花期6—7月，果期8—9月。

◎分布与生境

分布于东北、华北、陕西、宁夏、甘肃、山东、河南、江苏、浙江等地；历山见于青皮掌、舜王坪、卧牛场；多生于山坡草地、山顶草甸。

◎主要用途

块茎可入药。

珠芽蓼

◆ **学名：*Bistorta vivipara* (L.) Gray**
◆ **科属：蓼科拳参属**

◎别　　名

山谷子、猴娃七、山高梁、蝎子七、染布子。

◎主要特征

多年生草本。根状茎粗壮，弯曲，黑褐色；茎直立，不分枝。基生叶长圆形或卵状披针形。总状花序呈穗状，花白色到粉红色，花序上具有卵形珠芽。瘦果卵形，长约2mm，包于宿存花被内。花期5—7月，果期7—9月。

◎分布与生境

分布于东北、华北、河南、西北及西南等地；历山见于舜王坪山顶草甸；多生于海拔1200~5100m的山坡林下、高山或亚高山草甸。

◎主要用途

根状茎可入药；珠芽和种子可食；茎叶嫩时可作饲料。

支柱蓼

◆ **学名：*Bistorta suffulta* (Maxim.) H. Gross**
◆ **科属：蓼科拳参属**

◎别　　名

九牛造、草留居、赶山鞭、红三七、红蜈蚣七、鸡心七、鸡血七。

◎主要特征

多年生草本。根状茎呈念珠状，黑褐色；基生叶卵形或长卵形，基部心形，全缘；茎生叶卵形，较小具短柄，最上部的叶无柄，抱茎；托叶鞘膜质，筒状，褐色。总状花序呈穗状，顶生或腋生，花被白色或淡红色。瘦果宽椭圆形，具3锐棱。花期6—7月，果期7—10月。

◎分布与生境

分布于河北、山西、河南、陕西、甘肃、青海、宁夏、浙江等地；历山见于皇姑曼、舜王坪、猪尾沟、青皮掌、云蒙、西哄哄；多生于山坡路旁、林下湿地及沟边。

◎主要用途

根状茎可入药。

两栖蓼

◆ 学名：*Persicaria amphibia* (L.) S. F. Gray
◆ 科属：蓼科蓼属

◎别　　名

扁蓄蓼、醋柳、胡水蓼、湖蓼。

◎主要特征

多年生湿生或挺水草本。根状茎横走。生于水中者，茎漂浮，叶长圆形或椭圆形，浮于水面，全缘；托叶鞘筒状，薄膜质；生于陆地者，茎直立，叶披针形或长圆状披针形；托叶鞘筒状，膜质。总状花序呈穗状，顶生或腋生，花被5深裂，淡红色或白色。瘦果近圆形，双凸镜状。花期7—8月，果期8—9月。

◎分布与生境

分布于东北、华北、西北、华东、华中和西南等地；历山见于下川、大河、后河、青皮掌、西哄哄；多生于海拔50~3700m的湖泊边缘的浅水中、沟边及田边湿地。

◎主要用途

全草可入药。

酸模叶蓼

◆ 学名：*Persicaria lapathifolia* (L.) S. F. Gray
◆ 科属：蓼科蓼属

◎别　　名

大马蓼、旱苗蓼、斑蓼、柳叶蓼。

◎主要特征

一年生草本。茎直立，无毛，节部膨大。叶片披针形或宽披针形，顶端渐尖或急尖，基部楔形，上面绿色，叶柄短，托叶鞘筒状，膜质，淡褐色，无毛。总状花序呈穗状，顶生或腋生，花被淡红色或白色。瘦果宽卵形，黑褐色，有光泽。花期6—8月，果期7—9月。

◎分布与生境

全国广布；历山全境可见；多生于田边、路旁、水边、荒地或沟边湿地。

◎主要用途

田野杂草。

水蓼

◆ 学名：*Persicaria hydropiper* (L.) Spach
◆ 科属：蓼科蓼属

◎别　名

辣蓼、水辣椒、辣柳菜。

◎主要特征

一年生草本。茎直立，多分枝。叶片披针形或椭圆状披针形，被褐色小点，具辛辣味，叶腋具闭花受精花；托叶鞘筒状，膜质，褐色。总状花序呈穗状，顶生或腋生，花稀疏，苞片漏斗状，绿色，边缘膜质，每苞内具5花；花梗比苞片长；花被绿色，花被片椭圆。瘦果卵形。花期5—9月，果期6—10月。

◎分布与生境

全国广布；历山全境水边、沟谷均可见；多生于河滩、水沟边、山谷湿地。

◎主要用途

全草可入药；叶片可作调味品。

柳叶刺蓼

◆ 学名：*Persicaria bungeana* (Turcz.) Nakai ex T. Mori
◆ 科属：蓼科蓼属

◎别　名

本氏蓼。

◎主要特征

一年生草本。茎直立。叶片披针形或狭椭圆形，顶端通常急尖，基部楔形，边缘具短缘毛；叶密生短硬伏毛；托叶鞘筒状，膜质。总状花序呈穗状，顶生或腋生，花序梗密被腺毛；苞片漏斗状，花梗粗壮，比苞片稍长，花被白色或淡红色，花被片椭圆形。瘦果近圆形。花期7—8月，果期8—9月。

◎分布与生境

分布于东北、华北、甘肃、山东及江苏等地；历山全境可见；多生于山谷草地、田边、路旁湿地。

◎主要用途

田野杂草。

红蓼

◆ 学名：*Persicaria orientalis* (L.) Spach
◆ 科属：蓼科蓼属

◎别　　名

荭草、红草、大红蓼、东方蓼、大毛蓼、游龙、狗尾巴花。

◎主要特征

一年生草本。茎粗壮直立。叶片宽卵形、宽椭圆形或卵状披针形，顶端渐尖，基部圆形或近心形；叶柄有长柔毛；托叶鞘筒状，膜质。总状花序呈穗状，顶生或腋生，花紧密，微下垂，苞片宽漏斗状，草质、绿色，花淡红色或白色。瘦果近圆形。花期6—9月，果期8—10月。

◎分布与生境

全国广布；历山全境靠近村庄的路边荒地、水边习见；多生于沟边湿地、村边路旁。

◎主要用途

全草可入药；可供观赏。

箭叶蓼

◆ 学名：*Persicaria sagittata* (Linnaeus) H. Gross ex Nakai
◆ 科属：蓼科蓼属

◎别　　名

雀翘、箭头蓼、荞麦刺、长野荞麦草。

◎主要特征

一年生草本。茎四棱形，沿棱具倒生皮刺。叶宽披针形或长圆形，基部箭形，下面沿中脉具倒生短皮刺，边缘全缘；叶柄具倒生皮刺；托叶鞘膜。花序头状，顶生或腋生，苞片椭圆形，每苞内具2~3花；花被白色或淡紫红色。瘦果宽卵形，具3棱。花期6—9月，果期8—10月。

◎分布与生境

分布于东北、华北、陕西、甘肃、华东、华中、四川、贵州、云南等地；历山见于东峡、西峡、猪尾沟、红岩河、皇姑曼；多生于山谷、沟旁、水边。

◎主要用途

全草可入药。

叉分蓼

◆ **学名：*Koenigia divaricata* (L.) T. M. Schust. & Reveal**
◆ **科属：蓼科蓼属**

◎别　　名

分叉蓼、叉分神血宁。

◎主要特征

多年生草本。茎直立，无毛，自基部分枝。叶披针形或长圆形，托叶鞘膜质，偏斜，疏生柔毛或无毛，开裂，脱落。花序圆锥状，分枝开展；苞片卵形，每苞片内具2~3花，花白色。瘦果宽椭圆形，具3锐棱。花期7—8月，果期8—9月。

◎分布与生境

分布于东北、华北及山东等地；历山见于青皮掌、舜王坪；多生于山坡草地、山谷灌丛。

◎主要用途

全草及根可入药；枝叶可作饲料。

长鬃蓼

◆ **学名：*Persicaria longiseta* (Bruijn) Moldenke**
◆ **科属：蓼科蓼属**

◎别　　名

马蓼、睫毛蓼。

◎主要特征

一年生草本。茎直立，分枝，下部平卧，节部略膨大。叶片披针形或宽披针形，托叶鞘筒形，疏生伏毛，有睫毛。花序穗状，花苞片漏斗状，有长睫毛，通常红色，苞片内有花3~6朵，花粉红色或白色。瘦果褐色，3棱。花果期8—11月。

◎分布与生境

分布于东北、华北、华东、华中、华南、四川、陕西、甘肃、贵州和云南等地；历山见于青皮掌、舜王坪、云蒙；多生于山谷水边、河边草地。

◎主要用途

可供观赏。

尼泊尔蓼

◆ 学名：*Persicaria nepalensis* (Meisn.) H. Gross
◆ 科属：蓼科蓼属

◎别　　名

野荞子、小猫眼、猫儿眼睛、头状蓼、花麦草。

◎主要特征

一年生草本。茎稍匍匐。茎下部叶卵形或三角状卵形，沿叶柄下延成翅，茎上部叶较小，抱茎；托叶鞘筒状，膜质。花序头状，顶生或腋生，基部常具1叶状总苞片，每苞内具1花；花被淡紫红色或白色。瘦果宽卵形，双凸镜状。花期5—8月，果期7—10月。

◎分布与生境

除新疆外，全国均有分布；历山全境林下、水边、草甸均可见；多生于水边、田边、路旁湿地、林下、亚高山和中山草地、疏林草地。

◎主要用途

可作牧草；嫩茎叶可作野菜。

刺蓼

◆ 学名：*Persicaria senticosa* (Meisn.) H. Gross ex Nakai
◆ 科属：蓼科蓼属

◎别　　名

廊茵、急解素、蛇不钻、猫舌草、红火老鸦酸草。

◎主要特征

多年生草本。茎四棱，沿棱具倒生刺。托叶鞘短筒状，具半圆形的叶状翅；叶柄有倒钩刺；叶片三角形或三角状戟形，边缘有细毛和钩刺，背面沿脉疏生刺。花序头状，顶生或腋生，苞片卵状披针形，花被粉红色。果近球形。花果期8—9月。

◎分布与生境

分布于东北、河北、河南、山东、江苏、浙江、安徽等地；历山见于转林沟、钥匙沟、青皮掌、猪尾沟；多生于山沟、林内。

◎主要用途

全草可入药。

扛板归

◆ 学名：*Persicaria perfoliata* (L.) H. Gross
◆ 科属：蓼科蓼属

◎别　　名

河白草、刺犁头、老虎利、老虎刺、三角盐酸、贯叶蓼、犁壁刺。

◎主要特征

一年生草本。茎攀缘，多分枝，具纵棱，沿棱具稀疏的倒生皮刺。叶三角形，托叶鞘叶状，草质，绿色，圆形或近圆形。总状花序呈短穗状，不分枝顶生或腋生，长1~3cm。瘦果球形，直径3~4mm，黑色，有光泽，包于宿存花被内。花期6—8月，果期7—10月。

◎分布与生境

分布于黑龙江、吉林、辽宁、河北、山东、河南、陕西、甘肃、江苏、浙江等地；历山见于云蒙、红岩河、青皮掌、猪尾沟、东峡；多生于田边、路旁、山谷湿地。

◎主要用途

地上部分可入药。

愉悦蓼

◆ 学名：*Persicaria jucunda* (Meisn.) Migo
◆ 科属：蓼科蓼属

◎主要特征

一年生草本；茎直立，基部近平卧，多分枝，无毛。叶椭圆状披针形，边缘全缘，具短缘毛；托叶鞘膜质，淡褐色，筒状。总状花序呈穗状，顶生或腋生，花排列紧密；花被5深裂，花被片长圆形。瘦果卵形，具3棱，黑色，有光泽，包于宿存花被内。花期8—9月，果期9—11月。

◎分布与生境

分布于陕西、甘肃、江苏、浙江、安徽、江西、湖南、湖北、四川等地；历山见于猪尾沟；多生于山坡草地、山谷路旁及沟边湿地。

◎主要用途

杂草。

稀花蓼

◆ **学名：*Persicaria dissitiflora* (Hemsl.) H. Gross ex T. Mori**
◆ **科属：蓼科蓼属**

◎主要特征

一年生草本。茎直立，疏被倒生皮刺，疏被星状毛。叶卵状椭圆形，沿中脉被倒生皮刺；叶柄被星状毛及倒生皮刺，托叶鞘膜质，具缘毛。花序圆锥状，花稀疏，间断，花序梗细，紫红色，密被紫红色腺毛；花被5深裂，花被片椭圆形。瘦果近球形，顶端微具3棱，暗褐色。花期6—8月，果期7—9月。

◎分布与生境

分布于东北、河北、山西、华东、华中、陕西、甘肃、四川及贵州；历山见于猪尾沟；多生于河边湿地、山谷草丛。

◎主要用途

杂草。

齿翅蓼

◆ **学名：*Fallopia dentatoalata* (F. Schmidt) Holub**
◆ **科属：蓼科藤蓼属**

◎别　　名

齿翅首乌。

◎主要特征

一年生草本。茎缠绕。叶卵形或心形，顶端渐尖，基部心形，两面无毛，沿叶脉具小突起，边缘全缘，具小突起；托叶鞘短，偏斜，膜质。花序总状，腋生或顶生，花排列稀疏，间断；花被5深裂，红色；花被片外面3片背部具翅，果时增大，翅通常具齿。瘦果椭圆形，具3棱，黑色。花期7—8月，果期9—10月。

◎分布与生境

分布于东北、华北、陕西、甘肃、青海、江苏、安徽、河南等地；历山全境可见；多生于山坡草丛、山谷湿地。

◎主要用途

民间全草可入药。

卷茎蓼

◆ 学名：*Fallopia convolvulus* (Linnaeus) A. Love
◆ 科属：蓼科 藤蓼属

◎别　　名

卷旋蓼、蔓首乌。

◎主要特征

一年生草本。茎缠绕。叶卵形或心形，基部心形，两面无毛，托叶鞘膜质，偏斜；花序总状，腋生或顶生，花稀疏，下部间断，有时成花簇，生于叶腋；苞片长卵形，顶端尖，每苞具2~4花；花梗细弱，比苞片长，中上部具关节；花被5深裂，淡绿色，边缘白色，花被片长椭圆形，外面3片背部具龙骨状突起或狭翅；瘦果椭圆形，具3棱，黑色。花期5—8月，果期6—9月。

◎分布与生境

分布于东北、华北、西北、山东、江苏北部、安徽等地；历山见于小云蒙、转林沟、红岩河等地；多生于山坡草地、山谷灌丛、沟边湿地。

◎主要用途

民间全株可入药。

华北大黄

◆ 学名：*Rheum franzenbachii* Munt.
◆ 科属：蓼科大黄属

◎别　　名

峪黄、河北大黄。

◎主要特征

多年生草本。直根粗壮，内部土黄色；茎具细沟纹。基生叶较大，叶片心状卵形到宽卵形，基部心形，边缘具皱波；叶柄常暗紫红色；茎生叶较小；托叶鞘抱茎，棕褐色。大型圆锥花序；花黄白色，花被片6。果实宽椭圆形到矩圆状椭圆形，两端微凹，具宽翅。花期6月，果期6—7月。

◎分布与生境

分布于山西、河北、内蒙古南部及河南北部等地；历山见于青皮掌、卧牛场、舜王坪；多生于山坡石滩或林缘。

◎主要用途

根可入药；嫩叶和叶柄可作野菜。

酸模

◆ 学名：*Rumex acetosa* L.
◆ 科属：蓼科酸模属

◎别　　名

野菠菜、山大黄、当药、山羊蹄、酸母、南连。

◎主要特征

一年生草本。具深沟槽，通常不分枝。基生叶和茎下部叶箭形，顶端急尖或圆钝，基部裂片急尖，全缘或微波状；茎上部叶较小，具短叶柄或无柄；托叶鞘膜质，易破裂。花序狭圆锥状，顶生，分枝稀疏；花单性，雌雄异株。瘦果椭圆形，黑褐色，有光泽。花期5—7月，果期6—8月。

◎分布与生境

全国广布；历山见于舜王坪、青皮掌、云蒙、皇姑曼；多生于山坡、林缘、沟边、路旁。

◎主要用途

嫩叶可食，可作调料；根茎可入药。

巴天酸模

◆ 学名：*Rumex patientia* L.
◆ 科属：蓼科酸模属

◎别　　名

土大黄、野菠菜、牛西西。

◎主要特征

多年生草本。根肥厚，茎直立，粗壮，上部分枝，具深沟槽。基生叶长圆形或长圆状披针形，基部圆形或近心形，边缘波状；叶柄粗壮，茎上部叶片较小；托叶鞘膜质，花序圆锥状，大型；花两性。瘦果卵形，顶端渐尖，褐色，有光泽。花期5—6月，果期6—7月。

◎分布与生境

分布于东北、华北、西北、山东、河南、湖南、湖北、四川及西藏等地；历山全境可见；多生于沟边湿地、水边。

◎主要用途

可作饲料；根、茎、叶可入药；叶经加工可作蔬菜。

皱叶酸模

◆ 学名：*Rumex crispus* L.
◆ 科属：蓼科酸模属

◎别　　名

洋铁叶子、四季菜根、牛耳大黄、火风棠、羊蹄根、羊蹄、牛舌片。

◎主要特征

多年生草本。茎直立，有浅沟槽。根生叶有长柄；叶片披针形或长圆状披针形，边缘有波状皱褶；茎上部叶小；托叶鞘膜质。花序由数个腋生的总状花序组成圆锥状，顶生狭长。瘦果椭圆形，有3棱，顶端尖，棱角锐利。花期6—7月，果期7—8月。

◎分布与生境

分布于东北、华北、西北、山东、河南、湖北、四川、贵州及云南等地；历山全境可见；多生于河滩、沟边湿地。

◎主要用途

根可入药；果实可用于填充枕头。

羊蹄

◆ 学名：*Rumex japonicus* Houtt.
◆ 科属：蓼科酸模属

◎别　　名

土大黄、牛舌头、野菠菜、羊蹄叶、羊皮叶子。

◎主要特征

多年生草本。茎直立，基生叶长圆形或披针状长圆形，顶端急尖，基部圆形或心形，边缘微波状。花序圆锥状，花两性，多花轮生；花梗细长，花被片淡绿色，网脉明显。瘦果宽卵形，两端尖。花期5—6月，果期6—7月。

◎分布与生境

分布于东北、华北、陕西、华东、华中、华南、四川及贵州等地；历山见于李疙瘩、西哄哄、下川；多生于田边路旁、河滩、沟边湿地。

◎主要用途

根可入药。

拟漆姑

◆ 学名：*Spergularia salina* J. et. C. Presl
◆ 科属：石竹科拟漆姑属

◎别　　名

牛漆姑草。

◎主要特征

一年生草本。茎丛生，铺散。叶片线形。花集生于茎顶或叶腋，呈总状聚伞花序；花瓣淡粉紫色或白色。蒴果卵形，3瓣裂。种子近三角形，略扁。花期5—7月，果期6—9月。

◎分布与生境

分布于西北、华东、华北和东北等地；历山全境公路边可见；多生于海岸沙地、盐碱地、河边、湖边以及水田边的水湿地。

◎主要用途

盐碱土指示植物。

蚤缀

◆ 学名：*Arenaria serpyllifolia* L.
◆ 科属：石竹科蚤缀属

◎别　　名

鹅不食草。

◎主要特征

一年生或二年生小草本，全株有白色短柔毛。茎丛生。叶小，圆卵形，无柄。聚伞花序疏生枝端；花梗细，花瓣倒卵形，白色，全缘；雄蕊10；花柱3。蒴果卵形，6瓣裂；种子肾形，淡褐色，密生小疣状突起。花期4—5月，果期5—6月。

◎分布与生境

分布于黄河、长江流域到华南各地都有分布；历山全境可见；多生于路旁、荒地及田野中。

◎主要用途

全草药用。

卷耳

◆ 学名：*Cerastium arvense* subsp. *strictum* Gaudin
◆ 科属：石竹科卷耳属

◎别　　名

细叶卷耳、狭叶卷耳。

◎主要特征

多年生草本。茎疏丛生，基部匍匐，上部直立，绿带淡紫红色，下部被向下侧毛，上部兼有腺毛。叶片线形或线状披针形，长1~2.5cm，宽1.3mm，顶端尖，两面及边缘疏被短柔毛。聚伞花序具3~7花；苞片披针形，被柔毛；花梗长1~1.5cm，密被白色腺毛；萼片披针形，长约6mm，密被长柔毛；花瓣倒卵形，2裂达1/4~1/3；花柱5。蒴果圆筒形，具10齿。种子多数，褐色，肾形，稍扁，具小瘤。花期5—6月，果期7—8月。

◎分布与生境

分布于河北（白石山）、内蒙古（阿尔山）、新疆等地；历山全域可见；多生于沙丘灌丛、山沟草丛。

◎主要用途

全草可入药。

簇生卷耳

◆ 学名：*Cerastium caespitosum* Gilib.
◆ 科属：石竹科卷耳属

◎别　　名

卷耳、婆婆指甲草、猫耳草、高脚鼠耳草、破花絮草。

◎主要特征

一年生或多年生草本。茎单生或丛生，近直立，被白色短柔毛和腺毛。基生叶叶片近匙形或倒卵状披针形，基部渐狭呈柄状，茎生叶近无柄，叶片卵形、狭卵状长圆形或披针形，边缘具缘毛。聚伞花序顶生；花瓣5，白色，花柱5。蒴果圆柱形。种子褐色，具瘤状凸起。花期5—6月，果期6—7月。

◎分布与生境

分布于河北、山西、陕西、宁夏、甘肃、青海、新疆、河南、江苏、安徽等地；历山见于舜王坪、青皮掌；多生于山地林缘杂草间。

◎主要用途

全草可入药。

石竹

◆ 学名：*Dianthus chinensis* L.
◆ 科属：石竹科石竹属

◎别　　名

兴安石竹、北石竹、钻叶石竹、蒙古石竹、丝叶石竹、高山石竹、辽东石竹、长萼石竹、长苞石竹、林生石竹、三脉石竹，瞿麦草。

◎主要特征

多年生草本。全株无毛，带粉绿色。叶片线状披针形。花单生枝端或数花集成聚伞花序；紫红色、粉红色、鲜红色或白色，顶缘不整齐齿裂，喉部有斑纹，疏生髯毛。蒴果圆筒形，包于宿存萼内，种子黑色，扁圆形。花期5—6月，果期7—9月。

◎分布与生境

分布于东北、华北、西北各地；历山全境可见；多生于草原、山地草甸、林缘沙地、山坡灌丛及石砬子上。

◎主要用途

根和全草可入药；可作观赏植物。

瞿麦

◆ 学名：*Dianthus superbus* L.
◆ 科属：石竹科石竹属

◎别　　名

野麦、石柱花、十样景花、巨麦、棍茶、高山瞿麦。

◎主要特征

本种与石竹*Dianthus chinensis* L.类似，区别在于本种花瓣前端裂成长流苏状。花期6—9月，果期8—10月。

◎分布与生境

分布于东北、华北、西北、山东、江苏、浙江、江西、河南等地；历山见于舜王坪、青皮掌、皇姑曼；多生于山坡、草地、路旁或林下。

◎主要用途

全草可入药；叶可代茶；可栽培供观赏。

长蕊石头花

◆ 学名：*Gypsophila oldhamiana* Miq.
◆ 科属：石竹科石头花属

◎别　　名

霞草、长蕊丝石竹、银柴胡。

◎主要特征

多年生草本。根粗壮，木质化，淡褐色至灰褐色。茎二歧或三歧分枝，老茎常红紫色。叶片近革质，稍厚，长圆形。伞房状聚伞花序较密集，顶生或腋生，花瓣粉红色，雄蕊长于花瓣。蒴果卵球形，稍长于宿存萼，顶端4裂。种子近肾形，灰褐色。花期6—9月，果期8—10月。

◎分布与生境

分布于辽宁、河北、山西、陕西、山东、江苏、河南等地；历山见于舜王坪、青皮掌；多生于山坡草地、灌丛、沙滩乱石间或海滨沙地。

◎主要用途

根茎可入药。

圆锥石头花

◆ 学名：*Gypsophila paniculata* Linn.
◆ 科属：石竹科石头花属

◎别　　名

满天星、锥花霞草、丝石竹、圆锥花丝石竹、锥花丝石竹。

◎主要特征

多年生草本。根粗壮。茎单生，稀数个丛生，直立，多分枝，无毛或下部被腺毛。叶片披针形或线状披针形。圆锥状聚伞花序多分枝，疏散，花小而多；花瓣白色或淡红色，匙形，花丝细长。蒴果球形，稍长于宿存萼，4瓣裂。花期6—8月，果期8—9月。

◎分布与生境

分布于新疆、内蒙古、河北、山西等地；历山见于女英峡、猪尾沟、红岩河等地；多生于河滩、草地、固定沙丘、石质山坡及农田中。

◎主要用途

可制作干花；根茎可入药。

异花孩儿参

◆ 学名：*Pseudostellaria heterantha* (Maxim.) Pax.
◆ 科属：石竹科孩儿参属

◎别　　名

异花假繁缕。

◎主要特征

多年生草本。块根纺锤状。茎单生。茎中部以下叶片倒披针形；中部以上的叶片倒卵状披针形，具短柄。开花受精花顶生或腋生；花瓣5，白色；雄蕊10，花药紫色；花柱2~3。闭花受精花腋生；萼片4；花柱2。蒴果卵圆形，4瓣裂。种子肾形，稍扁。花期5—6月，果期7—8月。

◎分布与生境

分布于内蒙古、河北、山西、陕西、安徽等地；历山见于云蒙、皇姑曼、猪尾沟、混沟、西哄哄；多生于山地林下。

◎主要用途

杂草。

蔓孩儿参

◆ 学名：*Pseudostellaria davidii* (Franch.) Pax
◆ 科属：石竹科孩儿参属

◎别　　名

蔓假繁缕。

◎主要特征

多年生草本。块根纺锤形。茎匍匐，细弱。叶片卵形或卵状披针形，具极短柄，边缘具缘毛。开花受精花单生于茎中部以上叶腋；花梗细；萼片5，披针形，花瓣5，白色，长倒卵形，全缘；雄蕊10，花药紫色；花柱3，稀2。闭花受精花通常1~2朵，匍匐枝多时则花数2朵以上，腋生；萼片4，狭披针形；雄蕊退化；花柱2。蒴果宽卵圆形，稍长于宿存萼。花期5—7月，果期7—8月。

◎分布与生境

分布于黑龙江、辽宁、吉林、内蒙古、河北、山西、陕西、甘肃、青海等地；历山全境可见；多生于混交林、杂木林下、溪旁或林缘石质坡。

◎主要用途

根可入药。

鹅肠菜

◆ 学名：*Myosoton aquaticum* (L.) Moench
◆ 科属：石竹科繁缕属

◎别　名

牛繁缕、鹅肠草、石灰菜、大鹅儿肠、鹅儿肠。

◎主要特征

二年生或多年生草本。茎多分枝，叶片卵形或宽卵形，基部稍心形，顶生二歧聚伞花序；苞片叶状，花梗细，花后伸长并向下弯，萼片卵状披针形或长卵形，花瓣白色，花柱5，线形。蒴果卵圆形，种子近肾形。花期5—8月，果期6—9月。

◎分布与生境

分布于全国各地；历山全境有分布；多生于河湖岸边、湿润草丛、水沟旁、山坡、路旁、田间。

◎主要用途

全草可入药；可作野菜。

中国繁缕

◆ 学名：*Stellaria chinensis* Regel
◆ 科属：石竹科繁缕属

◎别　名

鸦雀子窝。

◎主要特征

多年生草本。茎细弱，直立或半匍匐。单叶对生；叶片卵状椭圆形至长圆状披针形，全缘。聚伞花序常生于叶腋，花瓣5，白色，雄蕊10，花柱3，丝形。蒴果卵形，比萼片稍长。种子卵形，稍扁，褐色，有乳头状突起。花期5—6月，果期7—8月。

◎分布与生境

分布于华北、华东、华中、西南、陕西、甘肃等地；历山全境可见；多生于山地灌木丛及路旁水边湿地。

◎主要用途

全草可入药。

内弯繁缕

◆ 学名：*Stellaria infracta* Maximowicz
◆ 科属：石竹科繁缕属

◎别　　名

内曲繁缕。

◎主要特征

多年生草本。全株被灰白色星状毛。茎铺散，被星状毛。叶片披针形或线状披针形，全缘，灰绿色，两面被星状毛。二歧聚伞花序顶生，具多数花；花瓣5，白色；雄蕊10，花柱3。蒴果卵形，微长于宿存萼，6齿裂。种子肾脏形，褐色。花期6—7月，果期8—9月。

◎分布与生境

分布于河北、山西、河南、陕西、甘肃、四川等地；历山全境林下可见；多生于山地石隙或草地。

◎主要用途

杂草。

沼繁缕

◆ 学名：*Stellaria palustris* Retzius
◆ 科属：石竹科繁缕属

◎别　　名

沼生繁缕、湿地繁缕、沼泽繁缕。

◎主要特征

多年生草本。全株无毛，灰绿色。茎丛生。叶片线状披针形至线形，无柄，带粉绿色。二歧聚伞花序，花瓣白色，2深裂达近基部；雄蕊10，花柱3，丝状。蒴果卵状长圆形，比宿存萼稍长或近等长，具多数种子。种子细小。花期6—7月，果期7—8月。

◎分布与生境

分布于河北、山西、河南、山东、陕西等地；历山见于青皮掌、皇姑曼、混沟、猪尾沟、云蒙、舜王坪；多生于河边草地、山坡林下。

◎主要用途

杂草。

林繁缕

◆ 学名：*Stellaria bungeana* var. *stubendorfii* (Regel) Y. C. Chu
◆ 科属：石竹科繁缕属

◎主要特征

多年生草本。茎上升或直立。叶片卵形、卵状长圆形或卵状披针形，基部近心形、圆形或楔形，茎下部叶有短柄，中上部叶无柄。聚伞花序顶生；萼片5；花瓣5，白色，比萼片稍长，2深裂几达基部；雄蕊10；花柱3。蒴果卵圆形，微长于宿存萼，6瓣裂。花期4—6月，果期7—8月。

◎分布与生境

分布于东北、内蒙古、河北等地；历山见于猪尾沟；多生于杂木林下或山坡草丛中。

◎主要用途

杂草。

女娄菜

◆ 学名：*Silene aprica* Turcx. ex Fisch. et Mey.
◆ 科属：石竹科蝇子草属

◎别　　名

桃色女娄菜、环留行。

◎主要特征

一年生或多年生草本。全株密被短柔毛。茎直立，由基部分枝。叶对生，上部叶无柄，下面叶具短柄；叶片线状披针形至披针形，全缘。聚伞花序2~4分歧，小聚伞花序2~3花；花瓣5，白色。蒴果椭圆形，先端6裂。种子多数，细小。花期5—6月，果期7—8月。

◎分布与生境

全国广布；历山全境可见；多生于山坡草地或旷野路旁草丛中。

◎主要用途

全草可入药。

坚硬女娄菜

◆ 学名：*Silene firma* Sieb. et Zucc.
◆ 科属：石竹科蝇子草属

◎别　　名

光萼女娄菜、粗壮女娄菜、无毛女娄菜、白花女娄菜、疏毛女娄菜。

◎主要特征

一年生或二年生草本。全株无毛。茎单生或疏丛生，粗壮，直立，不分枝，稀分枝，有时下部暗紫色。叶片椭圆状披针形或卵状倒披针形。假轮伞状间断式总状花序；花萼卵状钟形，脉绿色；花瓣白色，不露出花萼；副花冠片小，具不明显齿。蒴果长卵形。花期6—7月，果期7—8月。

◎分布与生境

分布于东北、华北、华南、河南、陕西和四川等地；历山全境可见；多生于草坡、灌丛或林缘草地。

◎主要用途

全株可入药。

细蝇子草

◆ 学名：*Silene gracilicaulis* C. L. Tang
◆ 科属：石竹科蝇子草属

◎别　　名

癞头参、紫茎九头草、滇瞿麦、九头草、绢毛蝇子草、大花细蝇子草。

◎主要特征

多年生草本。根粗壮，稍木质。茎疏丛生，稀较密，直立或上升，不分枝。基生叶叶片线状倒披针形；茎生叶叶片线状披针形，比基生叶小，基部半抱茎。花序总状，花多数，对生；花萼狭钟形，纵脉紫色；花瓣白色或灰白色，下面带紫色；副花冠片小，长圆形；雄蕊外露，蒴果长圆状卵形。花期7—8月，果期8—9月。

◎分布与生境

分布于青海、内蒙古、四川、云南、西藏等地；历山见于西峡、舜王坪附近；多生于多砾石的草地或山坡上。

◎主要用途

全草可入药。

蝇子草

◆ 学名：*Silene gallica* Linn
◆ 科属：石竹科蝇子草属

◎别　　名

白花蝇子草、西欧蝇子草。

◎主要特征

一年生草本，全株被柔毛。茎单生。叶片长圆状匙形或披针形。单歧式总状花序；花萼被稀疏长柔毛和腺毛，纵脉顶端多少联结，萼齿线状披针形，花瓣淡红色至白色；副花冠片小，线状披针形。蒴果卵形；种子肾形。花期5—6月，果期6—7月。

◎分布与生境

分布于华北、西北及长江流域以南各地；历山见于猪尾沟、皇姑曼、青皮掌；多生于山坡、林下及杂草丛中。

◎主要用途

根、叶可入药；可供观赏。

石生蝇子草

◆ 学名：*Silene tatarinowii* Regel
◆ 科属：石竹科蝇子草属

◎别　　名

石生麦瓶草、山女娄菜。

◎主要特征

多年生草本，全株被短柔毛。茎上升或俯仰，分枝稀疏。叶片披针形或卵状披针形。二歧聚伞花序疏松；花萼筒状棒形，纵脉绿色，稀紫色；花瓣白色，具裂；副花冠片椭圆状。蒴果卵形或狭卵形，比宿存萼短；种子肾形。花期7—8月，果期8—10月。

◎分布与生境

分布于河北、内蒙古、山西、河南、湖北、湖南、陕西、甘肃、宁夏等地；历山见于混沟、猪尾沟、青皮掌、皇姑曼；多生于海拔800~2900m的灌丛中、疏林下多石质的山坡或岩石缝中。

◎主要用途

可栽培可供观赏。

麦瓶草

◆ **学名：*Silene conoidea* L.**
◆ **科属：石竹科蝇子草属**

◎别　　名

米瓦罐、净瓶、面条棵、面条菜、香炉草。

◎主要特征

一年生草本，全株被短腺毛。茎不分枝。基生叶片匙形，茎生叶叶片长圆形或披针形。二歧聚伞花序具数花；花直立；花萼圆锥形，绿色，基部脐形，果期膨大，花瓣粉色。蒴果梨状。种子肾形，暗褐色。花期5—6月，果期6—7月。

◎分布与生境

全国广布；历山全境可见；多生于麦田中或荒地草坡。

◎主要用途

叶可作野菜；全草可入药。

山蚂蚱草

◆ **学名：*Silene jenisseensis* Willd.**
◆ **科属：石竹科蝇子草属**

◎别　　名

旱麦瓶草、长白山蚂蚱草、麦瓶草。

◎主要特征

多年生草本。茎丛生，直立，不分枝。基生叶狭倒披针形或披针状线形。假轮伞状圆锥花序或总状花序，苞片卵形或披针形，基部微合生，顶端渐尖，边缘膜质，具缘毛；花萼狭钟形，纵脉绿色或紫色；花瓣白色或淡绿色，瓣片叉状2裂达瓣片的中部，副花冠长椭圆状。蒴果卵形，比宿存萼短。种子肾形，灰褐色。花期7—8月，果期8—9月。

◎分布与生境

分布于黑龙江、吉林、辽宁、河北、内蒙古、山西等地；历山见于东峡、西峡、皇姑曼、青皮掌、云蒙、西哄哄；多生于草原、草坡、林缘或固定沙丘。

◎主要用途

根可入药。

狗筋蔓

◆ 学名：*Silene baccifera* (Linnaeus) Roth
◆ 科属：石竹科蝇子草属

◎别　　名

白牛膝、抽筋草、筋骨草。

◎主要特征

多年生草本。茎铺散，多分枝。叶片卵形、卵状披针形或长椭圆形。圆锥花序疏松；花梗细，具1对叶状苞片；花萼宽钟形，后期膨大呈半圆球形，果期反折；花瓣白色，爪狭长，瓣片叉状浅2裂；副花冠片不明显。蒴果圆球形，呈浆果状。种子圆肾形。花期6—8月，果期7—9（—10）月。

◎分布与生境

分布于辽宁、河北、山西、陕西、宁夏、甘肃、新疆、江苏等地；历山见于钥匙沟、猪尾沟、西峡、西哄哄；多生于林缘、灌丛或草地。

◎主要用途

根或全草可入药。

剪秋罗

◆ 学名：*Lychnis fulgens* Fisch.
◆ 科属：石竹科剪秋罗属

◎别　　名

大花剪秋罗、浅裂剪秋罗。

◎主要特征

多年生草本。茎直立。叶片卵状长圆形或卵状披针形。二歧聚伞花序具数花，紧缩呈伞房状，花瓣深红色，爪不露出花萼，狭披针形，具缘毛，瓣片轮廓倒卵形，副花冠片长椭圆形，暗红色，呈流苏状。蒴果长椭圆状卵形。种子肾形。花期6—7月，果期8—9月。

◎分布与生境

分布于黑龙江、吉林、辽宁、河北、山西、内蒙古、云南、四川等地；历山见于猪尾沟、混沟、云蒙、舜王坪、青皮掌；多生于低山疏林下、灌丛草甸阴湿地。

◎主要用途

可供观赏。

牛膝

◆ 学名：*Achyranthes bidentata* Blume
◆ 科属：苋科牛膝属

◎别　　名

牛磕膝、倒扣草、怀牛膝、对节草。

◎主要特征

多年生草本。根圆柱形，土黄色。茎有棱角或四方形，节间明显膨大。叶片椭圆形或椭圆状披针形。穗状花序顶生及腋生，花期后反折；总花梗有白色柔毛；花多数，密生；苞片宽卵形。胞果矩圆形，黄褐色，光滑。种子矩圆形，黄褐色。花期7—9月，果期9—10月。

◎分布与生境

除东北外，全国广布；历山全境可见；多生于山坡林下。

◎主要用途

根可入药。

凹头苋

◆ 学名：*Amaranthus lividus* L.
◆ 科属：苋科苋属

◎别　　名

野苋、人情菜。

◎主要特征

一年生草本，全体无毛。茎伏卧。叶片卵形或菱状卵形，顶端凹缺。腋生花簇，生在茎端和枝端者呈直立穗状花序或圆锥花序；花被片淡绿色。胞果扁卵形。种子环形，黑色至黑褐色。花期7—8月，果期8—9月。

◎分布与生境

全国广布；历山全境可见；多生于田野、路旁。

◎主要用途

茎叶可作野菜，也可作猪饲料；全草可入药。

反枝苋

◆ 学名：***Amaranthus retroflexus* L.**
◆ 科属：**苋科苋属**

◎别　　名

野苋菜、苋菜、西风谷。

◎主要特征

一年生草本。茎粗壮直立，淡绿色。叶片菱状卵形或椭圆状卵形，两面及边缘有柔毛，下面毛较密。圆锥花序顶生及腋生，直立，顶生花穗较侧生者长；苞片及小苞片钻形，白色，花被片矩圆形或矩圆状倒卵形，白色。胞果扁卵形，薄膜质，淡绿色。种子近球形，边缘钝。花期7—8月，果期8—9月。

◎分布与生境

归化植物，全国广布；历山全境可见；多生于田野、路旁。

◎主要用途

嫩茎叶可作野菜，也可作家畜饲料；种子和全草可入药。

青葙

◆ 学名：***Celosia argentea* L.**
◆ 科属：**苋科青葙属**

◎别　　名

草蒿、萋蒿、昆仑草、百日红、鸡冠苋。

◎主要特征

一年生草本，全株无毛。茎直立，有分枝。叶矩圆状披针形至披针形。穗状花序长3~10cm；苞片、小苞片和花被片干膜质，光亮，淡红色。胞果卵形，盖裂；种子肾状圆形，黑色，光亮。花果期7—10月。

◎分布与生境

分布于山东、江苏、安徽、浙江、福建、台湾、江西等地；历山见于西哄哄、下川；多生于旷地或田地旁。

◎主要用途

种子可入药；可供观赏。

刺藜

◆ 学名：*Chenopodium aristatum* L.
◆ 科属：苋科刺藜属

◎别　　名

红小扫帚苗、铁扫帚苗、鸡冠冠草、刺穗藜。

◎主要特征

一年生草本。秋后常带紫红色。茎直立，圆柱形或有棱。叶条形至狭披针形，全缘。复二歧式聚伞花序生于枝端及叶腋，最末端的分枝针刺状；花两性，几无柄；花被裂片5，果时开展。胞果圆形；果皮透明，与种子贴生。花期8—9月，果期10月。

◎分布与生境

分布于黑龙江、吉林、辽宁、内蒙古、河北、山东、山西、河南、陕西、宁夏、甘肃、四川、青海及新疆等地；历山全境农田附近可见；多生于山坡、荒地等处。

◎主要用途

全草可入药；叶可食；秋日的植株可制作干花。

藜

◆ 学名：*Chenopodium album* L.
◆ 科属：苋科藜属

◎别　　名

落藜、胭脂菜、灰藜、灰蓼头草、灰菜、灰条菜。

◎主要特征

一年生草本。植物体具白粉；叶片菱状卵形至宽披针形，边缘具不整齐锯齿；花两性，花簇于枝上部排列成或大或小的穗状圆锥状或圆锥状花序；果皮与种子贴生。种子横生，双凸镜状。花果期5—10月。

◎分布与生境

全国各地均产；历山全境可见；多生于农田、菜园、村舍附近或有轻度盐碱的土地上。

◎主要用途

叶可供食用，也可作饲料用；全草可入药。

小藜

◆ 学名：*Chenopodium serotinum* L.
◆ 科属：苋科藜属

◎别　　名

苦落藜、灰灰菜、灰菜。

◎主要特征

一年生草本。茎直立，具条棱及绿色色条。叶片卵状矩圆形，通常3浅裂；边缘具深波状锯齿。花两性，数个排列于上部的枝上形成较开展的顶生圆锥状花序。胞果包在花被内，果皮与种子贴生。种子双凸镜状，黑色。花期4—5月，果期6—9月。

◎分布与生境

全国广布；历山全境可见；多生于荒地、道旁。

◎主要用途

叶可供食用，也可作饲料；全草可入药。

灰绿藜

◆ 学名：*Chenopodium glaucum* L.
◆ 科属：苋科 红叶藜属

◎别　　名

盐灰菜。

◎主要特征

一年生草本。茎平卧或外倾，具条棱及绿色或紫红色色条。叶片矩圆状卵形至披针形，肥厚，边缘具缺刻状牙齿，叶下面有粉而呈灰白色。花两性兼有雌性，通常数花聚成团伞花序；花被裂片浅绿色。胞果顶端露出于花被外；果皮膜质，黄白色。种子扁球形。花果期5—10月。

◎分布与生境

全国广布；历山全境可见；多生于农田、菜园、村房、水边等有轻度盐碱的土壤上。

◎主要用途

杂草。

大叶藜

◆ 学名：*Chenopodium hybridum* L.
◆ 科属：苋科麻叶藜属

◎别　　名

杂配藜、血见愁、杂灰菜、八角灰菜、大叶灰菜、光藜、大灰灰菜。

◎主要特征

一年生草本。茎直立，无毛。单叶互生；叶片卵形、宽卵形或三角状卵形，边缘有不规则波状浅裂。疏散的大圆锥花序顶生或腋生，花两性或兼有雌性；花被5裂。胞果薄膜质，双凸镜形，具蜂窝状的四至六角形网脉。种子扁圆形，黑色。花期7—8月，果期8—9月。

◎分布与生境

分布于东北、华北、西北、西南、山东、江苏、浙江等地；历山见于下川、西哄哄、李疙瘩；多生于村边、菜地及林缘草丛中。

◎主要用途

全草可入药。

地肤

◆ 学名：*Kochia scoparia* (L.) Schrad.
◆ 科属：苋科地肤属

◎别　　名

地麦、落帚、扫帚苗、扫帚菜、孔雀松、绿帚、观音菜。

◎主要特征

一年生草本。茎直立，圆柱状，淡绿色或带紫红色，有多数条棱。叶披针形或条状披针形；茎上部叶较小。花两性或雌性，通常1~3个生于上部叶腋，构成疏穗状圆锥状花序，花被近球形，淡绿色。胞果扁球形，果皮膜质，与种子离生。种子卵形，黑褐色。花期6—9月，果期7—10月。

◎分布与生境

全国大部分地区广布；历山全境可见；多生于路边、田野荒地。

◎主要用途

可栽培供观赏；种子可入药；嫩叶可作野菜。

猪毛菜

◆ 学名：*Salsola collina* Pall.
◆ 科属：苋科猪毛菜属

◎别　　名

猴子毛、蓬子菜、三叉明棵、猪毛缨。

◎主要特征

一年生草本。茎自基部分枝，枝互生，伸展，茎、枝绿色，叶片丝状圆柱形，生短硬毛，花序穗状，生枝条上部；苞片卵形，有刺状尖，顶端有刺状尖，花被片卵状披针形，膜质，顶端尖，果时变硬，紧贴果实，种子横生或斜生。花果期7—10月。

◎分布与生境

分布于东北、华北、西北、西南及西藏、河南、山东、江苏等地；历山全境可见；多生于村庄附近、路旁、荒地。

◎主要用途

幼苗及嫩茎叶可食；全草可入药。

无翅猪毛菜

◆ 学名：*Salsola komarovii* Iljin
◆ 科属：苋科猪毛菜属

◎别　　名

猪毛菜、沙蓬。

◎主要特征

一年生草本。茎直立，无毛，黄绿色，有白色或紫红色条纹。叶互生，叶片半圆柱形。花序穗状；花被片卵状矩圆形，膜质，无毛，顶端尖，果时变硬，革质，自背面的中上部生篦齿状突起。胞果倒卵形。花期7—8月，果期8—9月。

◎分布与生境

分布于黑龙江、河北、山西、甘肃、河南等地；历山见于后河、李疙瘩、下川；多生于海滨、河滩砂质土壤。

◎主要用途

民间全草可入药。

碱蓬

◆ **学名：*Suaeda glauca* (Bunge) Bunge**
◆ **科属：苋科碱蓬属**

◎别　　名

黄须菜、海英菜、碱蒿、盐蒿。

◎主要特征

一年生草本。茎直立，粗壮，圆柱状，浅绿色，有条棱，上部多分枝；枝细长，上升或斜伸。叶丝状条形，半圆柱状。花两性兼有雌性，单生或2~5朵团集，大多着生于叶的近基部处。胞果包在花被内，果皮膜质。种子横生或斜生。花果期7—9月。

◎分布与生境

分布于黑龙江、内蒙古、河北、山东、江苏、浙江、河南、山西、陕西、宁夏、甘肃、青海和新疆南部等地；历山见于后河水库附近；多生于海滨、荒地、渠岸、田边等含盐碱的土壤上。

◎主要用途

种子含油25%左右，可榨油供工业用；种子可入药；嫩苗可食；植物体可提取食用色素。

轴藜

◆ **学名：*Axyris amaranthoides* Linn.**
◆ **科属：苋科轴藜属**

◎别　　名

迎春草、扫帚菜、冻不死草、大帚菜。

◎主要特征

一年生草本。茎直立，粗壮，微具纵纹。叶具短柄；基生叶大，披针形，枝生叶和苞叶较小，狭披针形或狭倒卵形，边缘通常内卷。雄花序穗状；雌花花被片3，白膜质。果实长椭圆状倒卵形，侧扁，顶端具一冠状附属物。花果期8—9月。

◎分布与生境

分布于黑龙江、吉林、辽宁、河北、山西、内蒙古、陕西、甘肃、青海、新疆等地；历山见于李疙瘩、下川、西哄哄附近路边；多生于山坡、草地、荒地、河边、田间或路旁。

◎主要用途

杂草。

商陆

◆ 学名：*Phytolacca acinosa* Roxb.
◆ 科属：商陆科商陆属

◎别　　名

章柳、山萝卜、见肿消、倒水莲、金七娘、猪母耳、白母鸡。

◎主要特征

多年生草本，全株无毛。根肥大，肉质，倒圆锥形。茎直立，圆柱形，有纵沟，肉质，绿色或红紫色，多分枝。叶片薄纸质，椭圆形、长椭圆形或披针状椭圆形。总状花序顶生或与叶对生，圆柱状，直立，花粉红色。果序直立；浆果扁球形，熟时黑色。种子肾形，黑色，具3棱。花果期5—9月。

◎分布与生境

分布于河南、湖北、山东、浙江、江西、河北、山西等地；历山见于青皮掌、云蒙、皇姑曼、猪尾沟、混沟、红岩河；多生于山坡沟谷或林下。

◎主要用途

根可入药；果实含鞣酸，可提制栲胶；嫩茎叶可供蔬食。

垂序商陆

◆ 学名：*Phytolacca americana* L.
◆ 科属：商陆科商陆属

◎别　　名

美洲商陆。

◎主要特征

多年生草本。根粗壮，肥大，倒圆锥形。茎直立，圆柱形，有时带紫红色。叶片椭圆状卵形或卵状披针形。总状花序顶生或侧生；花白色，微带红晕。果序下垂；浆果扁球形，熟时紫黑色。种子肾圆形。花期6—8月，果期8—10月。

◎分布与生境

分布于河北、陕西、山东、江苏、浙江、江西、福建、河南、湖北、广东、四川、云南等地；历山境内自然村落附近常见逸生；多生于疏林下、路旁和荒地。

◎主要用途

根可入药；可作观赏植物。

注：本种有毒，不可轻易内服；本种为入侵植物，在历山地区发现呈野生状态的植株，恐为栽培逸生。

粟米草

◆ 学名：*Mollugo stricta* L.
◆ 科属：粟米草科粟米草属

◎别　　名

四月飞、瓜仔草、瓜疮草。

◎主要特征

一年生铺散草本。茎纤细，多分枝，有棱角，无毛，叶片披针形或线状披针形。花极小，组成疏松聚伞花序，花序梗细长，花被片淡绿色，边缘膜质。蒴果近球形。种子多数，肾形，栗色，具多数颗粒状凸起。花期6—8月，果期8—10月。

◎分布与生境

分布于秦岭、黄河以南，东南至西南各地；历山见于后河水库附近荒地上；多生于空旷荒地、农田和海岸沙地。

◎主要用途

全草可入药。

马齿苋

◆ 学名：*Portulaca oleracea* L.
◆ 科属：马齿苋科马齿苋属

◎别　　名

五行草、长命菜、五方草、瓜子菜、麻绳菜、马齿菜、蚂蚱菜。

◎主要特征

一年生草本，全株无毛。茎平卧，伏地铺散。枝淡绿色或带暗红色。叶互生，叶片扁平，肥厚，似马齿状；叶柄粗短。花无梗；苞片叶状；萼片绿色；花瓣黄色，倒卵形。蒴果卵球形，成熟时盖裂。种子细小，偏斜球形，黑褐色，有光泽。花期5—8月，果期6—9月。

◎分布与生境

全国广布；历山全境可见；多生于菜园、农田、路旁。

◎主要用途

全草可入药；可作野菜。

梾木

◆ 学名：*Cornus macrophylla* Wallich
◆ 科属：山茱萸科山茱萸属

◎别　　名

高山梾木。

◎主要特征

乔木。幼枝具棱角，初被灰色伏生短柔毛，老枝皮孔及叶痕显著；叶纸质，对生，椭圆形或卵状长圆形，稀倒卵长圆形，先端急尖或短尖，基部宽楔形或近圆，稀微不对称，边缘微波状，上面幼时被伏生小柔毛，下面具乳状突起及灰白色伏生短柔毛，沿叶脉毛为褐色，侧脉6~8对，弧状上升，网脉微横出。顶生伞房状聚伞花序长5~7cm，疏被短柔毛；花白色；萼片三角形，外侧被花瓣卵状披针形或卵状长圆形，外侧疏被短柔毛。核果近圆球形，成熟时黑色；核骨质，扁球形，具2浅沟及6条纵肋纹。花期6—7（—9）月，果期7—10（—11）月。

◎分布与生境

分布于云南独龙江、怒江流域和贡山、维西等高山地区；历山见于西峡、猪尾沟、小云蒙、青皮掌、皇姑曼；多生于海拔1700~3400m的杂木林中。

◎主要用途

果实可榨油；木材坚硬，可作家具、车辆、农具等用材；叶和树皮可提制栲胶。

毛梾

◆ 学名：*Cornus walteri* Wanger.
◆ 科属：山茱萸科山茱萸属

◎别　　名

小六谷、车梁木。

◎主要特征

落叶乔木。树皮厚，黑褐色。叶片对生，椭圆形、长圆椭圆形或阔卵形。伞房状聚伞花序顶生，花密，被灰白色短柔毛；花白色，有香味，花萼裂片绿色，齿状三角形。核果球形，核骨质，扁圆球形。花期5月，果期9月。

◎分布与生境

分布于辽宁、河北、山西南部、华东、华中、华南、西南各地；历山见于西峡、猪尾沟、青皮掌、皇姑曼；多生于杂木林或密林下。

◎主要用途

果实可榨油；木材坚硬，可作家具、车辆、农具等用材；叶和树皮可提制栲胶。

沙梾

◆ 学名：*Cornus bretschneideri* L. Henry
◆ 科属：山茱萸科山茱萸属

◎别　　名

卜氏梾子木、胭红柳、梾子木、毛山茱萸。

◎主要特征

灌木或小乔木。树皮紫红色；幼枝带红色。叶对生，纸质，卵形、椭圆状卵形或长圆形。伞房状聚伞花序顶生，被有贴生灰白色短柔毛；花小，白色。核果蓝黑色至黑色，近于球形，密被贴生短柔毛。花期6—7月，果期8—9月。

◎分布与生境

分布于黑龙江、吉林、辽宁、内蒙古、河北、山西、陕西、宁夏、甘肃等地；历山见于青皮掌、云蒙、猪尾沟、皇姑曼、混沟；多生于杂木林内或灌丛中。

◎主要用途

花色美丽，可作为庭园绿化树种；材质坚韧细密，可作细木工用材；果实含油率达22.4%，油可制肥皂、润滑油等。

灯台树

◆ 学名：*Cornus controversa* Hemsl.
◆ 科属：山茱萸科山茱萸属

◎别　　名

女儿木、六角树、瑞木。

◎主要特征

落叶乔木。树皮光滑，暗灰色或带黄灰色。枝开展，当年生枝紫红绿色，二年生枝淡绿色，有半月形的叶痕和圆形皮孔。叶互生，纸质，阔卵形、阔椭圆状卵形或披针状椭圆形，全缘；叶柄紫红绿色。伞房状聚伞花序，顶生；花小，白色，花萼裂片4；花瓣4。核果球形，成熟时紫红色至蓝黑色。花期5—6月，果期7—8月。

◎分布与生境

分布于辽宁、河北、陕西、甘肃、山东、安徽、台湾、河南等地；历山见于混沟、钥匙沟、青皮掌；多生于常绿阔叶林或针阔叶混交林中。

◎主要用途

木材坚硬，可做车轴、器物；果实可以榨油；树皮含鞣酸，可提制栲胶；茎、叶的白色乳汁可以用作橡胶及口香糖原料；叶可作饲料及肥料；花是蜜源；根、叶、树皮可入药。

瓜木

◆ **学名：*Alangium platanifolium* (Sieb. et Zucc.) Harms**
◆ **科属：山茱萸科八角枫属**

◎别　　名

篠悬叶瓜木、八角枫。

◎主要特征

落叶灌木或小乔木。小枝微呈“之”字形。叶片纸质，近圆形，不分裂或分裂。每花序仅有少数几朵花；花相对较大；花瓣白色，开花时反卷；雄蕊6~10枚。核果长卵圆形，熟时蓝黑色。花期3—7月，果期7—9月。

◎分布与生境

分布于吉林、辽宁、河北、山西、河南、陕西、甘肃、山东、浙江等地；历山见于皇姑曼、猪尾沟、青皮掌、西峡、西哄哄；多生于海拔2000m以下土质比较疏松而肥沃的向阳山坡或疏林中。

◎主要用途

树皮中含鞣酸，纤维可作人造棉；根、叶可药用，又可作农药；根皮可入药。

华瓜木

◆ **学名：*Alangium chinense* (Lour.) Rehd.**
◆ **科属：山茱萸科八角枫属**

◎别　　名

八角枫。

◎主要特征

本种与瓜木*Alangium platanifolium* (Sieb. et Zucc.) Harms类似，但本种叶近圆形、椭圆形或卵形，大多不裂。花期5—7月，果期7—11月。

◎分布与生境

分布于河南、陕西、甘肃、江苏、浙江、安徽、福建等地；历山见于青皮掌、皇姑曼、云蒙、大河、锯齿山；多生于海拔1800m以下的山地或疏林中。

◎主要用途

与瓜木大体一致。

水金凤

◆ 学名：***Impatiens noli-tangere*** **Linn.**
◆ 科属：**凤仙花科凤仙花属**

◎别　　名

野凤仙、白辣菜、水凤仙。

◎主要特征

一年生草本。茎肉质，直立。叶互生；叶片卵形或卵状椭圆形，边缘有粗圆齿，上面深绿色，下面灰绿色；叶柄纤细。总状花序；苞片草质，披针形，花黄色；侧生萼片卵形或宽卵形，旗瓣圆形或近圆形，翼瓣无柄，唇瓣宽漏斗状。蒴果线状圆柱形。种子多数。花期7—9月，果期7—8月。

◎分布与生境

分布于黑龙江、吉林、辽宁、内蒙古、河北、河南、山西、陕西、甘肃等地；历山见于猪尾沟、钥匙沟、东峡、西峡、西哄哄；多生于山坡林下、林缘草地或沟边。

◎主要用途

根和全草可入药；可作观赏植物。

窄萼凤仙花

◆ 学名：***Impatiens stenosepala*** **Pritz. ex Diels**
◆ 科属：**凤仙花科凤仙花属**

◎主要特征

一年生草本植物，高可达70cm。直立，叶互生，基部楔形，边缘有圆锯齿。总花梗腋生，花大，紫红色；翼瓣无柄，唇瓣囊状，基部圆形。蒴果条形。花果期7—9月。

◎分布与生境

分布于贵州、广西、山西、河南、甘肃等地；历山见于混沟、云蒙、皇姑曼、猪尾沟；多生于山坡林下、山沟水旁或草丛中。

◎主要用途

可供观赏。

花葱

◆ 学名：***Polemonium caeruleum*** **L.**
◆ 科属：**花葱科花葱属**

◎别　　名

电灯花。

◎主要特征

多年生草本植物。根匍匐，圆柱状。茎直立，羽状复叶互生，小叶互生，叶片长卵形至披针形，全缘，无小叶柄。聚伞圆锥花序顶生或上部叶腋生，疏生多花；花梗连同总梗密生短的或疏长腺毛；花萼钟状；花冠紫蓝色，钟状。蒴果卵形。种子褐色。花果期6—8月。

◎分布与生境

分布于河北、山西、内蒙古、新疆等地；历山见于舜王坪、青皮掌、卧牛场、云蒙；多生于山坡草丛、山谷疏林下、山坡路边灌丛或溪流附近湿处。

◎主要用途

可引种栽培供人观赏；根与根茎可入药。

君迁子

◆ 学名：***Diospyros lotus*** **L.**
◆ 科属：**柿科柿属**

◎别　　名

黑枣、软枣、牛奶枣、野柿子、丁香枣、梬枣、小柿。

◎主要特征

落叶乔木。树皮灰黑色或灰褐色。叶椭圆形至长椭圆形，全缘。雄花腋生；花萼钟形；花冠壶形，带红色或淡黄色。果近球形或椭圆形，初熟时为淡黄色，后则变为蓝黑色，常被有白色薄蜡层，8室。种子长圆形，褐色，侧扁。花期5—6月，果期10—11月。

◎分布与生境

分布于山东、辽宁、河南、河北、山西、陕西、甘肃、江苏、浙江、安徽、江西等地；历山见于红岩河、转林沟、钥匙沟、青皮掌、猪尾沟、东峡等地；多生于海拔500~2300m的山地、山坡、山谷的灌丛中或林缘。

◎主要用途

成熟果实可供食用，可制成柿饼，可入药，可供制糖、酿酒、制醋；未熟果实可提制柿漆，供医药和涂料用；木材可作纺织木梭、雕刻、小用具、精美家具、文具等用材；树皮可供提取鞣酸和制人造棉。

点地梅

◆ 学名：*Androsace umbellata* (Lour.) Merr.
◆ 科属：报春花科点地梅属

◎别　　名

喉咙草、佛顶珠、白花草、清明花、天星花。

◎主要特征

一年生或二年生草本，全株被细柔毛。基生叶丛生；叶近圆形或卵圆形，边缘有多数三角状钝牙齿。伞形花序4~15花；苞片数枚，花冠白色，短于花萼，喉部黄色，5裂。蒴果近球形，先端5瓣裂，裂瓣膜质，白色，具宿存花萼。花期3—5月，果期6月。

◎分布与生境

全国广布；历山全境可见；多生于山坡草地、路边。

◎主要用途

全草可入药。

大苞点地梅

◆ 学名：*Androsace maxima* L.
◆ 科属：报春花科点地梅属

◎主要特征

一年生草本。莲座叶丛基生，叶狭倒卵形或倒披针形，先端渐尖，基部渐狭，全缘或具齿，两面疏被长茸毛。花莛2至多数，从叶丛中抽出，被白色卷曲毛和腺毛。伞形花序多花，花梗直立；花冠白色或淡粉红色。蒴果近球形，与宿存花萼等长或稍短。花果期6—8月。

◎分布与生境

分布于新疆北部、内蒙古、甘肃、宁夏、陕西、山西等地；历山见于舜王坪、青皮掌；多生于山谷草地、山坡砾石地、固定沙地及丘间低地。

◎主要用途

全草可入药。

河北假报春

◆ 学名：*Cortusa matthioli* subsp. *pekinensis* (Al.Richt.) Kitag
◆ 科属：报春花科假报春属

◎别　　名

假报春、北京假报春、京报春。

◎主要特征

多年生草本。叶基生，轮廓近圆形，掌状浅裂，边缘具不整齐的钝圆或稍锐尖牙齿，被柔毛；叶柄被柔毛。花葶直立；伞形花序5~8（10）花；花冠漏斗状钟形，紫红色，花柱伸出花冠。蒴果圆筒形，长于宿存花萼。花期5—7月，果期7—8月。

◎分布与生境

分布于北京、河北、山西、陕西、甘肃等地；历山见于青皮掌、云蒙、舜王坪；多生于林下。

◎主要用途

可供观赏。

胭脂花

◆ 学名：*Primula maximowiczii* Regel.
◆ 科属：报春花科报春花属

◎别　　名

段报春。

◎主要特征

多年生草本，全株无粉。叶倒卵状椭圆形、狭椭圆形至倒披针形，叶柄具膜质宽翅。花葶稍粗壮，伞形花序，苞片披针形，花萼狭钟状，裂片三角形，花冠暗朱红色，冠筒管状，花柱长近达冠筒口；短花柱。蒴果稍长于花萼。花期5—6月，果期7月。

◎分布与生境

分布于吉林、内蒙古、河北、山西、陕西等地；历山见于舜王坪；多生于林下和林缘湿润处、高山草甸。

◎主要用途

花色丰富，花期长，具有很高的观赏价值；全株可作药用。

狼尾花

◆ 学名：*Lysimachia barystachys* Bunge
◆ 科属：报春花科珍珠菜属

◎别　　名

狼尾巴花、野鸡脸、珍珠菜、虎尾草。

◎主要特征

多年生草本。具横走的根茎，全株密被卷曲柔毛。茎直立。叶互生或近对生，长圆状披针形或倒披针形至线形，先端钝或锐尖，基部楔形，近于无柄。总状花序顶生，花密集，常转向一侧。蒴果球形。花期5—8月，果期8—10月。

◎分布与生境

分布于黑龙江、吉林、辽宁、内蒙古、河北、山西、陕西、甘肃、四川、云南等地；历山全境可见；多生于草甸、山坡路旁灌丛间。

◎主要用途

民间全草可入药。

狭叶珍珠菜

◆ 学名：*Lysimachia pentapetala* Bunge
◆ 科属：报春花科珍珠菜属

◎别　　名

珍珠菜、白花菜。

◎主要特征

一年生草本，全体无毛。茎直立，圆柱形，多分枝，密被褐色无柄腺体。叶互生，狭披针形至线形，有褐色腺点；叶柄短。总状花序顶生，花梗长5~10mm；花冠白色，雄蕊比花冠短，花丝贴生于花冠裂片的近中部，花药卵圆形。蒴果球形。花期7—8月，果期8—9月。

◎分布与生境

分布于东北、华北、甘肃、陕西、河南、湖北、安徽、山东等地；历山全境可见；多生于山坡荒地、路旁、田边和疏林下。

◎主要用途

全草可入药；嫩叶可食。

白檀

◆ 学名：*Symplocos paniculata* (Thunb.) Miq.
◆ 科属：山矾科山矾属

◎别　　名

碎米子树、乌子树。

◎主要特征

落叶灌木或小乔木。叶膜质或薄纸质，叶片阔倒卵形、椭圆状倒卵形或卵形，边缘有细尖锯齿。圆锥花序，通常有柔毛；苞片早落，通常条形，有褐色腺点；花萼萼筒褐色，裂片半圆形或卵形，稍长于萼筒，淡黄色，有纵脉纹，边缘有毛；花冠白色，花盘有凸起的腺点。核果熟时蓝色。花果期6—9月。

◎分布与生境

分布于东北、华北、华中、华南、西南等地；历山见于混沟、云蒙、皇姑曼；多生于山坡、路边、疏林或密林中。

◎主要用途

叶可药用；根皮与叶可作农药用；可作园林栽培观赏树种；木材可作工业及建筑用材。

野茉莉

◆ 学名：*Styrax japonicus* Sieb. et Zucc.
◆ 科属：安息香科安息香属

◎别　　名

木香柴、野白果树、山白果。

◎主要特征

灌木或小乔木。树皮暗褐色或灰褐色，平滑；嫩枝暗紫色，圆柱形。叶互生，纸质或近革质，椭圆形或长圆状椭圆形至卵状椭圆形，边近全缘或仅于上半部具疏离锯齿，叶柄疏被星状短柔毛。总状花序顶生，有花5~8朵；花序梗无毛；花白色。果实卵形，顶端具短尖头，外面密被灰色星状茸毛，有不规则皱纹。种子褐色，有深皱纹。花期4—7月，果期9—11月。

◎分布与生境

分布于山西、陕西、河北、河南、山东等地；历山见于下川、西峡、猪尾沟、皇姑曼；多生于海拔400~1804m的林中。

◎主要用途

花、虫瘿内白粉、叶、果可入药。

郁香野茉莉

◆ 学名：*Styrax odoratissimus* Champ.
◆ 科属：安息香科安息香属

◎别　　名

白木、野菱莉、芬芳安息香。

◎主要特征

小乔木。树皮灰褐色，不开裂；嫩枝无毛，紫红色或暗褐色。叶互生，薄革质至纸质，卵形或卵状椭圆形，边全缘或上部有疏锯齿；叶柄被毛。总状或圆锥花序，顶生；花白色。果实近球形，顶端具弯喙，密被灰黄色星状茸毛。种子卵形，密被褐色鳞片状毛和瘤状突起，稍具皱纹。花期3—4月，果期6—9月。

◎分布与生境

分布于安徽、湖北、江苏、浙江、湖南、江西、福建、广东、广西和贵州等地；历山见于混沟、皇姑曼、下川；多生于海拔600~1600m的阴湿山谷、山坡疏林中。

◎主要用途

木材坚硬，可作建筑，船舶、车辆和家具等用材；种子油可供制肥皂或作机械润滑油。

老鸹铃

◆ 学名：*Styrax hemsleyanus* Diels
◆ 科属：安息香科安息香属

◎别　　名

白花木、白花安息香。

◎主要特征

乔木。树皮暗褐色；老枝暗褐色，无毛。叶纸质，生于小枝下部的两叶近对生，长圆形或卵状长圆形，边缘具锯齿或有时近全缘；叶柄疏生灰褐色星状短柔毛。总状花序，有花8~10朵；花白色，芳香。果实球形至卵形，顶端具短尖头，密被黄褐色或灰黄色星状茸毛，稍具皱纹；种子1~2颗，褐色。花期5—6月，果期7—9月。

◎分布与生境

分布于湖北、山西、陕西、四川、贵州等地；历山见于下川、皇姑曼、西哄哄、混沟、云蒙；多生于山坡疏林中、林缘、灌丛中。

◎主要用途

种子油可制肥皂或作机器滑润油；花美丽，可作观

软枣猕猴桃

◆ 学名：*Actinidia arguta* (Sieb. & Zucc) Planch. ex Miq.
◆ 科属：猕猴桃科猕猴桃属

◎别　名

软枣子、青枣。

◎主要特征

大型落叶藤本。小枝基本无毛或幼嫩时星散地薄被软茸毛或茸毛；叶膜质或纸质，卵形、长圆形、阔卵形至近圆形，顶端急短尖，基部圆形至浅心形，背面绿色；花序腋生或腋外生，苞片线形，花绿白色或黄绿色，芳香，萼片卵圆形至长圆形，花瓣楔状倒卵形或瓢状倒阔卵形。果圆球形至柱状长圆形，成熟时绿黄色或紫红色。花期6—7月，果期8—9月。

◎分布与生境

分布于河北、黑龙江、河南、江西、辽宁、陕西、山东、山西等地；历山见于猪尾沟、混沟、青皮掌、皇姑曼；多生于混交林或水分充足的杂木林中。

◎主要用途

果实可食，也可入药；可作庭院观赏植物。

狗枣猕猴桃

◆ 学名：*Actinidia kolomikta* (Maxim. & Rupr.) Maxim.
◆ 科属：猕猴桃科猕猴桃属

◎别　名

深山木天蓼、狗枣子。

◎主要特征

大型落叶藤本。小枝紫褐色。叶膜质或薄纸质，阔卵形或长方卵形至长方倒卵形，边缘有锯齿，两面近同色，上部往往变为白色，后渐变为紫红色。聚伞花序，雄性的有花3朵，雌性的通常1花单生，花白色或粉红色，芳香，萼片长方卵形，花瓣长方倒卵形。果柱状长圆形、卵形或球形，果皮洁净无毛，无斑点，未熟时暗绿色，成熟时淡橘红色，并有深色纵纹。果熟时花萼不脱落。花期5—7月，果期9—10月。

◎分布与生境

分布于黑龙江、吉林、辽宁、河北、四川、云南等地；历山生于混沟、青皮掌；多生于山地混交林或杂木林中的开阔地。

◎主要用途

果实可食用、酿酒及入药，主要含维生素C等；树皮可纺绳及织麻布。

葛枣猕猴桃

◆ 学名：*Actinidia polygama* (Sieb. et Zucc.) Maxim.
◆ 科属：猕猴桃科猕猴桃属

◎别　　名

木天蓼、葛枣子。

◎主要特征

大型落叶藤本。茎皮孔不很显著。髓白色，实心。叶膜质（花期）至薄纸质，卵形或椭圆卵形。花序1~3花；花白色，芳香。果成熟时淡橘色，卵珠形或柱状卵珠形，无毛，无斑点，顶端有喙，基部有宿存萼片。花期6月中旬至7月上旬，果熟期9—10月。

◎分布与生境

分布于黑龙江、吉林、辽宁、甘肃、陕西、河北、河南、山东、湖北等地；历山见于转林沟、猪尾沟；多生于杂木林中。

◎主要用途

果实可食或入药。

照山白

◆ 学名：*Rhododendron micranthum* Turcz.
◆ 科属：杜鹃花科杜鹃花属

◎别　　名

照白杜鹃、达里、万斤、万经棵、小花杜鹃、白镜子、铁石。

◎主要特征

常绿灌木。小枝褐色，有褐色鳞片及柔毛。叶互生，革质，椭圆状披针形或狭卵圆形，叶上面绿色，下面密生褐色腺鳞。花密生成总状花序；花冠钟形，白色。蒴果长圆形，成熟后褐色。花果期5—9月。

◎分布与生境

广布东北、华北、西北、山东、河南、湖北、湖南、四川等地；历山见于云蒙、混沟、猪尾沟、舜王坪、青皮掌、皇姑曼；多生于山坡、山沟石缝。

◎主要用途

枝叶可入药；可作观赏植物。

注：该种有剧毒，幼叶更毒，牲畜误食，易中毒死亡。

松下兰

◆ 学名：*Monotropa hypopitys* Linn.
◆ 科属：杜鹃花科松下兰属

◎别　　名

地花、土花。

◎主要特征

多年生草本。腐生，全株无叶绿素，白色或淡黄色，肉质，干后变黑褐色。叶鳞片状，互生，卵状长圆形或卵状披针形，边缘近全缘，上部的叶常有不整齐的锯齿。总状花序有3~8花；花初下垂，后渐直立，花冠筒状钟形；花瓣4~5。长圆形或倒卵状长圆形，早落，柱头膨大呈漏斗状，4~5圆裂。蒴果椭圆状球形。花期6—7（—8）月，果期7—8（—9）月。

◎分布与生境

分布于吉林、辽宁、山西、陕西、青海、甘肃、新疆、湖北、四川；历山见于混沟、云蒙、舜王坪；多生于山地阔叶林或针阔叶混交林下。

◎主要用途

全草和根可入药。

鹿蹄草

◆ 学名：*Pyrola calliantha* H. Andr.
◆ 科属：杜鹃花科鹿蹄草属

◎别　　名

鹿衔草、小秦王草、破血丹、紫背金牛草、大肺筋草、红肺筋草。

◎主要特征

常绿草本。根茎细长，横生，斜升，有分枝。叶基生，革质；叶片椭圆形或圆卵形，稀近圆形，上面绿色，下面常有白霜，有时带紫色。总状花序，有花数朵，花倾斜，稍下垂，白色，有时稍带淡红色；腋间有长舌形苞片，萼片舌形；花瓣倒卵状椭圆形或倒卵形；蒴果扁球形。花期6—8月，果期8—9月。

◎分布与生境

分布于陕西、青海、甘肃、山西、山东、河北、河南、安徽等地；历山见于混沟、青皮掌、舜王坪；多生于山地针叶林、针阔叶混交林或阔叶林下。

◎主要用途

全草可供药用。

茜草

◆ 学名：***Rubia cordifolia*** **L.**
◆ 科属：**茜草科茜草属**

◎别　　名

四轮草、拉拉蔓、小活血、过山藤、红根仔。

◎主要特征

多年生草质攀缘藤木。根状茎和其节上的须根均红色；茎多条，细长，方柱形，棱上生倒生皮刺，叶片轮生，纸质，披针形或长圆状披针形，顶端渐尖，心形，边缘有齿状皮刺，两面粗糙，叶柄较长。聚伞花序腋生和顶生，有花数十朵，花序和分枝均细瘦，花冠淡黄色，花冠裂片近卵形。果球形，橘黄色，带棱。花期8—9月，果期10—11月。

◎分布与生境

分布于东北、华北、西北、四川及西藏等地；历山全境可见；多生于疏林、林缘、灌丛或草地上。

◎主要用途

全草可入药；根可提取红色染料。

鸡矢藤

◆ 学名：***Paederia scandens*** **(Lour.) Merr**
◆ 科属：**茜草科鸡矢藤属**

◎别　　名

鸡屎藤、牛皮冻、臭藤。

◎主要特征

藤状灌木。植株带刺激性气味；无毛或近无毛。叶对生，纸质或近革质，叶片形状变化很大，卵形或卵状长圆形至披针形。圆锥花序式的聚伞花序腋生和顶生，花冠浅紫色，冠管外面被粉末状柔毛，内面被茸毛，花药背着，花丝长短不齐。果球形，成熟时近黄色，顶冠以宿存的萼裂片和花盘。小坚果无翅，浅黑色。花期5—6月，果期冬季。

◎分布与生境

分布于陕西、甘肃、山东、江苏、安徽、江西、浙江、福建等地；历山见于下川、西哄哄、云蒙；多生于山坡、林中、林缘、沟谷边灌丛中或缠绕在灌木上。

◎主要用途

叶可食用；全株可入药；可作观赏植物。

野丁香

◆学名：*Leptodermis oblonga* Bunge
◆科属：茜草科野丁香属

◎别　　名

薄皮木。

◎主要特征

灌木。小枝纤细，灰色至淡褐色，常片状剥落。叶纸质，叶片披针形或长圆形，有时椭圆形或近卵形，叶柄短。花无梗，常数朵簇生枝顶；萼裂片阔卵形，花冠淡紫红色，漏斗状，外面被微柔毛，冠管狭长。蒴果；种子有网状、与种皮分离的假种皮。花期6—8月，果期10月。

◎分布与生境

分布于华北各地；历山见于青皮掌、皇姑曼、舜王坪、云蒙；多生于山坡、路边等向阳处，亦见于灌丛中。

◎主要用途

可供观赏；枝条、叶可作饲料。

猪殃殃

◆学名：*Galium spurium* L.
◆科属：茜草科拉拉藤属

◎别　　名

拉拉藤、爬拉殃、八仙草。

◎主要特征

蔓生或攀缘状草本，多枝。茎四棱，棱上、叶缘及叶下面中脉上均有倒生小刺毛。叶4~8片轮生，叶片条状倒披针形，聚伞花序腋生或顶生，单生或2~3个簇生，有黄绿色小花数朵，果干燥，密被钩毛，每一果室有1颗平凸的种子。花果期6—9月。

◎分布与生境

分布于辽宁、河北、山西、陕西、甘肃、青海、新疆等地；历山全境可见；多生于山坡、旷野、沟边、湖边、林缘、草地。

◎主要用途

全草可入药。

北方拉拉藤

◆ 学名：*Galium boreale* L.
◆ 科属：茜草科拉拉藤属

◎别　　名

硬毛拉拉藤、砧草、拉拉藤。

◎主要特征

多年生直立草本。茎有4棱角。叶纸质或薄革质，4片轮生，狭披针形或线状披针形，边缘常稍反卷。聚伞花序顶生和生于上部叶腋，常在枝顶结成圆锥花序；花萼被毛；花冠白色或淡黄色。果小，果爿单生或双生，密被白色稍弯的糙硬毛。花期5—8月，果期6—10月。

◎分布与生境

分布于黑龙江、吉林、辽宁、内蒙古、河北、山西、甘肃、青海、新疆等地；全境沟谷林下均可见；多生于山坡、沟旁、草地的草丛、灌丛或林下。

◎主要用途

全草可入药。

四叶葎

◆ 学名：*Galium bungei* Steud.
◆ 科属：茜草科拉拉藤属

◎别　　名

四叶七、四角金、蛇舌癀。

◎主要特征

多年生草本。有红色丝状根；茎有4棱。叶纸质，4片轮生，叶形变化较大，常在同一株内上部与下部的叶形均不同，卵状长圆形、卵状披针形、披针状长圆形或线状披针形。聚伞花序顶生和腋生，稠密或稍疏散，总花梗纤细，常3歧分枝，再形成圆锥状花序；花小；花冠黄绿色或白色。果爿近球状，通常双生。花期4—9月，果期5月至翌年1月。

◎分布与生境

分布于黑龙江、辽宁、内蒙古、河北、山西、陕西、宁夏、甘肃、山东等地；全境沟谷林下均可见；多生于山地、丘陵、旷野、田间、沟边的林中。

◎主要用途

全草可入药。

蓬子菜

◆ 学名：*Galium verum* L.
◆ 科属：茜草科拉拉藤属

◎别　　名

黄牛衣、铁尺草、月经草、黄米花、柳夫绒蒿、疔毒蒿、鸡肠草、喇嘛黄、土茜草、白茜草、黄牛尾。

◎主要特征

多年生直立草本。茎丛生，基部稍木质化，四棱形，幼时有柔毛。叶6~10片，轮生，无柄；叶片线形，边缘反卷。聚伞花序集成顶生的圆锥花序状，稍紧密；花冠辐状，淡黄色，花冠筒极短，裂片4。双悬果2，扁球形，无毛。花期6—7月，果期8—9月。

◎分布与生境

分布于东北、西北至长江流域等地；历山见于青皮掌、舜王坪、卧牛场；多生于山坡灌丛及旷野草地。

◎主要用途

全草可入药。

秦艽

◆ 学名：*Gentiana macrophylla* Pall.
◆ 科属：龙胆科龙胆属

◎别　　名

大叶龙胆、大叶秦艽、西秦艽。

◎主要特征

多年生草本。基部被枯存的纤维状叶鞘包裹。枝少数丛生，直立或斜升。莲座丛叶卵状椭圆形或狭椭圆形。花多数，无花梗，簇生枝顶呈头状或腋生作轮状；花萼筒膜质，黄绿色或有时带紫色，花冠筒部黄绿色，冠檐蓝色或蓝紫色，壶形。蒴果卵状椭圆形。花果期7—9月。

◎分布与生境

分布于新疆、宁夏、陕西、山西、河北、内蒙古及东北等地；历山见于青皮掌、卧牛场、舜王坪；多生于河滩、路旁、水沟边、山坡草地、草甸、林下及林缘。

◎主要用途

根茎可入药。

达乌里秦艽

◆ 学名：*Gentiana dahurica* Fisch.
◆ 科属：龙胆科龙胆属

◎主要特征

多年生草本。枝丛生。莲座丛叶披针形或线状椭圆形，先端渐尖，基部渐窄，叶柄宽扁；茎生叶线状披针形或线形。聚伞花序顶生或腋生，花序梗长达5.5cm；花梗长达3cm；萼筒膜质，黄绿色或带紫红色，不裂，稀一侧开裂，裂片5，不整齐，线形，绿色；花冠深蓝色，有时喉部具黄色斑点，裂片卵形或卵状椭圆形，先端钝，全缘，褶整齐，三角形或卵形，先端钝，全缘或边缘啮蚀形；蒴果内藏，椭圆状披针形，无柄。种子具细网纹。花果期7—9月。

◎分布与生境

分布于四川北部及西北部、西北、华北、东北等地区；历山全域可见；多生于海拔870~3100m的田边、路旁、河滩、湖边沙地、水沟边、向阳山坡及干草原等地。

◎主要用途

根茎可入药。

鳞叶龙胆

◆ 学名：*Gentiana squarrosa* Ledeb
◆ 科属：龙胆科龙胆属

◎别　　名

小龙胆、龙胆地丁。

◎主要特征

一年生矮小草本。茎黄绿色或紫红色，自基部起多分枝，枝铺散。叶先端钝圆或急尖，具短小尖头，基部渐狭，边缘厚软骨质，匙形。花多数，单生于小枝顶端；花梗黄绿色或紫红色，花萼倒锥状筒形，花冠蓝色，筒状漏斗形。蒴果外露，倒卵状矩圆形。花果期4—9月。

◎分布与生境

分布于西北、华北、东北、华南等地区；历山全境山坡草地均可见；多生于山坡、山谷、山顶、干草原、河滩、荒地、路边、灌丛及高山草甸。

◎主要用途

全草可入药。

扁蕾

◆ 学名：*Gentianopsis barbata* (Froel.) Ma.
◆ 科属：龙胆科扁蕾属

◎别　　名

剪帮龙胆。

◎主要特征

一年生或二年生草本。茎单生，直立，近圆柱形，下部单一，上部有分枝，条棱明显，有时带紫色。基生叶多对，常早落，匙形或线状倒披针形，花单生茎或分枝顶端；花梗直立，近圆柱形，有明显的条棱，花冠筒状漏斗形，筒部黄白色，檐部蓝色或淡蓝色。蒴果具短柄，与花冠等长。种子褐色，矩圆形。花果期7—9月。

◎分布与生境

分布于西南、西北、华北、东北等地；历山全域可见；多生于水沟边、山坡草地、林下、灌丛中、沙丘边缘。

◎主要用途

全草可入药。

肋柱花

◆ 学名：*Lomatogonium rotatum* (L.) Fries ex Nym
◆ 科属：龙胆科肋柱花属

◎别　　名

辐状肋柱花、侧蕊、辐花侧蕊。

◎主要特征

一年生草本。茎不分枝或自基部有少数分枝，近四棱形，直立，绿色或常带紫色。叶无柄，狭长披针形或披针形至线形，枝及上部叶较小，半抱茎。花梗直立或斜伸，四棱形；花冠淡蓝色，具深色脉纹，基部两侧各具1个腺窝，边缘具不整齐的裂片状流苏；花药蓝色。蒴果狭椭圆形或倒披针状椭圆形。花果期8—9月。

◎分布与生境

分布于东北、华北、西北至西南等地；历山见于舜王坪草甸；多生于海拔1400~4200m的山坡草地及水沟边。

◎主要用途

全草可入药。

歧伞獐牙菜

◆ 学名：*Swertia dichotoma* Linn.
◆ 科属：龙胆科獐牙菜属

◎别　　名

歧伞当药、腺鳞草。

◎主要特征

一年生草本。茎细弱，四棱形，棱上有狭翅，从基部作二歧式分枝。叶质薄，下部叶具柄，叶片匙形，叶柄细；中上部叶无柄或有短柄，叶片卵状披针形，基部近圆形或宽楔形，叶脉1~3条。聚伞花序顶生或腋生；花梗细弱，弯垂，四棱形，有狭翅；花萼绿色；花冠白色，带紫红色，中下部具2个腺窝，腺窝黄褐色，花药蓝色。蒴果椭圆状卵形。花果期5—7月。

◎分布与生境

分布于青海、甘肃、新疆、陕西、宁夏、内蒙古、山西、河北、河南等地；历山见于大河、锯齿山、云蒙、混沟、皇姑曼、下川；多生于河边、山坡、林缘。

◎主要用途

全草可入药。

北方獐牙菜

◆ 学名：*Swertia diluta* (Turcz.) Benth. et Hook. f.
◆ 科属：龙胆科獐牙菜属

◎别　　名

当药、淡味当药、淡味獐牙菜。

◎主要特征

一年生草本。茎直立，四棱形，棱上具窄翅。叶无柄，线状披针形至线形。圆锥状复聚伞花序具多数花；花梗直立，四棱形；花5数；花萼绿色；花冠浅蓝色，基部有2个腺窝，周缘具长柔毛状流苏。蒴果卵形。花果期8—10月。

◎分布与生境

分布于陕西、内蒙古、山西、河北、河南、山东、黑龙江、辽宁、吉林等地；历山全境低山区路旁、林下均可见；多生于生林下、路旁。

◎主要用途

全草可入药。

翼萼蔓

◆ 学名：*Pterygocalyx volubilis* Maxim.
◆ 科属：龙胆科翼萼蔓属

◎别　　名

翼萼蔓龙胆、蔓龙胆、双蝴蝶。

◎主要特征

一年生草本。茎缠绕，蔓生，线状，有细条棱。叶质薄，披针形、卵状披针形或狭披针形，边缘全缘，叶脉1~3条，叶柄宽扁，基部抱茎。花腋生或顶生，1~3朵，单生或呈聚伞花序；花萼膜质，钟形，沿脉具4个宽翅；花冠蓝色。蒴果椭圆形。种子褐色，椭圆形，具宽翅。花果期8—9月。

◎分布与生境

分布于西藏东南部、云南、四川、青海、湖北、河南、陕西、山西、河北等地；历山见于猪尾沟、混沟、云蒙、东峡、西峡；多生于山坡林下及林缘。

◎主要用途

可供观赏；全草可入药。

罗布麻

◆ 学名：*Apocynum venetum* L.
◆ 科属：夹竹桃科罗布麻属

◎别　　名

红麻、茶叶花、红柳子、羊肚拉角。

◎主要特征

直立半灌木。具乳汁。枝条对生或互生，圆筒形，光滑无毛，紫红色或淡红色。叶对生，仅在分枝处为近对生，叶片椭圆状披针形至卵圆状长圆形，叶缘具细牙齿，两面无毛；叶柄间具腺体，老时脱落。圆锥状聚伞花序一至多歧，通常顶生，有时腋生，花萼5深裂；花冠圆筒状钟形，紫红色或粉红色。蓇葖果2，平行或叉生，下垂。种子多数，卵圆状长圆形，黄褐色，顶端有一簇白色绢质的种毛。花期4—9月，果期7—12月。

◎分布与生境

分布于华北、西北等地；历山见于李疙瘩、下川、后河附近河滩地，恐为逸生；多生于盐碱荒地、沙漠边缘、河流两岸、冲积平原、河泊周围及戈壁荒滩上。

◎主要用途

根、叶可入药；叶可代茶；茎纤维可供纺织；可作观赏植物。

络石

◆ 学名：*Trachelospermum jasminoides* (Lindl.) Lem.
◆ 科属：夹竹桃科络石属

◎别　　名

石龙藤、万字花、万字茉莉。

◎主要特征

绿木质藤本植物。具乳汁。茎圆柱形赤褐色。叶革质或近革质，叶片椭圆形至卵状椭圆形或宽倒卵形，叶柄短；二歧聚伞花序腋生或顶生，花多朵组成圆锥状，花白色，芳香，花冠筒圆筒形，雄蕊着生在花冠筒中部；蓇葖果双生，叉开，线状披针形。种子线形，褐色，具毛。花期3—7月，果期7—12月。

◎分布与生境

分布于山东、安徽、江苏、浙江、福建、台湾、江西、河北、山西、河南等地；历山见于云蒙、混沟；多生于山野、溪边、路旁、林缘或杂木林中，常缠绕于树上或攀缘于墙壁上、岩石上。

◎主要用途

可供观赏；根、茎、叶、果实可供药用。

竹灵消

◆ 学名：*Vincetoxicum inamoenum* Maxim.
◆ 科属：夹竹桃科白前属

◎别　　名

老君须、婆婆针线包。

◎主要特征

直立草本。基部分枝甚多。叶薄膜质，广卵形，顶端急尖，基部近心形。伞形聚伞花序，近顶部互生，着花，花黄色，花萼裂片披针形，急尖，花冠辐状，裂片卵状长圆形，副花冠较厚，裂片三角形。蓇葖果双生，稀单生，狭披针形。花期5—7月，果期7—10月。

◎分布与生境

分布于辽宁、河北、河南、山东、山西、安徽、浙江、湖北、湖南等地；历山见于青皮掌、舜王坪；多生于山地疏林、灌木丛中或山顶、山坡草地上。

◎主要用途

根可入药。

徐长卿

◆ 学名：*Vincetoxicum pycnostelma* Kitag.
◆ 科属：夹竹桃科白前属

◎别　　名

竹叶细辛。

◎主要特征

多年生直立草本。茎不分枝，无毛。叶对生，纸质，披针形至线形，叶缘有边毛。圆锥状聚伞花序生于顶端的叶腋内，花10余朵；花冠黄绿色，近辐状；副花冠裂片5，基部增厚。蓇葖果单生，披针形。种子长圆形，具毛。花期5—7月，果期9—12月。

◎分布与生境

分布于辽宁、内蒙古、山西、河北、河南、陕西、甘肃、四川、贵州等地；历山见于青皮掌、皇姑曼、舜王坪；多生于向阳山坡及草丛中。

◎主要用途

干燥根及根茎可入药。

华北白前

◆ 学名：*Vincetoxicum mongolicum* Maxim.
◆ 科属：夹竹桃科白前属

◎别　　名

老鸹头、老瓜头。

◎主要特征

多年生草本。叶对生或轮生，卵状披针形。聚伞花序伞状，花萼裂片卵状披针形，内面基部具5腺体；花冠紫色或深红色；副花冠5深裂，裂片肉质，龙骨状。果双生，长圆状披针形。种子具毛。花期5—8月，果期6—11月。

◎分布与生境

分布于内蒙古、河北、山西等地；历山见于青皮掌；多生于山地林下路旁。

◎主要用途

民间全草可入药。

变色白前

◆ 学名：*Vincetoxicum versicolor* (Bunge) Decne.
◆ 科属：夹竹桃科白前属

◎主要特征

亚灌木。茎上部缠绕，下部直立。叶对生，宽卵形或卵状椭圆形。聚伞花序伞状，花序梗被茸毛；花萼裂片线状披针形，内面基部具5腺体；花冠黄白色或深紫色，辐状或钟状，副花冠较合蕊冠短，裂片三角形，肉质。蓇葖果单生，宽披针状圆柱形。种子具白色绢毛。花期5—8月，果期7—11月。

◎分布与生境

分布于吉林、辽宁、河北、河南、四川、山东、江苏和浙江等地；历山见于青皮掌附近；多生于灌木丛中及溪流旁。

◎主要用途

根可入药。

鹅绒藤

◆ 学名：*Cynanchum chinense* R. Br.
◆ 科属：夹竹桃科鹅绒藤属

◎别　　名

祖子花。

◎主要特征

缠绕草本，全株被短柔毛。叶对生，薄纸质，宽三角状心形。伞形聚伞花序腋生，两歧，花萼外面被柔毛；花冠白色，裂片长圆状披针形；副花冠二形，杯状，分为两轮，外轮约与花冠裂片等长，内轮略短。蓇葖果双生或仅有1个发育，细圆柱状。种子长圆形；种毛白色绢质。花期6—8月，果期8—10月。

◎分布与生境

分布于辽宁、河北、河南、山东、山西、陕西、宁夏、甘肃、江苏、浙江等地；历山全境可见；多生于海拔500m以下的山坡向阳灌木丛中、路旁、河畔、田埂边。

◎主要用途

全株可入药。

牛皮消

◆ 学名：*Cynanchum auriculatum* Royle ex Wight
◆ 科属：夹竹桃科鹅绒藤属

◎别　　名

飞来鹤、耳叶牛皮消、隔山消、牛皮冻、何首乌。

◎主要特征

蔓性半灌木。宿根肥厚，呈块状；茎圆形，被微柔毛。叶对生，膜质，被微毛，宽卵形至卵状长圆形。聚伞花序伞房状，着花30朵。蓇葖果双生，披针形。种子卵状椭圆形；种毛白色绢质。花期6—9月，果期7—11月。

◎分布与生境

分布于山东、河北、河南、陕西、山西、甘肃、西藏、安徽等地；历山见于云蒙、混沟、青皮掌、皇姑曼；多生于山坡林缘及路旁灌木丛中或河流、水沟边潮湿地。

◎主要用途

块根可入药。

白首乌

◆ 学名：*Cynanchum bungei* Decne.
◆ 科属：夹竹桃科鹅绒藤属

◎别　　名

泰山何首乌、何首乌、野山药、地葫芦、山葫芦、戟叶牛皮消。

◎主要特征

攀缘性半灌木。块根粗壮。茎纤细而韧，被微毛。叶对生，戟形。伞形聚伞花序腋生，比叶短；花萼裂片披针形；花冠白色，裂片长圆形；副花冠5深裂。蓇葖果单生或双生。种子卵形，种毛白色绢质。花期6—7月，果期7—10月。

◎分布与生境

分布于辽宁、内蒙古、河北、河南、山东、山西、甘肃等地；历山全境海拔1200m以下林下均可见；多生于山坡、山谷、河坝、路边的灌木丛中或岩石隙缝中。

◎主要用途

块根可入药。

隔山消

◆ 学名：*Cynanchum wilfordii* (Maxim.) Hook. F
◆ 科属：夹竹桃科鹅绒藤属

◎别　　名

过山飘、无梁藤、隔山撬。

◎主要特征

多年生草质藤本。肉质根近纺锤形。叶对生，薄纸质，卵形。近伞房状聚伞花序半球形，着花15~20朵；花序梗被单列毛，花冠淡黄色，辐状；副花冠比合蕊柱短，裂片近四方形。蓇葖果单生，披针形，向端部长渐尖，种毛白色绢质。花期5—9月，果期7—10月。

◎分布与生境

分布于辽宁、河南、山东、山西、陕西、甘肃、新疆、江苏等地；历山见于转林沟、猪尾沟、小云蒙等地；多生于山坡、山谷、灌木丛中或路边草地。

◎主要用途

根可入药。

地梢瓜

◆ 学名：*Cynanchum thesioides* (Freyn) K. Schum.
◆ 科属：夹竹桃科鹅绒藤属

◎别　　名

地梢花、野生雀瓢、女青、羊角、奶瓜。

◎主要特征

直立半灌木。地下茎单轴横生；茎自基部多分枝。叶对生或近对生，线形。伞形聚伞花序腋生；花萼外面被柔毛；花冠绿白色；副花冠杯状，裂片三角状披针形。蓇葖果纺锤形，先端渐尖。种子扁平，暗褐色，具毛。花期5—8月，果期8—10月。

◎分布与生境

分布于黑龙江、吉林、辽宁、河北、河南、山东、山西、陕西、甘肃等地；历山全境可见；多生于山坡、沙丘、干旱山谷、荒地、田边等处。

◎主要用途

全株含橡胶，可作工业原料；幼果可食；种毛可作填充料；全草可入药。

萝藦

◆ 学名：*Cynanchum rostellatum* (Turcz.) Liede & Khanum
◆ 科属：夹竹桃科鹅绒藤属

◎主要特征

多年生草质藤本，具乳汁。茎圆柱状，有纵条纹。叶膜质，卵状心形。总状式聚伞花序腋生或腋外生，具长总花梗；总花梗被短柔毛，花冠白色，有淡紫红色斑纹，近辐状；副花冠环状，着生于合蕊冠上，短5裂，裂片兜状。蓇葖果双生，纺锤形，平滑无毛。种子扁平，卵圆形，具毛。花期6—9月，果期9—12月。

◎分布与生境

分布于东北、华北、华东、甘肃、陕西、贵州、河南和湖北等地；历山全境可见；多生于林边荒地、山脚、河边、路旁灌木丛中。

◎主要用途

可供观赏；全株可药用；茎皮纤维坚韧，可造人造棉。

杠柳

◆ 学名：*Periploca sepium* Bunge
◆ 科属：夹竹桃科杠柳属

◎别　　名

羊奶条、山五加皮、香加皮、北五加皮。

◎主要特征

落叶蔓性灌木。具乳汁，除花外，全株无毛；茎皮灰褐色。叶卵状长圆形，具短叶柄。聚伞花序腋生，着花数朵；花冠紫红色，辐状；副花冠环状，10裂。蓇葖果双生，圆柱状，无毛，具有纵条纹。种子长圆形，黑褐色，顶端具白色绢质种毛。花期5—6月，果期7—9月。

◎分布与生境

分布于西北、东北、华北地区及河南、四川、江苏等地；历山全境低海拔阳坡均可见；多生于干旱山坡、沟边、固定沙地、灌丛、河边。

◎主要用途

根皮可入药；可作观赏植物。

斑种草

◆ 学名：*Bothriospermum chinense* Bge.
◆ 科属：紫草科斑种草属

◎别　　名

细茎斑种草、蛤蟆草。

◎主要特征

一年生或二年生草本。茎自基部分枝，斜升或近直立。叶片匙形或倒披针形，边缘呈皱波状，两面有短糙毛。花序长达25cm，苞片叶状，卵形或狭卵形；花腋外生，花梗较短；花萼裂片5，狭披针形，有毛；花冠淡蓝色。小坚果4，肾形，有网状皱褶，腹面中部有横凹陷。花期4—6月，果期7—8月。

◎分布与生境

分布于辽宁、河北、山西、河南、山东等地；历山全境可见；多生于荒地、路边、丘陵草坡、田边、向阳草地。

◎主要用途

全草可入药。

狭苞斑种草

◆ 学名：*Bothriospermum kusnezowii* Bge.
◆ 科属：紫草科斑种草属

◎别　　名

斑种草。

◎主要特征

一年生草本。茎数条丛生，直立或平卧，被开展的硬毛及短伏毛。基生叶莲座状，倒披针形或匙形，边缘有波状小齿，两面疏生硬毛及伏毛，茎生叶无柄，长圆形或线状倒披针形；花序具苞片；苞片线形或线状披针形，密生硬毛及伏毛；花冠淡蓝色、蓝色或紫色，钟状，喉部有5个梯形附属物。小坚果椭圆形。花果期5—7月。

◎分布与生境

分布于辽宁、内蒙古、河北、山西、陕西等地。全境可见；多生于干旱农田、河滩、荒地、路边、山谷、山谷林缘。

◎主要用途

田野杂草。

附地菜

◆ 学名：*Trigonotis peduncularis* (Trev.) Benth. ex Baker et Moore
◆ 科属：紫草科附地菜属

◎别　　名

鸡肠、鸡肠草、地胡椒、雀扑拉。

◎主要特征

一年生或二年生草本。茎丛生，被糙毛。基生叶呈莲座状，有叶柄，叶片匙形，茎上部叶长圆形或椭圆形，无叶柄或具短柄。花序生茎顶，花梗短；花萼裂片卵形；花冠淡蓝色或粉色，喉部附属5，白色或带黄色。小坚果4，斜三棱锥状四面体形。花果期4—7月。

◎分布与生境

全国广布；历山全境可见；多生于田野、路旁、荒草地、丘陵林缘、灌木林间。

◎主要用途

全草可入药。

钝萼附地菜

◆ 学名：*Trigonotis amblyosepala* Nakai et Kitag.
◆ 科属：紫草科附地菜属

◎主要特征

一年生草本。茎丛生，具糙毛。茎下部叶有短柄，上部叶几无柄，叶片椭圆形、椭圆状倒卵形或匙形。总状花序生于枝端，花梗纤细；花萼5深裂，花冠蓝色，喉部黄色，附属物5。小坚果4，四面体形。花果期5—7月。

◎分布与生境

全国广布；历山全境林下习见；多生于林缘或路旁草地。

◎主要用途

全草可入药。

湿地勿忘草

◆ **学名：** *Myosotis caespitosa* Schultz
◆ **科属：** 紫草科勿忘草属

◎别　　名

丛生勿忘草、簇生勿忘草。

◎主要特征

多年生草本。茎丛生；茎下部叶具柄，叶片长圆形至倒披针形，全缘。茎中部以上叶无柄，叶片倒披针形或线状披针形。花序花期较短，花后伸长；花萼钟状，5裂近中部；花冠淡蓝色，喉部黄色，有5个附属物。小坚果卵形，光滑，暗褐色。花果期7—9月。

◎分布与生境

分布于云南、四川、甘肃、新疆、河北、山西及东北等地；历山见于青皮掌、皇姑曼、猪尾沟、混沟；多生于溪边、湿地及山坡湿润地。

◎主要用途

可供观赏。

田紫草

◆ **学名：** *Lithospermum arvense* L.
◆ **科属：** 紫草科紫草属

◎别　　名

麦家公。

◎主要特征

一年生草本。根稍含紫色物质。茎通常单一，叶无柄，叶片倒披针形至线形，先端急尖，两面均有短糙伏毛。聚伞花序生枝上部，苞片与叶同形而较小；花序排列稀疏，花萼裂片线形，花冠高脚碟状，白色、紫色，有时蓝色或淡蓝色，雄蕊着生花冠筒下部，花柱头头状。小坚果三角状卵球形，灰褐色，有疣状突起。花果期4—8月。

◎分布与生境

分布于黑龙江、吉林、辽宁、内蒙古、河北、河南、山东、山西、陕西、宁夏等地；历山全境可见；多生于低山丘陵坡地、灌木丛、平原荒地、田边、路旁、沙滩、石砾质山坡等。

◎主要用途

可作饲料；嫩叶可作野菜。

紫草

◆ 学名：*Lithospermum erythrorhizon* Sieb. et Zucc.
◆ 科属：紫草科紫草属

◎别　　名

大紫草、茈草、紫丹、地血、鸦衔草、紫草根、山紫草、硬紫草。

◎主要特征

多年生草本，根富含紫色物质。茎直立，有贴伏和开展的短糙伏毛。叶无柄，卵状披针形至宽披针形，两面均有短糙伏毛。花序生茎和枝上部；苞片与叶同形而较小；花萼裂片线形；花冠白色，喉部附属物半球形。小坚果卵球形，乳白色或带淡黄褐色。花果期6—9月。

◎分布与生境

分布于辽宁、河北、山东、山西、河南、江西、湖南、湖北等地；历山见于云蒙、李疙瘩、下川；多生于荒山田野、路边及干燥多石的灌丛中。

◎主要用途

根可入药；可提取紫色色素。

小花琉璃草

◆ 学名：*Cynoglossum lanceolatum* Forsk.
◆ 科属：紫草科琉璃草属

◎主要特征

多年生草本。茎直立，由中部或下部分枝，分枝开展，密生基部具基盘的硬毛。基生叶及茎下部叶具柄，长圆状披针形；茎中部叶无柄或具短柄，披针形，茎上部叶极小。花序顶生及腋生；花萼果期稍增大；花冠淡蓝色，钟状，喉部有5个半月形附属物。小坚果卵球形，背面突，密生长短不等的锚状刺。花果期4—9月。

◎分布与生境

分布于西南、华南及华东、河南、陕西及甘肃南部等地；历山见于青皮掌、舜王坪等地；多生于丘陵、山坡草地及路边。

◎主要用途

全草可入药。

砂引草

◆ 学名：*Messerschmidia sibirica* L.
◆ 科属：紫草科紫丹属

◎主要特征

多年生草本。茎单一或数条丛生，通常分枝。叶片披针形、倒披针形或长圆形。花序顶生，萼片披针形，密生向上的糙伏毛；花冠黄白色，钟状，裂片卵形或长圆形，外弯，花冠筒较裂片长。核果粗糙，密生伏毛，先端凹陷，核具纵肋。花期5月，果期7月。

◎分布与生境

分布于东北、河北、山西、河南、山东、陕西、甘肃、宁夏等地；历山西哄哄、李疙瘩可见；多生于海滨砂地、干旱荒漠及山坡道旁。

◎主要用途

可作饲料。

鹤虱

◆ 学名：*Lappula myosotis* Moench
◆ 科属：紫草科鹤虱属

◎别　　名

欧洲鹤虱、鼠耳叶鹤、蓝刺果、刺果勿忘草。

◎主要特征

一年生草本。茎有细糙毛，常多分枝。叶倒披针状条形或条形，有近紧贴的细糙毛。花序顶生；苞片披针状条形；花有短梗；花萼5深裂；花冠淡蓝色，比萼稍长，喉部附属物5。小坚果4，卵形，有小疣状突起，沿棱有2~3行锚状刺。花果期7—9月。

◎分布与生境

分布于甘肃、陕西、山西、河南、华北、东北等地；历山见于李疙瘩、西哄哄、下川、大河、后河、舜王坪；多生于草地或草坡。

◎主要用途

果实可入药。

打碗花

◆ 学名：*Calystegia hederacea* Wall. ex. Roxb.
◆ 科属：旋花科打碗花属

◎别　　名

燕覆子、兔耳草、富苗秧、傅斯劳草、兔儿苗、扶七秧子、小旋花。

◎主要特征

一年生草本，无毛。茎有细棱。基部叶片长圆形，顶端圆，基部戟形，上部叶片3裂，中裂片长圆形或长圆状披针形，侧裂片近三角形，叶片基部心形或戟形。花腋生，苞片宽卵形；萼片长圆形；花冠淡紫色或淡红色，钟状。蒴果卵球形，宿存萼片与之近等长或稍短。种子黑褐色，表面有小疣。花果期5—7月。

◎分布与生境

全国广布；历山全境可见；多生于田间、路旁、荒山、林缘、河边、沙地草原。

◎主要用途

可作观赏植物；根可入药；嫩茎叶可作野菜。

藤长苗

◆ 学名：*Calystegia pellita* (Ledeb.) G. Don
◆ 科属：旋花科打碗花属

◎别　　名

大夫苗、大夫子苗、狗儿苗、毛胡弯、狗藤花、兔耳苗、野兔子苗、野山药、缠绕天剑、脱毛天剑。

◎主要特征

多年生草本。茎缠绕或下部直立，圆柱形，有细棱。叶长圆形或长圆状线形，全缘。花腋生，单一，花梗短于叶，密被柔毛；苞片卵形；花冠淡红色，漏斗状。蒴果近球形。种子卵圆形，无毛。花果期5—7月。

◎分布与生境

分布于黑龙江、辽宁、河北、山西、陕西、甘肃、新疆、山东等地；历山全境可见；多生于山坡、路边荒草地或菜园地。

◎主要用途

有毒杂草。

篱打碗花

◆ 学名：*Calystegia sepium* (L.) R. Br.
◆ 科属：旋花科打碗花属

◎别　　名

篱天剑、旋花、打碗花、喇叭花、狗儿弯藤。

◎主要特征

多年生草本，全体无毛。茎缠绕，有细棱。叶互生，三角状卵形或宽卵形，全缘或基部稍伸展为具2~3个大齿缺的裂片；叶柄短于叶片或近等长。花单生于叶腋；苞片2，广卵形，萼片5，卵形；花冠白色或淡红或紫色，漏斗状。蒴果卵形，为增大的宿存苞片和萼片所包被。种子黑褐色，表面有小疣。花期6—7月，果期7—8月。

◎分布与生境

分布于东北、华北、西北、华东、华中、西南及华南部分地区；历山全境可见；多生于路旁、溪边草丛、田边或山坡林缘。

◎主要用途

全草可入药。

田旋花

◆ 学名：*Convolvulus arvensis* L.
◆ 科属：旋花科旋花属

◎别　　名

小旋花、中国旋花、箭叶旋花、野牵牛、拉拉菀。

◎主要特征

多年生草本。茎平卧或缠绕；叶片卵状长圆形至披针形。花序腋生，花柄比花萼长得多；苞片线形，萼片有毛，花冠宽漏斗形，白色、粉红色或白色具粉红或红色的瓣中带。蒴果球形；种子卵圆形，无毛，暗褐色或黑色。花果期4—7月。

◎分布与生境

分布于吉林、黑龙江、辽宁、河北、河南、山东、山西、陕西、甘肃等地；历山全境可见；多生于荒坡草地上。

◎主要用途

全草可入药。

北鱼黄草

◆ 学名：*Merremia sibirica* (L.) Hall. f.
◆ 科属：旋花科鱼黄草属

◎别　　名

北茉栾藤、西伯利亚鱼黄草、钻之灵。

◎主要特征

缠绕草本。茎圆柱状，具细棱。叶卵状心形，基部心形，全缘或稍波状；叶柄基部具小耳状假托叶。聚伞花序腋生，有（1~）3~7朵花，花序梗有明显棱或狭翅；苞片小，线形；萼片椭圆形；花冠淡红色，钟状。蒴果近球形，顶端圆，4瓣裂。种子黑色，椭圆状三棱形。花果期6—9月。

◎分布与生境

分布于吉林、河北、山东、江苏、浙江、安徽、山西、陕西、甘肃等地；历山见于青皮掌、舜王坪；多生于路边、田边、山地草丛或山坡灌丛。

◎主要用途

全草可入药。

菟丝子

◆ 学名：*Cuscuta chinensis* Lam.
◆ 科属：旋花科菟丝子属

◎别　　名

豆寄生、豆阎王、黄丝、黄丝藤、金丝藤。

◎主要特征

一年生寄生草本。茎缠绕，黄色，纤细，无叶。花序侧生，少花或多花簇生成小伞形或小团伞花序；苞片及小苞片小，鳞片状；花萼杯状；花冠白色，壶形。蒴果球形，几乎全为宿存的花冠所包围。种子2~4，淡褐色，卵形，表面粗糙。花果期6—9月。

◎分布与生境

分布于黑龙江、吉林、辽宁、河北、山西、陕西、宁夏、甘肃、内蒙古等地；历山全境均可见；多生于田边、山坡阳处、路边灌丛或海边沙丘，通常寄生于豆科、菊科、蒺藜科等多种植物上。

◎主要用途

种子可入药。

欧洲菟丝子

◆ 学名：*Cuscuta europaea* L.
◆ 科属：旋花科菟丝子属

◎别　　名

大菟丝子、金丝藤、无根草、龙须子。

◎主要特征

一年生寄生草本。茎缠绕，带黄色或带红色，无叶。花序侧生，少花或多花密集成团伞花序；花萼杯状；雄蕊着生花冠凹缺微下处，花药卵圆形，花丝比花药长。蒴果近球形，上部覆以凋存的花冠，成熟时整齐周裂。种子通常4枚，淡褐色，椭圆形，表面粗糙。花果期6—9月。

◎分布与生境

分布于黑龙江、内蒙古、陕西、山西、甘肃、青海、新疆、四川、云南、西藏等地；历山见于下川；多生于路边草丛阳处、河边、山地，寄生于菊科、豆科、藜科等草本植物上。

◎主要用途

种子可入药。

金灯藤

◆ 学名：*Cuscuta japonica* Choisy
◆ 科属：旋花科菟丝子属

◎别　　名

日本菟丝子。

◎主要特征

一年生寄生缠绕草本，茎较粗壮，肉质，多分枝，无叶。花无柄或几无柄，形成穗状花序；苞片及小苞片鳞片状；花萼碗状，肉质；花冠钟状，淡红色或绿白色；子房球状，平滑，无毛。蒴果卵圆形，近基部周裂。种子1~2个，光滑，褐色。花果期6—9月。

◎分布与生境

全国广布；历山全境可见；多寄生于草本或灌木上。

◎主要用途

种子可入药。

牵牛

◆ 学名：*Ipomoea nil* (Linnaeus) Roth
◆ 科属：旋花科虎掌藤属

◎别　　名

朝颜、碗公花、牵牛花、喇叭花、勤娘子。

◎主要特征

一年生缠绕草本，茎上有长硬毛。叶宽卵形或近圆形，深或浅的3裂，偶5裂，基部心形。花腋生，单一或通常2朵着生于花序梗顶，花序梗长短不一；苞片线形或叶状；萼片披针状线形；花冠漏斗状，蓝紫色或紫红色。蒴果近球形，3瓣裂。种子卵状三棱形。花果期7—10月。

◎分布与生境

全国广布；历山全境可见；多生于山坡灌丛、干燥河谷路边、园边宅旁、山地路边。

◎主要用途

可作观赏植物；种子可入药。

圆叶牵牛

◆ 学名：*Pharbitis purpurea* (L.) Voisgt
◆ 科属：旋花科虎掌藤属

◎别　　名

圆叶旋花、小花牵牛、喇叭花。

◎主要特征

一年生缠绕草本。叶片圆心形或宽卵状心形，基部心形；花腋生，着生于花序梗顶端成伞形聚伞花序，花序梗比叶柄短或近等长，苞片线形，萼片渐尖，花冠漏斗状，紫红色、红色或白色。蒴果近球形，种子卵状三棱形，黑褐色或米黄色。花期5—10月，果期8—11月。

◎分布与生境

全国广布；历山全境可见；多生于田边、路边、宅旁或山谷林内。

◎主要用途

可作观赏植物；种子可入药。

曼陀罗

◆ 学名：*Datura stramonium* Linn.
◆ 科属：茄科曼陀罗属

◎别　　名

曼荼罗、满达、曼扎、曼达、醉心花、狗核桃、洋金花。

◎主要特征

多年生草本。茎粗壮，圆柱状，淡绿色或带紫色，下部木质化。叶广卵形，顶端渐尖，基部不对称楔形，边缘有不规则波状浅裂，裂片顶端急尖。花单生于枝杈间或叶腋，直立，有短梗；花萼筒状，筒部有5棱角，花冠漏斗状，白色。蒴果直立生，卵状，具刺。花期6—10月，果期7—11月。

◎分布与生境

全国广布；历山全境可见；多生于住宅旁、路边或草地上。

◎主要用途

种子油可制肥皂和掺合油漆；全株可制作农药；种子、花可入药。

毛曼陀罗

◆ 学名：*Datura innoxia* Mill.
◆ 科属：茄科曼陀罗属

◎别　　名

软刺曼陀罗、毛花曼陀罗、北洋金花。

◎主要特征

多年生草本。叶片广卵形，全缘而微波状或有不规则的疏齿。花单生于枝杈间或叶腋，直立或斜升。花萼圆筒状而不具棱角，向下渐稍膨大，5裂，裂片狭三角形，果时向外反折；花冠长漏斗状，下半部带淡绿色，上部白色，花开放后呈喇叭状。蒴果俯垂，近球状或卵球状，密生细针刺，成熟后淡褐色，由近顶端不规则开裂。种子扁肾形，褐色。花果期6—9月。

◎分布与生境

原产美洲，我国多地有栽培或逸生；历山见于下川、李疙瘩路边；多生于路边草地。

◎主要用途

花和果实可入药；种子可榨油。

天仙子

◆ 学名：*Hyoscyamus niger* L.
◆ 科属：茄科天仙子属

◎别　　名

小天仙子、黑莨菪、牙痛子、米罐子、熏牙子、马铃草。

◎主要特征

二年生草本。全体被黏性腺毛；根较粗壮；茎生叶卵形或三角状卵形，顶端钝或渐尖。花在茎中部以下单生于叶腋，在茎上端则单生于苞状叶腋内而聚集成蝎尾式总状花序；花冠钟状，长约为花萼的一倍，黄色而脉纹紫堇色；雄蕊稍伸出花冠。蒴果包藏于宿存萼内，长卵圆状。种子近圆盘形，淡黄棕色。花果期6—9月。

◎分布与生境

分布于东北、华北、西北及西南各地；历山见于青皮掌、后河水库；多生于山坡、路旁、住宅区及河岸沙地。

◎主要用途

叶、根、花、种子可入药；可作观赏植物。

酸浆

◆ 学名：*Physalis alkekengi* L.
◆ 科属：茄科酸浆属

◎别　　名

菇茑、挂金灯、金灯、锦灯笼、泡泡草。

◎主要特征

多年生草本。茎直立、有茸毛。叶长卵形至阔卵形，有时菱状卵形，全缘而波状或者有粗齿；花萼阔钟状；花冠辐状，白色。果萼卵状，薄革质，网脉显著，橙色或火红色，顶端闭合；浆果球状，橙红色，柔软多汁。种子肾脏形，淡黄色。花期5—9月，果期6—10月。

◎分布与生境

分布于甘肃、陕西、黑龙江、河南、湖北、四川、贵州和云南等地；历山见于下川、西哄哄、大河、李疙瘩等地；多生于田野路旁。

◎主要用途

根和宿萼可入药；果实可食；可作观赏植物。

苦蘵

◆ **学名：*Physalis pubescens* L.**
◆ **科属：茄科酸浆属**

◎别　　名

小苦耽、灯笼草、鬼灯笼、天泡草、爆竹草。

◎主要特征

一年生草本。茎多分枝，具棱角。叶卵形至卵状椭圆形，全缘或具不等大的齿。花单生，花梗纤细，被柔毛。花冠淡黄色，阔钟状，喉部有紫色斑纹或无斑纹。果萼卵球状或近球状，有明显网脉和10条纵肋，薄纸质，被疏柔毛，淡黄色；浆果球状。种子扁平，圆盘形。花果期5—12月。

◎分布与生境

分布于华东、华中、华南及西南各地；历山见于西哄哄、东峡；多生于山谷林下及村边路旁。

◎主要用途

全草可入药。

假酸浆

◆ **学名：*Nicandra physalodes* (L.) Gaertner**
◆ **科属：茄科假酸浆属**

◎别　　名

鞭打绣球、冰粉、大千生。

◎主要特征

一年生直立草本。叶互生，卵形或椭圆形，先端尖或短渐尖，基部楔形，具粗齿或浅裂。花单生叶腋，俯垂；花萼钟状，5深裂近基部，裂片宽卵形，先端尖，基部心脏状箭形，具2尖耳片，果时增大成5棱状，宿存；花冠钟状，淡蓝色，冠檐5浅裂，裂片宽短；雄蕊5，内藏，花丝基部宽，花药椭圆形，药室平行，纵裂；子房3~5，胚珠多数，柱头近头状，3~5浅裂。浆果球形，黄或褐色，为宿萼包被。种子肾状盘形，具多数小凹穴。花果期7—9月。

◎分布与生境

原产南美洲，我国河北、甘肃、四川、贵州、云南、西藏等地有逸为野生；历山见于西哄哄、东峡；多生于田边、荒地或村旁。

◎主要用途

全草可入药。

漏斗泡囊草

◆ 学名：*Physochlaina infundibularis* Kuang
◆ 科属：茄科泡囊草属

◎别　　名

华山参、华参、热参、土人参、醉汉草。

◎主要特征

多年生草本。除叶片外全体被腺质短柔毛；根粗壮。叶互生，叶片草质，三角形或卵状三角形，有时近卵形，边缘有少数三角形大齿。顶生或腋生伞形聚伞花序；花萼漏斗状钟形，花后增大成漏斗状，果萼膜质；花冠漏斗状钟形，除筒部略带浅紫色外其他部分绿黄色。蒴果卵形。种子肾形，浅橘黄色。花期3—4月，果期4—6月。

◎分布与生境

分布于陕西、山西、河南等地；历山见于青皮掌、混沟；多生于阴坡或林下。

◎主要用途

全草可入药。

枸杞

◆ 学名：*Lycium chinense* Mill.
◆ 科属：茄科枸杞属

◎别　　名

中华枸杞。

◎主要特征

落叶灌木。枝条细弱，弓状弯曲或俯垂，淡灰色，有纵条纹，有棘刺。叶纸质或栽培者质稍厚，单叶互生或2~4枚簇生，卵形、卵状菱形、长椭圆形或卵状披针形。花萼通常3中裂或4~5齿裂，花冠漏斗状，淡紫色。浆果红色，卵状。种子扁肾脏形，黄色。花果期6—11月。

◎分布与生境

分布于宁夏、新疆、青海、甘肃、内蒙古、河北、山西、陕西、甘肃等地；历山全境低山区阳坡及村落旁习见；多生于山坡、荒地、丘陵地、盐碱地、路旁及村边宅旁。

◎主要用途

嫩叶可作蔬菜；种子可榨油；可作观赏植物；果实为著名中药。

白英

◆ 学名：*Solanum lyratum* Thunb.
◆ 科属：茄科茄属

◎别　　名

山甜菜、白草、白幕、排风、排风草、天灯笼、和尚头草。

◎主要特征

草质藤本。叶互生，多数为琴形，两面均被白色发亮的长柔毛。聚伞花序顶生或腋外生，疏花，花冠蓝紫色或白色。浆果球状，成熟时红黑色。花果期7—10月。

◎分布与生境

分布于甘肃、陕西、山西、河南、山东、江苏、浙江等地；历山全境可见；多生于山谷草地、路旁、田边。

◎主要用途

根和全草可入药。

龙葵

◆ 学名：*Solanum nigrum* L.
◆ 科属：茄科茄属

◎别　　名

黑星星、野海椒、石海椒、野伞子、悠悠、黑天天、黑豆豆。

◎主要特征

一年生草本植物，全株无毛。茎直立，多分枝；卵形或心形叶子互生，近全缘；4~10朵花呈聚伞花序，花白色。球形浆果，成熟后为黑紫色。花果期6—9月。

◎分布与生境

全国几乎均有分布；历山全境可见；多生于田边、荒地及村庄附近。

◎主要用途

全株可入药；叶经处理后可作野菜；果实成熟后可食，但不可过量食用。

青杞

◆ 学名：***Solanum septemlobum*** **Bunge**
◆ 科属：**茄科茄属**

◎别　　名

狗杞子、野茄子、野狗杞、蜀羊泉。

◎主要特征

多年生草本。茎具棱角，多分枝。叶互生；叶柄长1~2cm；叶卵形，具不整齐的羽状分裂。二歧聚伞花序，顶生或腋外生；萼小，杯状，5裂，萼齿三角形；花冠青紫色。浆果近球形，熟时红色；种子扁圆形。花期在夏秋间，果熟期在秋末冬初。

◎分布与生境

分布于新疆、甘肃、内蒙古、东北、河北、山西、陕西、山东等地；历山全境可见；多生长于山坡向阳处。

◎主要用途

全草可入药。

流苏树

◆ 学名：***Chionanthus retusus*** **Lindl. et Paxt.**
◆ 科属：**木樨科流苏树属**

◎别　　名

萝卜丝花、牛筋子、乌金子、茶叶树、四月雪。

◎主要特征

落叶灌木或乔木。小枝灰褐色或黑灰色。叶片革质或薄革质，长圆形、椭圆形或圆形，全缘或有小锯齿，叶缘稍反卷。聚伞状圆锥花序，单性、雌雄异株或为两性花；花萼长4深裂；花冠白色，4深裂，裂片线状倒披针形。果椭圆形，被白粉，呈蓝黑色或黑色。花期3—6月，果期6—11月。

◎分布与生境

分布于甘肃、陕西、山西、河北、河南等地；历山全境均可见；多生于海拔3000m以下的稀疏混交林、灌丛、山坡、河边。

◎主要用途

花、嫩叶晒干可代茶；果可榨芳香油；木材可制器具；可作园林植物栽培。

连翘

◆ 学名：*Forsythia suspensa* (Thunb.) Vahl
◆ 科属：木樨科连翘属

◎别　　名

黄花杆、黄寿丹。

◎主要特征

落叶灌木。枝略呈四棱形，疏生皮孔，节间中空。叶通常为单叶，或3裂至三出复叶，叶片卵形、宽卵形或椭圆状卵形至椭圆形，叶缘除基部外具锐锯齿或粗锯齿。花通常单生或2至数朵着生于叶腋，先于叶开放；花萼绿色，与花冠管近等长；花冠黄色，裂片倒卵状长圆形或长圆形。果卵球形、卵状椭圆形或长椭圆形，先端喙状，表面疏生皮孔。花期3—4月，果期7—9月。

◎分布与生境

分布于河北、山西、陕西、山东、安徽西部、河南、湖北、四川等地；历山全境可见；生于山坡灌丛、林下、草丛、山谷、山沟疏林中。

◎主要用途

可作观赏植物；果实可入药。

秦连翘

◆ 学名：*Forsythia giraldiana* Lingelsh
◆ 科属：木樨科连翘属

◎别　　名

秦翘。

◎主要特征

本种与连翘*Forsythia suspensa* (Thunb.) Vahl类似；区别在于本种叶片全为单叶，叶片革质，果实上的皮孔不明显。花期3—5月，果期6—10月。

◎分布与生境

分布于甘肃东南部、陕西、河南西部、四川东北部、山西南部；历山全境可见，南部更多；多生于山坡、低山坡林、山谷灌丛或疏林中。

◎主要用途

可作观赏植物；果实可入药。

白蜡树

◆ 学名：*Fraxinus chinensis* Roxb.
◆ 科属：木樨科梣属

◎别　　名

青榔木、白荆树、梣。

◎主要特征

落叶乔木。树皮灰褐色，纵裂。小枝黄褐色。羽状复叶小叶5~7枚，小叶硬纸质，卵形、倒卵状长圆形至披针形，叶缘具整齐锯齿。圆锥花序顶生或腋生枝梢；花雌雄异株；雄花密集，花萼小，无花冠；雌花疏离，花萼大。翅果匙形，翅平展。花期4—5月，果期7—9月。

◎分布与生境

全国广布；历山全境山地林带可见；多生于海拔800~1600m的山地杂木林中。

◎主要用途

可作观赏树种；木材坚硬，可做器具。

小叶白蜡

◆ 学名：*Fraxinus bungeana* DC.
◆ 科属：木樨科梣属

◎别　　名

小叶梣。

◎主要特征

落叶小乔木或灌木。树皮暗灰色，浅裂。羽状复叶，小叶5~7枚，硬纸质，阔卵形、菱形至卵状披针形。圆锥花序顶生或腋生枝梢，萼齿尖三角形，花冠白色至淡黄色；翅果匙状长圆形，上中部最宽，先端急尖或钝；圆或微凹，翅下延至坚果中下部，坚果长约1cm，略扁；花萼宿存。花期5月，果期8—9月。

◎分布与生境

分布于辽宁、河北、山西、山东、安徽、河南等地；历山全境林地可见；多生于海拔1500m以下的较干燥向阳的砂质土壤和岩石缝隙中。

◎主要用途

种子可榨油；树皮可入药；枝叶可作饲料；木材可供制器具；可作观赏树种。

暴马丁香

◆ 学名：*Syringa reticulata* (Blume) H. Hara var. *amurensis* (Rupr.) J. S. Pringle
◆ 科属：木樨科丁香属

◎别　　名

暴马子、白丁香、荷花丁香、阿穆尔丁香。

◎主要特征

落叶小乔木或大乔木。树皮紫灰褐色，具细裂纹，枝灰褐色。叶片厚纸质，宽卵形、卵形至椭圆状卵形或为长圆状披针形。圆锥花序；花冠白色，呈辐状，花药黄色。果长椭圆形，光滑或具细小皮孔。花期6—7月，果期8—10月。

◎分布与生境

分布于东北、河北、山西、内蒙古、甘肃等地；历山全境海拔1800m林地中可见；多生于山坡灌丛、林边、草地、沟边或针阔叶混交林中。

◎主要用途

全株可入药；其嫩叶、嫩枝、花可调制保健茶叶；可作园林树种。

北京丁香

◆ 学名：*Syringa pekinensis* Rupr.
◆ 科属：木樨科丁香属

◎别　　名

臭多萝、山丁香。

◎主要特征

落叶大灌木或小乔木。树皮褐色或灰棕色，纵裂。小枝带红褐色，细长。叶片纸质，卵形、宽卵形至近圆形，或椭圆状卵形至卵状披针形，上面深绿色，干时略呈褐色，无毛，侧脉平或略凸起；叶柄细弱，无毛，稀有被短柔毛。花冠白色，呈辐状。果长椭圆形至披针形，光滑，稀疏生皮孔。花期5—8月，果期8—10月。

◎分布与生境

分布于内蒙古、河北、山西、河南、陕西、宁夏、甘肃、四川北部等地；历山见于青皮掌、云蒙、皇姑曼、舜王坪；多生于山坡灌丛、疏林、密林、沟边、山谷或沟边林下。

◎主要用途

可作观赏植物。

红丁香

◆ 学名：*Syringa villosa* Vahl
◆ 科属：木樨科丁香属

◎别　　名

野丁香。

◎主要特征

落叶灌木。枝直立，粗壮，灰褐色；叶片卵形、椭圆状卵形、宽椭圆形至倒卵状长椭圆形，上面深绿色，下面粉绿色。圆锥花序直立，由顶芽抽生，长圆形或塔形，花芳香；萼齿锐尖或钝；花冠淡紫红色或粉红色至白色。果长圆形，具皮孔。花期5—6月，果期9月。

◎分布与生境

分布于河北、山西、内蒙古等地；历山见于舜王坪、猪尾沟、混沟、云蒙、皇姑曼、青皮掌；多生于海拔1200~2200m的山坡灌丛、沟边、河旁。

◎主要用途

花、根、枝条可入药；可供观赏。

巧玲花

◆ 学名：*Syringa pubescens* Turcz.
◆ 科属：木樨科丁香属

◎别　　名

小叶丁香、雀舌花、毛丁香。

◎主要特征

落叶灌木。树皮灰褐色。小枝带四棱形。叶片具毛，卵形、椭圆状卵形、菱状卵形或卵圆形，叶缘具睫毛。花序轴与花梗略带紫红色；花序轴明显四棱形；花梗短；花萼截形或萼齿锐尖；花冠紫色，盛开时呈淡紫色，后渐近白色；花药紫色。果通常为长椭圆形，皮孔明显。花期5—6月，果期6—8月。

◎分布与生境

分布于河北、山西、陕西东部、山东西部、河南等地；历山全境林地可见；生于山坡、山谷灌丛中或河边沟旁。

◎主要用途

树皮可入药；可作观赏植物。

秦岭丁香

◆ 学名：*Syringa giraldiana* C. K. Schneid.
◆ 科属：木樨科丁香属

◎别　　名

小叶丁香。

◎主要特征

落叶灌木或小乔木。小枝近圆柱形，具皮孔。小枝圆，略显黄色。单叶对生，椭圆形或披针形，有叶柄，全缘，背面灰绿色。顶生或侧生圆锥花序，花萼小，钟形，具4齿裂或截形，宿存；花冠细小，白色或紫色；花药蓝紫色等。蒴果长圆形，光滑或有疣。花果期5—7月。

◎分布与生境

主要分布于秦岭山区；历山见于混沟；多生于山坡丛林、山沟溪边、山谷路旁。

◎主要用途

可供观赏；花可入药。

旋蒴苣苔

◆ 学名：*Boea hygrometrica* (Bunge) R. Br.
◆ 科属：苦苣苔科旋蒴苣苔属

◎别　　名

牛耳草。

◎主要特征

多年生草本。叶全部基生，莲座状，无柄，叶片近圆形、圆卵形或卵形，边缘具牙齿或波状浅齿。聚伞花序伞状；苞片极小或不明显；花梗被短柔毛。花萼钟状。花冠淡蓝紫色，外面近无毛。蒴果长圆形。种子卵圆形。花期7—8月，果期9月。

◎分布与生境

分布于广东、广西、湖南、湖北、河南、山东、河北、辽宁、山西、陕西等地；历山全境山地崖壁上可见；多生于山坡、路旁、岩石上。

◎主要用途

可作观赏植物；全草可入药。

锈毛石花

◆ 学名：*Corallodiscus flabellatus* (Craib) B. L. Burtt var. *puberulus* K. Y. Pan
◆ 科属：苦苣苔科珊瑚苣苔属

◎别　　名

石胆草、石莲花、石花、珊瑚苣苔。

◎主要特征

多年生草本。叶全部基生，莲座状，外层叶具长柄，内层叶无柄；叶片革质，宽倒卵形、扇形，边缘具细圆齿，上面密被白色稀淡褐色长柔毛，下面密被灰白色或淡褐色绵毛，叶柄扁平。聚伞花序2~3次分枝，2~5条，每花序具5~12花。花冠筒状，蓝色或紫蓝色，外面无毛，内面下唇一侧具髯毛和斑纹；上唇2裂，下唇3裂。蒴果长圆形。花果期6—8月。

◎分布与生境

分布于云南西北部、四川西南部、陕西、山西、河南、河北；历山见于云蒙、西峡、东峡、钥匙沟、皇姑曼、青皮掌；多生于山坡岩石上。

◎主要用途

可供观赏；全株可入药。

车前

◆ 学名：*Plantago asiatica* L.
◆ 科属：车前科车前属

◎别　　名

车前草、车轮草。

◎主要特征

二年生或多年生草本。须根多数。叶基生呈莲座状；叶片薄纸质或纸质，宽卵形至宽椭圆形。花序3~10个，直立或弓曲上升；穗状花序细圆柱状；花具短梗；萼片先端钝圆或钝尖；花冠白色。蒴果纺锤状卵形、卵球形或圆锥状卵形。种子卵状椭圆形或椭圆形。花期4—8月，果期6—9月。

◎分布与生境

全国广布；历山全境可见；多生于草地、沟边、河岸湿地、田边、路旁或村边空旷处。

◎主要用途

幼苗可食；种子可入药。

大车前

◆ 学名：*Plantago major* L.
◆ 科属：车前科车前属

◎别　　名

大叶车前、大车前草。

◎主要特征

多年生草本。根状茎短粗，具须根。基生叶直立，叶片卵形或宽卵形，顶端圆滑，边缘波状或不整齐锯齿；叶柄明显长于叶片。花茎直立，穗状花序占花茎的1/3~1/2；花密生，苞片卵形，较萼裂片短，二者均有绿色龙骨状突起；花萼无柄，裂片椭圆形；花冠裂片椭圆形或卵形。蒴果椭圆形。种子棕色或棕褐色。花期6—8月，果期7—9月。

◎分布与生境

分布于黑龙江、吉林、辽宁、内蒙古、河北、山西等地；历山全境可见；多生于草地、草甸、河滩、沟边、沼泽地、山坡路旁、田边或荒地。

◎主要用途

幼苗可食；种子可入药。

平车前

◆ 学名：*Plantago depressa* Willd.
◆ 科属：车前科车前属

◎别　　名

车前草、车茶草、蛤蟆叶。

◎主要特征

一年生或二年生草本，直根长，根茎较短。叶基生呈莲座状；叶片纸质，椭圆形、椭圆状披针形或卵状披针形，叶柄基部扩大成鞘状。花序梗有纵条纹，疏生白色短柔毛；穗状花序细圆柱状。花萼无毛，花冠白色，无毛。蒴果卵状椭圆形至圆锥状卵形。种子椭圆形，腹面平坦，黄褐色至黑色。花期5—7月，果期7—9月。

◎分布与生境

全国广布；历山全境可见；多生于草地、河滩、沟边、草甸、田间及路旁。

◎主要用途

幼苗可食；种子可入药。

柳穿鱼

◆ 学名：*Linaria vulgaris* subsp. *sinensis* (Debeaux) Hong
◆ 科属：车前科柳穿鱼属

◎别　名

小金鱼草。

◎主要特征

多年生草本。茎叶无毛，直立；叶通常多数而互生，少下部的轮生，上部的互生，更少全部叶都呈4枚轮生，条形；总状花序，花期短而花密集，苞片条形至狭披针形，超过花梗；花萼裂片披针形，外面无毛，内面多少被腺毛；花冠黄色。蒴果卵球状。种子盘状，边缘有宽翅。花期6—9月，果期9月。

◎分布与生境

分布于长江流域以北各地；历山见于青皮掌、舜王坪；多生于山坡草地、砂质地、河边或半流动沙丘。

◎主要用途

为观赏植物；全株可入药；种子可榨油。

北水苦荬

◆ 学名：*Veronica anagallis-aquatica* L.
◆ 科属：车前科婆婆纳属

◎主要特征

多年生（稀为一年生）草本，通常全体无毛。根茎斜走。叶无柄，上部的半抱茎，多为椭圆形或长卵形，少为卵状矩圆形，全缘或有疏而小的锯齿。花序比叶长，多花。花萼裂片卵状披针形。花冠浅蓝色、浅紫色或白色，裂片宽卵形；雄蕊短于花冠。蒴果近圆形，长宽近相等，几乎与萼等长，顶端圆钝而微凹。花期4—9月，果期7—8月。

◎分布与生境

分布于长江以北及西南各地；全境山地溪流中习见；多生于水边及沼地。

◎主要用途

嫩苗可食；全草可入药。

水蔓菁

◆ 学名：*Veronica linariifolia* Pall.
◆ 科属：车前科婆婆纳属

◎别　　名

细叶婆婆纳。

◎主要特征

多年生草本。茎直立，根状茎短。茎直立，单生，通常有白色而多卷曲的柔毛。叶全部互生或下部的对生，条形至条状长椭圆形，下端全缘而中上端边缘有三角状锯齿。总状花序单支或数支复出，长穗状；花冠蓝色或紫色，少白色；花丝无毛，伸出花冠。蒴果球形。花期6—9月，果期8月。

◎分布与生境

分布于东北、内蒙古、河北、山西等地；历山见于青皮掌、舜王坪；多生于草甸、草地、灌丛及疏林下。

◎主要用途

叶可食。

婆婆纳

◆ 学名：*Veronica polita* Fries
◆ 科属：车前科婆婆纳属

◎主要特征

多年生草本。植株高约25cm。叶2~4对，腋间有花的为苞片，心形或卵形，每边有2~4深刻的钝齿，两面被白色长柔毛；总状花序很长；苞片叶状，下部的对生或全部互生；花梗稍短于苞片；花萼裂片卵形，先端急尖，3出脉，疏被短硬毛；花冠淡紫色、蓝色、粉色或白色，裂片圆形或卵形；雄蕊短于花冠。蒴果近于肾形，密被腺毛，略短于花萼，凹口约为90°，裂片顶端圆，脉不明显，宿存的花柱与凹口齐或略过之。花期3—10月，果期6—7月。

◎分布与生境

分布于华东、华中、西南、西北及北京等地；历山全域可见；多生于路边、山坡草地及山坡灌丛内。

◎主要用途

根茎可入药。

草本威灵仙

◆ 学名：*Veronicastrum sibiricum* (L.) Pennell
◆ 科属：车前科草灵仙属

◎别　名

轮叶婆婆纳、轮叶腹水草。

◎主要特征

多年生草本。根状茎横走，茎直立。叶4~6枚轮生；无柄；叶片长圆形至宽条形，边缘有三角状锯齿，两面无毛或疏被柔毛。花序顶生，长尾状；花梗短；花萼5深裂；花红紫色、紫色或淡紫色，4裂，裂片宽度不等，花冠筒内面被毛；雄蕊2。蒴果卵形，两面有沟。花果期7—9月。

◎分布与生境

分布于东北、华北、陕西北部、甘肃东部及山东半岛；历山见于舜王坪；多生于路边、山坡草地及山坡灌丛内。

◎主要用途

根茎可入药。

荆条

◆ 学名：*Vitex negundo* var. *heterophylla* (Franch.) Rehd.
◆ 科属：唇形科牡荆属

◎别　名

牡荆、五指风、五指柑、土常山、秧青。

◎主要特征

落叶灌木或小乔木。树皮灰褐色，幼枝方形有四棱，老枝圆柱形；掌状复叶对生或轮生，小叶3或5片，中间小叶最大且有明显短柄，两侧较小，长2~6cm，叶缘呈大锯齿状或羽状深裂，叶下面灰白色，密被柔毛。花序顶生或腋生，先由聚伞花序集成圆锥花序，花冠紫色或淡紫色，萼片宿存形成果苞。核果球形，黑褐色，外被宿萼。花期6—8月，果期9—10月。

◎分布与生境

分布于辽宁、河北、山西、山东、河南、陕西、甘肃、江苏等地；历山全境可见；多生于山坡路旁。

◎主要用途

水土保持、园林绿化植物；花为蜜源；根和叶可入药。

牡荆

◆ 学名：*Vitex negundo* var. *cannabifolia* (Sieb.et Zucc.) Hand.-Mazz.
◆ 科属：唇形科牡荆属

◎别　　名

荆条、秧青。

◎主要特征

落叶灌木或小乔木。小枝四棱形。叶对生，掌状复叶，小叶5，少有3；小叶片披针形或椭圆状披针形，顶端渐尖，基部楔形，边缘有粗锯齿，表面绿色，背面淡绿色，通常被柔毛。圆锥花序顶生；花冠淡紫色。果实近球形，黑色。花期6—7月，果期8—11月。

◎分布与生境

分布于华东各地及河北、山西、湖南、湖北、广东、广西、四川、贵州、云南；历山见于下川、西哄哄、李疙瘩；多生于山坡路边灌丛中。

◎主要用途

水土保持、园林绿化植物；花为蜜源；根和叶可入药。

紫珠

◆ 学名：*Callicarpa bodinieri* Levl.
◆ 科属：唇形科紫珠属

◎别　　名

爆竹紫、白木姜、大叶鸦鹊饭、漆大伯、珍珠枫。

◎主要特征

灌木，高约2m。小枝、叶柄和花序均被毛。叶片卵状长椭圆形至椭圆形。花序梗长不超过1cm；苞片细小，线形；花冠紫色，被星状柔毛和暗红色腺点。果实球形，熟时紫色，无毛，径约2mm。花期6—7月，果期8—11月。

◎分布与生境

分布于河南（南部）、江苏（南部）、安徽、浙江、江西、湖南等地；历山见于小云蒙、混沟、红岩河；多生于海拔200~2300m的林中、林缘及灌丛中。

◎主要用途

可作观赏植物；根或全株可入药。

三花莸

◆ 学名：*Schnabelia terniflora* (Maxim.) P. D. Cantino
◆ 科属：唇形科四棱草属

◎别　　名

风寒草、金线风、六月寒、蜂子草、大风寒草、黄刺泡、野荆芥、短梗三花莸、三花四棱草。

◎主要特征

直立亚灌木。常自基部即分枝。茎方形，具毛。叶片纸质，卵圆形至长卵形。聚伞花序腋生，通常3花；花冠紫红色或淡红色，顶端5裂，二唇形。蒴果成熟后4瓣裂，果瓣倒卵状舟形，无翅，表面明显凹凸成网纹，密被糙毛。花果期6—9月。

◎分布与生境

分布于河北、山西、陕西、甘肃、江西、湖北、四川、云南等地；历山见于小云蒙、红岩河；多生于海拔550~2600m的山坡、平地或水沟河边。

◎主要用途

全株可入药。

海州常山

◆ 学名：*Clerodendrum trichotomum* Thunb.
◆ 科属：唇形科大青属

◎别　　名

臭桐、八角梧桐、海州常山。

◎主要特征

灌木或小乔木。老枝灰白色，具皮孔，有淡黄色薄片状横隔。叶片纸质，卵形、卵状椭圆形或三角状卵形。伞房状聚伞花序顶生或腋生，通常二歧分枝，疏散，苞片叶状，椭圆形，早落；花萼蕾时绿白色，后紫红色，裂片三角状披针形或卵形，顶端尖；花香，花冠白色或带粉红色，管细，花丝与花柱同伸出花冠外。核果近球形。花果期6—11月。

◎分布与生境

分布于辽宁、甘肃、陕西以及华北、中南、西南各地；历山见于青皮掌、混沟、皇姑曼、猪尾沟；多生于山坡灌丛中。

◎主要用途

可作观赏植物。

筋骨草

◆ 学名：*Ajuga ciliata* Bunge.
◆ 科属：唇形科筋骨草属

◎别　　名

白毛夏枯草、散血草、破血丹、青鱼胆草、苦草、苦地胆、透骨草。

◎主要特征

多年生草本植物。茎直立，四棱形，紫红色或绿紫色。叶柄基部抱茎，叶片纸质，卵状椭圆形至狭椭圆形。穗状聚伞花序顶生，由多数轮伞花序密聚排列组成；苞叶大，叶状，有时呈紫红色。花萼漏斗状钟形，花冠紫色，具蓝色条纹。小坚果长圆状或卵状三棱形。花期4—8月，果期7—9月。

◎分布与生境

分布于河北、山东、河南、山西、陕西、甘肃、四川及浙江等地；历山见于舜王坪、青皮掌；多生于山谷溪旁、阴湿的草地上、林下湿润处及路旁草丛中。

◎主要用途

全草可入药。

条叶筋骨草

◆ 学名：*Ajuga linearifolia* Pamp.
◆ 科属：唇形科筋骨草属

◎别　　名

线叶筋骨草。

◎主要特征

多年生草本。茎直立，具分枝，全株被毛，茎四棱形，淡紫红色；叶柄极短，具狭翅及槽；叶片纸质或近膜质，线状披针形或线形，抱茎，边缘多少有缺刻或具波状齿。轮伞花序在茎中部以上着生，向上渐密，排列成穗状花序；苞叶与茎叶同形，无柄；花萼漏斗状；花冠白色或淡蓝色，具紫蓝色斑点，筒状，藏于萼内；小坚果倒卵状或长倒卵状三棱形。花期4—5月，果期5—10月。

◎分布与生境

分布于辽宁、河北、山西、陕西及湖北西部；历山见于舜王坪、卧牛场、青皮掌；多生于山地干草坡及沟边。

◎主要用途

民间全草可入药。

白苞筋骨草

◆ 学名：*Ajuga lupulina* Maxim.
◆ 科属：唇形科筋骨草属

◎别　　名

甜格缩缩草。

◎主要特征

多年生草本。茎粗壮，四棱形。叶柄具狭翅，基部抱茎；叶片纸质，披针状长圆形，边缘疏生波状圆齿或几全缘。穗状聚伞花序由多数轮伞花序组成；苞叶大，向上渐小，白黄、白色或绿紫色，卵形或阔卵形，上面被长柔毛。花萼钟状或略呈漏斗状。花冠白色、白绿色或白黄色，具紫色斑纹，狭漏斗状。小坚果倒卵状或倒卵长圆状三棱形。花期7—9月，果期8—10月。

◎分布与生境

分布于河北、山西、甘肃、青海、西藏东部、四川西部及西北部；历山见于舜王坪；生于河滩沙地、高山草地或陡坡石缝中。

◎主要用途

全草可入药。

藿香

◆ 学名：*Agastache rugosa* (Fisch. et Mey.) O. Ktze.
◆ 科属：唇形科藿香属

◎别　　名

合香、苍告、山茴香。

◎主要特征

多年生草本。茎直立，四棱形。叶心状卵形至长圆状披针形，边缘具粗齿。轮伞花序多花，在主茎或侧枝上组成顶生密集的圆筒形穗状花序。花冠淡紫蓝色，外被微柔毛。成熟小坚果卵状长圆形，褐色。花期6—9月，果期9—11月。

◎分布与生境

全国广布；历山全境低山区林下路旁习见；多生于林下、路边。

◎主要用途

可作园林植物；植物体可提取香精；嫩叶可食；全草可入药。

水棘针

◆ 学名：*Amethystea caerulea* Linn.
◆ 科属：唇形科水棘针属

◎别　　名

山油子、土荆芥、细叶山紫苏。

◎主要特征

一年生草本，呈金字塔形分枝。茎四棱形，紫色，具毛。叶柄具狭翅；叶片纸质或近膜质，三角形或近卵形，3深裂，裂片披针形，边缘具粗锯齿或重锯齿。花序为由松散具长梗的聚伞花序所组成的圆锥花序。花冠蓝色或紫蓝色；小坚果倒卵状三棱形。花期8—9月，果期9—10月。

◎分布与生境

分布于华北及吉林、辽宁、陕西、甘肃、新疆等地；历山全境可见；多生于田边旷野、沙地河滩、路边及溪旁。

◎主要用途

全草可入药。

风轮菜

◆ 学名：*Clinopodium chinense* (Benth.) O. Ktze.
◆ 科属：唇形科风轮菜属

◎别　　名

蜂窝草、节节草、苦地胆、熊胆草、九层塔、落地梅花、九塔草。

◎主要特征

多年生草本。茎四棱形，具细条纹，密被短柔毛及腺微柔毛。叶卵圆形，边缘具大小均匀的圆齿状锯齿。轮伞花序多花密集，半球状。花萼狭管状，常染紫红色。花冠紫红色。小坚果倒卵形，黄褐色。花期5—8月，果期8—10月。

◎分布与生境

分布于山东、浙江、江苏、安徽、江西、福建、山西等地；历山见于李疙瘩、云蒙；多生于山坡、草丛、路边、沟边、灌丛、林下。

◎主要用途

全草可入药；叶可作调味品。

灯笼草

◆ 学名：*Clinopodium polycephalum* (Vant.) C. Y. Wu & Hsuan
◆ 科属：唇形科风轮菜属

◎别　　名

荫风轮、山藿香、轮草。

◎主要特征

直立多年生草本，多分枝。茎四棱形，叶片卵形，先端钝或急尖，基部阔楔形至几圆形，叶边缘具疏圆齿，具糙硬毛；轮伞花序多花，圆球状，苞叶叶状，较小，生于茎及分枝近顶部者退化成苞片状；花梗密被腺柔毛。花萼圆筒形，花冠紫红色，冠筒伸出于花萼。小坚果卵形。花期7—8月，果期9月。

◎分布与生境

分布于陕西、甘肃、山西、河北、河南、山东、浙江、江苏等地；历山全境可见；多生于山坡、路边、林下、灌丛中。

◎主要用途

全草可入药。

麻叶风轮菜

◆ 学名：*Clinopodium urticifolium* (Hance) C. Y. Wu et Hsuan ex H. W. Li
◆ 科属：唇形科风轮菜属

◎别　　名

风车草、紫苏。

◎主要特征

多年生草本。茎具细纵纹，疏被倒向细糙硬毛；叶卵形或卵状长圆形，基部近平截或圆，具锯齿；轮伞花序，花萼窄管形，上部带紫红色；花冠紫红色。小坚果倒卵球形。花期6—8月，果期8—10月。

◎分布与生境

分布于黑龙江、辽宁、吉林、河北、河南、山西、陕西等地；历山见于青皮掌、皇姑曼、云蒙、混沟、舜王坪；多生于山坡、草地、路旁、林下。

◎主要用途

民间以全草入药。

香青兰

◆ 学名：***Dracocephalum moldavica*** **L.**
◆ 科属：**唇形科青兰属**

◎别　　名

青兰、野青兰、青蓝、臭蒿、臭仙欢、香花子、玉米草、蓝秋花、山薄荷、摩眼子。

◎主要特征

一年生草本。茎被倒向柔毛，带紫色。基生叶草质，卵状三角形，先端钝圆，基部心形，疏生圆齿，上部叶披针形或线状披针形。轮伞花序具4花，苞片长圆形，具2~3对细齿；萼齿披针形；花冠淡蓝紫色。小坚果长圆形。花果期7—10月。

◎分布与生境

分布于黑龙江、吉林、辽宁、内蒙古、河北、山西、河南等地；历山全境可见；多生于干燥山地、山谷、河滩多石处。

◎主要用途

全株可提取芳香油。

毛建草

◆ 学名：***Dracocephalum rupestre*** **Hance**
◆ 科属：**唇形科青兰属**

◎别　　名

毛尖茶、毛尖、岩青兰、岩青蓝、君梅茶。

◎主要特征

多年生草本。茎带紫色，具毛。基生叶多数，叶三角状卵形，具圆齿，两面疏被柔毛；叶柄较长；茎生叶同形，较小。花萼带紫色，花冠紫蓝色。果实圆形。花期7—9月。

◎分布与生境

分布于辽宁、内蒙古、河北、山西等地；历山见于舜王坪、卧牛场、青皮掌；多生于高山草原、草坡或疏林下阳处。

◎主要用途

叶可代茶；全株可提取芳香油。

香薷

◆ 学名：*Elsholtzia ciliata* (Thunb.) Hyland.
◆ 科属：唇形科香薷属

◎别　　名

香茹草、鱼香草、野紫苏、蜜蜂草、香草、山苏子。

◎主要特征

直立草本。茎通常自中部以上分枝，钝四棱形。叶卵形或椭圆状披针形，基部楔状下延成狭翅，边缘具锯齿。穗状花序偏向一侧，由多花的轮伞花序组成；花萼钟形；花冠淡紫色。小坚果长圆形，棕黄色，光滑。花期7—10月，果期10月至翌年1月。

◎分布与生境

除新疆、青海外，几乎分布于全国各地；历山全境可见；多生于路旁、山坡、荒地、林内、河岸。

◎主要用途

全草可入药。

密花香薷

◆ 学名：*Elsholtzia densa* Benth.
◆ 科属：唇形科香薷属

◎别　　名

蝗蟋巴、臭香茹、时紫苏、咳嗽草。

◎主要特征

草本。茎及枝均四棱形，被短柔毛。叶长圆状披针形至椭圆形，边缘在基部以上具锯齿。穗状花序长圆形或近圆形，密被紫色串珠状长柔毛，由密集的轮伞花序组成；花萼钟状，外面及边缘密被紫色串珠状长柔毛，萼齿5，果时花萼膨大，近球形；花冠小，淡紫色。小坚果卵珠形。花果期7—10月。

◎分布与生境

分布于河北、山西、陕西、甘肃、青海、四川、云南、西藏及新疆等地；历山全境可见；多生于林缘、高山草甸、林下、河边及山坡荒地。

◎主要用途

全草可入药。

木香薷

◆ **学名：*Elsholtzia stauntonii* Benth.**
◆ **科属：唇形科香薷属**

◎别　　名

华北香薷、野荆芥、臭荆芥、荆芥、山菁芥、香荆芥、柴荆芥、木本香薷。

◎主要特征

直立半灌木。茎上部多分枝，带紫红色，被灰白色微柔毛；叶披针形或椭圆状披针形，先端渐尖，基部楔形，具锯齿状圆齿。穗状花序偏向一侧，被灰白微柔毛，轮伞花序5~10花；花萼管状钟形，密被灰白色茸毛，萼齿卵状披针形；花冠淡红紫色。小坚果椭圆形，光滑。花果期7—10月。

◎分布与生境

分布于河北、山西、河南、陕西、甘肃等地；历山全境可见；多生于谷地溪边、河川沿岸，草坡及石山上。

◎主要用途

可提取香料油；可栽培供观赏；叶可药用。

活血丹

◆ **学名：*Glechoma longituba* (Nakai) Kupr.**
◆ **科属：唇形科活血丹属**

◎别　　名

退骨草、透骨草、豆口烧、通骨消、接骨消、驳骨消、风灯盏透骨消、钻地风。

◎主要特征

多年生草本。具匍匐茎，上升，逐节生根。叶草质，下部者较小，叶片心形或近肾形，边缘具圆齿或粗锯齿状圆齿。轮伞花序通常2花，稀具4~6花。花萼管状。花冠淡蓝色、蓝色至紫色，下唇具深色斑点。成熟小坚果深褐色，长圆状卵形。花期4—5月，果期5—6月。

◎分布与生境

除青海、甘肃、新疆及西藏外，全国各地均分布；历山见于下川、西哄哄、后河、钥匙沟；多生于林缘、疏林、草地、溪边等阴湿处。

◎主要用途

全草可入药；可作观赏植物。

白透骨消

◆ 学名：*Glechoma biondiana* (Diels) C. Y. Wu et C. Chen
◆ 科属：唇形科活血丹属

◎别　　名

透骨消、补血丹。

◎主要特征

多年生草本，全体被具节的长柔毛，具较长的匍匐茎。茎四棱形，基部有时带紫色。叶草质，茎中部的最大，心脏形，基部心形，边缘具卵形粗圆齿，两面被具节长柔毛，下面通常带紫色；茎基部的叶片同形较小。聚伞花序通常3花，呈轮伞花序；花冠粉红色至淡紫色，钟形。成熟小坚果长圆形，深褐色。花期4—5月，果期5—6月。

◎分布与生境

分布于陕西、山西、甘肃；历山见于混沟、猪尾沟、皇姑曼；多生于溪边、林缘阴湿处。

◎主要用途

民间全草可入药。

夏至草

◆ 学名：*Lagopsis supina* (Steph. ex Willd.) Ik.-Gal. ex Knorr.
◆ 科属：唇形科夏至草属

◎别　　名

白花益母、白花夏杜、夏枯草、灯笼棵。

◎主要特征

多年生草本。茎四棱形，具沟槽，带紫红色，密被微柔毛。叶轮廓为圆形，3深裂。轮伞花序疏花。花萼管状钟形，外密被微柔毛，萼齿5，三角形，先端刺尖，在果时明显展开；花冠白色，稀粉红色，稍伸出于萼筒。小坚果长卵形，褐色。花期3—4月，果期5—6月。

◎分布与生境

分布于黑龙江、吉林、辽宁、内蒙古、河北、河南、山西、山东、浙江等地；历山全境可见；多生于路旁、旷地上。

◎主要用途

全草可入药。

野芝麻

◆ 学名：***Lamium barbatum*** **Sieb. et Zucc.**
◆ 科属：**唇形科野芝麻属**

◎别　　名

龙脑薄荷、山苏子、山麦胡、野藿香、地蚤。

◎主要特征

多年生植物。茎四棱形，中空，几无毛。茎下部的叶卵圆形或心脏形，先端尾状渐尖，基部心形，茎上部的叶卵圆状披针形，较茎下部的叶为长而狭。轮伞花序4~14花，着生于茎端；苞片狭线形或丝状。花萼钟形。花冠白色或浅黄色。小坚果倒卵圆形，淡褐色。花期4—6月，果期7—8月。

◎分布与生境

分布于东北、华北、华东各地；历山全境可见；多生于路边、溪旁、田埂及荒坡上。

◎主要用途

花和全草可入药。

益母草

◆ 学名：***Leonurus japonicus*** **Houttuyn**
◆ 科属：**唇形科益母草属**

◎别　　名

茺蔚、三角胡麻、益母蒿。

◎主要特征

一年生或二年生草本，有于其上密生须根的主根。茎直立，钝四棱形，明显具毛；叶轮廓变化很大，茎下部叶轮廓为卵形，掌状3裂，裂片呈长圆状菱形至卵圆形；中部叶较小；轮伞花序，具8~15花，轮廓为圆球形，小苞片刺状，向上伸出。花萼管状钟形。花冠粉红色至淡紫红色。小坚果长圆状三棱形，淡褐色，光滑。花期6—9月，果期9—10月。

◎分布与生境

分布于全国各地；历山全境可见；多生于路边荒地。

◎主要用途

全草可入药。

狭叶益母草

◆ **学名：*Leonurus sibiricus* L.**
◆ **科属：唇形科益母草属**

◎别　　名

细叶益母草、风车草、益母草、石麻、红龙串彩、龙串彩、风葫芦草、四美草。

◎主要特征

一年生或二年生草本；茎被平伏毛；下部茎叶早落，叶卵形，基部宽楔形，掌状3深裂，裂片长圆状菱形，再3裂成线形小裂片。轮伞花序，花无梗，花萼管状钟形，萼齿具刺尖；花冠白色、粉红色或紫红色；小坚果褐色，长圆状三棱形。花期7—9月，果期9月。

◎分布与生境

分布于内蒙古、河北北部、山西及陕西；历山全境可见，但不及益母草普遍；多生于石质及砂质草地上。

◎主要用途

全草可入药。

大花益母草

◆ **学名：*Leonurus macranthus* Maxim.**
◆ **科属：唇形科益母草属**

◎别　　名

益母草、益母蒿。

◎主要特征

多年生草本。茎直立，茎、枝均钝四棱形，具槽，有贴生短而硬的倒向糙伏毛。叶形变化很大，最下部茎叶心状圆形，3裂，裂片上常有深缺刻；茎中部叶通常卵圆形。轮伞花序腋生，无梗，具8~12花。花冠淡红色或淡红紫色。小坚果长圆状三棱形，黑褐色。花期7—9月，果期9月。

◎分布与生境

分布于辽宁、吉林、河北、山西等地；历山见于青皮掌；多生于草坡及灌丛中。

◎主要用途

民间全草可入药。

薄荷

◆ 学名：*Mentha canadensis* Linnaeus
◆ 科属：唇形科薄荷属

◎别　　名

香薷草、鱼香草、土薄荷、水薄荷、接骨草、水益母、见肿消、野仁丹草、夜息香、南薄荷、野薄荷。

◎主要特征

多年生草本。茎多分枝，上部被微柔毛；具根茎。叶卵状披针形或长圆形，基部以上疏生粗牙齿状锯齿，两面被微柔毛；轮伞花序腋生，球形；花萼管状钟形，萼齿窄三角状钻形；花冠淡紫色或白色。小坚果黄褐色，被洼点。花期7—9月，果期10月。

◎分布与生境

全国广布；历山全境山地水边习见；多生于水旁潮湿地。

◎主要用途

幼嫩茎尖可作菜食；全草可入药。

康藏荆芥

◆ 学名：*Nepeta prattii* Lévl.
◆ 科属：唇形科荆芥属

◎别　　名

野藿香。

◎主要特征

多年生草本。茎四棱形，具细条纹。叶卵状披针形或宽披针形至披针形，基部浅心形，边缘具密的牙齿状锯齿。轮伞花序生于茎，顶部花序密集成穗状。花冠紫色或蓝色。小坚果倒卵状长圆形，褐色，光滑。花期7—10月，果期8—11月。

◎分布与生境

分布于西藏东部、四川西部、青海西部、甘肃南部、陕西南部、山西及河北北部等地；历山见于舜王坪草甸；多生于山坡草地。

◎主要用途

全株可入藏药；可作观赏植物。

野生紫苏

◆ 学名：*Perilla frutescens* var. *purpurascens* (Hayata) H. W. Li
◆ 科属：唇形科紫苏属

◎别　　名

苏菅、苏麻、紫苏、青叶紫苏、野猪疏、野香丝、香丝菜、臭草、紫禾草、蛤树、蚊草、红香师菜、白丝草。

◎主要特征

直立草本。茎绿色或紫色，密被长柔毛；叶宽卵形或圆形，先端尖或骤尖，基部圆或宽楔形，具粗锯齿，上面被柔毛，下面被平伏长柔毛；叶柄被长柔毛；轮伞总状花序密被长柔毛；花萼长直伸；花冠白色或淡红色，稍被微柔毛；小坚果灰褐色，近球形。花果期8—10月。

◎分布与生境

分布于山西、河北、浙江、福建等地；历山见于皇姑曼、青皮掌、下川；多生于山地路旁、村边荒地。

◎主要用途

全草可入药；叶和种子可食；种子可榨油。

糙苏

◆ 学名：*Phlomis umbrosa* Turcz.
◆ 科属：唇形科糙苏属

◎别　　名

小兰花烟、山芝麻、白莶、常山、续断。

◎主要特征

多年生草本。茎多分枝，四棱形，具浅槽，具毛。叶近圆形、圆卵形至卵状长圆形，具锯齿状边缘，或为不整齐的圆齿。轮伞花序通常4~8花，多数，生于主茎及分枝上。花萼管状，齿先端具小刺尖。花冠通常粉红色，下唇较深色，常具红色斑点；小坚果无毛。花期6—9月，果期9月。

◎分布与生境

分布于辽宁、内蒙古、河北、山东、山西、陕西、甘肃、四川等地；历山全境海拔1000m以上林下习见；多生于疏林下或草坡上。

◎主要用途

根可入药。

大花糙苏

◆ 学名：***Phlomis megalantha*** **Diels**
◆ 科属：**唇形科糙苏属**

◎别　　名

橙花糙苏。

◎主要特征

多年生草本。茎钝四棱形，疏被倒向短硬毛。茎生叶圆卵形或卵形至卵状长圆形，边缘为深圆齿状；轮伞花序多花，1~2个生于主茎顶部。花冠淡黄色、蜡黄色至白色。小坚果无毛。花期6—7月，果期8—11月。

◎分布与生境

分布于山西中部、陕西南部、四川西部及湖北西部；历山见于舜王坪草甸；多生于高山灌丛草坡上。

◎主要用途

可供观赏。

溪黄草

◆ 学名：***Isodon serra*** **(Maximowicz) Kudo**
◆ 科属：**唇形科香茶菜属**

◎别　　名

大叶蛇总管、台湾延胡索、山羊面、溪沟草。

◎主要特征

多年生草本。根茎肥大，粗壮。茎直立，钝四棱形；上部多分枝。茎叶对生，卵圆形、卵圆状披针形或披针形；叶柄上部具渐宽大的翅。圆锥花序生于茎及分枝顶上。花冠紫色。成熟小坚果阔卵圆形，长1.5mm，顶端圆，具腺点及白色髯毛。花果期8—9月。

◎分布与生境

分布于黑龙江、吉林、辽宁、山西、河南、陕西、甘肃、四川等地；历山见于猪尾沟、小云蒙；多丛生于山坡、路旁、田边、溪旁、河岸、草丛、灌丛、林下沙壤土上。

◎主要用途

全草可入药。

香茶菜

◆ 学名：*Isodon amethystoides* (Bentham) H. Hara
◆ 科属：唇形科香茶菜属

◎别　　名

痱子草、山薄荷、蛇总管、铁生姜、石哈巴、铁称锤、铁钉头、铁龙角、铁丁角、铁角棱、四棱角、棱角三七、铁棱角、台湾香茶菜。

◎主要特征

多年生草本。茎四棱。叶卵圆形或披针形，先端渐尖或钝，基部宽楔形渐窄，基部以上具圆齿，上面被短硬毛或近无毛，下面被柔毛、微茸毛或近无毛；叶柄长0.2~2.5cm。花萼钟形，长约2.5mm，疏被微硬毛或近无毛，密被白色或黄色腺点，萼齿三角形，长约0.8mm；花冠白蓝色、白色或淡紫色，上唇带紫蓝色，长约7mm，疏被微柔毛；雄蕊及花柱内藏。小坚果卵球形，长约2mm，褐黄色，被黄色或白色腺点。花期6—10月，果期9—11月。

◎分布与生境

分布于广东、广西、贵州、福建、台湾、江西、浙江、江苏、安徽等地；历山见于小云蒙；多生于林下或草丛中的湿润处。

◎主要用途

全草可入药。

蓝萼香茶菜

◆ 学名：*Isodon japonicus* var. *glaucocalyx* (Maximowicz) H. W. Li
◆ 科属：唇形科香茶菜属

◎别　　名

蓝萼毛叶香茶菜。

◎主要特征

多年生草本；茎多分枝，上部被柔毛及腺点，下部木质，近无毛；叶卵形或宽卵形，长（4~）6.5~13cm，先端渐尖，基部宽楔形，骤渐窄，具锯齿或圆齿状锯齿，两面被微柔毛及淡黄色腺点，侧脉5对，两面隆起；叶柄长1~3.5cm，被柔毛，聚伞花序具（3~）5~7花，组成疏散圆锥花序，开展，顶生，被柔毛及腺点，苞叶卵形，苞叶卵形，小苞片线形。花萼钟形，长1.5~2mm，密被灰白柔毛及腺点，萼齿三角形，下唇2齿稍长；花冠淡紫或蓝色，上唇具深色斑点，长约5mm；雄蕊及花柱伸出；小坚果淡褐色，三棱状卵球形，长约1.5mm，无毛，顶端被瘤点。花期7—8月，果期9—10月。

◎分布与生境

分布于东北、河北、山西等地；历山全境可见；多生于山坡、谷地、路旁、灌木丛中。

◎主要用途

全草可入药。

尾叶香茶菜

◆ **学名：*Isodon excisus* (Maxim.) Kudô**
◆ **科属：唇形科香茶菜属**

◎别　　名

野苏子、高丽花、狗日草、龟叶草、野苏子、高丽花、狗日草、龟叶草。

◎主要特征

多年生草本。茎多数，疏被柔毛，下部半木质。叶圆形或圆卵形，先端凹缺，具尾状长尖齿。花梗长1~2mm；花萼钟形，长约3mm，被柔毛及腺点，二唇深裂，下唇长达1.8mm，齿长三角形；花冠淡紫色、紫色或蓝色，长达9mm，被微柔毛及腺点，冠筒长约4mm；雄蕊内藏，花柱内藏或稍伸出；小坚果褐色，倒卵球形，长约1.5mm，被毛及腺点。花期7—8月，果期8—9月。

◎分布与生境

分布于黑龙江、吉林及辽宁等地；历山见于猪尾沟、转林沟、红岩河等地；多生于林缘、林下、草地上。

◎主要用途

全草可入药。

夏枯草

◆ **学名：*Prunella vulgaris* L.**
◆ **科属：唇形科夏枯草属**

◎别　　名

灯笼草、古牛草、羊蹄尖、丝线吊铜钟、滁州夏枯草、铁色草、铁线夏枯、麦夏枯、铁线夏枯草、麦穗夏枯草、夏枯花、夏枯头、白花夏枯草。

◎主要特征

多年生草木。根茎匍匐。茎自基部多分枝，钝四棱形，紫红色。茎叶卵状长圆形或卵圆形，大小不等；花序下方的一对苞叶似茎叶。轮伞花序密集组成顶生穗状花序，每一轮伞花序下承以苞片。花萼钟形，二唇形。花冠紫色、蓝紫色或红紫色，花柱纤细，先端相等2裂，裂片钻形，外弯。小坚果黄褐色，长圆状卵珠形。花期4—6月，果期7—10月。

◎分布与生境

分布于陕西、甘肃、新疆、河南、湖北、湖南、江西、浙江、福建、台湾、广东、广西、贵州、四川及云南等地；历山全域可见；多生于荒坡、草地、溪边及路旁等湿润地上。

◎主要用途

全株可入药。

丹参

◆ 学名：*Salvia miltiorrhiza* Bunge
◆ 科属：唇形科鼠尾草属

◎别　　名

大叶活血丹、血参、赤丹参、紫丹参、活血根、红根红参、红根、阴行草、五风花。

◎主要特征

多年生直立草本。根肥厚，肉质，外面朱红色。茎直立，四棱形，密被长柔毛，多分枝。叶常为奇数羽状复叶，小叶3~5（7），卵圆形或椭圆状卵圆形或宽披针形，先端锐尖或渐尖，基部圆形或偏斜，边缘具圆齿。轮伞花序6花或多花，上部者密集，组成具长梗的顶生或腋生总状花序；花萼钟形，带紫色；花冠紫蓝色。小坚果黑色，椭圆形。花期4—8月，果期8月。

◎分布与生境

分布于河北、山西、陕西、山东、河南、江苏、浙江、安徽、江西及湖南等地；历山全境可见；多生于山坡、林下草丛或溪谷旁。

◎主要用途

根为著名中药。

荫生鼠尾草

◆ 学名：*Salvia umbratica* Hance
◆ 科属：唇形科鼠尾草属

◎别　　名

山椒子、山苏子。

◎主要特征

一年生或二年生草本。茎直立，钝四棱形，被长柔毛。叶片三角形或卵圆状三角形，先端渐尖或尾状渐尖，基部心形或戟形，边缘具重圆齿或牙齿。轮伞花序2花，疏离，组成顶生及腋生总状花序；花萼钟形。花冠蓝紫色或紫色。小坚果椭圆形。花期8—10月，果期8—9月。

◎分布与生境

分布于河北、山西、陕西北部、甘肃、安徽等地；历山见于猪尾沟、东峡、西峡、钥匙沟、青皮掌；多生于山坡、谷地或路旁。

◎主要用途

可供观赏。

鄂西鼠尾草

◆ 学名：***Salvia maximowicziana*** **Hemsl.**
◆ 科属：**唇形科鼠尾草属**

◎别　　名

红秦九。

◎主要特征

多年生草本。根茎横生，顶端密被宿存的叶鞘。茎直立，四棱形，被具腺的疏柔毛。叶有基出叶及茎生叶两种，叶片均圆心形或卵圆状心形。轮伞花序通常2花。花萼钟形，二唇形。花冠黄色，唇片上具紫晕。小坚果倒卵圆形，两侧略扁，黄褐色，顶部圆形，基部略尖。花期7—8月，果期8—9月。

◎分布与生境

分布于湖北西部、四川、云南东北部、陕西南部、甘肃南部、西藏（妥坝）、河南西部；历山全域可见；多生于海拔1800~3450m的路旁、草坡、林缘、山坡、山顶及林下。

◎主要用途

可供观赏。

荔枝草

◆ 学名：***Salvia plebeia*** **R. Br.**
◆ 科属：**唇形科鼠尾草属**

◎别　　名

蛤蟆皮、土荆芥、雪见草。

◎主要特征

一年生或二年生草本。茎直立，多分枝，具毛。叶椭圆状卵圆形或椭圆状披针形，先端钝或急尖，基部圆形或楔形，边缘具圆齿、牙齿或尖锯齿。轮伞花序6花，多数，在茎、枝顶端密集组成总状或总状圆锥花序。花萼钟形，二唇形。花冠淡红色、淡紫色、紫色、蓝紫色至蓝色，稀白色。小坚果倒卵圆形。花期4—5月，果期6—7月。

◎分布与生境

除新疆、甘肃、青海及西藏外，几乎分布于全国各地；历山全境可见；多生于山坡、路旁、沟边、田野潮湿的土壤上。

◎主要用途

全草可入药。

裂叶荆芥

◆ 学名：*Schizonepeta multifida* (L.) Briq.
◆ 科属：唇形科裂叶荆芥属

◎别　　名

假苏、四棱杆蒿、小茴香、荆芥。

◎主要特征

一年生草本。茎四棱形，多分枝，被灰白色疏短柔毛。叶通常为指状3裂，大小不等，基部楔状渐狭并下延至叶柄，裂片披针形，全缘。花序为多数轮伞花序组成的顶生穗状花序。花萼管状钟形，齿5，三角状披针形或披针形。花冠青紫色。小坚果长圆状三棱形。花期7—9月，果期9—10月。

◎分布与生境

分布于黑龙江、辽宁、河北、河南、山西、陕西、甘肃、青海等地；历山见于青皮掌、大河、后河；多生于山坡路边或山谷、林缘。

◎主要用途

全草及花穗为常用中药。

黄芩

◆ 学名：*Scutellaria baicalensis* Georgi
◆ 科属：唇形科黄芩属

◎别　　名

香水水草、黄筋子。

◎主要特征

多年生草本。根茎肥厚，茎钝四棱形，自基部多分枝。叶坚纸质，披针形至线状披针形，基部圆形，全缘。花序在茎及枝上顶生，总状；常在茎顶聚成圆锥花序，果时花萼具厚盾片。花冠紫色、紫红色至蓝色。小坚果卵球形，黑褐色。花期7—8月，果期8—9月。

◎分布与生境

分布于黑龙江、辽宁、内蒙古、河北、河南、甘肃、陕西、山西、山东等地；历山全境可见；多生于向阳草坡地、荒地上。

◎主要用途

根茎可入药；叶可代茶。

并头黄芩

◆ 学名：*Scutellaria scordifolia* Fisch. ex Schrank
◆ 科属：唇形科黄芩属

◎别　　名

山麻子、头巾草。

◎主要特征

多年生草本。茎直立，四棱形，常带紫色，不分枝。叶具很短的柄或近无柄，叶片三角状狭卵形、三角状卵形或披针形，边缘大多具浅锐牙齿。花单生于茎上部的叶腋内，偏向一侧。花冠蓝紫色。小坚果黑色，椭圆形。花期6—8月，果期8—9月。

◎分布与生境

分布于内蒙古、黑龙江、河北、山西、青海等地；历山见于舜王坪、青皮掌、卧牛场；多生于草地或湿草甸。

◎主要用途

民间根茎可入药。

甘肃黄芩

◆ 学名：*Scutellaria rehderiana* Diels
◆ 科属：唇形科黄芩属

◎主要特征

多年生草本。茎弧曲，直立，四棱形，不分枝。叶明显具柄；叶片草质，卵圆状披针形、三角状狭卵圆形至卵圆形，全缘。花序总状，顶生；花萼盾片密被具腺短柔毛；花冠粉红色、淡紫色至紫蓝色。坚果卵形。花期5—8月，果期8—9月。

◎分布与生境

分布于甘肃、陕西、山西等地；历山见于青皮掌、皇姑曼、舜王坪；多生于山地向阳草坡。

◎主要用途

民间根茎可入药。

京黄芩

◆ 学名：*Scutellaria pekinensis* Maxim.
◆ 科属：唇形科黄芩属

◎别　　名

丹参、筋骨草、北京黄芩。

◎主要特征

一年生草本；根茎细长。茎四棱形。叶草质，卵圆形或三角状卵圆形。花对生，排列成顶生总状花序；花萼开花时长约3mm，果时增大；花冠蓝紫色。成熟小坚果栗色或黑栗色，卵形，直径约1mm，具瘤，腹面中下部具一果脐。花期6—8月，果期7—10月。

◎分布与生境

分布于吉林、河北、山东、河南、陕西、浙江等地；历山见于钥匙沟、转林沟、小云蒙；多生于海拔600~1800m的石坡、潮湿谷地或林下。

◎主要用途

民间可入药。

水苏

◆ 学名：*Stachys japonica* Miq.
◆ 科属：唇形科水苏属

◎别　　名

宽叶水苏、水鸡苏、芝麻草、元宝草、白根草、天芝麻、银脚鹭鸶、望江青、野地蚕。

◎主要特征

多年生草本。茎直立，基部多少匍匐，四棱形。茎叶长圆状宽披针形，边缘为圆齿状锯齿。轮伞花序6~8花，下部者远离，上部者密集组成穗状花序。花冠粉红或淡红紫色。小坚果卵珠状，棕褐色，无毛。花期5—7月，果期8—9月。

◎分布与生境

分布于辽宁、内蒙古、河北、山西、河南、山东、江苏等地；历山见于下川、西哄哄、李疙瘩；多生于水沟、河岸等湿地上。

◎主要用途

民间用全草或根可入药。

甘露子

◆ 学名：*Stachys sieboldii* Miquel
◆ 科属：唇形科水苏属

◎别　　名

螺蛳菜、宝塔菜、地蚕、地蕊、地母、米累累、益母膏、罗汉菜、旱螺蛳、地钮、地牯牛、甘露儿。

◎主要特征

多年生草本。具螺状地下茎，白色；茎直立或基部倾斜，四棱形。茎生叶卵圆形或长椭圆状卵圆形，边缘有规则的圆齿状锯齿。轮伞花序通常6花，多数远离组成顶生穗状花序；花冠粉红至紫红色，下唇有紫斑。小坚果卵珠形，黑褐色，具小瘤。花期7—8月，果期9月。

◎分布与生境

分布于辽宁、河北、山东、山西、河南、陕西、甘肃、青海等地；历山见于下川、西哄哄附近；多生于湿润地及积水处。

◎主要用途

地下肥大块茎可食用，最宜作酱菜或泡菜；全草可入药。

地笋

◆ 学名：*Lycopus lucidus* Turcz.
◆ 科属：唇形科地笋属

◎别　　名

地参、提娄、地瓜儿苗、蚕蛹子、地藕、泽兰。

◎主要特征

多年生草本。根茎横走，先端肥大呈圆柱形；茎直立，通常不分枝，四棱形，绿色，常于节上多少带紫红色。叶具极短柄或近无柄，边缘具锐尖粗牙齿状锯齿。轮伞花序无梗，轮廓圆球形，多花密集。花冠白色。小坚果倒卵圆状四边形。花期6—9月，果期8—11月。

◎分布与生境

分布于黑龙江、吉林、辽宁、河北、山西、陕西、四川等地；历山见于下川、李疙瘩、西哄哄；多生于沼泽地、水边、沟边。

◎主要用途

块茎可食，多腌制；全草可入药。

百里香

◆ 学名：*Thymus mongolicus* Ronn.
◆ 科属：唇形科百里香属

◎别　名

地角花、地椒叶、千里香。

◎主要特征

半灌木。茎多数，匍匐或上升；不育枝从茎的末端或基部生出，匍匐或上升，被短柔毛。叶为卵圆形，全缘或稀有1~2对小锯齿，两面无毛，叶柄明显。花序头状，多花或少花，花具短梗。花萼管状钟形或狭钟形。花冠紫红色、紫色、淡紫色或粉红色。小坚果近圆形或卵圆形，压扁状，光滑。花期7—8月，果期8—9月。

◎分布与生境

分布于甘肃、陕西、青海、山西、河北、内蒙古等地；历山见于舜王坪、青皮掌；多生于多石山地、斜坡、山谷、山沟、路旁及杂草丛中。

◎主要用途

叶可作调味品，可提取香料；全株可入药。

通泉草

◆ 学名：*Mazus pumilus* (N. L. Burman) Steenis
◆ 科属：通泉草科通泉草属

◎别　名

脓泡药、汤湿草、猪胡椒、野田菜、鹅肠草、绿蓝花、五瓣梅。

◎主要特征

一年生草本。基生叶少到多数，有时呈莲座状或早落，倒卵状匙形至卵状倒披针形，膜质至薄纸质，基部楔形，下延成带翅的叶柄，边缘具不规则的粗齿或基部有1~2片浅羽裂。总状花序生于茎、枝顶端，常在近基部即生花，伸长或上部呈束状，通常3~20朵；花冠白色、紫色或蓝色。蒴果球形。种子小而多数。花果期4—10月。

◎分布与生境

遍布全国；历山全境可见；多生于湿润的草坡、沟边、路旁及林缘。

◎主要用途

全草可入药。

弹刀子菜

◆ 学名：***Mazus stachydifolius*** **(Turcz.) Maxim.**
◆ 科属：**通泉草科通泉草属**

◎别　　名

水苏叶通泉草、四叶细辛、地菊花、山刀草、大叶山油麻、毛曲菜。

◎主要特征

多年生草本，全体被白色长柔毛。基生叶匙形，有短柄，常早枯萎；茎生叶对生，上部的常互生，无柄，长椭圆形至倒卵状披针形，边缘具不规则锯齿。总状花序顶生；花萼漏斗状；花冠蓝紫色。蒴果扁卵球形。花期4—6月，果期7—9月。

◎分布与生境

分布于东北、华北各地；历山全境山地草坡、林下习见；多生于较湿润的路旁、草坡及林缘。

◎主要用途

全草可入药。

透骨草

◆ 学名：***Phryma leptostachya*** **subsp.** ***asiatica*** **(Hara)Kitamura**
◆ 科属：**透骨草科透骨草属**

◎别　　名

药曲草、粘人裙、前草、一扫光、倒刺草、蝇毒草。

◎主要特征

多年生草本。茎直立，四棱形，节间膨大。叶对生，叶片卵状长圆形、卵状披针形、卵状椭圆形至卵状三角形或宽卵形，先端渐尖、尾状急尖或急尖，边缘有（3~）5至多数钝锯齿、圆齿或圆齿状牙齿。穗状花序生茎顶及侧枝顶端；花萼筒状；花冠漏斗状筒形，蓝紫色、淡红色至白色。瘦果狭椭圆形，包藏于棒状宿存花萼内，反折并贴近花序轴。种子1，与果皮合生。花期6—10月，果期8—12月。

◎分布与生境

分布于黑龙江、吉林、辽宁、河北、山西、陕西、甘肃等地；历山全境低山区林下常见；多生于阴湿山谷或林下。

◎主要用途

民间全草可入药，也可做土农药。

沟酸浆

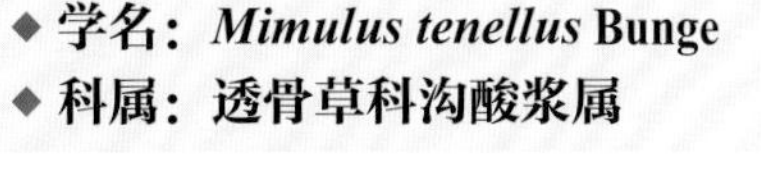

◆ 学名：*Mimulus tenellus* Bunge
◆ 科属：透骨草科沟酸浆属

◎别　名

酸浆草、水芥草。

◎主要特征

多年生草本。柔弱，常铺散状，无毛。叶卵形、卵状三角形至卵状矩圆形，顶端急尖，基部截形，边缘具明显的疏锯齿，叶柄细长。花单生叶腋，花萼圆筒形，果期肿胀成囊泡状；花冠漏斗状，黄色，喉部有红色斑点。蒴果椭圆形。花果期6—9月。

◎分布与生境

分布于河北、河南、山西、陕西、甘肃等地；历山见于云蒙、猪尾沟、皇姑曼、混沟；多生于水边、林下湿地。

◎主要用途

叶可食；全草可入药。

毛泡桐

◆ 学名：*Paulownia tomentosa* (Thunb.) Steud.
◆ 科属：泡桐科泡桐属

◎别　名

紫花桐。

◎主要特征

落叶大乔木。树冠宽大伞形，树皮褐灰色。小枝有明显皮孔，幼时常具黏质短腺毛。叶心形，先端锐尖，基部心形，全缘或波状浅裂，上面毛稀疏，下面毛密或较疏。老叶下面灰褐色树枝状毛常具柄和3~12条细长丝状分枝，新枝上的叶较大，其毛常不分枝，有时具黏质腺毛；叶柄常有黏质短腺毛。花萼浅钟形，外面茸毛不脱落，分裂至中部或裂过中部，萼齿卵状长圆形，在花期锐尖或稍钝至果期钝头；花冠紫色，漏斗状钟形，在离管基部约5mm处弓曲，向上突然膨大，外面有腺毛，内面几无毛，檐部二唇形。蒴果卵圆形，幼时密生黏质腺毛，宿萼不反卷。花期4—5月，果期8—9月。

◎分布与生境

分布于辽宁南部、河北、河南、山东、江苏、安徽、湖北、江西等地，通常栽培；历山见于皇姑曼、西哄哄、青皮掌；多生于路边、村旁。

◎主要用途

木材可作器物或建材原料；栽培可供观赏。

楸叶泡桐

◆ 学名：*Paulownia catalpifolia* Gong Tong
◆ 科属：泡桐科泡桐属

◎别　　名

小叶泡桐、无籽泡桐、山东泡桐。

◎主要特征

落叶大乔木，树冠为高大圆锥形，树干通直。叶片通常长卵状心脏形，顶端长渐尖，全缘或波状而有角，上面无毛，下面密被星状茸毛。小聚伞花序有明显的总花梗，萼浅钟形；花冠浅紫色，管状漏斗形，内部常密布紫色细斑点。蒴果椭圆形，幼时被星状茸毛。花期4月，果期7—8月。

◎分布与生境

分布于山东、河北、山西、河南、陕西等地；历山见于皇姑曼、混沟、青皮掌；多生于山地杂木林中。

◎主要用途

木材可作器物或建材原料；栽培可供观赏。

黄花列当

◆ 学名：*Orobanche pycnostachya* Hance
◆ 科属：列当科列当属

◎别　　名

独根草、神仙草。

◎主要特征

二年生或多年生寄生草本，全株密被腺毛。叶卵状披针形或披针形，干后黄褐色。花序穗状，圆柱形，顶端锥状，具多数花；花冠黄色，筒中部稍弯曲。蒴果长圆形，干后深褐色。花期4—6月，果期6—8月。

◎分布与生境

分布于东北、华北、陕西、河南、山东和安徽等地；历山全境可见；寄生于蒿属植物根上；多生于沙丘、山坡及草原上。

◎主要用途

全株可入药。

列当

◆ 学名：***Orobanche coerulescens*** **Steph.**

◆ 科属：**列当科列当属**

◎别　　名

独根草、兔子拐棍、草苁蓉、北亚列当。

◎主要特征

二年生或多年生寄生草本，全株密被蛛丝状长绵毛。叶干后黄褐色，生于茎下部的较密集，上部的渐变稀疏，卵状披针形；花多数，排列成穗状花序，花冠深蓝色、蓝紫色或淡紫色，筒部在花丝着生处稍上方缢缩，口部稍扩大；上唇2浅裂，下唇3裂。蒴果卵状长圆形或圆柱形，干后深褐色。种子多数，干后黑褐色。花期4—7月，果期7—9月。

◎分布与生境

广泛分布于东北、华北、西北地区；历山全境可见；常寄生于蒿属植物的根上；多生于沙丘、山坡及沟边草地上。

◎主要用途

全株可入药。

达乌里芯芭

◆ 学名：***Cymbaria mongolica*** **Maxim.**

◆ 科属：**列当科芯芭属**

◎别　　名

蒙古芯芭、蒙古大黄花。

◎主要特征

多年生草本，丛生，常有宿存的隔年枯茎。叶无柄，对生，或在茎上部近于互生，被短柔毛，先端有一小凸尖，位于茎基者长圆状披针形。花少数，腋生于叶腋中，每茎1~4枚，具短梗；花冠黄色，二唇形，上唇略作盔状，下唇3裂。蒴果革质，长卵圆形。花期4—8月，果期6—7月。

◎分布与生境

分布于内蒙古、河北、山西等地；历山见于大河、青皮掌；多生于干燥山坡。

◎主要用途

全草可入药。

小米草

◆ 学名：*Euphrasia pectinata* Tenore
◆ 科属：列当科小米草属

◎别　　名

芒小米草、药用小米草。

◎主要特征

一年生草本。植株直立，不分枝或下部分枝，被白色柔毛。叶与苞叶无柄，卵形至卵圆形。花序初花期短而花密集，逐渐伸长至果期果疏离；花萼管状；花冠白色或淡紫色。蒴果长矩圆状。花期6—9月，果期8—9月。

◎分布与生境

分布于内蒙古、河北、山西、宁夏、甘肃、新疆等地；历山全境可见；生于阴坡草地及灌丛中。

◎主要用途

全草可入药。

山萝花

◆ 学名：*Melampyrum roseum* Maxim.
◆ 科属：列当科山罗花属

◎别　　名

山罗花。

◎主要特征

直立草本，植株全体疏被鳞片状短毛。茎通常多分枝。叶片披针形至卵状披针形，顶端渐尖，基部圆钝或楔形。苞叶绿色，仅基部具尖齿至整个边缘具多条刺毛状长齿；花冠紫色、紫红色或红色，上唇内面密被须毛。蒴果卵状渐尖。花果期8—10月。

◎分布与生境

分布于东北、河北、山西、陕西、甘肃、河南、湖北、湖南及华东等地；历山全境可见；多生于山坡灌丛及高草丛中。

◎主要用途

全草可入药。

松蒿

◆ 学名：*Phtheirospermum japonicum* (Thunb.) Kanitz
◆ 科属：列当科松蒿属

◎别　名

糯蒿、土茵陈、红壶瓶、草茵陈、铃茵陈、鸡冠草。

◎主要特征

一年生草本，植株被多细胞腺毛。茎直立或弯曲而后上升，通常多分枝。叶具边缘有狭翅的柄，叶片长三角状卵形，近基部的羽状全裂，向上则为羽状深裂。花具梗，花冠紫红色至淡紫红色。蒴果卵珠形。花果期6—10月。

◎分布与生境

分布于我国除新疆、青海以外各地；历山全境可见；多生于山坡灌丛阴处。

◎主要用途

全草可入药。

地黄

◆ 学名：*Rehmannia glutinosa* (Gaert.) Libosch. ex Fisch. et Mey.
◆ 科属：列当科地黄属

◎别　名

怀庆地黄、生地。

◎主要特征

多年生草本，全株密被灰白色多细胞长柔毛和腺毛。根茎肉质，鲜时黄色，茎紫红色。叶通常在茎基部集成莲座状；叶片卵形至长椭圆形，边缘具不规则圆齿或钝锯齿以至牙齿；基部渐狭成柄。花具短梗，梗细弱，在茎顶部略排列成总状花序，花冠筒多少弓曲，内面黄紫色，外面紫红色。蒴果卵形至长卵形。花果期4—7月。

◎分布与生境

分布于辽宁、河北、河南、山东、山西、陕西、甘肃、内蒙古等地；历山全境可见；多生于砂质壤土、荒山坡、山脚、墙边、路旁等处。

◎主要用途

根为著名中药；嫩叶可食。

疗齿草

◆ 学名：*Odontites vulgaris* Moench
◆ 科属：列当科疗齿草属

◎别　　名

齿叶草。

◎主要特征

一年生草本，全株被贴伏而倒生的白色细硬毛。茎常在中上部分枝，上部四棱形。叶对生，披针形至条状披针形，先端渐尖，基部渐窄，边缘疏生锯齿，无柄。穗状花序顶生，下部的苞片叶状；花梗极短；花萼钟状，果期增大，4裂，萼片狭三角形；花冠紫红色，外被白色柔毛，上唇直立，略呈盔状，微凹或2浅裂，下唇3裂开展，倒卵形，先端凹；花药箭形，带橙红色，药室下边延成短芒。蒴果长4~7mm，上部被细刚毛。种子椭圆形。花期7—8月，果期8—9月。

◎分布与生境

分布于新疆、甘肃、青海（循化）、宁夏、陕西（北部）、华北及东北（西北部）等地；历山全境可见；生于海拔2000m以下的河边、湿草地。

◎主要用途

全草可药用。

返顾马先蒿

◆ 学名：*Pedicularis resupinata* L.
◆ 科属：列当科马先蒿属

◎别　　名

芝麻七。

◎主要特征

多年生草本。茎常单出，上部多分枝。叶密生，均茎出，互生或有时下部甚或中部者对生，叶柄短，卵形至长圆状披针形，边缘有钝圆的重齿，常反卷。花单生于茎枝顶端的叶腋中。花冠淡紫红色，管伸直，近端处略扩大，自基部起即向右扭旋。蒴果斜长圆状披针形。花期6—8月，果期7—9月。

◎分布与生境

分布于东北、内蒙古、山东、河北、山西、陕西、安徽等地；历山见于云蒙、皇姑曼、舜王坪、猪尾沟、混沟等地；多生于湿润草地及林缘。

◎主要用途

民间全草可入药。

短茎马先蒿

◆ 学名：***Pedicularis artselaeri*** **Maxim.**
◆ 科属：**列当科马先蒿属**

◎别　　名

蚂蚁窝、埃氏马先蒿。

◎主要特征

多年生草本。茎细短，被毛，基部被披针形或卵形黄褐色膜质鳞片及枯叶柄；叶柄密被柔毛；叶长圆状披针形，羽状全裂，裂片8~14对。花腋生；花梗细柔弯曲，被长柔毛；花冠紫色，花冠筒直伸，上唇镰状弓曲。蒴果卵圆形，全为膨大宿萼所包。花期5月，果期6—7月。

◎分布与生境

分布于河北、山西、陕西、湖北与四川东北部等地；历山见于云蒙、青皮掌、混沟、猪尾沟；多生于石坡草丛中和林下较干处。

◎主要用途

未知。

红纹马先蒿

◆ 学名：***Pedicularis striata*** **Pall.**
◆ 科属：**列当科马先蒿属**

◎别　　名

细叶马先蒿。

◎主要特征

多年生草本。茎单出，或在下部分枝。叶互生，基生者成丛，至开花时常已枯败，茎叶很多，渐上渐小，至花序中变为苞片，叶片均为披针形，羽状深裂至全裂，中肋两旁常有翅。花序穗状；花冠黄色，具绛红色的脉纹，管在喉部以下向右扭旋。蒴果卵圆形。花期6—7月，果期7—8月。

◎分布与生境

分布于东北、华北各地；历山见于青皮掌、舜王坪、皇姑曼、云蒙；多生于高山草原中及疏林中。

◎主要用途

民间全草可入药。

藓生马先蒿

◆ 学名：*Pedicularis muscicola* Maxim.
◆ 科属：列当科马先蒿属

◎别　　名

土人参。

◎主要特征

多年生草本。茎丛生，常成密丛。叶有柄，柄有疏长毛；叶片椭圆形至披针形，羽状全裂，裂片常互生，有锐重锯齿。花腋生，自基部即开始着生；花冠玫瑰色，具长管，外面有毛，盔前方渐细为卷曲或“S”形的长喙，喙因盔扭折之故而反向上方卷曲，下唇极大。蒴果稍扁平，偏卵形，为宿萼所包。花期5—7月，果期8月。

◎分布与生境

分布于山西、陕西、甘肃、青海、湖北西部等；历山见于舜王坪、卧牛场、皇姑曼；多生于海拔1750~2650m的杂木林、冷杉林的苔藓层中。

◎主要用途

根茎可入药。

穗花马先蒿

◆ 学名：*Pedicularis spicata* Pall.
◆ 科属：列当科马先蒿属

◎别　　名

罗氏马先蒿、穗马先蒿。

◎主要特征

一年生草本。茎有时单一而植株稀疏。叶基出者至开花时多不存在，多少莲座状，较茎叶为小，叶片椭圆状长圆形，羽状深裂，裂片长卵形，边多反卷；茎生叶多4枚轮生，长圆状披针形至线状狭披针形，缘边羽状浅裂至深裂。穗状花序生于茎枝之端；花冠红色，管在萼口向前方以直角或相近的角度膝屈，额高凸。蒴果狭卵形。花期7—9月，果期8—10月。

◎分布与生境

分布于陕西、山西、河北、内蒙古、湖北等地；历山见于舜王坪草甸；多生于海拔1500~2600m的草地、溪流旁及灌丛中。

◎主要用途

民间全草可入药。

轮叶马先蒿

◆ 学名：*Pedicularis verticillata* L.
◆ 科属：列当科马先蒿属

◎别　　名

塔氏马先蒿、万叶马先蒿。

◎主要特征

多年生草本。茎直立。叶基出者发达而长存，柄被疏密不等的白色长毛；叶片长圆形至线状披针形，下面微有短柔毛，羽状深裂至全裂，茎生叶一般4枚成轮。花冠紫红色，花柱稍稍伸出。蒴果形状大小多变，多少披针形，端渐尖。花期7—8月，果期7—9月。

◎分布与生境

分布于山西、陕西、甘肃等地；历山见于舜王坪草甸；多生于高山草地。

◎主要用途

民间全草可入药。

灰楸

◆ 学名：*Catalpa fargesii* Bur.
◆ 科属：紫葳科梓属

◎别　　名

光灰楸、紫花楸、楸木、紫楸、川楸、滇楸。

◎主要特征

落叶乔木。幼枝、花序、叶柄均有毛。叶厚纸质，卵形或三角状心形，基部截形或微心形。顶生伞房状总状花序，有花7~15朵。花冠淡红色至淡紫色，内面具紫色斑点，钟状。蒴果细圆柱形，下垂。花期3—5月，果期6—11月。

◎分布与生境

分布于陕西、甘肃、河北、山东、河南、湖北、湖南、广东、广西等地；历山见于下川、西哄哄附近；多生于村庄边、山谷中。

◎主要用途

常栽培作庭园观赏树、行道树；木材细致，为优良的建筑、家具用材树种；嫩叶、花可供蔬食；叶可喂猪；果可入药；树皮、叶浸液可作农药。

角蒿

◆ 学名：*Incarvillea sinensis* Lam.
◆ 科属：紫葳科角蒿属

◎别　　名

羊角草、羊角透骨草、羊角蒿、大一枝蒿、冰云草、癫蒿、萝蒿、莪蒿。

◎主要特征

一年生至多年生草本，具分枝的茎。叶互生，2~3回羽状细裂，形态多变异。顶生总状花序，疏散。花萼钟状，绿色带紫红色。花冠淡玫瑰色或粉红色，有时带紫色，钟状漏斗形，基部收缩成细筒。蒴果淡绿色，细圆柱形，顶端尾状渐尖。花期5—9月，果期10—11月。

◎分布与生境

分布于东北、河北、河南、山东、山西、陕西、宁夏等地；历山全境可见；多生于山坡、田野。

◎主要用途

干燥全草可入药。

桔梗

◆ 学名：*Platycodon grandiflorus* (Jacq.) A. DC.
◆ 科属：桔梗科桔梗属

◎别　　名

铃铛花、包袱花。

◎主要特征

多年生草本，植物体具白色乳汁。茎通常无毛。叶全部轮生，部分轮生至全部互生，叶片卵形、卵状椭圆形至披针形，边缘具细锯齿。花单朵顶生，或数朵集成假总状花序；花萼筒部半圆球状或圆球状倒锥形，被白粉；花冠大，蓝色或紫色。蒴果球状。花期7—9月，果期8—9月。

◎分布与生境

分布于东北、华北、华东、华中各地；历山全境可见；多生于海拔2000m以下的阳处草丛、灌丛中。

◎主要用途

根可药用，也可加工供食用。

沙参

◆ 学名：*Adenophora stricta* Miq.
◆ 科属：桔梗科沙参属

◎主要特征

多年生草本。茎不分枝。基生叶心形，大而具长柄；茎生叶无柄，或仅下部的叶有极短而带翅的柄，叶片椭圆形或狭卵形。花序常不分枝而呈假总状花序，或有短分枝而呈极狭的圆锥花序，极少具长分枝而为圆锥花序；花梗常极短；花萼裂片狭长，多为钻形，少为条状披针形；花冠宽钟状，蓝色或紫色，花柱常略长于花冠，少较短的。蒴果椭圆状球形，极少为椭圆状。花期8—10月，果期8月。

◎分布与生境

全国广布；历山全境山坡林下常见；多生于低山草丛中和岩石缝中。

◎主要用途

根可入药。

荠苨

◆ 学名：*Adenophora trachelioides* Maxim.
◆ 科属：桔梗科沙参属

◎别　　名

心叶沙参、杏叶菜、老母鸡肉。

◎主要特征

多年生草本，植物体有白色乳汁。茎单生。基生叶心状肾形，边缘为单锯齿或重锯齿。花序分枝大多长而几乎平展，组成大圆锥花序；花萼筒部倒三角状圆锥形，裂片长椭圆形或披针形；花冠钟状，蓝色、蓝紫色或白色；花柱与花冠近等长。蒴果卵状圆锥形。花期7—9月，果期7—8月。

◎分布与生境

分布于辽宁、河北、山东、江苏、山西等地；历山见于猪尾沟、青皮掌、皇姑曼、云蒙；多生于山坡草地或林缘。

◎主要用途

根可入药。

狭叶沙参

◆ **学名：*Adenophora gmelinii* (Spreng.) Fisch.**
◆ **科属：桔梗科沙参属**

◎别　名

厚叶沙参、柳叶沙参、北方沙参。

◎主要特征

多年生草本，植物体有白色乳汁。根细长，皮灰黑色。茎不分枝。基生叶多变，浅心形、三角形或菱状卵形，具粗圆齿；茎生叶多数为条形，少为披针形，无柄，全缘或具疏齿。聚伞花序全为单花而组成假总状花序；花萼完全无毛，仅少数有瘤状突起；花冠宽钟状，蓝色或淡紫色；花柱稍短于花冠。蒴果椭圆状。花期7—9月，果期8—10月。

◎分布与生境

分布于东北、内蒙古、河北、山西等地；历山见于舜王坪、青皮掌；多生于海拔2600m以下的山坡草或灌丛下。

◎主要用途

根可入药。

石沙参

◆ **学名：*Adenophora polyantha* Nakai**
◆ **科属：桔梗科沙参属**

◎主要特征

多年生草本。茎1至数支发自一条茎基上，常不分枝。基生叶叶片心状肾形，边缘具不规则粗锯齿，基部沿叶柄下延；茎生叶完全无柄，卵形至披针形，极少为披针状条形，边缘具疏离而三角形的尖锯齿或几乎为刺状的齿。花序常不分枝而呈假总状花序，花萼裂片狭三角状披针形；花冠紫色或深蓝色，钟状，喉部常稍稍收缢，花柱常稍稍伸出花冠，有时在花大时与花冠近等长。蒴果卵状椭圆形。花期8—10月，果期7—8月。

◎分布与生境

分布于河北、山东、江苏、陕西、山西、甘肃等地；历山全境海拔1500m以上的山地均可见；多生于海拔2000m以下的阳坡开阔草地。

◎主要用途

根可入药。

泡沙参

◆ 学名：*Adenophora potaninii* Korsh.
◆ 科属：桔梗科沙参属

◎别　　名

泡参、奶腥菜花、灯笼花、灯花草、长叶沙参。

◎主要特征

多年生草本植物，植物体具白色乳汁。茎生叶无柄，卵状椭圆形，矩圆形，每边具2至数个粗大齿。花序通常在基部有分枝，组成圆锥花序。花萼无毛，萼裂片狭三角状钻形，边缘有一对细长齿；花冠钟状，紫色、蓝色或蓝紫色，少为白色，花柱与花冠近等长，或稍稍伸出。蒴果球状椭圆形或椭圆状。花期7—10月，果期10—11月。

◎分布与生境

分布于青海、四川、山西等地；历山见于舜王坪草甸；多生于海拔3100m以下的阳坡草地，少数生于灌丛或林下。

◎主要用途

根可入药。

多歧沙参

◆ 学名：*Adenophora potaninii* subsp. *wawreana* (Zahlbruckner) S. Ge & D. Y. Hong
◆ 科属：桔梗科沙参属

◎别　　名

南沙参、铃铛花。

◎主要特征

多年生草本。茎常不分枝。基生叶心形；茎生叶具柄，叶片卵形或卵状披针形，少数为宽条形，边缘具多枚整齐或不整齐尖锯齿。花序为大圆锥花序，花萼无毛，裂片条形或钻形，边缘有1~2对瘤状小齿或狭长齿，翻卷；花冠宽钟状，蓝紫色，淡紫色，花柱伸出花冠。蒴果宽椭圆状。花期7—9月，果期9—10月。

◎分布与生境

分布于辽宁、河北、山西、内蒙古等地；历山全境可见；多生于海拔2000m以下的阴坡草丛、灌木林、疏林下，多生于砾石中或岩石缝中。

◎主要用途

根可入药。

紫沙参

◆ 学名：*Adenophora capillaris* subsp. *paniculata* (Nannfeldt) D. Y. Hong & S. Ge
◆ 科属：桔梗科沙参属

◎别　　名

细叶沙参。

◎主要特征

多年生草本。茎高大。基生叶心形，边缘有不规则锯齿；茎生叶条形至卵状椭圆形，全缘或有锯齿。花序常为圆锥花序，由多个花序分枝组成；花萼无毛，裂片细长如发，全缘；花冠细小，近于筒状，浅蓝色、淡紫色或白色；花柱伸出花冠。蒴果卵状至卵状矩圆形。花期6—9月，果期8—10月。

◎分布与生境

分布于内蒙古、河北、山西、山东、河南等地；历山见于舜王坪、青皮掌；多生于海拔1100~2800m的山坡草地。

◎主要用途

根可入药。

轮叶沙参

◆ 学名：*Adenophora tetraphylla* (Thunb.) Fisch.
◆ 科属：桔梗科沙参属

◎主要特征

多年生草本。茎高大，不分枝。茎生叶3~6枚轮生，无柄或有不明显叶柄，叶片卵圆形至条状披针形。花序狭圆锥状，花序分枝（聚伞花序）大多轮生；花萼无毛，筒部倒圆锥状，裂片钻状，全缘；花冠筒状细钟形，口部稍缢缩，蓝色、蓝紫色。蒴果球状圆锥形或卵圆状圆锥形。花期7—9月，果期7—8月。

◎分布与生境

分布于东北、内蒙古东部、河北、山西、陕西、甘肃等地；历山见于混沟底、舜王坪附近；多生于草地和灌丛中。

◎主要用途

根可入药。

紫斑风铃草

◆ 学名：*Campanula punctata* Lamarck
◆ 科属：桔梗科风铃草属

◎别　　名

吊钟花、灯笼花、山萤袋。

◎主要特征

多年生草本。全体被刚毛。茎直立，粗壮，常在上部分枝；基生叶具长柄，心状卵形；下部的茎生叶有带翅的长柄，上部的无柄，三角状卵形或披针形，边缘具不整齐钝齿。花生于主茎及分枝顶端，下垂；花萼裂片长三角形，裂片间有一个卵形至卵状披针形而反折的附属物，边缘有芒状长刺毛；花冠白色，带紫斑，筒状钟形，裂片有睫毛。蒴果半球状倒锥形。花期6—9月，果期7—8月。

◎分布与生境

分布于东北、内蒙古、河北、山西、河南、陕西、甘肃等地；历山全境林下可见；多生于山地林中、灌丛及草地中。

◎主要用途

栽培可供观赏。

党参

◆ 学名：*Codonopsis pilosula* (Franch.) Nannf.
◆ 科属：桔梗科党参属

◎别　　名

缠绕党参、素花党参、黄参。

◎主要特征

多年生缠绕草本，含白色乳汁。根常肥大呈纺锤状或纺锤状圆柱形。茎缠绕，有多数分枝，无毛。在主茎及侧枝上的叶互生，在小枝上的叶近于对生，叶片卵形或狭卵形，边缘具波状钝锯齿。花单生于枝端，花冠阔钟状，黄绿色，内面有明显紫斑。蒴果下部半球状，上部短圆锥状。花果期7—10月。

◎分布与生境

分布于西藏东南部、四川西部、云南西北部、甘肃东部、陕西南部、宁夏、青海东部、河南、山西、河北、内蒙古及东北等地区；历山全境高山沟谷中可见；多生于山地林边及灌丛中。

◎主要用途

根为著名中药。

羊乳

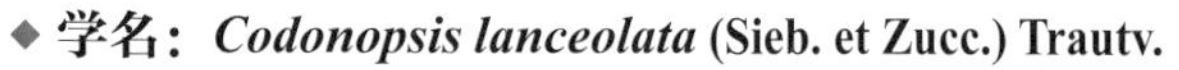

◆ **学名：*Codonopsis lanceolata* (Sieb. et Zucc.) Trautv.**
◆ **科属：桔梗科党参属**

◎别　　名

轮叶党参、羊奶参、四叶参、山海螺。

◎主要特征

本种与党参*Codonopsis pilosula* (Franch.) Nannf.类似，区别在于本种叶在枝端4片假轮生；花仅内侧有紫色斑点。花果期7—8月。

◎分布与生境

分布于东北、华北、华东和中南各地；历山见于东峡、云蒙、猪尾沟、皇姑曼、钥匙沟、转林沟；多生于山地灌木林下沟边阴湿地区或阔叶林内。

◎主要用途

根可入药。

莕菜

◆ **学名：*Nymphoides peltata* (S. G. Gmelin) Kuntze**
◆ **科属：睡菜科莕菜属**

◎别　　名

凫葵、水荷叶、荇菜。

◎主要特征

多年生水生草本。茎圆柱形，多分枝，密生褐色斑点。上部叶对生，下部叶互生，叶片漂浮，近革质，圆形或卵圆形，基部心形，全缘，下面紫褐色。花常多数，簇生节上，5数；花冠金黄色。蒴果无柄，椭圆形。花果期4—10月。

◎分布与生境

全国绝大多数地区有分布；历山全境静水池沼均可见；多生于池塘或不甚流动的河溪中。

◎主要用途

可作观赏植物；全株可入药；嫩叶可食。

高山蓍

◆ 学名：*Achillea alpina* L.
◆ 科属：菊科蓍属

◎别　　名

羽衣草、蚰蜒草、锯齿草。

◎主要特征

多年生草本。茎直立，被疏或密的伏柔毛。叶无柄，条状披针形，篦齿状羽状浅裂至深裂，基部裂片抱茎。头状花序多数，集成伞房状；总苞宽矩圆形或近球形，总苞片3层，覆瓦状排列。边缘舌状花6~8朵，舌片白色，管状花白色。瘦果宽倒披针形。花果期7—9月。

◎分布与生境

分布于东北、内蒙古、河北、山西、宁夏、甘肃东部等地；历山全境可见；多见于山坡草地、灌丛间、林缘。

◎主要用途

全草可提取芳香油；全株可入药。

猫儿菊

◆ 学名：*Hypochaeris ciliata* (Thunb.) Makino
◆ 科属：菊科猫儿菊属

◎别　　名

黄金菊、小蒲公英、大黄菊。

◎主要特征

多年生草本。基部被黑褐色枯叶柄。基生叶椭圆形、长椭圆形或倒披针形，基部渐狭成长或短的翼柄，边缘有尖锯齿或微尖齿；下部茎生叶与基生叶同形，半抱茎；全部叶两面粗糙，被稠密的硬刺毛。头状花序单生于茎端；总苞宽钟状或半球形；总苞片3~4层，覆瓦状排列。舌状小花多数，金黄色。瘦果圆柱状，浅褐色。花果期6—9月。

◎分布与生境

分布于东北、河北、山西、内蒙古等地；历山见于青皮掌、皇姑曼、舜王坪；多生于山坡草地、林缘路旁或灌丛中。

◎主要用途

全草可入药。

和尚菜

◆ 学名：*Adenocaulon himalaicum* Edgew.

◆ 科属：菊科和尚菜属

◎别　　名

腺梗菜。

◎主要特征

一年生草本。根状茎匍匐；下部茎叶肾形或圆肾形，基部心形，边缘有不等形的波状大牙齿，叶柄有狭或较宽的翼。头状花序排成狭或宽大的圆锥状花序，密被稠密头状具柄腺毛；总苞半球形，总苞片5~7个，宽卵形，全缘，果期向外反曲；雌花白色，两性花淡白色。瘦果棍棒状，被多数头状具柄的腺毛。花果期6—11月。

◎分布与生境

全国广布；历山全境可见；多生于河岸、湖旁、峡谷、阴湿密林下。

◎主要用途

嫩叶可食；全株可入药。

翅茎香青

◆ 学名：*Anaphalis sinica* f. *pterocaula* (Franch. et Savat.) Ling

◆ 科属：菊科香青属

◎别　　名

白四棱锋、枫茄香。

◎主要特征

多年生草本，具特殊芳香。全株被白色绵毛。茎簇生，单一不分枝。叶互生，无柄，倒披针形或线状披针形，先端钝圆而微突尖，基部下延成翅，使茎呈棱角状。头状花序顶生，多数排列成伞房状；雌雄异株或杂性，全部为管状花，黄白色。总苞钟形，苞片5列，或7列，银白色。瘦果有小腺点。花果期7—9月。

◎分布与生境

分布于河北、山西、安徽、浙江等地；历山见于青皮掌、舜王坪；多生于高山和丘陵地区。

◎主要用途

全株可提取芳香油；全株可入药。

香青

◆ 学名：*Anaphalis sinica* Hance
◆ 科属：菊科香青属

◎别　　名

籁箫、荻、通肠香。

◎主要特征

本种与翅茎香青*Anaphalis sinica* f. *pterocaula* (Franch. et Savat.) Ling类似，区别在于香青的茎无翅，花色淡红色。花期6—9月，果期8—10月。

◎分布与生境

分布于我国北部、中部、东部及南部；历山见于舜王坪草甸；多生于低山或亚高山灌丛、草地、山坡和溪岸。

◎主要用途

全株可提取芳香油；全株可入药。

铃铃香青

◆ 学名：*Anaphalis hancockii* Maxim.
◆ 科属：菊科香青属

◎别　　名

铜钱花、铃铃香。

◎主要特征

多年生草本。根状茎细长；茎被蛛丝状毛及具柄头状腺毛。莲座状叶与茎下部叶匙状或线状长圆形，基部渐狭成具翅的柄或无柄。头状花序9~15个，在茎端密集成复伞房状；总苞宽钟状，总苞片4~5层，红褐色或黑褐色；花冠冠毛较花冠稍长，雄花冠毛上部较粗扁，有锯齿。瘦果长圆形。花期6—8月，果期8—9月。

◎分布与生境

分布于青海、河北、山西、内蒙古等地；历山见于舜王坪草甸；多生于亚高山山顶及山坡草地。

◎主要用途

全株可提取芳香油；全株可入药。

北苍术

◆ 学名：***Atractylodes lancea*** **(Thunb.) DC.**
◆ 科属：**菊科苍术属**

◎别　　名

赤术、术、茅术、南苍术、仙术、和白术、关苍术。

◎主要特征

多年生草本。根状茎平卧或斜升，粗长或通常呈疙瘩状。茎直立，下部或中部以下常紫红色。基部叶花期脱落；中下部茎叶，3~5（7~9）羽状深裂或半裂，基部楔形或宽楔形，几无柄，扩大半抱茎，边缘或裂片边缘有针刺状缘毛或三角形刺齿或重刺齿。头状花序单生茎枝顶端；总苞钟状，苞叶针刺状羽状全裂或深裂，总苞片5~7层，覆瓦状排列；小花白色。瘦果倒卵圆状。花果期6—10月。

◎分布与生境

分布于黑龙江、辽宁、吉林、内蒙古、河北、山西、甘肃、陕西、河南等地；历山全境阳坡可见；多生于山坡草地、林下、灌丛及岩石缝隙中。

◎主要用途

根茎是著名中药。

牛蒡

◆ 学名：***Arctium lappa*** **L.**
◆ 科属：**菊科牛蒡属**

◎别　　名

大力子、恶实。

◎主要特征

二年生草本，具粗大的肉质直根。茎直立，通常带紫红色或淡紫红色。基生叶宽卵形，边缘有稀疏的浅波状凹齿或齿尖，基部心形，有长柄。茎生叶与基生叶同形或近同形。头状花序多数。总苞卵形或卵球形，总苞片多层，顶端有软骨质钩刺。小花紫红色。瘦果倒长卵形或偏斜倒长卵形。花果期6—9月。

◎分布与生境

全国广布；历山全境可见；多生于山坡、山谷、林缘、林中、灌木丛中、河边潮湿地、村庄路旁或荒地。

◎主要用途

根可作蔬菜；种子、根可入药。

黄花蒿

◆ **学名：*Artemisia annua* L.**
◆ **科属：菊科蒿属**

◎别　　名

青蒿、香蒿、苦蒿。

◎主要特征

一年生草本。植株有浓烈的挥发性香气。叶纸质，绿色；茎下部叶宽卵形或三角状卵形，三（四）回栉齿状羽状深裂。头状花序球形，多数；总苞片3~4层，球形；花深黄色，花冠管状。瘦果小，椭圆状卵形，略扁。花果期8—11月。

◎分布与生境

全国广布；历山全境可见；多生于路旁、荒地、山坡、林缘等处。

◎主要用途

全草可入药；嫩芽可食；可作饲料。

牡蒿

◆ **学名：*Artemisia japonica* Thunb.**
◆ **科属：菊科蒿属**

◎别　　名

蔚、牡菣、齐头蒿、水辣菜、土柴胡、油蒿、花等草、布菜、铁菜子。

◎主要特征

多年生草本。植株有香气。茎单生或少数。叶纸质，两面无毛或初时微有短柔毛，后无毛；基生叶与茎下部叶倒卵形或宽匙形，羽状深裂或半裂；中部叶匙形。头状花序多数，卵球形或近球形，在分枝上通常排成穗状花序或穗状花序状的总状花序，总苞片3~4层。瘦果小，倒卵形。花果期7—10月。

◎分布与生境

分布于山东、江苏、安徽、浙江、江西、福建、山西、河北等地；历山全境可见；常见于林缘、林中空地、疏林下、旷野、灌丛、丘陵、山坡、路旁等。

◎主要用途

全草可入药；嫩叶可作菜蔬，又可作家畜饲料。

南牡蒿

◆ **学名：*Artemisia eriopoda* Bge.**
◆ **科属：菊科蒿属**

◎别　名

米蒿、一枝蒿、黄蒿。

◎主要特征

多年生草本。茎通常单生。叶纸质，基生叶与茎下部叶近圆形、宽卵形或倒卵形，一至二回大头羽状深裂、全裂或不分裂，仅边缘具数枚疏锯齿；中部叶近圆形或宽卵形。头状花序多数，宽卵形或近球形，总苞片3~4层。瘦果长圆形。花果期6—11月。

◎分布与生境

分布于吉林、辽宁、内蒙古、河北、山西、陕西等地；历山全境可见；多生于林缘、路旁、草坡、灌丛、溪边、疏林内或林中空地。

◎主要用途

全草可入药。

艾蒿

◆ **学名：*Artemisia argyi* Lévl. et Van.**
◆ **科属：菊科蒿属**

◎别　名

金边艾、艾、祈艾、医草、灸草、端阳蒿。

◎主要特征

多年生草本。植株有浓烈香气。茎、枝均被灰色蛛丝状柔毛。叶厚纸质；茎下部叶近圆形或宽卵形，羽状深裂，头状花序椭圆形，在分枝上排成小型的穗状花序或复穗状花序，总苞片3~4层，覆瓦状排列。瘦果长卵形或长圆形。花果期7—10月。

◎分布与生境

全国广布；历山全境可见；多生于荒地、路旁河边及山坡等地。

◎主要用途

全草可入药；艾叶晒干捣碎得“艾绒”，可制艾条供艾灸用，又可作“印泥”的原料；全草可作杀虫的农药或熏烟作房间消毒、杀虫药；嫩芽及幼苗可作菜蔬。

茵陈蒿

◆ 学名：*Artemisia capillaris* Thunb.
◆ 科属：菊科蒿属

◎别　　名

因尘、因陈、茵陈、绵茵陈、白茵陈、日本茵陈、家茵陈、绒蒿、安吕草。

◎主要特征

半灌木状草本，植株有浓烈的香气。茎单生；茎、枝初时密生灰白色或灰黄色绢质柔毛。基生叶密集着生，常呈莲座状；叶卵圆形或卵状椭圆形，二（三）回羽状全裂。头状花序卵球形，稀近球形，多数，常排成复总状花序，总苞片3~4层。瘦果长圆形或长卵形。花果期7—10月。

◎分布与生境

分布于辽宁、河北、陕西、山东、江苏、安徽、浙江等地；历山全境可见；多生于湿润沙地、路旁及低山坡。

◎主要用途

嫩苗与幼叶可入药；幼嫩枝、叶可作菜蔬或酿制茵陈酒；鲜草或干草可作家畜饲料。

歧茎蒿

◆ 学名：*Artemisia igniaria* Maxim.
◆ 科属：菊科蒿属

◎别　　名

锯叶家蒿、白艾、蒌蒿、野艾。

◎主要特征

多年生草本。茎、枝初时被灰白色绵毛；茎多分枝。叶稍厚，纸质，茎下部叶卵形或宽卵形，一至二回羽状深裂，先端钝尖，具短柄。头状花序椭圆形或长卵形，在分枝上排成疏松的总状花序，并在茎上组成开展的圆锥花序；总苞片3~4层，覆瓦状排列。瘦果长圆形。花果期8—11月。

◎分布与生境

分布于黑龙江、吉林、辽宁、内蒙古、河北、山西、陕西等地；历山全境可见；多生于低海拔的山坡、林缘、草地、森林草原、灌丛与路旁等地。

◎主要用途

全草可入药。

野艾蒿

◆ 学名：*Artemisia lavandulifolia* Candolle
◆ 科属：菊科蒿属

◎别　　名

大叶艾蒿。

◎主要特征

多年生草本，稀亚灌木状。茎呈小丛，稀单生，分枝多；茎、枝被灰白色蛛丝状柔毛；基生叶与茎下部叶宽卵形或近圆形，二回羽状全裂或一回全裂，二回深裂；中部叶卵形、长圆形或近圆形。头状花序极多数，椭圆形或长圆形，排成密穗状或复穗状花序，在茎上组成圆锥花序；总苞片背面密被灰白色或灰黄色蛛丝状柔毛。瘦果长卵圆形或倒卵圆形。花果期8—10月。

◎分布与生境

分布于黑龙江、吉林、辽宁、内蒙古、河北、山西、陕西、甘肃、山东等地；历山全境可见分布；多生于中低海拔地区的路旁、林缘、山坡、草地、山谷、灌丛及河湖滨草地等。

◎主要用途

全草可入药。

猪毛蒿

◆ 学名：*Artemisia scoparia* Waldst. et Kit.
◆ 科属：菊科蒿属

◎别　　名

棉蒿、沙蒿、细叶蒿。

◎主要特征

多年生草本，有时候为二年生。植株有浓烈的香气。茎通常单生。叶近圆形、长卵形，二至三回羽状全裂，具长柄，花期叶凋落。头状花序近球形，在分枝排成复总状或复穗状花序；总苞片3~4层，外层总苞片草质。瘦果倒卵形或长圆形，褐色。花果期7—10月。

◎分布与生境

全国广布；历山全境可见；多生于中低海拔地区的山坡、旷野、路旁等。

◎主要用途

全草可入药。

大籽蒿

◆ 学名：*Artemisia sieversiana* Ehrhart ex Willd.
◆ 科属：菊科蒿属

◎别　　名

山艾、白蒿、大白蒿、臭蒿子、大头蒿、苦蒿。

◎主要特征

一年生或二年生草本。茎单生，纵棱明显，分枝多；茎、枝被灰白色微柔毛。下部与中部叶宽卵形或宽卵圆形，二至三回羽状全裂；上部叶及苞片叶羽状全裂或不裂。头状花序大，多数排成圆锥花序，总苞半球形或近球形，在分枝排成总状花序或复总状花序，并在茎上组成开展或稍窄圆锥花序；总苞片，半球形，有白色托毛。瘦果长圆形。花果期6—10月。

◎分布与生境

分布于黑龙江、吉林、辽宁、内蒙古、河北、山西、陕西、宁夏、甘肃等地；历山全境可见；多生于路旁、荒地、河漫滩、草原、森林草原、干山坡或林缘等。

◎主要用途

全草可入药；可作饲料。

蒙古蒿

◆ 学名：*Artemisia mongolica* (Fisch. ex Bess.) Nakai
◆ 科属：菊科蒿属

◎别　　名

蒙蒿、狭叶蒿、狼尾蒿、水红蒿。

◎主要特征

多年生草本。茎少数或单生，具明显纵棱；分枝多；茎、枝初时密被灰白色蛛丝状柔毛，后稍稀疏。叶纸质或薄纸质，上面绿色，初时被蛛丝状柔毛，后渐稀疏或近无毛，背面密被灰白色蛛丝状茸毛；下部叶卵形或宽卵形，二回羽状全裂或深裂，叶柄两侧偶有1~2枚小裂齿，基部常有小型的假托叶。头状花序多数，椭圆形，在分枝上排成密集的穗状花序，稀少为略疏松的穗状花序，并在茎上组成狭窄或中等开展的圆锥花序；总苞片3~4层，覆瓦状排列，花冠狭管状，檐部具2裂齿，紫色，花柱伸出花冠外。瘦果小，长圆状倒卵形。花果期8—10月。

◎分布与生境

分布于黑龙江、吉林、辽宁、内蒙古、河北、山西、陕西、宁夏、甘肃等地；历山全境可见；多生于中低海拔地区的山坡、灌丛、河湖岸边及路旁等。

◎主要用途

全草可入药。

银蒿

◆ 学名：*Artemisia austriaca* Jacq.
◆ 科属：菊科蒿属

◎别　　名

银叶蒿、小白蒿。

◎主要特征

多年生草本，有时呈半灌木状。茎直立，多数。茎下部叶与营养枝叶卵形或长卵形，三回羽状全裂，花期凋谢；中部叶长卵形或椭圆状卵形，二至三回羽状全裂，叶全部银白色。头状花序卵球形或卵钟形，在分枝或小枝上排成密穗状花序，而在茎上组成开展的圆锥花序；总苞片3~4层，外层总苞片短小，花冠狭管状或狭圆锥状，花柱略伸出花冠外。瘦果椭圆形，略扁，顶端有小突起的花冠着生面。花果期8—10月。

◎分布与生境

分布于新疆、内蒙古、山西、河北等地；历山见于青皮掌；多生于中低海拔地区的干旱草地、滩地、疏林下。

◎主要用途

含挥发油，可作香料用；含牲畜食用的粗蛋白、纤维素，牧区可作牲畜的饲料。

铁杆蒿

◆ 学名：*Artemisia vestita* Wall. ex Bess.
◆ 科属：菊科蒿属

◎别　　名

毛莲蒿、万年蒿。

◎主要特征

亚灌木状草本或小灌木状。茎、枝被蛛丝状微柔毛。叶两面被灰白色密茸毛或上面毛稍少，下面毛密；茎下部与中部叶卵形、椭圆状卵形或近圆形，二（三）回栉齿状羽状分裂，每侧裂片4~6，小裂片常具数枚栉齿状假托叶；上部叶栉齿状；苞片叶分裂或不裂。头状花序多数，球形或半球形，有短梗或近无梗，排成总状、复总状或近穗状花序，常在茎上组成圆锥花序；总苞片背面被灰白色柔毛。瘦果长圆形或倒卵状椭圆形。花果期8—11月。

◎分布与生境

分布于甘肃、青海、新疆、湖北、河北、山西等地；历山见于青皮掌、李疙瘩；多生于山坡、草地、灌丛、林缘等处。

◎主要用途

全草可入药。

狗哇花

◆ 学名：*Aster hispidus* Thunb.
◆ 科属：菊科紫菀属

◎别　　名

狗娃花。

◎主要特征

一年生或二年生草本。基部及下部叶在花期枯萎，倒卵形，渐狭成长柄，全缘或有疏齿；中部叶矩圆状披针形或条形。头状花序单生于枝端而排列成伞房状。总苞半球形，总苞片2层，近等长，条状披针形。舌状花30余个；舌片浅红色或白色。瘦果倒卵形。花期7—9月，果期8—9月。

◎分布与生境

广泛分布于我国北部、西北部及东北部各地；历山全境可见；多生于荒地、路旁、林缘及草地。

◎主要用途

根可入药；可供观赏。

阿尔泰狗娃花

◆ 学名：*Aster altaicus* Willd.
◆ 科属：菊科紫菀属

◎别　　名

阿尔泰紫菀。

◎主要特征

多年生草本。茎直立，被上曲或开展毛，上部常有腺，上部或全部有分枝；下部叶线形、长圆状披针形、倒披针形或近匙形，全缘或有疏浅齿；上部叶线形；叶两面或下面均被粗毛或细毛，常有腺点。头状花序单生枝端或排成伞房状；总苞半球形，总苞片2~3层，长圆状披针形或线形，舌状花15~20，舌片浅蓝紫色。瘦果扁，倒卵状长圆形。花果期5—9月。

◎分布与生境

分布于西北、华北、东北各地；历山全境可见；多生于草原、荒漠地、沙地及干旱山地。

◎主要用途

可供观赏。

紫菀

◆ 学名：*Aster tataricus* L. f.
◆ 科属：菊科紫菀属

◎别　　名

青菀、驴耳朵菜、驴夹板菜、山白菜、青牛舌头花。

◎主要特征

多年生草本。基部叶在花期枯落，长圆状或椭圆状匙形，下半部渐狭成长柄，边缘有具小尖头的圆齿或浅齿；下部叶匙状长圆形，常较小，下部渐狭或急狭成具宽翅的柄。头状花序多数，在茎和枝端排列成复伞房状。总苞半球形，3层；舌状花舌片蓝紫色。瘦果倒卵状长圆形，紫褐色。花期7—9月，果期8—10月。

◎分布与生境

分布于黑龙江、吉林、辽宁、内蒙古东部及南部、山西、河北等地；历山全境可见；多生于低山阴坡湿地、山顶和低山草地及沼泽地。

◎主要用途

根可入药；可供观赏。

三脉紫菀

◆ 学名：*Aster trinervius* subsp. *ageratoides* (Turczaninow) Grierson
◆ 科属：菊科紫菀属

◎别　　名

鸡儿肠、三脉叶马兰、白升麻、山雪花、山白菊、野白菊花、三脉马兰、三褶脉马兰。

◎主要特征

多年生草本。茎直立。下部叶在花期枯落，叶片宽卵圆形，急狭成长柄；中部叶椭圆形或长圆状披针形，中部以上急狭成楔形具宽翅的柄，有离基三出脉。头状花序排列成伞房或圆锥伞房状；总苞倒锥状或半球状；总苞片3层，覆瓦状排列，舌状花紫色、浅红色或白色，管状花黄色。瘦果倒卵状长圆形。花果期7—12月。

◎分布与生境

广泛分布于我国东北部、北部、东部、南部至西部、西南部及西藏南部；历山全境可见；多生于林下、林缘、灌丛及山谷湿地。

◎主要用途

全草可入药。

马兰

◆ 学名：*Aster indicus* L.
◆ 科属：菊科紫菀属

◎别　　名

蓑衣莲、鱼鳅串、路边菊、田边菊、鸡儿肠、马兰头、狭叶马兰、多型马兰。

◎主要特征

多年生草本植物，根状茎有匍枝，茎直立，上部有短毛，基部叶在花期枯萎；茎部叶倒披针形或倒卵状矩圆形，全部叶稍薄质。头状花序单生于枝端并排列成疏伞房状；总苞半球形，总苞片覆瓦状排列；外层倒披针形，内层倒披针状矩圆形，上部草质，有疏短毛，边缘膜质，花托圆锥形；舌状花，舌片浅紫色。瘦果倒卵状矩圆形，极扁。花期5—9月，果期8—10月。

◎分布与生境

分布于我国西部、中部、南部、东部各地；历山全境低海拔地区习见；多生于林缘、草丛、溪岸、路旁。

◎主要用途

全株可入药；嫩叶可作野菜。

全叶马兰

◆ 学名：*Aster pekinensis* (Hance) Kitag.
◆ 科属：菊科紫菀属

◎别　　名

全叶鸡儿肠。

◎主要特征

多年生草本。茎直立。下部叶在花期枯萎；中部叶多而密，条状披针形、倒披针形或矩圆形。头状花序单生枝端且排成疏伞房状；总苞半球形，总苞片3层，覆瓦状排列；舌状花1层，舌片淡紫色。瘦果倒卵形。花期6—10月，果期7—11月。

◎分布与生境

分布于湖北、湖南、安徽、浙江、江苏、山东、河南、山西、河北、辽宁、吉林等地；历山见于下川、西哄哄、李疙瘩；多生于山坡、林缘、灌丛、路旁。

◎主要用途

全草可入药；嫩叶可食。

山马兰

◆ 学名：*Aster lautureanus* (Debeaux) Franch.
◆ 科属：菊科紫菀属

◎别　　名

山鸡儿肠、紫菀。

◎主要特征

多年生草本。叶厚或近革质，叶披针形或矩圆状披针形，顶端渐尖或钝，茎部渐狭，无柄，有疏齿或羽状浅裂，全缘。头状花序单生于分枝顶端且排成伞房状；总苞半球形，总苞片3层，覆瓦状排列；舌状花淡蓝色；管状花黄色。瘦果倒卵形。长0.5~1mm。花果期6—9月。

◎分布与生境

分布于东北、华北、陕西、山东、河南及江苏等地；历山见于青皮掌、舜王坪、皇姑曼；多生于山坡、草原、灌丛中。

◎主要用途

全草可入药。

东风菜

◆ 学名：*Aster scaber* Thunb.
◆ 科属：菊科紫菀属

◎别　　名

草三七、疙瘩药、白云草、钻山狗、山蛤芦。

◎主要特征

多年生草本。根状茎粗壮。茎直立。基部叶在花期枯萎，叶片心形，边缘有具小尖头的齿，顶端尖；中部叶较小。头状花序，圆锥伞房状排列；总苞半球形，总苞片约3层；舌状花舌片白色。瘦果倒卵圆形或椭圆形。花期6—10月，果期8—10月。

◎分布与生境

广泛分布于我国东北部、北部、中部、东部至南部各地；历山生于青皮掌、皇姑曼、舜王坪、云蒙；多生于山谷坡地、草地和灌丛中。

◎主要用途

全草可入药；嫩叶可食。

华帚菊

◆ 学名：*Pertya sinensis* Oliv.
◆ 科属：菊科帚菊属

◎别　　名

扁莎草。

◎主要特征

落叶灌木。长枝上的叶互生，叶片长圆状披针形至披针形，全缘；短枝上的叶4~6片簇生，叶片长圆状披针形或狭椭圆形，大小常不等。头状花序单生于短枝簇生叶丛中，雌雄异株；总苞狭钟形或近圆筒状，总苞片4~5层。花期7—8月，果期9月。

◎分布与生境

分布于青海、山西、陕西、河南、甘肃等地；历山见于混沟、云蒙、青皮掌；多生于山坡或溪边灌丛或针叶林中。

◎主要用途

不详。

蚂蚱腿子

◆ 学名：*Myripnois dioica* Bunge
◆ 科属：菊科蚂蚱腿子属

◎别　　名

万花木。

◎主要特征

落叶小灌木。叶片纸质，生于短枝上的椭圆形或近长圆形，生于长枝上的阔披针形或卵状披针形，全缘。头状花序单生于侧枝之顶，总苞钟形或近圆筒形，花雌性和两性异株，先叶开放；雌花花冠紫红色，两性花花冠白色。瘦果纺锤形。花期5月，果期7—9月。

◎分布与生境

分布于东北、华北、陕西、湖北等地；历山见于云蒙、皇姑曼、锯齿山、猪尾沟等地；多生于山坡或林缘路旁。

◎主要用途

枝干易燃烧，可作薪材；可供观赏；叶可作饲料。

婆婆针

◆ 学名：*Bidens bipinnata* L.
◆ 科属：菊科鬼针草属

◎别　　名

刺针草、鬼针草。

◎主要特征

一年生草本。茎直立，下部略具四棱。叶对生，具柄，二回羽状分裂。头状花序顶生；总苞杯形；舌状花通常1~3朵，舌片黄色。瘦果条形，略扁，具3~4棱，顶端芒刺3~4枚，具倒刺毛。花果期7—10月。

◎分布与生境

分布于东北、华北、华中、华东、华南、西南及陕西、甘肃等地；历山全境可见分布；多生于路边荒地、山坡及田间。

◎主要用途

全草可入药。

大狼把草

◆ 学名：*Bidens frondosa* L.
◆ 科属：菊科鬼针草属

◎别　　名

接力草、外国脱力草、大狼杷草。

◎主要特征

一年生草本。茎直立，分枝，常带紫色。叶对生，具柄，为一回羽状复叶，披针形，先端渐尖，边缘有粗锯齿，通常背面被稀疏短柔毛，具明显的柄。头状花序单生茎端和枝端；总苞钟状或半球形，披针形或匙状倒披针形，叶状，边缘有缘毛，内层苞片长圆形。瘦果扁平，狭楔形，近无毛或是糙伏毛，顶端芒刺2枚，有倒刺毛。花果期6—8月。

◎分布与生境

分布于全国大部分地区；历山全境水边草地均可见；多生于山坡、山谷、溪边、草丛及路旁。

◎主要用途

全草可入药。

柳叶鬼针草

◆ 学名：*Bidens cernua* L.
◆ 科属：菊科鬼针草属

◎主要特征

一年生草本。生于岸上的有主茎；生于水中的常自基部分枝，主茎不明显轮生，不裂，披针形或线状披针形，边缘有疏锯齿，两面无毛，基部半抱茎，通常无柄。舌状花中性，舌片黄色。瘦果窄楔形，具4棱，棱有倒刺毛，顶端芒刺4，有倒刺毛。花果期6—8月。

◎分布与生境

分布于东北、华北、四川、云南、西藏等地；历山见于后河、红岩河、猪尾沟；多生于草甸及沼泽边缘，有时沉水中。

◎主要用途

杂草。

丝毛飞廉

◆ 学名：*Carduus crispus* L.
◆ 科属：菊科飞廉属

◎别　　名

飞簾。

◎主要特征

二年生或多年生草本。茎直立，有条棱，全株被蛛丝状毛。下部茎叶全形椭圆形、长椭圆形或倒披针形，边缘有形刺齿，刺较长，茎叶基部渐狭，两侧沿茎下延成茎翼。茎翼边缘齿裂，齿顶及齿缘有黄白色或浅褐色的针刺。头状花序，花序梗极短，通常3~5个集生于分枝顶端或茎端。总苞卵圆形，总苞片多层，覆瓦状排列，具刺。小花红色或紫色。瘦果稍压扁，楔状椭圆形。花果期4—10月。

◎分布与生境

几乎遍及全国各地；历山全境可见；多生于山坡草地、田间、荒地河旁及林下。

◎主要用途

植株民间可入药；花为蜜源。

天名精

◆ 学名：*Carpesium abrotanoides* L.
◆ 科属：菊科天名精属

◎别　　名

地菘、天蔓青、鹤虱、野烟叶、野烟、野叶子烟。

◎主要特征

多年生粗壮草本。茎圆柱状，多分枝。基生叶于开花前凋萎，茎下部叶广椭圆形或长椭圆形，边缘具不规整的钝齿；叶柄密被短柔毛；茎上部叶较密。头状花序多数，生茎端及沿茎、枝生于叶腋，近无梗，呈穗状花序式排列，具叶状苞叶。总苞钟球形，小花黄色。瘦果卵形。花果期7—9月。

◎分布与生境

分布于华东、华南、华中、西南及河北、陕西等地；历山见于猪尾沟、皇姑曼；多生于村旁、路边荒地、溪边及林缘。

◎主要用途

果实可入药。

烟管头草

◆ 学名：*Carpesium cernuum* L.
◆ 科属：菊科天名精属

◎别　　名

烟袋草、杓儿菜、金挖耳。

◎主要特征

多年生草本。茎被绵毛，多分枝。基生叶于开花前凋萎，稀宿存，茎下部叶较大，具长柄，柄下部具狭翅，向叶基渐宽，叶片长椭圆形或匙状长椭圆形。头状花序单生茎端及枝端，开花时下垂；苞叶多枚；总苞壳斗状，小花黄色。瘦果长圆形。花果期7—9月。

◎分布与生境

分布于东北、华北、华中、华东、华南、西南及西北陕西、甘肃等地；历山见于猪尾沟、云蒙、红岩河、皇姑曼；多生于路边荒地及山坡、沟边等处。

◎主要用途

全草可入药。

大花金挖耳

◆ 学名：*Carpesium macrocephalum* Franch. et Sav.
◆ 科属：菊科天名精属

◎别　　名

香油罐、千日草、神灵草、仙草。

◎主要特征

多年生草本。茎被卷曲柔毛；茎下部叶宽卵形或椭圆形，基部骤缩成楔形，下延，边缘具粗大重牙齿，齿端有腺体状胼胝，下面淡绿色，两面被柔毛，叶柄具窄翅；中部叶椭圆形或倒卵状椭圆形，中部以下渐窄，无柄，基部稍耳状，半抱茎；上部叶长圆状披针形。头状花序单生于茎端及枝端，开花时下垂；苞叶多枚，椭圆形至披针形，叶状；总苞盘状，外层苞片叶状，披针形，中层长圆状条形，较外层稍短；两性花筒状，冠檐5齿裂。瘦果长5~6mm。花果期7—9月。

◎分布与生境

分布于东北、华北、陕西、甘肃南部和四川北部等地；历山见于猪尾沟、红岩河、转林沟、青皮掌等地；多生于山坡灌丛及混交林边。

◎主要用途

杂草。

翠菊

◆ 学名：*Callistephus chinensis* (L.) Nees
◆ 科属：菊科翠菊属

◎别　　名

江西腊、五月菊。

◎主要特征

一年生或二年生草本，被白色糙毛。下部茎叶花期脱落或生存；中部茎叶卵形、菱状卵形、匙形或近圆形，边缘有不规则的粗锯齿，两面被稀疏的短硬毛，叶柄被白色短硬毛，有狭翼。头状花序单生于茎枝顶端。总苞半球形，舌状花蓝色、紫色或淡红色；两性花黄色。瘦果长椭圆状倒披针形。花果期5—10月。

◎分布与生境

分布于吉林、辽宁、河北、山西、山东、云南以及四川等地；历山全境山地可见；多生于山坡撂荒地、山坡草丛、水边或疏林阴处。

◎主要用途

栽培可供观赏。

小红菊

◆ 学名：***Chrysanthemum chanetii*** **H. Léveillé**
◆ 科属：**菊科菊属**

◎别　　名
野菊。

◎主要特征
多年生草本。全部茎枝有稀疏的毛。中部茎叶肾形、半圆形、近圆形或宽卵形，通常3~5掌状或掌式羽状浅裂或半裂。植株基部叶与茎生叶同型，但较小。头状花序在茎枝顶端排成疏松伞房花序，少有头状花序单生茎端的；总苞碟形；舌状花白色、粉红色或紫色。瘦果具4~6条脉棱。花果期7—10月。

◎分布与生境
分布于黑龙江、吉林、辽宁、河北、山东、山西、内蒙古、陕西、甘肃等地；历山全境均可见；多生于海拔800m以上的山地草原、山坡林缘、灌丛及河滩与沟边。

◎主要用途
可供观赏。

甘野菊

◆ 学名：***Chrysanthemum lavandulifolium*** **(Fischer ex Trautvetter) Makino**
◆ 科属：**菊科菊属**

◎别　　名
野菊花、甘菊、野菊。

◎主要特征
多年生草本。茎密被柔毛，下部毛渐稀至无毛。叶大而质薄，两面无毛或几无毛；基生及中部茎生叶菱形、扇形或近肾形，二回掌状、掌式羽状分裂或一至二回全裂。头状花序径单生茎顶，稀茎生2~3头状花序；总苞浅碟状，舌状花黄色。瘦果倒卵形。花果期6—8月。

◎分布与生境
几乎遍布全国；历山全境可见，分布极为广泛；多生于山地路旁、林下、坡地。

◎主要用途
花可入药。

小蓟

◆ 学名：*Cirsium arvense* var. *integrifolium* C. Wimm. et Grabowski
◆ 科属：菊科蓟属

◎别　　名

刺儿菜、大刺儿菜、野红花、大小蓟、大蓟、小刺盖、蓟蓟芽、刺刺菜。

◎主要特征

多年生草本。茎直立。基生叶和中部茎叶椭圆形、长椭圆形或椭圆状倒披针形，顶端钝或圆形，叶缘有细密的针刺，针刺紧贴叶缘。头状花序单生茎端。总苞卵形，总苞覆瓦状排列。小花紫红色或白色。瘦果淡黄色，椭圆形或偏斜椭圆形。花果期5—9月。

◎分布与生境

遍布全国各地；历山全境可见，极普遍；多生于山坡、河旁、荒地、田间。

◎主要用途

叶可作饲料，也可作野菜；全株可入药。

魁蓟

◆ 学名：*Cirsium leo* Nakai et Kitag.
◆ 科属：菊科蓟属

◎别　　名

刺蓟、大刺菜。

◎主要特征

多年生草本。茎直立、粗壮。基部和下部茎叶全形长椭圆形或倒披针状长椭圆形，羽状深裂，叶缘具明显的刺齿。头状花序在茎枝顶端排成伞房花序；总苞钟状，总苞片8层，镊合状排列；总苞片具针刺；小花紫色或红色。瘦果灰黑色，偏斜椭圆形。花果期5—9月。

◎分布与生境

分布于宁夏、山西、河北、河南、陕西、甘肃及四川西北部；历山全境山地林下、路旁习见；多生于山谷、山坡草地、林缘、河滩及石滩地。

◎主要用途

民间全株烧炭可入药。

烟管蓟

◆ 学名：*Cirsium pendulum* Fisch. ex DC.
◆ 科属：菊科蓟属

◎别　　名

大蓟、垂头蓟。

◎主要特征

多年生草本。茎直立，粗壮。基生叶及下部茎叶全形长椭圆形、偏斜椭圆形、长倒披针形或椭圆形，一回为深裂，边缘有针刺状缘毛或兼有少数小型刺齿。头状花序下垂，在茎枝顶端排成总状圆锥花序；总苞钟状，总苞片约10层，覆瓦状排列；小花紫色或红色。瘦果偏斜楔状倒披针形。花果期6—9月。

◎分布与生境

分布于黑龙江、吉林、辽宁、河北、山西、内蒙古、陕西及甘肃；历山见于云蒙、青皮掌、皇姑曼、舜王坪；多生于山谷、山坡草地、林缘、林下、岩石缝隙、溪旁及村旁。

◎主要用途

根和全草可入药。

佩兰

◆ 学名：*Eupatorium fortunei* Turcz.
◆ 科属：菊科泽兰属

◎别　　名

兰草、香草、八月白、失力草、铁脚升麻。

◎主要特征

多年生草本。茎直立，绿色或红紫色。叶对生，中部茎叶较大，3全裂或3深裂，长椭圆形、长椭圆状披针形或倒披针形，上部的茎叶常不分裂。头状花序多数在茎顶及枝端排成复伞房花序；总苞钟状，总苞片2~3层，覆瓦状排列，苞片紫红色；花白色或带微红色。瘦果黑褐色，长椭圆形，5棱。花果期7—11月。

◎分布与生境

分布于山东、江苏、浙江、江西、湖北、湖南、云南等地；历山见于下川附近；多生于路边灌丛及山沟路旁。

◎主要用途

全草可药用。

白头婆

◆ 学名：*Eupatorium japonicum* Thunb.
◆ 科属：菊科泽兰属

◎别　　名

泽兰、三裂叶白头婆。

◎主要特征

多年生草本。茎直立，下部、下部至中部或全部淡紫红色。叶对生，有叶柄，中部茎叶椭圆形、长椭圆形、卵状长椭圆形或披针形，边缘有粗或重粗锯齿。头状花序在茎顶或枝端排成紧密的伞房花序；总苞钟状，含5个小花；总苞片覆瓦状排列，3层；苞片绿色或带紫红色；花白色或带红紫色或粉红色。瘦果淡黑褐色，椭圆状。花果期6—11月。

◎分布与生境

分布于黑龙江、吉林、辽宁、山东、山西、陕西、河南、江苏等地；历山见于皇姑曼、混沟、青皮掌、西峡、猪尾沟；多生于山坡草地、密疏林下、灌丛中、水湿地及河岸水旁。

◎主要用途

全草可药用。

小蓬草

◆ 学名：*Erigeron canadensis* L.
◆ 科属：菊科飞蓬属

◎别　　名

小飞蓬、飞蓬、加拿大蓬、小白酒草、蒿子草。

◎主要特征

一年生草本。茎直立，被疏长硬毛，上部多分枝。叶密集，基部叶花期常枯萎，下部叶倒披针形，边缘具疏锯齿或全缘。头状花序多数，小，排列成顶生多分枝的大圆锥花序，总苞近圆柱状，总苞片2~3层，淡绿色，雌花多数，舌状，白色；两性花淡黄色。瘦果线状披针形。花期5—9月，果期7月。

◎分布与生境

全国广布；历山全境可见；多生于旷野、荒地、田边和路旁。

◎主要用途

嫩茎、叶可作猪饲料；全草可入药。

一年蓬

◆ 学名：*Erigeron annuus* (L.) Pers.
◆ 科属：菊科飞蓬属

◎别　　名

治疟草、千层塔、野蒿。

◎主要特征

一年生或二年生草本。茎粗壮，全株被毛。基部叶花期枯萎，长圆形或宽卵形，少有近圆形，基部狭成具翅的长柄，边缘具粗齿，下部叶与基部叶同形。头状花序数个，排列成疏圆锥花序，总苞半球形，总苞片3层，草质；外围的雌花舌状，白色，或有时淡天蓝色，线形；中央的两性花管状，黄色。瘦果披针形。花期6—9月。

◎分布与生境

分布于吉林、河北、河南、山东、江苏、安徽、江西等地；历山全境可见；多生于路边旷野或山坡荒地。

◎主要用途

全株可入药。

长茎飞蓬

◆ 学名：*Erigeron acris* subsp. *politus* (Fries) H. Lindberg
◆ 科属：菊科飞蓬属

◎别　　名

山地飞蓬。

◎主要特征

二年生或多年生草本。茎直立、被毛；叶全缘，基部叶密集，莲座状，花期常枯萎，基部及下部叶倒披针形或长圆形，基部狭成长叶柄，中部和上部叶无柄，长圆形或披针形。头状花序较少数，生于伸长的小枝顶端，排列成伞房状或伞房状圆锥花序，总苞半球形，紫红色稀绿色；雌花外层舌状，舌片淡红色或淡紫色；两性花管状，黄色。瘦果长圆状披针形。花期7—9月，果期7月。

◎分布与生境

分布于新疆、内蒙古、河北、山西、甘肃、四川、西藏等地；历山见于舜王坪、青皮掌；多生于低山开阔山坡草地、沟边及林缘。

◎主要用途

民间全草可入药。

鳢肠

◆ 学名：*Eclipta prostrata* (L.) L.
◆ 科属：菊科鳢肠属

◎别　　名

凉粉草、墨汁草、墨旱莲、墨莱、旱莲草、黑墨草。

◎主要特征

一年生草本。茎直立，被贴生糙毛。叶长圆状披针形或披针形，无柄或有极短的柄，边缘有细锯齿或有时仅波状。头状花序有细花序梗；总苞球状钟形，总苞片绿色，草质，雌花2层，舌状，白色。瘦果暗褐色。花期6—9月，果期8—10月。

◎分布与生境

全国广布；历山全境可见；多生于河边、田边或路旁。

◎主要用途

全草可入药。

泥胡菜

◆ 学名：*Hemisteptia lyrata* (Bunge) Fischer & C. A. Meyer
◆ 科属：菊科泥胡菜属

◎别　　名

艾草、猪兜菜。

◎主要特征

一年生草本。茎单生，疏被蛛丝毛。基生叶长椭圆形或倒披针形，中下部茎生叶与基生叶同形，叶均大头羽状深裂或几全裂，叶下面灰白色，被茸毛。头状花序在茎枝顶端排成伞房花序；总苞宽钟状或半球形，苞片多层，覆瓦状排列，苞片有紫红色鸡冠状附片；小花紫红色或红色。瘦果楔形、具毛。花果期5—8月。

◎分布与生境

除新疆、西藏外，遍布全国；历山全境可见；多生于山坡、山谷、平原、丘陵、林缘、林下、草地、荒地、田间、河边、路旁。

◎主要用途

嫩叶可作野菜。

旋覆花

◆ 学名：*Inula japonica* Thunb.
◆ 科属：菊科旋覆花属

◎别　　名

猫耳朵、六月菊、金佛草、金佛花、金钱花、金沸草、小旋覆花、条叶旋覆花、旋复花。

◎主要特征

多年生草本。茎被长伏毛，或下部脱毛；中部叶长圆形、长圆状披针形或披针形，基部常有圆形半抱茎小耳，无柄，有小尖头状疏齿或全缘。头状花序排成疏散伞房花序，花序梗细长；舌状花黄色。瘦果圆柱形。花期6—10月，果期9—11月。

◎分布与生境

分布于我国北部、东北部、中部、东部各地；历山全境可见；多生于山坡路旁、湿润草地、河岸和田埂上。

◎主要用途

花可入药。

欧亚旋覆花

◆ 学名：*Inula britannica* Linnaeus
◆ 科属：菊科旋覆花属

◎主要特征

多年生草本。茎上部有伞房状分枝，被长柔毛。基部叶长椭圆形或披针形，中部叶长椭圆形，基部心形或有耳，半抱茎。头状花序1~5，生于茎枝端，花序梗较长；总苞半球形，总苞片4~5层，外层上部草质，内层干膜质；舌状花舌片线形，黄色，管状花花冠有三角状披针形裂片，冠毛白色。花期7—9月，果期8—10月。

◎分布与生境

分布于华北、东北等地；历山全境可见；多生于河流沿岸、湿润坡地、田埂和路旁。

◎主要用途

花可入药。

柳叶旋覆花

◆ 学名：*Inula salicina* L.
◆ 科属：菊科旋覆花属

◎别　　名

歌仙草。

◎主要特征

多年生草本。茎下部叶长圆状匙形；中部叶椭圆状或长圆状披针形，基部心形或有圆形小耳，半抱茎。头状花序单生茎枝端，总苞片4~5层；舌状花较总苞长达2倍，舌片黄色，线形。瘦果有细沟及棱，无毛。花期7—9月，果期9—10月。

◎分布与生境

分布于内蒙古东部和北部、黑龙江、吉林、辽宁、山东、河南等地；历山主要见于舜王坪附近；多生于山顶、山坡草地、半温润和湿润草地。

◎主要用途

杂草。

苍耳

◆ 学名：*Xanthium strumarium* L.
◆ 科属：菊科苍耳属

◎别　　名

苍子、稀刺苍耳、菜耳、猪耳、野茄、胡苍子、痴头婆。

◎主要特征

一年生草本。茎被灰白色糙伏毛。叶三角状卵形或心形，近全缘，边缘有粗齿，基脉3出。雄头状花序球形，径4~6mm，总苞片长圆状披针形，被柔毛，雄花多数，花冠钟形；雌头状花序椭圆形，总苞片外层披针形，具瘦果的成熟总苞卵形或椭圆形，背面疏生细钩刺，喙锥形。瘦果2，倒卵圆形。花期7—8月，果期9—10月。

◎分布与生境

分布于黑龙江、辽宁、内蒙古、河北、山西、山东等地；历山全境可见；多生于干旱山坡或砂质荒地。

◎主要用途

种子可入药。

刺苍耳

◆ **学名：*Xanthium spinosum* L.**
◆ **科属：菊科苍耳属**

◎主要特征

一年生直立草本。茎上部多分枝，节上具3叉状棘刺。叶狭卵状披针形或阔披针形，边缘3~6浅裂或不裂，全缘；叶柄被茸毛。花单性，雌雄同株；雄花序球状，生于上部，总苞片1层，雄花管状，顶端裂，雄蕊5；雌花序卵形，生于雄花序下部，总苞囊状，具钩刺，先端具2喙，内有2朵无花冠的花；总苞内有2个长椭圆形瘦果。果实呈纺锤形，表面黄绿色，着生先端膨大钩刺。花期7—9月，果期9—11月。

◎分布与生境

原产美洲，我国北京、河北、山西等地可见；历山见于女英峡附近路旁；多生于路旁草地。

◎主要用途

为入侵植物。

中华苦荬菜

◆ **学名：*Ixeris chinensis* (Thunb.) Nakai**
◆ **科属：菊科苦荬菜属**

◎别　　名

山鸭舌草、山苦荬、黄鼠草、小苦苣、苦麻子、苦菜、中华小苦荬。

◎主要特征

多年生草本。茎直立单生或少数茎簇生。基生叶长椭圆形、倒披针形、线形或舌形，全缘；茎生叶2~4枚，极少1枚或无茎叶。头状花序通常在茎枝顶端排成伞房花序，含舌状小花21~25枚；舌状小花黄色，干时带红色。瘦果褐色，长椭圆形。花果期1—10月。

◎分布与生境

遍布全国；历山全境可见；多生于山坡路旁、田野、河边灌丛或岩石缝隙中。

◎主要用途

全草可入药；嫩叶可食或作饲料。

尖裂假还阳参

◆ 学名：*Crepidiastrum sonchifolium* (Maximowicz) Pak & Kawano
◆ 科属：菊科假还阳参属

◎别　　名

抱茎苦荬菜、猴尾草、鸭子食、盘尔草、秋苦荬菜、苦荬菜、抱茎苦荬菜、苦蝶子、野苦荬菜、精细小苦荬、抱茎小苦荬、尖裂黄瓜菜。

◎主要特征

一年生草本。茎直立，无毛。基生叶花期枯萎脱落；中下部茎叶长椭圆状卵形、长卵形或披针形，羽状深裂或半裂，基部扩大圆耳状抱茎。头状花序多数，在茎枝顶端排伞房状花序，含舌状小花15~19枚；舌状小花黄色。瘦果长椭圆形。花果期5—9月。

◎分布与生境

全国广布；历山全境可见；多生于山坡或平原路旁、林下、河滩地、岩石上或庭院中。

◎主要用途

全草可入药；嫩叶可作野菜或饲料。

黄瓜假还阳参

◆ 学名：*Crepidiastrum denticulatum* (Houttuyn) Pak & Kawano
◆ 科属：菊科假还阳参属

◎别　　名

秋苦荬菜、黄瓜菜、羽裂黄瓜菜。

◎主要特征

一年生或二年生草本。茎单生，直立。基生叶及下部茎叶花期枯萎脱落；中下部茎叶卵形、琴状卵形、椭圆形、长椭圆形或披针形，不分裂，顶端急尖或钝，有宽翼柄，基部圆形，耳部圆耳状扩大抱茎。头状花序，在茎枝顶端排成伞房状花序，小花黄色。瘦果长椭圆形，压扁，黑色或黑褐色。花果期5—11月。

◎分布与生境

全国广布；历山全境可见；多见于山坡林缘、林下、田边、岩石上或岩石缝隙中。

◎主要用途

全草可入药；叶可作野菜和饲料。

大丁草

◆ 学名：*Leibnitzia anandria* (Linnaeus) Turczaninow
◆ 科属：菊科大丁草属

◎别　　名

翼齿大丁草、多裂大丁草。

◎主要特征

多年生草本。根状茎短，为纤维状的枯残叶基所围裹；叶基生，莲座状，多倒披针形或倒卵状长圆形，具齿、深波状或琴状羽裂；花莛单生或丛生，头状花序单生花莛；总苞片约3层，舌片紫红色；秋型植株花莛高达30cm；头状花序外层雌花管状二唇形，无舌片。瘦果纺锤形。花期春秋二季，果期6—8月。

◎分布与生境

全国广布；历山全境山坡林下常见；多生于山坡草丛中。

◎主要用途

全草可入药。

齿叶橐吾

◆ 学名：*Ligularia dentata* (A. Gray) Hara
◆ 科属：菊科橐吾属

◎别　　名

橐吾、大花橐吾。

◎主要特征

多年生草本。茎直立，上部有分枝。丛生叶与茎下部叶具柄，叶片肾形，边缘具整齐的齿；茎中部叶与下部者同形，较小；上部叶肾形，近无柄，具膨大的鞘。伞房状或复伞房状花序开展，分枝叉开；总苞半球形；舌状花黄色。瘦果圆柱形。花果期7—10月。

◎分布与生境

分布于云南、四川、贵州、甘肃、陕西、山西、湖北、广西、湖南等地；历山见于舜王坪草甸；多生于海拔650~3200m的山坡、水边、林缘和林中。

◎主要用途

可供观赏。

离舌橐吾

◆ 学名：*Ligularia veitchiana* (Hemsl.) Greenm.
◆ 科属：菊科橐吾属

◎别　　名

扁莎草。

◎主要特征

多年生草本。茎直立，基部被枯叶柄纤维包围。丛生叶和茎下部叶具柄，叶柄基部具窄鞘，叶片三角状或卵状心形，有时近肾形；茎中上部叶与下部者同形，鞘膨大，全缘。总状花序；苞片常位于花序梗的中部，包被总苞，宽卵形至卵状披针形，近膜质，干时浅红褐色；头状花序多数，辐射状。舌状花6~10，黄色，疏离，舌片狭倒披针形。花期7—9月，果期7—9月。

◎分布与生境

分布于云南西北部、四川、贵州、湖北、甘肃、陕西等地；历山见于舜王坪、混沟底、小云蒙；多生于海拔1400~3300m的河边、山坡及林下。

◎主要用途

可供观赏。

蹄叶橐吾

◆ 学名：*Ligularia fischeri* (Ledeb.) Turcz.
◆ 科属：菊科橐吾属

◎别　　名

橐吾。

◎主要特征

多年生草本。茎上部被黄褐色柔毛。丛生叶与茎下部叶肾形，基部心形，边缘具锯齿，两面光滑，叶脉掌状，叶柄基部具鞘；茎中上部叶较小，具短柄，鞘膨大，全缘。总状花序，总苞钟形，舌状花黄色。瘦果圆柱形。花果期7—10月。

◎分布与生境

分布于四川、湖北、贵州、湖南、河南等地；历山见于青皮掌、舜王坪；多生于水边、草甸子、山坡、灌丛中、林缘及林下。

◎主要用途

可供观赏。

狭苞橐吾

◆ **学名：*Ligularia intermedia* Nakai**
◆ **科属：菊科橐吾属**

◎别　　名

山紫菀。

◎主要特征

多年生草本。丛生叶与茎下部叶具柄，基部具狭鞘，叶片肾形或心形，边缘具整齐的有小尖头的三角状齿或小齿；茎最上部叶卵状披针形，苞叶状。总状花序，具头状花序多数，总苞钟形；舌状花黄色。瘦果圆柱形。花果期7—10月。

◎分布与生境

分布于四川、贵州、湖北、湖南、河南、甘肃、陕西、华北及东北地区；历山见于舜王坪、青皮掌、猪尾沟；多生于水边、山坡、林缘、林下。

◎主要用途

根茎可入药。

两似蟹甲草

◆ **学名：*Parasenecio ambiguus* (Ling) Y. L. Chen**
◆ **科属：菊科蟹甲草属**

◎别　　名

登云鞋。

◎主要特征

多年生草本。茎单生，直立。叶具长柄；叶片多角形或肾状三角形，掌状浅裂，裂片5~7，宽三角形，顶端急尖，基部心形或截形，边缘有具小尖的波状疏齿。头状花序小，极多数，形成宽圆锥花序，总苞圆柱形，花冠白色。瘦果圆柱形。花期7—8月，果期9—10月。

◎分布与生境

分布于河北、河南、山西、陕西等地；历山见于混沟、云蒙、皇姑曼、猪尾沟；多生于山坡林下、林缘、灌丛、草坡阴湿处。

◎主要用途

民间全草可入药。

山尖子

◆ 学名：***Parasenecio hastatus*** **(L.) H. Koyama**
◆ 科属：**菊科蟹甲草属**

◎别　　名

戟叶兔儿伞、山尖菜。

◎主要特征

多年生草本。茎下部近无毛，上部密被腺状柔毛。中部茎生叶三角状戟形，基部戟形或微心形，沿叶柄下延成具窄翅叶柄，边缘具不规则细尖齿。头状花序下垂，在茎端和上部叶腋排成塔状窄圆锥花序；花冠淡白色。瘦果圆柱形，淡褐色。花期7—8月，果期9月。

◎分布与生境

分布于东北、河北、内蒙古、山西等地；历山见于青皮掌、舜王坪、云蒙、大河、锯齿山、猪尾沟等地；多生于山坡林下、林缘或路旁。

◎主要用途

民间全草可入药。

毛连菜

◆ 学名：***Picris hieracioides*** **L.**
◆ 科属：**菊科毛连菜属**

◎别　　名

枪刀菜。

◎主要特征

二年生草本。茎直立，被稠密或稀疏的亮色分叉的钩状硬毛。基生叶花期枯萎脱落；下部茎叶长椭圆形或宽披针形，边缘全缘或有尖锯齿或大而钝的锯齿，基部渐狭成长或短翼柄。头状花序较多数。总苞圆柱状钟形，舌状小花黄色。瘦果纺锤形，棕褐色。花果期6—9月。

◎分布与生境

全国广布；历山全境可见；多生于山坡草地、林下、沟边、田间、撂荒地或沙滩地。

◎主要用途

全草可入药。

盘果菊

◆ 学名：*Nabalus tatarinowii* (Maxim.) Nakai
◆ 科属：菊科耳菊属

◎别　　名

福王草。

◎主要特征

多年生草本。茎枝无毛。中下部茎生叶心形或卵状心形，全缘、有锯齿或大头羽状全裂。头状花序具5舌状小花，排成圆锥状或总状花序；总苞窄圆柱状；舌状小花紫色或粉红色。瘦果线形或长椭圆状，紫褐色。花果期8—10月。

◎分布与生境

分布于东北、河北、内蒙古、山西、陕西、甘肃等地；历山全境沟谷林下习见；多生于山谷、山坡林缘、林下、草地或水旁潮湿地。

◎主要用途

民间全草可入药。

大叶盘果菊

◆ 学名：*Nabalus tatarinowii* subsp. *macrantha* (Stebbins) N. Kilian
◆ 科属：菊科耳菊属

◎别　　名

细花福王草、细裂福王草、多裂福王草、多裂耳菊。

◎主要特征

与盘果菊*Nabalus tatarinowii* (Maxim.) Nakai对比，主要区别在于本种叶子为掌状羽状全裂。花果期7—10月。

◎分布与生境

分布于东北、河北、内蒙古、山西、陕西、甘肃等地；历山全境林下可见；多生于山坡、山谷林下、草丛中。

◎主要用途

民间全草可入药。

多裂翅果菊

◆ 学名：*Lactuca indica* L.
◆ 科属：菊科莴苣属

◎别　　名

野莴苣、山马草、苦莴苣、山莴苣、翅果菊。

◎主要特征

一年生或二年生草本，有白色乳汁。茎枝无毛；茎生叶线形，无柄，边缘有三角形锯齿或偏斜卵状大齿。头状花序果期卵圆形，排成圆锥花序；总苞有总苞片4层，边缘染紫红色，舌状小花黄色。瘦果椭圆形，黑色，边缘有宽翅。花果期4—11月。

◎分布与生境

全国广布；历山全境田野路边习见；多生于山谷、山坡林缘及林下、灌丛中、水沟边、山坡草地、田间。

◎主要用途

全株可作饲料，也可入药。

翼柄翅果菊

◆ 学名：*Lactuca triangulata* Maxim.
◆ 科属：菊科莴苣属

◎别　　名

翼柄山莴苣。

◎主要特征

二年生草本或多年生草本。茎枝无毛；中下部茎生叶三角状戟形、宽卵形或宽卵状心形，边缘有三角形锯齿，叶柄有翼，柄基耳状半抱茎；向上的叶与中下部叶同形或椭圆形、菱形，基部楔形渐窄成短翼柄，柄基耳状或箭头状半抱茎；叶两面无毛。头状花序排成圆锥花序；总苞果期卵圆形；总苞片4层，染红紫色或边缘染红紫色；舌状小花黄色。瘦果黑色或黑棕色，椭圆形，边缘有宽翅，每面有1条细脉纹，顶端具粗短喙。花果期7—9月。

◎分布与生境

分布于东北、河北、山西、内蒙古等地；历山见于东峡、西峡、红岩河等地；多生于山坡草地、林缘、路边。

◎主要用途

可作饲料或入药。

野莴苣

◆ 学名：*Lactuca serriola* Linnaeus
◆ 科属：菊科莴苣属

◎别　　名

银齿莴苣、毒莴苣、刺莴苣、阿尔泰莴苣。

◎主要特征

二年生草本。茎单生，直立，基部带紫红色，有白色硬刺或无白色硬刺。基部或下部茎叶披针形或长披针形，下面沿中脉常有淡黄色的刺毛。头状花序多数，在茎枝顶端排列成圆锥花序或总状圆锥花序，有7~15枚舌状小花；总苞长卵球形，总苞片5层，外层总苞片、中内层总苞片或全部总苞片有时紫红色，全部总苞片外面无毛；舌状小花7~15枚，黄色。瘦果倒披针形，压扁，浅褐色。冠毛白色，微锯齿状。花果期8—9月。

◎分布与生境

分布于新疆、内蒙古、甘肃、河北、山西等地；历山见于下川和李疙瘩路旁；多生于山谷、河滩地。

◎主要用途

为杂草。

紫苞雪莲

◆ 学名：*Saussurea iodostegia* Hance
◆ 科属：菊科风毛菊属

◎别　　名

紫苞风毛菊、锈色雪莲。

◎主要特征

多年生草本。茎被白色长柔毛。基生叶线状长圆形，基部渐窄成叶柄，柄基鞘状，边缘疏生细锐齿，上面疏被长柔毛，下面无毛；最上叶茎苞叶状，膜质，紫色，包被总花序。头状花序密集成伞房状总花序；总苞宽钟状，全部或上部边缘紫色，小花紫色。瘦果长圆形，淡褐色。花果期7—9月。

◎分布与生境

分布于东北、河北、山西、陕西、甘肃、宁夏等地；历山见于舜王坪草甸；多生于山坡草地、山地草甸、林缘。

◎主要用途

可供观赏。

草地风毛菊

◆ **学名：*Saussurea amara* (L.) DC.**
◆ **科属：菊科风毛菊属**

◎别　　名

羊耳朵、驴耳风毛菊。

◎主要特征

多年生草本。茎直立。基生叶与下部茎叶有长或短柄，叶片披针状长椭圆形、椭圆形、长圆状椭圆形或长披针形，边缘通常全缘。头状花序在茎枝顶端排成伞房状或伞房圆锥花序。总苞钟状或圆柱形，顶端有淡紫红色而边缘有小锯齿的、扩大的圆形附片。小花淡紫色。瘦果长圆形。花果期7—10月。

◎分布与生境

分布于黑龙江、吉林、河北、山西、陕西、甘肃、内蒙古等地；历山见于青皮掌、云蒙、舜王坪、大河、后河；多生于荒地、路边、森林草地、山坡、草原。

◎主要用途

可供观赏。

小花风毛菊

◆ **学名：*Saussurea parviflora* (Poir.) DC.**
◆ **科属：菊科风毛菊属**

◎别　　名

燕儿尾、雾灵风毛菊。

◎主要特征

多年生草本。茎直立，有狭翼。基生叶花期凋落；下部茎叶椭圆形或长圆状椭圆形，基部沿茎下延成狭翼，有翼柄，边缘有锯齿。头状花序多数，总苞钟状，总苞片5层，顶端或全部暗黑色。小花紫色。瘦果，冠毛白色。花果期7—9月。

◎分布与生境

分布于河北、山西、陕西、河南等地；历山见于猪尾沟、皇姑曼；多生于山坡阴湿处、山谷灌丛中、林下或石缝中。

◎主要用途

可供观赏。

华北风毛菊

◆ 学名：*Saussurea mongolica* (Franch.) Franch.
◆ 科属：菊科风毛菊属

◎别　　名

蒙古风毛菊。

◎主要特征

多年生草本。根状茎斜升，颈部被褐色残存的叶柄；下部茎叶有长柄，叶片全形卵状三角形或卵形，羽状深裂或下半部羽状深裂或羽状浅裂。头状花序多数，总苞长圆状。总苞片5层，全部总苞片顶端有马刀形的附属物。小花紫红色。瘦果圆柱状，褐色。花果期7—10月。

◎分布与生境

分布于东北、河北、内蒙古、山西等地；历山见于皇姑曼、青皮掌、舜王坪、云蒙；多生于山坡、林下、灌丛中、路旁及草坡。

◎主要用途

可供观赏。

篦苞风毛菊

◆ 学名：*Saussurea pectinata* Bunge
◆ 科属：菊科风毛菊属

◎别　　名

羽苞风毛菊。

◎主要特征

多年生草本。茎上部被糙毛，下部疏被蛛丝毛；下部和中部茎生叶卵形、卵状披针形或椭圆形，羽状深裂。总状花序排成伞房状；总苞钟状，总苞片5层，边缘栉齿状，常反折；小花紫色。瘦果圆柱形。花果期8—10月。

◎分布与生境

分布于河北、内蒙古、山西、甘肃、山东、河南等地；历山全境可见；多生于山坡林下、林缘、路旁、草原、沟谷。

◎主要用途

民间根茎可入药。

银背风毛菊

◆ 学名：*Saussurea nivea* Turcz.
◆ 科属：菊科风毛菊属

◎别　　名

羊耳白背、华北风毛菊。

◎主要特征

多年生草本。茎疏被蛛丝毛至无毛，上部分枝；下部与中部茎生叶披针状三角形、心形或戟形，有锯齿。叶上面无毛，下面银灰色，密被绵毛。头状花序排成伞房状；总苞钟状，总苞片6~7层，小花紫色。瘦果圆柱状，褐色。花果期7—9月。

◎分布与生境

分布于北京、河北、山西、内蒙古等地；历山见于青皮掌、云蒙；多生于山坡林缘、林下及灌丛中。

◎主要用途

根茎可入药。

鸦葱

◆ 学名：*Scorzonera austriaca* Willd.
◆ 科属：菊科鸦葱属

◎别　　名

罗葱、谷罗葱、兔儿奶、笔管草、老观笔。

◎主要特征

多年生草本，具白色乳汁。茎多数，簇生。基生叶线形、狭线形、线状长椭圆形、线状披针形或长椭圆形。头状花序单生茎端；总苞圆柱状；舌状小花黄色。瘦果圆柱状。花果期4—7月。

◎分布与生境

分布于华北、东北等地；历山全境可见；多生于山坡、草滩及河滩地。

◎主要用途

叶可食；全草可入药。

笔管草

◆ 学名：*Scorzonera albicaulis* Bunge
◆ 科属：菊科鸦葱属

◎别　　名

华北鸦葱、白茎雅葱、兔奶。

◎主要特征

多年生草本，具白色乳汁。茎单生或少数茎成簇生，茎基被棕色的残鞘。基生叶与茎生叶同形，线形、宽线形或线状长椭圆形，基生叶基部鞘状扩大，抱茎。头状花序在茎枝顶端排成伞房花序，总苞圆柱状，舌状小花黄色。瘦果圆柱状。花果期5—9月。

◎分布与生境

分布于东北、河北、内蒙古、山西、陕西、河南、山东、江苏等地；历山见于下川、西哄哄、大河、后河；多生于山谷或山坡杂木林下、林缘、灌丛中。

◎主要用途

全草可入药。

额河千里光

◆ 学名：*Senecio argunensis* Turcz.
◆ 科属：菊科千里光属

◎别　　名

大蓬蒿、羽叶千里光。

◎主要特征

多年生根状茎草本。茎单生，直立。中部茎叶较密集，无柄，全形卵状长圆形至长圆形，羽状全裂至羽状深裂。头状花序有舌状花，多数，排列成顶生复伞房花序；总苞近钟状，总苞片绿色或有时变紫色；舌状花舌片黄色。瘦果圆柱形。花期8—10月。

◎分布与生境

分布于黑龙江、吉林、辽宁、内蒙古、河北、青海、山西、陕西、甘肃等地；历山见于舜王坪、青皮掌、皇姑曼、云蒙；多生于草坡、山地草甸。

◎主要用途

全草可入药。

林荫千里光

◆ 学名：*Senecio nemorensis* L.
◆ 科属：菊科千里光属

◎别　　名

黄菀。

◎主要特征

多年生草本。茎直立。中部茎叶多数，近无柄，披针形或长圆状披针形，基部楔状渐狭或多少半抱茎，边缘具密锯齿。头状花序具舌状花，多数，总苞近圆柱形；舌状花舌片黄色，管状花花冠黄色。瘦果圆柱形。花期6—12月，果期8—9月。

◎分布与生境

分布于新疆、吉林、河北、山西、山东、陕西、甘肃、湖北、四川等地；历山见于猪尾沟、舜王坪、青皮掌、钥匙沟、云蒙、混沟；多生于林中开阔处、草地或溪边。

◎主要用途

全草可入药。

耳柄蒲儿根

◆ 学名：*Sinosenecio euosmus* (Hand.-Mazz.) B. Nord.
◆ 科属：菊科蒲儿根属

◎别　　名

槭叶千里光、齿裂千里光、齿耳蒲儿根。

◎主要特征

多年生草本。基生叶花期凋落；中部茎叶具长柄，叶片卵形或宽卵形，顶端圆形，具浅锯齿，有时具5~13较深掌状裂。头状花序5~15，或更多排列成顶生近伞形伞房花序或复伞房花序；花序梗细，被疏至密开展长柔毛，基部有时具线形苞片；总苞近钟形；总苞片草质，紫色，被缘毛，具膜质边缘，外面无毛或近无毛；舌状花约10，舌片黄色，长圆形或线状长圆形，顶端具3细齿，具4条脉。管状花多数，花冠黄色。瘦果圆柱形，无毛而具肋。冠毛白色。花期7—8月，果期7—8月。

◎分布与生境

分布于西藏、陕西、山西南部、四川、湖北等地；历山见于小云蒙、转林沟、猪尾沟等地；多生于林缘、高山草甸或潮湿处。

◎主要用途

杂草。

麻花头

◆ 学名：*Klasea centauroides* (L.) Cass.
◆ 科属：菊科麻花头属

◎别　　名

菠菜帘子。

◎主要特征

多年生草本。茎直立。基生叶及下部茎叶长椭圆形，羽状深裂。头状花序少数，单生茎枝顶端；总苞卵形或长卵形，总苞片10~12层，覆瓦状排列；全部小花红色、红紫色或白色。瘦果楔状长椭圆形，褐色。花果期6—9月。

◎分布与生境

分布于黑龙江、辽宁、吉林、内蒙古、山西、河北、陕西等地；历山全境可见；多生于山坡林缘、草原、草甸、路旁或田间。

◎主要用途

根茎可入药。

豨莶

◆ 学名：*Sigesbeckia orientalis* Linnaeus
◆ 科属：菊科豨莶属

◎别　　名

粘糊菜、虾柑草。

◎主要特征

一年生草本。茎上部分枝常成复二歧状，分枝被灰白色柔毛。茎中部叶三角状卵圆形或卵状披针形，基部下延成具翼的柄，边缘有不规则浅裂或粗齿，下面淡绿，具腺点，两面被毛，基脉3出；上部叶卵状长圆形，边缘浅波状或全缘，近无柄。头状花序多数聚生枝端，排成圆锥花序，花序梗密被柔毛；总苞宽钟状，总苞片2层，叶质，背面被紫褐色腺毛，外层5~6，匙形或线状匙形，内层苞片卵状长圆形或卵圆形。瘦果倒卵圆形，有4棱，顶端有灰褐色环状突起。花果期8—10月。

◎分布与生境

分布于陕西、甘肃、江苏、浙江、安徽、江西、湖南、四川、贵州、福建、广东（海南）、台湾、广西、云南等地；历山全境可见分布；生于海拔110~2700m的山野、荒草地、灌丛、林缘及林下。

◎主要用途

全草及根可入药。

腺梗豨莶

◆ 学名：*Sigesbeckia pubescens* (Makino) Makino
◆ 科属：菊科豨莶属

◎别　　名

珠草、棉苍狼、毛豨莶。

◎主要特征

一年生草本。茎上部多分枝，被灰白色长柔毛和糙毛。基部叶卵状披针形；中部叶卵圆形或卵形，边缘有尖头状粗齿。头状花序多数排成疏散圆锥状；花序梗较长，密生紫褐色腺毛和长柔毛；总苞宽钟状，背面密生紫褐色腺毛；舌状花黄色。瘦果倒卵圆形。花期5—8月，果期6—10月。

◎分布与生境

分布于吉林、辽宁、河北、山西、河南、甘肃、陕西、江苏等地；历山全境可见分布；多生于山坡、山谷林缘、灌丛林下的草坪中。

◎主要用途

全草及根可入药。

狗舌草

◆ 学名：*Tephroseris kirilowii* (Turcz. ex DC.) Holub
◆ 科属：菊科狗舌草属

◎别　　名

狗舌头草、白火丹草、铜交杯、糯米青、铜盘一枝香。

◎主要特征

多年生草本。根茎斜升，常覆盖以褐色宿存叶柄；基生叶莲座状，长圆形或倒卵状长圆形，基部楔状渐窄成具翅叶柄，两面被白色蛛丝状茸毛。头状花序排成伞形伞房花序；总苞近圆柱状钟形；舌状花舌片黄色。瘦果圆柱形，密被硬毛。花果期2—8月。

◎分布与生境

分布于黑龙江、辽宁、吉林、内蒙古、河北、山西、山东、河南、陕西、甘肃等地；历山全境有分布；多生于草地山坡或山顶阳处。

◎主要用途

全草可入药。

苦苣菜

◆ 学名：*Sonchus oleraceus* L.
◆ 科属：菊科苦苣菜属

◎别　　名

滇苦荬菜。

◎主要特征

一年生或二年生草本。茎枝无毛，或上部花序被腺毛；基生叶羽状深裂，长椭圆形或倒披针形。头状花序排成伞房或总状花序或单生茎顶；总苞宽钟状，总苞片3~4层，舌状小花黄色。瘦果褐色，长椭圆形。花果期5—12月。

◎分布与生境

全国广布；历山全境可见；多生于山坡、山谷林缘、林下、平地田间、空旷处或近水处。

◎主要用途

全草可入药；可作野菜和饲料。

花叶滇苦菜

◆ 学名：*Sonchus asper* (L.) Hill.
◆ 科属：菊科苦苣菜属

◎别　　名

续断菊。

◎主要特征

一年生草本。茎直立。基生叶与茎生叶同形，但较小；中下部茎叶长椭圆形、倒卵形、匙状或匙状椭圆形，基部渐狭成短或较长的翼柄，柄基耳状抱茎或基部无柄；叶上多具白色斑纹。头状花序在茎枝顶端排成稠密的伞房花序；总苞宽钟状；舌状小花黄色。瘦果倒披针状，褐色。花果期5—10月。

◎分布与生境

分布于新疆、河北、山西、山东、江苏等地；历山生于下川、西哄哄；多生于山坡、林缘及水边。

◎主要用途

全草可入药；可作野菜和饲料。

漏芦

◆ 学名：***Rhaponticum uniflorum*** **(L.) DC.**
◆ 科属：**菊科漏芦属**

◎别　　名

和尚头、大口袋花、牛馒土、狼头花、郎头花、老虎爪、打锣锤、土烟叶、大脑袋花、祁州漏芦。

◎主要特征

多年生草本。茎直立，被绵毛，被褐色残存的叶柄。基生叶及下部茎叶全形椭圆形、长椭圆形或倒披针形，羽状深裂或几全裂，有长叶柄。头状花序单生茎顶；总苞半球形，总苞片约9层，覆瓦状排列，全部苞片顶端有褐色膜质附属物；全部小花两性，管状，花冠紫红色。瘦果3~4棱，楔状。花果期4—9月。

◎分布与生境

分布于黑龙江、吉林、辽宁、河北、内蒙古、陕西、甘肃、青海、山西、河南等地；历山全境可见；多生于山坡丘陵地、松林下或桦木林下。

◎主要用途

根及根状茎可入药。

蒲公英

◆ 学名：***Taraxacum mongolicum*** **Hand.-Mazz.**
◆ 科属：**菊科蒲公英属**

◎别　　名

黄花地丁、婆婆丁、蒙古蒲公英、灯笼草、姑姑英、地丁。

◎主要特征

多年生草本，具白色乳汁。叶全部基生；叶倒卵状披针形、倒披针形或长圆状披针形，边缘有时具波状齿或羽状深裂，有时倒向羽状深裂或大头羽状深裂。花莛1至数个；头状花序总苞钟状；舌状花黄色。瘦果倒卵状披针形，暗褐色。花期4—9月，果期5—10月。

◎分布与生境

分布于黑龙江、吉林、辽宁、内蒙古、河北、山西、陕西、甘肃、青海等地；历山全境可见；多生于中低海拔地区的山坡草地、路边、田野、河滩。

◎主要用途

全草可入药；嫩叶可代茶或食用。

华蒲公英

◆ 学名：*Taraxacum sinicum* Kitag.
◆ 科属：菊科蒲公英属

◎别　　名

婆婆丁、细叶蒲公英。

◎主要特征

多年生草本。根颈部有褐色残存叶基；叶倒卵状披针形或狭披针形，稀线状披针形，边缘叶羽状浅裂或全缘，叶柄和下面叶脉常紫色。花莛1至数个，长于叶，顶端被蛛丝状毛或近无毛；总苞小，淡绿色；总苞片3层，先端淡紫色；舌状花黄色，稀白色，边缘花舌片背面有紫色条纹。瘦果倒卵状披针形，淡褐色；冠毛白色，长5~6mm。花果期6—8月。

◎分布与生境

分布于黑龙江、吉林、辽宁、内蒙古、河北、山西、陕西、甘肃、青海、河南、四川、云南等地；历山见于舜王坪、青皮掌等地可见；多生于稍潮湿的盐碱地或原野、砾石中。

◎主要用途

嫩叶可作野菜，全株可入药。

兔儿伞

◆ 学名：*Syneilesis aconitifolia* (Bunge) Maxim.
◆ 科属：菊科兔儿伞属

◎别　　名

小鬼伞、铁灯台、龙头七。

◎主要特征

多年生草本。根状茎短，横走，茎直立，紫褐色。叶通常2，疏生；下部叶具长柄；叶片盾状圆形，掌状深裂。头状花序多数，在茎端密集成复伞房状；总苞筒状，总苞片1层；小花花冠淡粉白色。瘦果圆柱形。花期6—7月，果期8—10月。

◎分布与生境

分布于东北、华北、华中、陕西、甘肃、贵州等地；历山见于云蒙、皇姑曼、青皮掌；多生于山坡荒地林缘或路旁。

◎主要用途

根及全草可入药。

款冬

◆ 学名：*Tussilago farfara* L.
◆ 科属：菊科款冬属

◎别　　名

九尽草、虎须、冬花、款冬花。

◎主要特征

多年生草本。根状茎横生地下，褐色。基生叶卵形或三角状心形，后出基生叶阔心形，具长叶柄，边缘有波状，顶端增厚的疏齿，掌状网脉，下面被密白色茸毛；叶柄被白色绵毛。早春花叶抽出数个花莛。头状花序单生顶端，初时直立，花后下垂；总苞片1~2层，总苞钟状；雌花花冠舌状，黄色，通常不结实。瘦果圆柱形。花期2—3月，果期4月。

◎分布与生境

分布于东北、华北、华东、西北和湖北、湖南、江西、贵州、云南、西藏；历山见于混沟、猪尾沟、东峡附近；多生于山谷湿地或林下。

◎主要用途

花蕾可入药。

黄鹌菜

◆ 学名：*Youngia japonica* (L.) DC.
◆ 科属：菊科黄鹌菜属

◎别　　名

扁莎草。

◎主要特征

一年生草本。茎直立，单生或少数茎呈簇生，粗壮或细，顶端伞房花序状分枝或下部有长分枝，下部被稀疏的皱波状长或短毛。基生叶全形倒披针形、椭圆形、长椭圆形或宽线形，大头羽状深裂或全裂，极少有不裂的，叶柄有狭或宽翼或无翼。头状花序含10~20枚舌状小花；总苞圆柱状，总苞片4层；舌状小花黄色。瘦果纺锤形，压扁，褐色或红褐色，顶端无喙，有11~13条粗细不等的纵肋，肋上有小刺毛。花果期4—10月。

◎分布与生境

全国广布；历山全境低山区习见；多生于山坡、山谷及山沟林缘、林下、林间草地及潮湿地、河边沼泽地、田间与荒地上。

◎主要用途

可入药或作野菜、饲料。

鼠麴草

◆ 学名：*Pseudognaphalium affine* (D. Don) Anderberg
◆ 科属：菊科鼠曲草属

◎别　　名

田艾、清明菜、拟鼠麴草、鼠曲草、秋拟鼠麴草。

◎主要特征

一年生草本。茎直立或基部发出的枝下部斜升，被白色厚绵毛。叶无柄，匙状倒披针形或倒卵状匙形，两面被白色绵毛。头状花序在枝顶密集成伞房花序，花黄色至淡黄色；总苞钟形，总苞片2~3层，金黄色或柠檬黄色，膜质，有光泽。花期1—4月，果期8—11月。

◎分布与生境

分布于华东、华南、华中、华北、西北及西南各地；历山见于小云蒙、下川等地；多生于低海拔干地或湿润草地上。

◎主要用途

茎叶可入药。

驴欺口

◆ 学名：*Echinops davuricus* Fisch. ex Hornem.
◆ 科属：菊科蓝刺头属

◎别　　名

蓝刺头。

◎主要特征

多年生草本。茎灰白色，有白毛。基生叶与下部茎生叶椭圆形、长椭圆形或披针状椭圆形，二回羽状分裂，边缘具不规则刺齿或三角形刺齿；中上部茎生叶与基生叶及下部茎生叶同形并近等样分裂；上部茎生叶羽状半裂或浅裂，无柄，基部抱茎；叶纸质；复头状花序单生茎顶或茎生，小花蓝色。瘦果密被淡黄色长直毛。花果期6—9月。

◎分布与生境

分布于东北、内蒙古、甘肃（东部）、宁夏、河北、山西及陕西；历山见于卧牛场、舜王坪附近；多生于山坡草地及山坡疏林下。

◎主要用途

可制作干花；根茎可入药。

火绒草

◆ 学名：*Leontopodium leontopodioides* (Willd.) Beauv.
◆ 科属：菊科火绒草属

◎别　名

绢绒火绒草、老头艾、老头草、大头毛香、火绒蒿、驴耳朵。

◎主要特征

多年生草本。根茎有多数簇生花茎和根出条；叶线形或线状披针形，上面灰绿色，被柔毛，下面被白色或灰白色密绵毛或被绢毛；苞叶少数，长圆形或线形，两面或下面被白色或灰白色厚茸毛，与花序等长或较长，在雄株多少开展成苞叶群，在雌株多少直立，不形成苞叶群；总苞半球形，被白色绵毛，总苞片约4层，稍露出毛茸。花果期7—10月。

◎分布与生境

分布于甘肃、青海、新疆、湖北、河北、山西等地；历山全境可见；多生于干旱草原、黄土坡地、石砾地、山区草地，稀湿润地。

◎主要用途

全草可入药。

薄雪火绒草

◆ 学名：*Leontopodium japonicum* Miq.
◆ 科属：菊科火绒草属

◎别　名

小白头翁、小毛香、火艾、薄雪草、厚茸薄雪火绒草。

◎主要特征

多年生草本。根茎有数个簇生花茎和幼茎；茎上部被白色薄茸毛，下部旋即脱毛。叶窄披针形，上面有疏蛛丝状毛或脱毛，下面被银白色或灰白色薄层密茸毛；苞叶多数，卵圆形或长圆形，两面被灰白色密茸毛或上面被蛛丝状毛，成苞叶群，或有长花序梗成复苞叶群。头状花序多数，较疏散；总苞钟形或半球形，被白色或灰白色密茸毛，总苞片3层，露出毛茸，先端无毛。瘦果常有乳突或粗毛。花期6—9月，果期9—10月。

◎分布与生境

分布于山西、陕西、甘肃、四川等地；历山见于猪尾沟、转林沟等地；多生于山地灌丛、草坡和林下。

◎主要用途

全草可入药。

绢茸火绒草

◆ 学名：*Leontopodium smithianum* Hand.-Mazz.
◆ 科属：菊科火绒草属

◎别　　名

雪绒花、白蒿。

◎主要特征

多年生草本。根茎有少数簇生花茎和不育茎，无不育叶丛；下部叶花期枯萎宿存；叶线状披针形，无柄，上面被灰白色柔毛，下面被灰白或白色密茸毛或绢状毛；苞叶3~10，长椭圆形或线状披针形，边缘常反卷，两面被白色或灰白色厚茸毛，形成苞叶群，或分苞叶群。花茎密被灰白色或上部被白色茸毛或绢毛；头状花常3~25密集；总苞被白色密绵毛，总苞片3~4层，褐色。花果期7—9月。

◎分布与生境

分布于甘肃、青海、新疆、湖北、河北、山西等地；历山见于舜王坪；多生于低山和亚高山草地或干燥草地。

◎主要用途

全株可入药。

东陵绣球

◆ 学名：*Hydrangea bretschneideri* Dipp
◆ 科属：绣球花科绣球属

◎别　　名

东陵八仙花、柏氏八仙花、铁杆花儿结子。

◎主要特征

落叶灌木。当年生小枝栗红色至栗褐色或淡褐色，树皮较薄，常呈薄片状剥落。叶薄纸质或纸质，卵形至长卵形、倒长卵形或长椭圆形，边缘有具硬尖头的锯形小齿或粗齿。伞房状聚伞花序较短小；不育花萼片4，白色或稍带红色；孕性花萼筒杯状，花瓣白色。蒴果卵球形。花期6—7月，果期9—10月。

◎分布与生境

分布于河北、山西、陕西、宁夏、甘肃、青海、河南等地；历山见于钥匙沟、转林沟、猪尾沟、东峡、西哄哄、青皮掌；多生于山谷溪边或山坡密林或疏林中。

◎主要用途

可供观赏。

大花溲疏

◆ 学名：***Deutzia grandiflora*** **Bunge.**
◆ 科属：**绣球花科溲疏属**

◎别　　名

华北溲疏。

◎主要特征

落叶灌木。树皮常灰褐色。小枝淡灰褐色。叶卵形至卵状椭圆形，顶端渐尖，基部圆形，具不整齐细密锯齿。表面稍粗糙，疏被星状毛，辐射枝3~6，背面密被灰白色星状毛；辐射枝6~9，中央直立单毛。花1~3朵，生于侧枝顶端，白色；花萼被星状毛；花瓣在花蕾期内向镊合状排列。蒴果半球形，花柱宿存。花期4—5月，果期6—7月。

◎分布与生境

分布于辽宁、内蒙古、河北、山西、陕西、甘肃、山东、江苏、河南、湖北等地；历山全境低山区可见；多生于海拔800~1600m的山坡、山谷和路旁灌丛中。

◎主要用途

可作观赏植物。

钩齿溲疏

◆ 学名：***Deutzia hamata*** **Koehne ex Gilg. et Loes.**
◆ 科属：**绣球花科溲疏属**

◎别　　名

李叶溲疏。

◎主要特征

本种与大花溲疏*Deutzia grandiflora* Bunge.类似，区别在于本种叶下无毛，淡绿色，其余特征基本一致。花果期5—7月。

◎分布与生境

分布于辽宁、河北、山西、陕西、山东、江苏和河南等地；历山见于青皮掌、云蒙；多生于海拔500~1200m的山坡灌丛中。

◎主要用途

可作观赏植物。

小花溲疏

◆ 学名：*Deutzia parviflora* Bge.
◆ 科属：绣球花科溲疏属

◎别　　名

喇叭枝、溲疏、多花溲疏、千层皮。

◎主要特征

落叶灌木，高约2m。老枝灰褐色或灰色，表皮片状脱落。叶纸质，卵形、椭圆状卵形或卵状披针形。伞房花序直径2~5cm，多花。蒴果球形，直径2~3mm。花期5—6月，果期8—10月。

◎分布与生境

分布于吉林、辽宁、内蒙古、河北、山西、陕西、甘肃、河南、湖北等地；历山全境山地均可见；多生于海拔1000~1500m的山谷林缘处。

◎主要用途

根皮可入药；可作观赏植物。

多花溲疏

◆ 学名：*Deutzia setchuenensis* var. *corymbiflora* (Lemoine ex Andre) Rehder.
◆ 科属：绣球花科溲疏属

◎别　　名

扁莎草。

◎主要特征

落叶灌木。叶纸质或膜质，卵形、卵状长圆形或卵状披针形，边缘具细锯齿，侧脉每边3~4条。伞房状聚伞花序，有花6~20朵；花瓣白色，卵状长圆形；萼筒杯状。蒴果球形，宿存萼裂片内弯。花期4—7月，果期6—9月。

◎分布与生境

分布于湖北、四川等地；历山见于混沟附近；多生于海拔800~1500m的密林中。

◎主要用途

可作观赏植物。

毛萼山梅花

◆ 学名：***Philadelphus dasycalyx*** **(Rehd.) S. Y. Hu**
◆ 科属：**绣球花科山梅花属**

◎主要特征

落叶灌木，稍攀缘状。二年生小枝灰褐色，无毛。叶片卵形或卵状椭圆形，边缘具锯齿，花枝下面无毛，叶脉基出或稍离基出。总状花序有花，疏被白色长柔毛或无毛；密被白色长柔毛；萼裂片卵形，先端急尖，花冠近盘状，花瓣白色，无毛；花盘和花柱无毛，极少疏被毛；柱头棒形，较花药短小。蒴果倒卵形，宿存萼裂片近顶生。种子具短尾。花期5—6月，果期7—9月。

◎分布与生境

分布于山西、河南、甘肃和陕西等地；历山见于青皮掌、舜王坪、云蒙；多生于海拔700~2500m的针叶林中或灌丛中。

◎主要用途

可作观赏植物。

京山梅花

◆ 学名：***Philadelphus pekinensis*** **Rupr.**
◆ 科属：**绣球花科山梅花属**

◎别　　名

太平花。

◎主要特征

落叶灌木。分枝较多，小枝黄褐色。叶卵形或阔椭圆形，边缘具锯齿，叶脉离基出3~5条。花枝上叶较小，椭圆形或卵状披针形，叶柄无毛。总状花序有花5~7（~9）朵；花萼黄绿色；花瓣白色，倒卵形；雄蕊25~28。蒴果近球形或倒圆锥形，宿存萼裂片近顶生。花期5—7月，果期8—10月。

◎分布与生境

分布于内蒙古、辽宁、河北、河南、山西、陕西、湖北等地；历山全境山坡沟谷可见；多生于海拔1500m以下的山坡、林地、沟谷或溪边向阳处。

◎主要用途

可作观赏植物。

五福花

◆ **学名：*Adoxa moschatellina* L.**
◆ **科属：五福花科五福花属**

◎别　　名

福寿花。

◎主要特征

多年生矮小草本。根状茎横生；茎单一，纤细，无毛，有长匍匐枝。基生叶1~3，为一至二回三出复叶；小叶片宽卵形或圆形，3裂；茎生叶2枚，对生，3深裂。花序有限生长，5~7朵花呈顶生聚伞头状花序，无花柄，花黄绿色，顶生花的花萼裂片2，侧生花的花萼裂片3。核果。花期4—7月，果期7—8月。

◎分布与生境

分布于黑龙江、辽宁、河北、山西、新疆、青海、四川、云南等地；历山见于舜王坪、猪尾沟、云蒙、皇姑曼；多生于海拔4000m以下的林下、林缘或草地。

◎主要用途

在欧洲全草可作药物原料。

接骨木

◆ **学名：*Sambucus williamsii* Hance**
◆ **科属：五福花科接骨木属**

◎别　　名

九节风、续骨草、木蒴藋、东北接骨木。

◎主要特征

落叶灌木或小乔木。老枝淡红褐色。羽状复叶有小叶2~3对。花与叶同出，圆锥形聚伞花序顶生；花小而密；萼筒杯状；花冠蕾时带粉红色，开后白色或淡黄色。果实红色，极少蓝紫黑色，卵圆形或近圆形。花期4—5月，果熟期9—10月。

◎分布与生境

分布于黑龙江、吉林、辽宁、河北、山西、陕西、甘肃等地；历山全境林下均可见；多生于海拔540~1600m的山坡、灌丛、沟边、路旁、宅边等地。

◎主要用途

茎和枝条可入药；可作观赏植物。

荚蒾

◆ 学名：***Viburnum dilatatum*** **Thunb.**
◆ 科属：**五福花科荚蒾属**

◎别　　名

短柄荚蒾、庐山荚蒾。

◎主要特征

落叶灌木，全株具毛。叶纸质，对生，宽倒卵形、倒卵形或宽卵形，边缘有牙齿状锯齿。复伞形聚伞花序稠密，萼筒狭筒状，花冠白色，辐状。果实红色，椭圆状卵圆形。花期5—6月，果熟期9—11月。

◎分布与生境

分布于河北南部、陕西南部、江苏、安徽、浙江、江西等地；历山见于青皮掌、云蒙、混沟；多生于山坡或山谷疏林下、林缘及山脚灌丛中。

◎主要用途

韧皮纤维可制绳和人造棉；种子含油，可制肥皂和润滑油；果可食，亦可酿酒。

桦叶荚蒾

◆ 学名：***Viburnum betulifolium*** **Batal.**
◆ 科属：**五福花科荚蒾属**

◎别　　名

卵叶荚蒾、球花荚蒾、川滇荚蒾、阔叶荚蒾、阔叶荚蒾、新高山荚蒾、湖北荚蒾、毛花荚蒾、腺叶荚蒾、北方荚蒾、卷毛荚蒾。

◎主要特征

落叶灌木或小乔木。小枝紫褐色或黑褐色。叶厚纸质或略带革质，干后变黑色，宽卵形至菱状卵形或宽倒卵形，稀椭圆状矩圆形，边缘具开展的不规则浅波状牙齿。复伞形聚伞花序顶生或生于具1对叶的侧生短枝上；花冠白色，辐状。果实红色，近圆形，核扁。花期6—7月，果熟期9—10月。

◎分布与生境

分布于山西、陕西、甘肃等地；历山生于云蒙、青皮掌、皇姑曼、混沟；多生于山谷林中或山坡灌丛中。

◎主要用途

茎皮纤维可制绳索及造纸。

鸡树条荚蒾

◆ **学名：*Viburnum opulus* subsp. *calvescens* (Rehder) Sugimoto**
◆ **科属：五福花科荚蒾属**

◎别　　名

老鸹眼、天目琼花、萨氏荚蒾、鸡树条。

◎主要特征

落叶灌木。叶对生；叶片轮廓圆卵形至广卵形或倒卵形，通常3裂，掌状，边缘具不整齐粗牙齿，无毛；复伞形聚伞花序，周围有大型的不孕花，总花梗粗壮，无毛，花生于第二至第三级辐射枝上，花梗极短；萼齿三角形，均无毛；花冠白色，辐状，花药黄白色，不孕花白色。果实红色，近圆形。花果期6—10月。

◎分布与生境

分布于黑龙江、吉林、辽宁、河北北部、山西、陕西南部等地；历山见于猪尾沟、云蒙、东峡、西哄哄、混沟、青皮掌；多生于溪谷边疏林下或灌丛中。

◎主要用途

可供观赏。

蒙古荚蒾

◆ **学名：*Viburnum mongolicum* (Pall.) Rehd.**
◆ **科属：五福花科荚蒾属**

◎别　　名

蒙古绣球花、土连树。

◎主要特征

落叶灌木。幼枝、叶下、叶柄和花序均被簇状短毛。叶纸质，宽卵形至椭圆形，稀近圆形，边缘有波状浅齿。聚伞花序具少数花，萼齿波状；花冠淡黄白色，筒状钟形。果实红色而后变黑色，椭圆形。花期5月，果熟期9月。

◎分布与生境

分布于山西、陕西、宁夏、内蒙古、甘肃等地；历山见于青皮掌、猪尾沟、云蒙、皇姑曼等地；多生于山坡疏林下或河滩地。

◎主要用途

根、叶和果实可入药。

陕西荚蒾

◆ 学名：*Viburnum schensianum* Maxim.
◆ 科属：五福花科荚蒾属

◎别　　名

浙江荚蒾、土栾树、土栾条、冬栾条。

◎主要特征

落叶灌木。幼枝、叶下、叶柄及花序均被由黄白色簇状毛组成的茸毛。叶纸质，卵状椭圆形、宽卵形或近圆形，边缘有较密的小尖齿。聚伞花序；萼筒圆筒形，萼齿卵形；花冠白色，辐状。果实红色而后变黑色，椭圆形。花期5—7月，果熟期8—9月。

◎分布与生境

分布于河北、山西、陕西、甘肃、山东、江苏、河南等地；历山见于混沟、皇姑曼；多生于海拔700~2200m的山谷混交林、松林下或山坡灌丛中。

◎主要用途

枝条、叶和果实可入药；可作观赏植物。

六道木

◆ 学名：*Zabelia biflora* (Turcz.) Makino
◆ 科属：忍冬科六道木属

◎别　　名

六条木、鸡骨头、降龙木。

◎主要特征

落叶灌木。树干具有明显的纵棱，多为6条。叶矩圆形至矩圆状披针形，全缘或中部以上羽状浅裂而具1~4对粗齿。花单生于小枝上叶腋，小苞片三齿状，花后不落；花冠白色、淡黄色或带浅红色，狭漏斗形或高脚碟形。果实具硬毛，冠以4枚宿存而略增大的萼裂片。花期早春，果期8—9月。

◎分布与生境

分布于辽宁、河北、山西、河南、甘肃等地；历山全境见于海拔1000m以上林地；多生于山坡灌丛、林下及沟边。

◎主要用途

茎可作烟袋杆、手杖和工艺品原材料；可供制作盆景和园林绿化。

猬实

◆ 学名：*Kolkwitzia amabilis* Graebn.
◆ 科属：忍冬科猬实属

◎别　　名

美人木、蝟实。

◎主要特征

落叶多分枝灌木。幼枝红褐色，被柔毛及糙毛，老枝无毛，茎皮剥落；单叶对生，椭圆形或卵状椭圆形，全缘，稀有浅齿，两面疏生短毛，脉和叶缘密被直柔毛和睫毛。伞房状聚伞花序，顶生或腋生于具叶侧枝之顶，总花梗1~1.5cm；花几无梗；苞片2，披针形，紧贴花基部；萼筒密被刚毛，上部缢缩成颈，5裂，裂片钻状披针形，有柔毛；花冠淡红色，钟状，5裂，裂片开展，被柔毛，2裂片稍宽短，内有黄色斑纹。2瘦果状核果合生，密被黄色刺刚毛，顶端角状，萼齿宿存。花期5—6月，果熟期8—9月。

◎分布与生境

为我国特有种，分布于山西、陕西、甘肃、河南、湖北及安徽等地；历山见于混沟、小云蒙；多生于海拔350~1340m的山坡、路边和灌丛中。

◎主要用途

可栽培供观赏。

金花忍冬

◆ 学名：*Lonicera chrysantha* Turcz.
◆ 科属：忍冬科忍冬属

◎别　　名

黄花忍冬。

◎主要特征

落叶灌木。叶纸质，菱状卵形、菱状披针形、倒卵形或卵状披针形。花双生于叶腋，花冠先白色后变黄色。果实红色，圆形。花期5—6月，果熟期7—9月。

◎分布与生境

分布于河北、山西、陕西、宁夏和甘肃等地；历山全境海拔1000m以上山地林中常见；多生于沟谷、林下或林缘灌丛中。

◎主要用途

可栽培供观赏；花可入药。

北京忍冬

◆ **学名：*Lonicera elisae* Franch.**
◆ **科属：忍冬科忍冬属**

◎别　　名

毛母娘、狗骨头、四月红、破皮袄。

◎主要特征

落叶灌木。幼枝无毛或连同叶柄和总花梗均被短糙毛。叶纸质，卵状椭圆形至卵状披针形或椭圆状矩圆形。花与叶同时开放；花冠白色或带粉红色，长漏斗状。果实红色，椭圆形，疏被腺毛和刚毛或无毛。花期4—5月，果熟期5—6月。

◎分布与生境

分布于河北、山西南部、陕西南部、甘肃东南部、安徽西南部等地；历山见于青皮掌、皇姑曼、云蒙；多生于沟谷或山坡丛林或灌丛中。

◎主要用途

可供观赏；果实可食。

黏毛忍冬

◆ **学名：*Lonicera fargesii* Franchet**
◆ **科属：忍冬科忍冬属**

◎别　　名

粘毛忍冬。

◎主要特征

落叶灌木。幼枝、叶柄和总花梗都被开展的污白色柔毛状糙毛及具腺糙毛。叶纸质，倒卵状椭圆形、倒卵状矩圆形至椭圆状矩圆形，边缘不规则波状起伏。总花梗长3~4（~5）cm；苞片叶状，卵状披针形或卵状矩圆形，有柔毛和睫毛。花冠红色或白色，唇形。果实红色，卵圆形。花期5—6月，果熟期9—10月。

◎分布与生境

分布于山西、陕西、甘肃、河南、四川等地；历山见于混沟、猪尾沟、云蒙、皇姑曼；多生于山坡、山谷林中或灌丛中。

◎主要用途

可供观赏。

唐古特忍冬

◆ 学名：*Lonicera tangutica* Maxim.
◆ 科属：忍冬科忍冬属

◎别　　名

陇塞忍冬、五台忍冬、五台金银花、裤裆杷、杈杷果、羊奶奶（甘肃天水）太白忍冬、杯萼忍冬、毛药忍冬、袋花忍冬、短苞忍冬、四川忍冬、毛果忍冬、毛果袋花忍冬、晋南忍冬。

◎主要特征

落叶灌木。枝条具毛。叶纸质，倒披针形至矩圆形或倒卵形至椭圆形。总花梗生于幼枝下方叶腋，纤细，稍弯垂，苞片狭细，有时叶状；花冠白色、黄白色或有淡红晕，筒状漏斗形，筒基部稍一侧肿大或具浅囊。果实红色。花期5—6月，果熟期7—8月。

◎分布与生境

分布于陕西、宁夏、甘肃南部、青海东部、湖北西部、四川、山西等地；历山见于舜王坪、东峡、西峡、青皮掌、皇姑曼、猪尾沟等地；多生于林下或混交林中、山坡草地、溪边灌丛中。

◎主要用途

可供观赏。

注：本种在历山地区有“果梗细长”和“几乎无柄”两种类型，无柄的为四川忍冬或五台忍冬，均已归并到唐古特忍冬中。

盘叶忍冬

◆ 学名：*Lonicera tragophylla* Hemsl.
◆ 科属：忍冬科忍冬属

◎别　　名

土银花、杜银花、叶藏花、大叶银花。

◎主要特征

落叶藤本。幼枝无毛。叶纸质，矩圆形或卵状矩圆形，稀椭圆形，花序下方1~2对叶连合成近圆形或圆卵形的盘，盘两端通常钝形或具短尖头。由3朵花组成的聚伞花序密集成头状花序生小枝顶端；花冠黄色至橙黄色，上部外面略带红色。果实成熟时由黄色转红黄色，最后变深红色，近圆形。花期6—7月，果熟期9—10月。

◎分布与生境

分布于河北西南部、山西南部、陕西中部至南部、宁夏和甘肃的南部、安徽西部等；历山见于混沟、皇姑曼、青皮掌；多生于林下、灌丛中或河滩旁岩缝中。

◎主要用途

可供观赏；花、枝条可入药。

刚毛忍冬

◆ 学名：*Lonicera hispida* Pall. ex Roem. et Schult.
◆ 科属：忍冬科忍冬属

◎别　　名

刺毛忍冬、异萼忍冬。

◎主要特征

落叶灌木，幼枝常带紫红色。叶厚纸质，形状、大小和毛被变化很大，椭圆形、卵状椭圆形、卵状矩圆形至矩圆形，有时条状矩圆形。总花梗较短；苞片宽卵形，有时带紫红色，密被刚毛；花冠白色或淡黄色，漏斗状。果实先黄色后变红色，卵圆形至长圆筒形。花期5—6月，果熟期7—9月。

◎分布与生境

分布于河北、陕西、山西、河南、甘肃、青海、新疆等地；历山见于青皮掌；多生于山坡林中、林缘灌丛中或高山草地上。

◎主要用途

花蕾可供药用。

郁香忍冬

◆ 学名：*Lonicera fragrantissima* Lindl. et Paxt.
◆ 科属：忍冬科忍冬属

◎别　　名

四月红。

◎主要特征

半常绿或有时落叶灌木。叶厚纸质或带革质，形态变异很大，从倒卵状椭圆形、椭圆形、圆卵形或卵形至卵状矩圆形。花先于叶或与叶同时开放，芳香，花冠白色或淡红色，唇形。果实鲜红色，矩圆形，部分连合。种子褐色，稍扁，矩圆形，有细凹点。花期2月中旬至4月，果期6—7月。

◎分布与生境

分布于河北、山西、陕西、河南、甘肃等地；历山见于小云蒙；多生于山坡灌丛中。

◎主要用途

可供观赏。

柳叶忍冬

- **学名：*Lonicera nigra* L.**
- **科属：忍冬科忍冬属**

◎别　　名

毛脉黑忍冬、黑果忍冬。

◎主要特征

落叶灌木。叶薄纸质，矩圆形、椭圆状披针形、倒卵形或倒卵状披针形。总花梗细；花冠红色，唇形，筒基部有囊肿。果实蓝黑色，圆形。花期5月，果熟期8—9月。

◎分布与生境

分布于东北地区；历山见于转林沟；多生于林下。

◎主要用途

可供观赏。

葱皮忍冬

- **学名：*Lonicera ferdinandi* Franchet**
- **科属：忍冬科忍冬属**

◎别　　名

大葱皮木、千层皮、秦岭金银花、秦岭忍冬、波叶忍冬。

◎主要特征

落叶灌木。叶纸质或厚纸质，卵形、卵状披针形或长圆状披针形，叶柄和总花梗均极短；苞片叶状；小苞片合成坛状，全包相邻两萼筒；花冠白色，后淡黄色，唇形，冠筒比唇瓣稍长或近等长，基部一侧肿大，上唇4浅裂，下唇细长反曲。果熟时红色，卵圆形，外包撕裂的坛状小苞片。花期4月下旬至6月，果期9—10月。

◎分布与生境

分布于辽宁、河北、山西、河南等地；历山全境可见；多生于向阳山坡林中或林缘灌丛中。

◎主要用途

可供观赏。

莛子藨

◆ 学名：***Triosteum pinnatifidum*** **Maxim.**
◆ 科属：**忍冬科莛子藨属**

◎别　　名

羽裂叶莛子藨、白果七、白莓子、猴子七、鸡爪七、棉蛋、四大天王、天王七。

◎主要特征

多年生草本。茎中空，具白色的髓部。叶羽状深裂，基部楔形至宽楔形，近无柄，轮廓倒卵形至倒卵状椭圆形。聚伞花序对生，各具3朵花，无总花梗，有时花序下具卵状全缘的苞片；花冠黄绿色，狭钟状，筒基部弯曲，一侧膨大成浅囊，内面有带紫色斑点。果卵圆形，肉质，具3条槽。花期5—6月，果期8—9月。

◎分布与生境

分布于河北、山西、陕西、宁夏、甘肃、青海、河南、湖北和四川等地；历山见于混沟；多生于山坡暗针叶林下和沟边向阳处。

◎主要用途

根茎可入药。

墓回头

◆ 学名：***Patrinia heterophylla*** **Bunge**
◆ 科属：**忍冬科败酱属**

◎别　　名

异叶败酱、摆子草、追风箭、苦菜、盲菜、窄叶败酱。

◎主要特征

多年生草本。茎直立，被倒生微糙伏毛。基生叶丛生，具长柄，叶片边缘圆齿状或具糙齿状缺刻，不分裂或羽状分裂至全裂，茎生叶对生，茎下部叶常羽状全裂。花黄色，组成顶生伞房状聚伞花序，花冠钟形。瘦果长圆形或倒卵形，具翅。花期7—9月，果期8—10月。

◎分布与生境

分布于河北、山西、山东、河南、陕西等地；历山全境可见；多生于山地岩缝中、草丛中、路边、沙质坡或土坡上。

◎主要用途

根茎和根可供药用。

糙叶败酱

◆ 学名：*Patrinia scabra* Bunge
◆ 科属：忍冬科败酱属

◎别　　名

岩败酱。

◎主要特征

多年生草本。茎丛生，茎上部多分枝，叶对生，裂片倒披针形、狭披针形或长圆形。聚伞花序顶生，呈伞房状排列，花小，黄色，花冠合瓣。果实翅状，卵形或近圆形。种子位于中央。花期7—9月，果熟期8—9月。

◎分布与生境

分布于黑龙江、吉林、辽宁、内蒙古、河北、山西、山东、河南等地；历山全境可见；多生于草原带、森林草原带的石质丘陵坡地石缝或较干燥的阳坡草丛中。

◎主要用途

根茎可入药。

日本续断

◆ 学名：*Dipsacus japonicus* Miq.
◆ 科属：忍冬科川续断属

◎别　　名

天目续断。

◎主要特征

多年生草本。茎中空，向上分枝，具4~6棱，棱上具钩刺。基生叶具长柄，叶片长椭圆形，分裂或不裂；茎生叶对生，叶片椭圆状卵形至长椭圆形，先端渐尖，基部楔形，叶柄和叶背脉上均具疏的钩刺和刺毛。头状花序顶生，圆球形，花白色或淡粉色。瘦果长圆楔形。花期8—9月，果期9—11月。

◎分布与生境

全国广布；历山全境可见；多生于山坡、路旁和草坡。

◎主要用途

根可入药。

华北蓝盆花

◆ 学名：*Scabiosa comosa* Fisch. ex Roem. et Schult.
◆ 科属：忍冬科蓝盆花属

◎别　名

细叶山萝卜、山萝卜、蓝盆花、大花蓝盆花、毛叶蓝盆花。

◎主要特征

多年生草本。茎直立，黄白色或带紫色，具棱。基生叶成丛，叶片轮廓窄椭圆形，羽状全裂，茎生叶对生，抱茎。头状花序单生或3出，总苞苞片披针形；花冠蓝紫色，外面密生短柔毛。瘦果长圆形，具5条棕色脉，顶端冠以宿存的萼刺。花期7—8月，果期9月。

◎分布与生境

分布于黑龙江、吉林、辽宁、河北北部、内蒙古、山西等地；历山见于舜王坪草甸；多生于干燥砂质地、沙丘、干山坡及草原上。

◎主要用途

可供观赏；根可入药。

五加

◆ 学名：*Eleutherococcus nodiflorus* (Dunn) S. Y. Hu
◆ 科属：五加科五加属

◎别　名

五叶木、五叶路刺、白簕树、五加皮、南五加、真五加皮、五加、柔毛五加、短毛五加、糙毛五加、大叶五加。

◎主要特征

落叶灌木。节上通常疏生反曲扁刺。叶有小叶5，稀3~4，在长枝上互生，在短枝上簇生。伞形花序单个，稀2个腋生，或顶生在短枝上；花黄绿色；萼边缘近全缘或有5小齿。果实扁球形，长约6mm，宽约5mm。花期4—8月，果期6—10月。

◎分布与生境

分布于山西、陕西、四川、甘肃等地；历山见于混沟、转林沟、钥匙沟；多生于灌木丛林、林缘、山坡路旁。

◎主要用途

根皮可入药；嫩叶可食；可供观赏。

刺五加

◆ 学名：*Eleutherococcus senticosus* (Ruprecht & Maximowicz) Maximowicz
◆ 科属：五加科五加属

◎别　　名

刺拐棒、老虎潦、一百针、坎拐棒子、短蕊刺五加。

◎主要特征

落叶灌木。分枝多，一年生和二年生的通常密生刺。有小叶5，稀3；叶柄常疏生细刺，叶片纸质，椭圆状倒卵形或长圆形。伞形花序单个顶生，或2~6个组成稀疏的圆锥花序，花紫黄色。果实球形或卵球形，有5棱，黑色。花期6—7月，果期8—10月。

◎分布与生境

分布于东北、河北、山西、内蒙古等地；历山见于青皮掌、猪尾沟、云蒙、皇姑曼；多生于灌木丛林、林缘、山坡路旁。

◎主要用途

根皮可入药；嫩叶可食；可供观赏。

吴茱萸五加

◆ 学名：*Gamblea ciliata* var. *evodiifolia* (Franchet) C. B. Shang et al.
◆ 科属：五加科五加属

◎别　　名

萸叶五加、吴茱叶五加、吴茱萸叶五加。

◎主要特征

灌木或乔木。枝暗色，无刺，新枝红棕色，无毛，无刺。叶有3小叶，在长枝上互生，在短枝上簇生。伞形花序有多数或少数花，通常几个组成顶生复伞形花序，稀单生；总花梗无毛；花梗花后延长，无毛；萼片无毛，边缘全缘；花瓣5，长卵形，开花时反曲。果实球形或略长，黑色，有2~4浅棱，具宿存花柱。花期5—7月，果期8—10月。

◎分布与生境

分布于陕西、河南、四川、浙江等地；历山见于转林沟、小云蒙；多生于杂木林、灌木丛林、林缘、山坡路旁。

◎主要用途

根皮可供药用。

楤木

◆ 学名：*Aralia elata* (Miq.) Seem.
◆ 科属：五加科楤木属

◎别　　名

刺老鸦、刺龙牙、刺嫩芽、湖北楤木、安徽楤木。

◎主要特征

灌木或小乔木。小枝灰棕色，疏生多数细刺；嫩枝上常有长达1.5cm的细长直刺。叶为二回或三回羽状复叶；叶轴和羽片轴基部通常有短刺；羽片有小叶7~11，小叶片薄纸质或膜质，阔卵形、卵形至椭圆状卵形。圆锥花序伞房状；花黄白色。果实球形，黑色，有5棱。花期6—8月，果期9—10月。

◎分布与生境

分布于东北、河北、山西、陕西、安徽等地；历山见于青皮掌、猪尾沟、西哄哄；多生于杂木林中、山坡。

◎主要用途

嫩芽可食；根和根皮可入药。

东北土当归

◆ 学名：*Aralia continentalis* Kitagawa
◆ 科属：五加科楤木属

◎别　　名

香秸颗、长白楤木。

◎主要特征

多年生草本。地下有块状粗根茎。叶为二回或三回羽状复叶；托叶和叶柄基部合生，卵形或狭卵形；羽片有小叶3~7小叶片，膜质，边缘有不整齐锯齿或重锯齿。圆锥花序大，顶生或腋生，分枝紧密，主轴及分枝有灰色细毛；伞形花序有花多数；花瓣5，三角状卵形。果实紫黑色，有5棱；具宿存花柱。花期7—8月，果期8—9月。

◎分布与生境

分布于吉林、河北、河南、陕西等地；历山见于转林沟；多生于林下和山坡草丛中。

◎主要用途

根茎可入药。

刺楸

◆ 学名：*Kalopanax septemlobus* (Thunb.) Koidz.
◆ 科属：五加科刺楸属

◎别　　名

辣枫树、茨楸、云楸、刺桐、刺枫树、鼓钉刺、毛叶刺楸。

◎主要特征

落叶乔木。小枝淡黄棕色或灰棕色，散生粗刺。叶片纸质，在长枝上互生，在短枝上簇生，圆形或近圆形，掌状5~7浅裂。圆锥花序大；花白色或淡绿黄色。果实球形，蓝黑色。花期7—10月，果期9—12月。

◎分布与生境

全国大部分地区均有；历山见于云蒙、红岩河、青皮掌、西峡、东峡；多生于山坡、林地、水边。

◎主要用途

木材纹理美观，可作多种用材；根皮为民间草药；嫩叶可食；树皮及叶含鞣酸，可提制栲胶；种子可榨油，供工业用。

峨参

◆ 学名：*Anthriscus sylvestris* (L.) Hoffm.
◆ 科属：伞形科峨参属

◎别　　名

土田七、金山田七、萝卜七。

◎主要特征

二年生或多年生草本植物。茎较粗壮，多分枝，基生叶有长柄，叶片轮廓呈卵形，羽状全裂或深裂，有粗锯齿，背面疏生柔毛。复伞形花序；小总苞片卵形至披针形，花白色，通常带绿色或黄色。果实长卵形至线状长圆形。花果期4—5月。

◎分布与生境

分布于辽宁、河北、河南、山西、陕西、江苏、安徽、浙江、江西等地；历山全境习见；多生于沟谷林下、路旁、山谷溪边石缝中。

◎主要用途

根可入药，嫩叶可作野菜。

兴安白芷

◆ 学名：*Angelica dahurica* (Fisch. ex Hoffm.) Benth. et Hook. f. ex Franch. e
◆ 科属：伞形科当归属

◎别　　名

白芷、香白芷、走马芹。

◎主要特征

多年生高大草本，植株有浓烈气味。茎基部常带紫色，中空。基生叶一回羽状分裂，有长柄，叶柄下部有管状抱茎边缘膜质的叶鞘；茎上部叶二至三回羽状分裂，下部为囊状膨大的膜质叶鞘；花序下方的叶简化成无叶的、显著膨大的囊状叶鞘。复伞形花序顶生或侧生；伞辐18~40，花白色。果实长圆形至卵圆形，黄棕色，有时带紫色。花期7—8月，果期8—9月。

◎分布与生境

分布于东北及华北地区；历山全境林下沟谷习见；多生于林下、林缘、溪旁、灌丛及山谷草地。

◎主要用途

根茎可入药。

拐芹当归

◆ 学名：*Angelica polymorpha* Maxim.
◆ 科属：伞形科当归属

◎别　　名

拐芹、拐子芹、倒钩芹、紫杆芹、山芹菜。

◎主要特征

多年生草本。根圆锥形，粗大。茎单一，细长，中空，有浅沟纹，节处常为紫色。叶二至三回三出式羽状分裂，叶片轮廓为卵形至三角状卵形；茎上部叶简化为无叶或带有小叶、略膨大的叶鞘，叶鞘薄膜质，常带紫色。复伞形花序；伞辐11~20；花瓣匙形至倒卵形，白色，顶端内曲。果实长圆形至近长方形，基部凹入，背棱短翅状，侧棱膨大成膜质的翅。花期8—9月，果期9—10月。

◎分布与生境

分布于东北各地及河北、山东、江苏等地；历山全境林下可见；多生于山沟溪流旁、杂木林下、灌丛间及阴湿草丛中。

◎主要用途

东北叶可作野菜，根茎可入药。

山西独活

◆ 学名：***Heracleum schansianum*** **Fedde ex Wolff**
◆ 科属：**伞形科独活属**

◎别　　名

独活。

◎主要特征

多年生草本。茎有明显的棱槽。序托叶具柄，叶柄有膨大的叶鞘，叶片具3小叶；侧生叶阔心状卵形，边缘有锯齿；伞辐约20。小伞形花序有花20余朵，花瓣白色。果实为极宽的倒卵形，侧翅狭窄而厚，顶端稍凹陷。花果期6—9月。

◎分布与生境

分布于山西；历山见于猪尾沟、云蒙、混沟、舜王坪、青皮掌；多生于林下。

◎主要用途

根茎可入药。

北柴胡

◆ 学名：***Bupleurum chinense*** **DC.**
◆ 科属：**伞形科柴胡属**

◎别　　名

韭叶柴胡、硬苗柴胡、竹叶柴胡、烟台柴胡。

◎主要特征

多年生草本。主根较粗大，棕褐色，质坚硬。茎单一或数茎，上部多回分枝，微作“之”字形曲折。基生叶倒披针形或狭椭圆形。复伞形花序很多，总苞片2~3，狭披针形，很小；花瓣鲜黄色。果广椭圆形，棕色，两侧略扁。花期9月，果期10月。

◎分布与生境

分布于东北、华北、西北、华东和华中各地；历山全境山坡、林下可见；多生于向阳山坡路边、岸旁或草丛中。

◎主要用途

根可入药。

黑柴胡

◆ 学名：*Bupleurum smithii* Wolff
◆ 科属：伞形科柴胡属

◎别　　名

小五台柴胡、杨家坪柴胡。

◎主要特征

多年生草本。根黑褐色。植株变异较大。叶多，质较厚，基部叶丛生，狭长圆形、长圆状披针形或倒披针形；总苞片1~2或无；伞辐4~9；小总苞片6~9，卵形至阔卵形，黄绿色。花瓣黄色，有时背面带淡紫红色。果棕色，卵形。花期7—8月，果期8—9月。

◎分布与生境

分布于河北、山西、陕西、河南、青海、甘肃和内蒙古等地；历山见于舜王坪草甸；多生于山坡草地、山谷、山顶阴处。

◎主要用途

根可入药。

葛缕子

◆ 学名：*Carum carvi* L.
◆ 科属：伞形科葛缕子属

◎别　　名

黄蒿、藏茴香。

◎主要特征

多年生草本植物。根圆柱形，表皮棕褐色。茎通常单生，基生叶及茎下部叶的叶柄与叶片近等长，叶片轮廓长圆状披针形，末回裂片线形或线状披针形，茎中部、上部叶与基生叶同形，较小，无柄或有短柄。无总苞片，稀1~3，线形；小伞形花序有花5~15，花杂性，无萼齿，花瓣白色，或带淡红色。果实长卵形，成熟后黄褐色。花果期5—8月。

◎分布与生境

分布于东北、华北、西北以及四川、西藏等地；历山见于西哄哄、下川、李疙瘩、后河；多生于路旁、草原或林缘。

◎主要用途

种子可作调料或食品添加剂；种子也可入药和提取香料油。

鸭儿芹

◆ **学名：*Cryptotaenia japonica* Hassk.**
◆ **科属：伞形科鸭儿芹属**

◎别　　名

鸭脚板、鸭脚芹。

◎主要特征

多年生草本。茎直立，光滑，有分枝。基生叶或上部叶有柄，叶鞘边缘膜质；叶片轮廓三角形至广卵形，通常为3小叶；中间小叶片呈菱状倒卵形或心形；两侧小叶片斜倒卵形至长卵形，近无柄，所有的小叶片边缘有不规则的尖锐重锯齿。复伞形花序呈圆锥状，伞辐2~3，花瓣白色。分生果线状长圆形。花期4—5月，果期6—10月。

◎分布与生境

分布于河北、安徽、江苏、广东、广西、湖北、湖南、山西、陕西等地；历山见于猪尾沟、东峡、西哄哄、云蒙；多生于山地、山沟及林下较阴湿的地区。

◎主要用途

嫩叶可作野菜；全草可入药。

条叶岩风

◆ **学名：*Libanotis lancifolia* K. T. Fu.**
◆ **科属：伞形科岩风属**

◎别　　名

黑风、岩风。

◎主要特征

多年生草本，略呈小灌木状。茎通常单一，多二歧式曲折状分枝。基生叶多数，叶柄基部有叶鞘；叶片轮廓三角状卵形，二回羽状复叶，小叶全缘。复伞形花序多分枝，伞辐4~9，不等长，密生短毛；小伞形花序有花5~10；花瓣白色微带紫红色。分生果半圆柱状，狭倒卵形，中棱和背棱稍突起。花期9—10月，果期10—11月。

◎分布与生境

分布于陕西、山西、河北等地；历山见于青皮掌；多生于向阳草坡、灌木丛中以及山谷岩石陡坡上。

◎主要用途

全草民间可入药。

藁本

◆ 学名：*Conioselinum anthriscoides* (H. Boissieu) Pimenov & Kljuykov
◆ 科属：伞形科藁本属

◎别　　名

西芎。

◎主要特征

多年生草本。根茎和茎基部节稍膨大，节间短；茎分枝。基生叶柄长达20cm；叶三出二回羽裂，一回羽片4~6对，小裂片卵圆形或长圆状卵圆形，有锯齿；茎上部叶一回羽裂。复伞形花序；伞辐15~30，花白色。果卵状长圆形，近两侧扁；背棱突起，侧棱具窄翅。花期8—9月，果期10月。

◎分布与生境

分布于湖北、四川、陕西、河南、湖南、江西、浙江等地；历山见于猪尾沟、青皮掌；多生于林下、沟边草丛中。

◎主要用途

根茎可入药。

辽藁本

◆ 学名：*Ligusticum smithii* (H. Wolff) Pimenov & kljinykov
◆ 科属：伞形科藁本属

◎别　　名

热河藁本。

◎主要特征

多年生草本。茎直立，常带紫色。叶具柄，叶片轮廓宽卵形，二至三回三出式羽状全裂。复伞形花序顶生或侧生，伞辐8~10；花瓣白色。分生果背腹扁压，椭圆形，侧棱具狭翅。花期8月，果期9—10月。

◎分布与生境

分布于吉林、辽宁、河北、山西、山东等地；历山全境林下；多生于林下、草甸及沟边等阴湿处。

◎主要用途

根茎可入药。

岩茴香

◆ 学名：*Ligusticum tachiroei* (Franch. et Sav.) Hiroe et Constance
◆ 科属：伞形科藁本属

◎别　　名

细叶藁本、马茴。

◎主要特征

多年生草本。茎单一或数条簇生，较纤细，常呈"之"字形弯曲，上部分枝，基部被有叶鞘残迹。基生叶具长柄，基部略扩大成鞘；叶片轮廓卵形，三回羽状全裂。复伞形花序少数，伞辐6~10，花瓣白色或粉红色。分生果卵状长圆形。花期7—8月，果期8—9月。

◎分布与生境

分布于吉林、辽宁、河北、河南、山西等地；历山见于云蒙、混沟、青皮掌、皇姑曼、舜王坪；多生于河岸湿地、石砾荒原及岩石缝间。

◎主要用途

根茎可入药。

直立茴芹

◆ 学名：*Pimpinella smithii* Wolff
◆ 科属：伞形科茴芹属

◎别　　名

茴芹、刻叶茴芹。

◎主要特征

多年生草本。茎直立。基生叶和茎下部叶有柄，叶片二回羽状分裂或二回三出式分裂。复伞形花序，伞辐5~25；花瓣白色。果柄极不等长；果实卵球形，果棱线形，有稀疏的短柔毛。花果期7—9月。

◎分布与生境

分布于广西、云南、四川、湖北、河南、山西、陕西、甘肃、青海等地；历山见于混沟、云蒙；多生于沟边、林下的草地上或灌丛中。

◎主要用途

嫩叶可作野菜。

华北前胡

◆ 学名：*Peucedanum harry-smithii* Fedde ex Wolff
◆ 科属：伞形科前胡属

◎别　名

毛白花前胡。

◎主要特征

多年生草本，存留多数枯鞘纤维。基生叶具柄，叶柄通常较短，叶柄基部具卵状披针形叶鞘，叶片轮廓为广三角状卵形，三回羽状分裂或全裂。复伞形花序顶生和侧生，伞辐8~20，花瓣倒卵形，白色。果实卵状椭圆形，密被短硬毛；背棱线形突起，侧棱呈翅状。花期8—9月，果期9—10月。

◎分布与生境

分布于内蒙古、山西、河北、河南、四川等地；历山见于青皮掌、皇姑曼；多生于山坡林缘，山谷溪边或草地。

◎主要用途

根茎可入药。

紫花前胡

◆ 学名：*Angelica decursiva* (Miquel) Franchet & Savatier
◆ 科属：伞形科当归属

◎别　名

土当归、野当归、独活、麝香菜、鸭脚前胡、鸭脚当归、老虎爪。

◎主要特征

多年生草本。根圆锥状，有强烈气味。茎直立中空，光滑，常为紫色，无毛，有纵沟纹。根生叶和茎生叶有长柄，基部膨大成圆形的紫色叶鞘，抱茎；叶片三角形至卵圆形，坚纸质，一回三全裂或一至二回羽状分裂；茎上部叶简化成囊状膨大的紫色叶鞘。复伞形花序顶生和侧生；伞辐10~22，总苞片紫色；小总苞片绿色或紫色，无毛；伞辐及花柄有毛；花深紫色。果实长圆形至卵状圆形。花期8—9月，果期9—11月。

◎分布与生境

分布于辽宁、河北、陕西、河南、四川、湖北、安徽、江苏等地；历山见于青皮掌附近；多生于山坡林缘、溪沟边或杂木林灌丛中。

◎主要用途

根茎可入药。

变豆菜

◆ 学名：*Sanicula chinensis* Bunge
◆ 科属：伞形科变豆菜属

◎别　　名

鸭脚板、蓝布正。

◎主要特征

多年生草本。茎粗壮或细弱，有纵沟纹，下部不分枝，上部重覆叉式分枝。基生叶少数，近圆形、圆肾形至圆心形，通常3裂，少至5裂，基部有透明的膜质鞘；茎生叶逐渐变小，有柄或近无柄，通常3裂，裂片边缘有大小不等的重锯齿。花序二至三回叉式分枝，总苞片叶状，通常3深裂；伞形花序2~3出；小伞形花序有花6~10，雄花3~7，稍短于两性花，花瓣白色或绿白色，倒卵形至长倒卵形。果实圆卵形，顶端萼齿呈喙状突出，皮刺直立，顶端钩状。花果期4—10月。

◎分布与生境

分布于东北、华东、中南、西北和西南等地；历山全境林下可见；生于阴湿的山坡路旁、杂木林下、溪边等草丛中。

◎主要用途

可作野菜并入药。

首阳变豆菜

◆ 学名：*Sanicula giraldii* Wolff
◆ 科属：伞形科变豆菜属

◎主要特征

多年生草本。茎直立，无毛，有纵条纹，上部有分枝。基生叶多数，肾圆形或圆心形，掌状3~5裂；茎生叶有短柄，着生在分枝基部的叶片无柄，掌状分裂。花序二至四回分叉；总苞片叶状，对生，不分裂或2~3浅裂；伞形花序2~4出；小伞形花序有花6~7，雄花3~5；花瓣白色或绿白色，宽倒卵形。果实卵形至宽卵形，表面有钩状皮刺，皮刺金黄色或紫红色。花果期5—9月。

◎分布与生境

分布于河北、河南、山西、陕西、甘肃、四川、西藏等地；历山见于皇姑漫、转林沟、猪尾沟；多生于山坡林下、路边、沟边等处。

◎主要用途

可作野菜或入药。

香根芹

◆ 学名：*Osmorhiza aristata* (Thunb.) Makino et Yabe
◆ 科属：伞形科香根芹属

◎别　　名

水芹三七、野胡萝卜。

◎主要特征

多年生草本。根有香气。茎圆柱形。基生叶片的轮廓呈阔三角形或近圆形，通常二至三回羽状分裂或二回三出式羽状复叶。复伞形花序顶生或腋生；花瓣倒卵圆形，白色。果实线形或棍棒状，果棱有刺毛。花果期5—7月。

◎分布与生境

分布于东北、华东、华中及西南等地；历山见于下川、西哄哄、大河、后河；多生于山坡林下、溪边及路旁草丛中。

◎主要用途

根可药用。

防风

◆ 学名：*Saposhnikovia divaricata* (Turcz.) Schischk.
◆ 科属：伞形科防风属

◎别　　名

北防风、关防风。

◎主要特征

多年生草本。茎单生，有细棱；基生叶丛生，有扁长的叶柄，基部有宽叶鞘。叶片卵形或长圆形，二回或近于三回羽状分裂。复伞形花序多数，生于茎和分枝，伞辐5~7，花瓣倒卵形，白色。双悬果狭圆形或椭圆形。花期8—9月，果期9—10月。

◎分布与生境

分布于黑龙江、吉宁、辽宁、内蒙古、河北、宁夏、甘肃、陕西、山西、山东等地；历山见于李疙瘩、青皮掌；多生于草原、丘陵、多砾石山坡。

◎主要用途

根可供药用。

迷果芹

◆ 学名：*Sphallerocarpus gracilis* (Bess.) K.-Pol.
◆ 科属：伞形科迷果芹属

◎别　　名

达扭、小叶山红萝卜。

◎主要特征

多年生草本。茎圆形，多分枝，下部密被或疏生白毛。基生叶早落或凋存；茎生叶二至三回羽状分裂。复伞形花序顶生和侧生；伞辐6~13，花瓣倒卵形，白色。果实椭圆状长圆形。花果期7—10月。

◎分布与生境

分布于黑龙江、吉林、辽宁、河北、山西、内蒙古、甘肃、新疆、青海等地；历山全境可见；多生于山坡路旁、村庄附近、菜园地以及荒草地上。

◎主要用途

根可入药。

水芹

◆ 学名：*Oenanthe javanica* (Bl.) DC.
◆ 科属：伞形科水芹属

◎别　　名

野芹菜、水芹菜。

◎主要特征

多年生草本。茎直立或基部匍匐。基生叶有柄，基部有叶鞘；叶片轮廓三角形，一至二回羽状分裂，边缘有牙齿或圆齿状锯齿。复伞形花序顶生，伞辐6~16；花瓣白色，倒卵形。果实近四角状椭圆形或筒状长圆形。花期6—7月，果期8—9月。

◎分布与生境

全国广布；历山全境自然水域均可见；多生于浅水低洼地、池沼、水沟旁。

◎主要用途

茎叶可作蔬菜；全草可入药。

小窃衣

◆ 学名：*Torilis japonica* (Houtt.) DC.
◆ 科属：伞形科窃衣属

◎别　名

大叶山胡萝卜、破子草。

◎主要特征

一年生或多年生草本。茎有纵条纹及刺毛。叶柄下部有窄膜质的叶鞘；叶片长卵形，一至二回羽状分裂。复伞形花序顶生或腋生，花序梗有倒生的刺毛；伞辐4~12；花瓣白色、紫红色或蓝紫色。果实圆卵形，通常有内弯或呈钩状的皮刺。花果期4—10月。

◎分布与生境

除黑龙江、内蒙古及新疆外，全国各地均有分布；历山全境均可见；多生于杂木林下、林缘、路旁、河沟边以及溪边草丛。

◎主要用途

果和根可供药用；果含精油，能驱蛔虫，外用为消炎药。

窃衣

◆ 学名：*Torilis scabra* (Thunb.) DC.
◆ 科属：伞形科窃衣属

◎主要特征

一年生或多年生草本。全体有贴生短硬毛；叶卵形，二回羽状分裂，小叶窄披针形或卵形，先端渐尖，有缺刻状锯齿或分裂。复伞形花序；伞辐2~4；小总苞片数个，钻形，伞形花序有花3~10；花白色或带淡紫色。果实卵形，具钩刺。花果期4—11月。

◎分布与生境

分布于安徽、江苏、浙江、江西、福建、湖北、湖南等地；历山全境可见；多生于山坡、林下、路旁、河边及空旷草地上。

◎主要用途

果实可入药。

硬阿魏

◆ 学名：*Ferula bungeana* Kitagawa
◆ 科属：伞形科阿魏属

◎别　　名

沙茴香、沙椒、花条、野茴香。

◎主要特征

多年生草本，植株被密集的短柔毛，蓝绿色。根圆柱形。茎细。基生叶莲座状，有短柄，柄的基部扩展成鞘；叶片轮廓为广卵形至三角形，二至三回羽状全裂，叶片被密集的短柔毛，灰蓝色，肥厚。复伞形花序生于茎、枝和小枝顶端，伞辐4~15；花瓣黄色。分生果广椭圆形，背腹扁压，果棱突起。花期5—6月，果期6—7月。

◎分布与生境

分布于黑龙江、吉林、辽宁、内蒙古、河北、河南、山西、陕西、甘肃、宁夏等地；历山见于青皮掌、后河水库；多生于沙丘、沙地、戈壁滩冲沟、旱田、路边以及砾石质山坡上。

◎主要用途

根可供药用；种子、叶可作民间调味料。

蛇床

◆ 学名：*Cnidium monnieri* (L.) Cuss.
◆ 科属：伞形科蛇床属

◎别　　名

山胡萝卜、蛇米、蛇粟、蛇床子。

◎主要特征

一年生草本。根圆锥状。茎直立或斜上，多分枝，中空，表面具深条棱，粗糙。下部叶具短柄，叶鞘短宽，边缘膜质，上部叶柄全部鞘状；叶片轮廓卵形至三角状卵形，二至三回三出式羽状全裂。复伞形花序，伞辐8~20，不等长，小伞形花序具花15~20，萼齿无；花瓣白色，先端具内折小舌片。分生果长圆状，主棱5，均扩大成翅。花期4—7月，果期6—10月。

◎分布与生境

分布于华东、中南、西南、西北、华北、东北等地；历山全境可见；多生于田边、路旁、草地及河边湿地。

◎主要用途

果实可入药。

绒果芹

◆ 学名：*Eriocycla albescens* (Franch.) Wolff
◆ 科属：伞形科绒果芹属

◎主要特征

多年生草本。基生叶和茎下部叶一回羽状全裂，具4~7对羽片，裂片长圆形，全缘，叶鞘膜质。复伞形花序；伞辐4~6，有花10~20，小总苞片披针状线形；花瓣倒卵形，白色，有短毛；花柱基短圆锥状。果期紫色；分果卵状长圆形，密生白色长毛。花期8—9月，果期9—10月。

◎分布与生境

分布于内蒙古及河北等地；历山见于青皮掌、红岩河崖壁上；多生于石灰岩干燥山坡上。

◎主要用途

未知。

大齿山芹

◆ 学名：*Ostericum grosseserratum* (Maxim.) Kitagawa
◆ 科属：伞形科山芹属

◎别　　名

大齿当归、朝鲜独活、朝鲜羌活、大齿独活。

◎主要特征

多年草本。茎直立，圆管状，有浅纵沟纹，上部开展，叉状分枝。除花序下稍有短糙毛外，其余部分均无毛。叶有柄，基部有狭长而膨大的鞘，边缘白色，透明；叶片轮廓为广三角形，薄膜质，二至三回三出式分裂。复伞形花序，伞辐6~14，不等长；花白色；萼齿三角状卵形，宿存；花瓣倒卵形，顶端内折。分生果广椭圆形，具棱。花期7—9月，果期8—10月。

◎分布与生境

分布于吉林、辽宁、河北、山西、陕西、河南、安徽、江苏、浙江、福建等地；历山全境可见；多生于山坡、草地、溪沟旁、林缘灌丛中。

◎主要用途

根可入药。

参考文献

冯宋明 . 拉汉英种子植物名称 [M]. 北京：科学出版社，1983.

刘冰，叶建飞，刘夙，等 . 中国被子植物科属概览：依据 APG III 系统 [J]. 生物多样性，2015，23(2):225–231.

山西植物志编辑委员会 . 山西植物志 [M]. 北京：科学出版社，2004.

吴兆洪，秦仁昌 . 中国蕨类植物科属志 [M]. 北京：科学出版社，1991.

吴征镒 . 中国植被 [M]. 北京：科学出版社，1980.

谢寅堂，王玛丽 . 山西省蕨类植物 [J]. 西北大学学报：自然科学版，1995(2):149–154.

张沛沛，上官铁梁，张峰，等 . 山西中条山混沟原始森林植物区系和资源研究 [J]. 武汉植物学研究，2007，25(1):29–35.

中国科学院植物研究所 . 中国高等植物图鉴 [M]. 北京：科学出版社，1972.

中国科学院植物研究所 . 中国植物志 [M]. 北京：科学出版社，1980.

中条山树木志编委会 . 中条山树木志 [M]. 北京：中国林业出版社，1995.

附　录

本书植物克朗奎斯特系统与APG Ⅳ系统科属变化对照表

植物（属）	克朗奎斯特系统	APG Ⅳ
菖蒲属	天南星科	菖蒲科
水麦冬属	眼子菜科	水麦冬科
葱属	百合科	石蒜科
菝葜属	百合科	菝葜科
重楼属、藜芦属	百合科	藜芦科
万寿竹属	百合科	秋水仙科
萱草属	百合科	阿福花科
粉条菜属	百合科	沼金花科
知母属、天门冬属、铃兰属、山麦冬属、舞鹤草属、沿阶草属、黄精属、竹根七属、绵枣儿属	百合科	天门冬科
芍药属	毛茛科	芍药科
茶藨子属	虎耳草科	茶藨子科
绣球属、溲疏属、山梅花属	虎耳草科	绣球花科
梅花草属	虎耳草科	卫矛科
扯根菜属	虎耳草科	扯根菜科
葎草属	桑科	大麻科
朴属、榉属	榆科	大麻科
藜属、地肤属、猪毛菜属、碱蓬属、轴藜属	藜科	苋科
一叶萩属、雀儿舌头属	大戟科	叶下珠科
金丝桃属	藤黄科	金丝桃科
鹿蹄草属、松下兰属	鹿蹄草科	杜鹃花科
荇菜属	龙胆科	睡菜科
柳穿鱼属、婆婆纳属、草灵仙属	玄参科	车前科
萝藦属、鹅绒藤属、杠柳属	萝藦科	夹竹桃科
沟酸浆属	玄参科	透骨草科
通泉草属	玄参科	通泉草科
泡桐属	玄参科	泡桐科

（续）

植物（属）	克朗奎斯特系统	APG Ⅳ
芯芭属、小米草属、地黄属、山罗花属、阴行草属、马先蒿属、松蒿属、疗齿草属	玄参科	列当科
椴树属、田麻属、扁担杆属	椴树科	锦葵科
大青属、紫珠属、莸属、牡荆属	马鞭草科	唇形科
荚蒾属、接骨木属	忍冬科	五福花科
败酱属、缬草属	败酱科	忍冬科
川续断属、蓝盆花属	川续断科	忍冬科
槲寄生属	桑寄生科	檀香科
大风子属	大风子科	杨柳科
八角枫属	八角枫科	山茱萸科
槭树属	槭树科	无患子科

历山保护区保护植物名录

一、国家级保护植物

编号	植物名称	拉丁学名	科属	保护级别
1	南方红豆杉	*Taxus wallichiana* var. *mairei* (Lemee & H. Léveillé) L. K. Fu & Nan Li	红豆杉科红豆杉属	一级
2	太白贝母	*Fritillaria taipaiensis* P. Y. Li	百合科贝母属	二级
3	荞麦叶大百合	*Cardiocrinum cathayanum* (Wils.) Stearn	百合科大百合属	二级
4	宽叶重楼	*Paris polyphylla* var. *latifolia* Wang et Chang	百合科重楼属	二级
5	杜鹃兰	*Cremastra appendiculata* (D. Don) Makino	兰科杜鹃兰属	二级
6	手参	*Gymnadenia conopsea* (L.) R. Br.	兰科手参属	二级
7	紫点杓兰	*Cypripdeium guttatum* Sw.	兰科杓兰属	二级
8	大花杓兰	*Cypripdeium macranthum* Sw.	兰科杓兰属	二级
9	野大豆	*Glycine soja* Sieb. et Zucc.	豆科大豆属	二级
10	紫椴	*Tilia amurensis* Rupr.	锦葵科椴树属	二级
11	中华猕猴桃	*Actinidia chinensis* Planch.	猕猴桃科猕猴桃属	二级
12	软枣猕猴桃	*Actinidia arguta* (Sieb.et Zucc.) Panch.	猕猴桃科猕猴桃属	二级

二、山西省级保护植物（2020 年 4 月 4 日 山西省林业和草原局发布）

编号	植物名称	拉丁学名	科属
1	反曲贯众	*Cyrtomium recurvum* Ching et K. H. Shing ex K. H. Shing	鳞毛蕨科贯众属
2	流苏树	*Chionanthus retusus* Lindl. et Paxt.	木樨科流苏树属
3	党参	*Codonopsis pilosula* (Franch.) Nannf.	桔梗科党参属
4	四照花	*Dendrobenthamia japonica* (DC.) Fang	山茱萸科四照花属
5	异叶榕	*Ficus heteromorpha* Hemsl.	桑科榕属
6	山橿	*Lindera reflexa* Hemsl.	樟科山胡椒属
7	山胡椒	*Lindera glauca* (Siebold & Zucc.) Blume	樟科山胡椒属
8	木姜子	*Litsea pungens* Hemsl.	樟科木姜子属
9	泡花树	*Melilsma cuneifolia* Franch.	清风藤科泡花树属
10	暖木	*Melilsma vertchiorum* Hemsl.	清风藤科泡花树属
11	刺楸	*Kalopanax septemlobus* (Thunb.) Koidz.	五加科刺楸属
12	山桐子	*Idesia polycarpa* Maxim.	大风子科山桐子属

（续）

编号	植物名称	拉丁学名	科属
13	狗枣猕猴桃	*Actinidia kolomikta* (Maxim. et Rupr.) Maxim.	猕猴桃科猕猴桃属
14	领春木	*Euptelea pleiospermum* J. D. Hooker & Thomson	领春木科领春木属
15	铁木	*Ostrya japonica* Sarg.	桦木科铁木属
16	桔梗	*Platycodon grandiflorus* (Jacq.) A. DC.	桔梗科桔梗属
17	太白杨	*Populus purdomii* Rehd.	杨柳科杨属
18	青檀	*Pteroceltis tatarinowii* Maxim.	榆科青檀属
19	匙叶栎	*Quercus spathulata* Seemen	壳斗科栎属
20	竹叶椒	*Zanthoxylum planispinum* Siebold et Zucc.	芸香科花椒属
21	省沽油	*Staphylea bumalda* DC.	省沽油科省沽油属
22	膀胱果	*Staphylea holocarpa* Hemsl.	省沽油科省沽油属
23	山白树	*Sinowilsonia henryi* Hemsl.	金缕梅科山白树属
24	老鸹铃	*Styrax hemsoeyana* Diels	野茉莉科野茉莉属
25	野茉莉	*Styrax japonicus* Sieb. et Zucc.	野茉莉科野茉莉属
26	漆树	*Tosicodendron vernicifluum* (Stokes) F. A. Barkl.	漆树科漆树属
27	络石	*Trachelospermum jasminoidea* (Lindl.) Lem.	夹竹桃科络石属
28	脱皮榆	*Ulmus lamellosa* Wang et S. L. Chang ex L. K. Fu	榆科榆属

中文索引

A

阿尔泰狗娃花…………… 479
阿尔泰银莲花…………… 136
阿穆尔莎草……………… 088
艾蒿……………………… 474
艾麻……………………… 260
凹舌兰…………………… 056
凹头苋…………………… 366

B

八宝……………………… 162
八宝茶…………………… 279
巴天酸模………………… 352
白八宝…………………… 164
白苞筋骨草……………… 431
白草……………………… 112
白刺花…………………… 197
白花碎米荠……………… 327
白桦……………………… 268
白蜡树…………………… 419
白蔹……………………… 170
白茅……………………… 109
白皮松…………………… 033
白屈菜…………………… 119
白首乌…………………… 399
白檀……………………… 383
白头婆…………………… 491
白头翁…………………… 139
白透骨消………………… 437
白香草木樨……………… 190
白羊草…………………… 094
白英……………………… 416
百里香…………………… 451
百蕊草…………………… 338
稗………………………… 101
斑叶赤瓟………………… 274
斑叶堇菜………………… 295
斑种草…………………… 402
半岛鳞毛蕨……………… 022
半夏……………………… 043
半钟铁线莲……………… 147
瓣蕊唐松草……………… 141
膀胱果…………………… 308
膀胱蕨…………………… 019
棒头草…………………… 105
宝珠草…………………… 049
暴马丁香………………… 420
北苍术…………………… 472
北柴胡…………………… 538
北方拉拉藤……………… 390
北方獐牙菜……………… 394
北京丁香………………… 420
北京花楸………………… 232
北京忍冬………………… 527
北京铁角蕨……………… 017
北京隐子草……………… 098
北马兜铃………………… 039
北桑寄生………………… 339
北水苦荬………………… 425
北乌头…………………… 131
北五味子………………… 038
北细辛…………………… 040
北萱草…………………… 063
北鱼黄草………………… 409
北枳椇…………………… 242
北重楼…………………… 048
贝加尔唐松草…………… 141
背扁黄芪………………… 176
本氏木蓝………………… 185
笔管草…………………… 508
篦苞风毛菊……………… 506
萹蓄……………………… 341
蝙蝠葛…………………… 126
鞭叶耳蕨………………… 021
扁担杆…………………… 323
扁秆荆三棱……………… 091
扁蕾……………………… 393
变豆菜…………………… 544
变色白前………………… 398
变异铁角蕨……………… 017
冰川茶藨子……………… 158
并头黄芩………………… 448
波齿糖芥………………… 332
播娘蒿…………………… 329
薄荷……………………… 440
薄雪火绒草……………… 517
薄叶委陵菜……………… 208

C

苍耳……………………… 495
糙皮桦…………………… 270
糙苏……………………… 441
糙叶败酱………………… 532
糙叶黄芪………………… 176
糙隐子草………………… 097
草本威灵仙……………… 427
草地风毛菊……………… 505
草麻黄…………………… 035
草木樨…………………… 189
草木樨状黄芪…………… 177
草瑞香…………………… 325
草芍药…………………… 155
草问荆…………………… 005
侧柏……………………… 034
叉分蓼…………………… 347
茶条槭…………………… 314
菖蒲……………………… 043
长瓣铁线莲……………… 147
长柄山蚂蟥……………… 183
长萼栝楼………………… 275
长萼鸡眼草……………… 187

长梗韭…………………… 067
长茎飞蓬…………………… 492
长芒稗…………………… 101
长芒草…………………… 115
长蕊石头花…………………… 357
长腺樱桃…………………… 218
长叶头蕊兰…………………… 056
长鬃蓼…………………… 347
朝天委陵菜…………………… 205
车前…………………… 423
扯根菜…………………… 168
柽柳…………………… 339
匙叶栎…………………… 266
齿翅蓼…………………… 350
齿叶橐吾…………………… 498
赤瓟…………………… 274
翅茎香青…………………… 470
稠李…………………… 220
臭草…………………… 109
臭椿…………………… 319
臭檀…………………… 318
穿龙薯蓣…………………… 046
垂果大蒜芥…………………… 337
垂果南芥…………………… 336
垂盆草…………………… 166
垂穗披碱草…………………… 103
垂序商陆…………………… 373
春榆…………………… 248
刺苍耳…………………… 496
刺果茶藨子…………………… 156
刺果甘草…………………… 190
刺藜…………………… 368
刺蓼…………………… 348
刺楸…………………… 536
刺五加…………………… 534
葱皮忍冬…………………… 530
楤木…………………… 535
粗齿铁线莲…………………… 150
粗根老鹳草…………………… 300
酢浆草…………………… 282
簇生卷耳…………………… 355
翠菊…………………… 487
翠雀…………………… 145

D

达乌里胡枝子…………………… 179
达乌里黄芪…………………… 175
达乌里秦艽…………………… 392
达乌里芯芭…………………… 455
打碗花…………………… 407
大苞点地梅…………………… 380
大车前…………………… 424
大齿山芹…………………… 549
大臭草…………………… 110
大丁草…………………… 498
大果榉…………………… 254
大果榆…………………… 250
大花杓兰…………………… 057
大花糙苏…………………… 442
大花金挖耳…………………… 487
大花溲疏…………………… 519
大花益母草…………………… 439
大画眉草…………………… 106
大火草…………………… 136
大狼把草…………………… 484
大麻…………………… 252
大瓦韦…………………… 026
大野豌豆…………………… 194
大叶假冷蕨…………………… 013
大叶金腰…………………… 160
大叶藜…………………… 370
大叶盘果菊…………………… 502
大叶朴…………………… 253
大叶碎米荠…………………… 328
大叶铁线莲…………………… 146
大叶野豌豆…………………… 194
大叶苎麻…………………… 259
大油芒…………………… 114
大籽蒿…………………… 477
丹参…………………… 445
单瓣黄刺玫…………………… 238
单穗升麻…………………… 134
弹刀子菜…………………… 452
淡花地杨梅…………………… 083
党参…………………… 467
灯笼草…………………… 433
灯台树…………………… 376
灯芯草…………………… 083
等齿委陵菜…………………… 209
荻…………………… 116
地丁草…………………… 124
地肤…………………… 370
地构叶…………………… 285
地黄…………………… 457
地锦草…………………… 283
地蔷薇…………………… 202
地梢瓜…………………… 400
地笋…………………… 450
地榆…………………… 202
点地梅…………………… 380
点叶薹草…………………… 084
东北茶藨子…………………… 157
东北土当归…………………… 535
东方草莓…………………… 203
东风菜…………………… 482
东陵绣球…………………… 518
东亚唐松草…………………… 142
冻绿…………………… 246
豆瓣菜…………………… 333
豆梨…………………… 230
独行菜…………………… 332
杜鹃兰…………………… 058
杜梨…………………… 229
短茎马先蒿…………………… 459
短尾铁线莲…………………… 149
短柱侧金盏花…………………… 139
钝齿铁角蕨…………………… 016

钝齿铁线莲…………………152
钝萼附地菜…………………403
钝裂银莲花…………………135
钝叶蔷薇……………………239
多花勾儿茶…………………244
多花胡枝子…………………181
多花木蓝……………………186
多花溲疏……………………520
多茎委陵菜…………………211
多裂翅果菊…………………503
多歧沙参……………………465

E

峨参…………………………536
鹅肠菜………………………359
鹅耳枥………………………271
鹅观草………………………104
鹅绒藤………………………398
额河千里光…………………508
鄂西鼠尾草…………………446
耳柄蒲儿根…………………509
耳羽岩蕨……………………019
二苞黄精……………………073
二色补血草…………………340
二色棘豆……………………198
二叶兜被兰…………………059
二叶舌唇兰…………………060

F

翻白草………………………208
反枝苋………………………367
返顾马先蒿…………………458
防风…………………………545
费菜…………………………164
粉条儿菜……………………051
风轮菜………………………432
扶芳藤………………………278
拂子茅………………………096
浮叶眼子菜…………………046
附地菜………………………403
复序飘拂草…………………090

G

甘露子………………………450
甘肃黄芩……………………448
甘肃山楂……………………225
甘野菊………………………488
赶山鞭………………………299
刚毛忍冬……………………529
杠柳…………………………401
高山露珠草…………………306
高山蓍………………………469
高山绣线菊…………………216
高山早熟禾…………………113
高乌头………………………132
藁本…………………………541
茖葱…………………………067
葛缕子………………………539
葛萝槭………………………313
葛枣猕猴桃…………………386
隔山消………………………400
弓茎悬钩子…………………234
勾儿茶………………………243
沟酸浆………………………453
钩齿溲疏……………………519
钩腺大戟……………………284
狗筋蔓………………………365
狗舌草………………………511
狗哇花………………………479
狗尾草………………………114
狗牙根………………………099
狗枣猕猴桃…………………385
枸杞…………………………415
构树…………………………256
瓜木…………………………377
瓜叶乌头……………………131
瓜子金………………………200
拐芹当归……………………537
管花鹿药……………………078
贯众…………………………020
灌木铁线莲…………………151
光果田麻……………………322
光果葶苈……………………330
光头稗………………………102
光叶榉………………………255
广布野豌豆…………………193
鬼灯檠………………………161

H

海州常山……………………429
蔊菜…………………………334
旱柳…………………………291
旱生卷柏……………………004
杭子梢………………………178
和尚菜………………………470
河北假报春…………………381
河南海棠……………………228
河朔荛花……………………325
荷青花………………………124
褐梨…………………………230
鹤虱…………………………406
黑柴胡………………………539
黑弹树………………………253
黑鳞耳蕨……………………021
黑榆…………………………249
红柄白鹃梅…………………211
红丁香………………………421
红麸杨………………………310
红旱莲………………………299
红花锦鸡儿…………………182
红桦…………………………269
红蓼…………………………346
红鳞扁莎……………………090
红毛七………………………128
红皮柳………………………292
红纹马先蒿…………………459
胡桃楸………………………268

胡枝子…………………… 178
湖北花楸………………… 233
槲寄生…………………… 338
槲栎……………………… 264
槲树……………………… 265
虎尾草…………………… 097
虎尾铁角蕨……………… 016
虎掌……………………… 044
虎榛子…………………… 273
花椒……………………… 317
花木蓝…………………… 186
花苜蓿…………………… 188
花楸……………………… 231
花葱……………………… 379
花叶滇苦菜……………… 512
华北八宝………………… 163
华北白前………………… 397
华北薄鳞蕨……………… 009
华北大黄………………… 351
华北风毛菊……………… 506
华北覆盆子……………… 235
华北蓝盆花……………… 533
华北鳞毛蕨……………… 023
华北楼斗菜……………… 137
华北葡萄………………… 171
华北前胡………………… 543
华北石韦………………… 027
华北蹄盖蕨……………… 014
华北乌头………………… 132
华北绣线菊……………… 213
华北珍珠梅……………… 212
华东菝葜………………… 051
华东蹄盖蕨……………… 013
华瓜木…………………… 377
华蒲公英………………… 514
华山松…………………… 032
华中铁角蕨……………… 018
华中五味子……………… 038
华帚菊…………………… 483
画眉草…………………… 106
桦叶荚蒾………………… 523
还亮草…………………… 145
黄鹌菜…………………… 515
黄背草…………………… 115
黄瓜假还阳参…………… 497
黄果朴…………………… 254
黄果悬钩子……………… 236
黄花葱…………………… 071
黄花蒿…………………… 473
黄花列当………………… 454
黄花铁线莲……………… 151
黄堇……………………… 123
黄精……………………… 072
黄连木…………………… 312
黄芦木…………………… 126
黄栌……………………… 311
黄蔷薇…………………… 238
黄芩……………………… 447
黄瑞香…………………… 326
灰背老鹳草……………… 301
灰绿藜…………………… 369
灰楸……………………… 461
灰栒子…………………… 223
茴茴蒜…………………… 144
活血丹…………………… 436
火绒草…………………… 517
火焰草…………………… 166
藿香……………………… 431

J

鸡桑……………………… 257
鸡矢藤…………………… 388
鸡树条荚蒾……………… 524
鸡腿堇菜………………… 294
鸡眼草…………………… 187
蒺藜……………………… 172
荠………………………… 336
荠苨……………………… 463
荚蒾……………………… 523
假贝母…………………… 275
假升麻…………………… 240
假酸浆…………………… 414
假苇拂子茅……………… 096
尖裂假还阳参…………… 497
尖叶长柄山蚂蟥………… 183
尖叶铁扫帚……………… 180
尖嘴薹草………………… 085
坚桦……………………… 269
坚硬女娄菜……………… 362
剪秋罗…………………… 365
碱蓬……………………… 372
建始槭…………………… 316
箭叶蓼…………………… 346
茳芒香豌豆……………… 191
橿子栎…………………… 266
角蒿……………………… 462
角茴香…………………… 121
角盘兰…………………… 060
接骨木…………………… 522
节节草…………………… 005
截叶铁扫帚……………… 180
金灯藤…………………… 410
金花忍冬………………… 526
金莲花…………………… 143
金鱼藻…………………… 118
筋骨草…………………… 430
荩草……………………… 093
京黄芩…………………… 449
京芒草…………………… 092
京山梅花………………… 521
荆条……………………… 427
井栏边草………………… 009
桔梗……………………… 462
桔红山楂………………… 226
菊叶委陵菜……………… 206
巨序剪股颖……………… 092
卷柏……………………… 002

卷耳…………………………355
卷茎蓼………………………351
绢毛匍匐委陵菜…………210
绢茸火绒草…………………518
蕨……………………………008
蕨麻…………………………204
蕨萁…………………………007
君迁子………………………379

K

堪察加景天…………………165
看麦娘………………………093
康藏荆芥……………………440
扛板归………………………349
刻叶紫堇……………………122
苦苣菜………………………512
苦楝…………………………320
苦木…………………………319
苦皮藤………………………277
苦参…………………………196
苦蘵…………………………414
宽苞水柏枝…………………340
宽叶荨麻……………………263
宽叶薹草……………………087
款冬…………………………515
魁蓟…………………………489

L

梾木…………………………375
蓝萼香茶菜…………………443
蓝花棘豆……………………197
狼毒大戟……………………283
狼尾草………………………111
狼尾花………………………382
老鸹铃………………………384
老鸦瓣………………………052
肋柱花………………………393
类叶升麻……………………133
冷蕨…………………………012
离舌橐吾……………………499
离子芥………………………328
篱打碗花……………………408
藜……………………………368
藜芦…………………………047
鳢肠…………………………493
荔枝草………………………446
连翘…………………………418
连香树………………………156
两栖蓼………………………344
两色鳞毛蕨…………………023
两似蟹甲草…………………500
辽藁本………………………541
辽宁山楂……………………225
辽杨…………………………288
疗齿草………………………458
列当…………………………455
裂叶荆芥……………………447
裂叶榆………………………249
林繁缕………………………361
林荫千里光…………………509
鳞叶龙胆……………………392
铃兰…………………………072
铃铃香青……………………471
领春木………………………119
流苏树………………………417
瘤糖茶藨子…………………158
柳穿鱼………………………425
柳兰…………………………303
柳叶菜………………………304
柳叶刺蓼……………………345
柳叶鬼针草…………………485
柳叶忍冬……………………530
柳叶箬………………………117
柳叶鼠李……………………246
柳叶旋覆花…………………495
六道木………………………525
龙葵…………………………416
龙须菜………………………076
龙牙草………………………201
漏斗泡囊草…………………415
漏芦…………………………513
芦苇…………………………112
鹿蹄草………………………387
鹿药…………………………077
路边青………………………201
驴欺口………………………516
绿叶胡枝子…………………179
葎草…………………………252
葎叶蛇葡萄…………………169
栾树…………………………312
卵叶鼠李……………………247
卵叶铁角蕨…………………015
乱子草………………………110
轮叶八宝……………………163
轮叶黄精……………………074
轮叶马先蒿…………………461
轮叶沙参……………………466
罗布麻………………………395
萝藦…………………………401
裸茎碎米荠…………………326
络石…………………………396
落新妇………………………159

M

麻花头………………………510
麻栎…………………………267
麻叶风轮菜…………………433
麻叶荨麻……………………263
马齿苋………………………374
马兜铃………………………039
马棘…………………………185
马兰…………………………481
马蔺…………………………066
马唐…………………………100
蚂蚱腿子……………………483
麦秆蹄盖蕨…………………014
麦瓶草………………………364

曼陀罗…………………… 412
蔓出卷柏…………………… 003
蔓孩儿参…………………… 358
牻牛儿苗…………………… 300
猫儿菊…………………… 469
猫乳…………………… 243
毛萼山梅花…………………… 521
毛茛…………………… 143
毛果吉林乌头…………………… 129
毛花绣线菊…………………… 213
毛建草…………………… 434
毛梾…………………… 375
毛连菜…………………… 501
毛曼陀罗…………………… 412
毛泡桐…………………… 453
毛蕊老鹳草…………………… 302
毛山荆子…………………… 227
毛山楂…………………… 224
毛细柄黄芪…………………… 177
毛叶山桐子…………………… 293
毛叶山樱花…………………… 218
毛樱桃…………………… 219
毛榛…………………… 272
茅莓…………………… 235
莓叶委陵菜…………………… 209
梅花草…………………… 281
美丽茶藨子…………………… 157
美丽胡枝子…………………… 181
美蔷薇…………………… 237
蒙椴…………………… 324
蒙古蒿…………………… 477
蒙古荚蒾…………………… 524
蒙古堇菜…………………… 297
蒙古栎…………………… 265
蒙古葶苈…………………… 331
蒙古绣线菊…………………… 215
蒙桑…………………… 258
迷果芹…………………… 546
米口袋…………………… 184
密花香薷…………………… 435
绵马鳞毛蕨…………………… 022
绵枣儿…………………… 079
庙台槭…………………… 317
牡蒿…………………… 473
牡荆…………………… 428
木半夏…………………… 241
木姜子…………………… 042
木梨…………………… 229
木香薷…………………… 436
木贼…………………… 006
墓回头…………………… 531

N

南方红豆杉…………………… 034
南牡蒿…………………… 474
南蛇藤…………………… 276
内弯繁缕…………………… 360
尼泊尔蓼…………………… 348
泥胡菜…………………… 493
拟漆姑…………………… 354
拟散花唐松草…………………… 142
黏毛忍冬…………………… 527
牛蒡…………………… 472
牛鞭草…………………… 108
牛扁…………………… 130
牛迭肚…………………… 233
牛泷草…………………… 305
牛毛毡…………………… 089
牛奶子…………………… 241
牛皮消…………………… 399
牛尾菜…………………… 050
牛膝…………………… 366
女娄菜…………………… 361
暖木…………………… 154

O

欧李…………………… 219
欧亚旋覆花…………………… 494
欧洲菟丝子…………………… 410

P

盘果菊…………………… 502
盘叶忍冬…………………… 528
泡花树…………………… 153
泡沙参…………………… 465
佩兰…………………… 490
蓬子菜…………………… 391
披碱草…………………… 103
披针叶薹草…………………… 086
披针叶野决明…………………… 195
平车前…………………… 424
平榛…………………… 272
苹…………………… 029
婆婆纳…………………… 426
婆婆针…………………… 484
匍枝委陵菜…………………… 210
蒲公英…………………… 513

Q

七叶一枝花…………………… 048
漆树…………………… 310
奇异堇菜…………………… 296
歧茎蒿…………………… 475
歧伞獐牙菜…………………… 394
千金榆…………………… 270
牵牛…………………… 411
茜草…………………… 388
墙草…………………… 262
荞麦叶大百合…………………… 053
巧玲花…………………… 421
鞘柄菝葜…………………… 049
窃衣…………………… 547
芹叶铁线莲…………………… 150
秦艽…………………… 391
秦连翘…………………… 418
秦岭翠雀花…………………… 146
秦岭丁香…………………… 422

秦岭柳…… 289
秦岭铁线莲…… 148
秦岭小檗…… 128
青麸杨…… 309
青杞…… 417
青扦…… 032
青檀…… 251
青葙…… 367
青杨…… 287
青榨槭…… 313
蜻蜓舌唇兰…… 061
苘麻…… 320
楸叶泡桐…… 454
楸子…… 228
求米草…… 111
球果焯菜…… 335
球果堇菜…… 296
球茎虎耳草…… 162
球序韭…… 069
曲枝天门冬…… 075
瞿麦…… 356
全叶马兰…… 481
拳参…… 342
雀儿舌头…… 285
雀麦…… 095
雀舌黄杨…… 154
确山野豌豆…… 192

R

热河黄精…… 073
日本续断…… 532
绒果芹…… 549
柔毛金腰…… 159
乳浆大戟…… 282
软枣猕猴桃…… 385
蕤核…… 221
锐齿槲栎…… 264
锐齿鼠李…… 245
瑞香狼毒…… 324

S

三齿萼野豌豆…… 193
三花顶冰花…… 054
三花莸…… 429
三角槭…… 316
三脉紫菀…… 480
三桠乌药…… 041
三桠绣线菊…… 212
三叶海棠…… 227
三叶木通…… 125
三籽两型豆…… 174
桑…… 257
桑叶葡萄…… 171
色木槭…… 314
沙棘…… 240
沙梾…… 376
沙参…… 463
砂引草…… 406
山白树…… 155
山刺玫…… 239
山丹…… 052
山合欢…… 172
山胡椒…… 040
山尖子…… 501
山橿…… 041
山荆子…… 226
山韭…… 070
山萝花…… 456
山马兰…… 482
山蚂蚱草…… 364
山麦冬…… 080
山葡萄…… 170
山桃…… 216
山西独活…… 538
山西异蕊芥…… 329
山溪金腰…… 161
山杏…… 217
山杨…… 287
山野豌豆…… 192
山罂粟…… 120
山萮菜…… 333
山皂荚…… 173
山楂…… 223
陕甘花楸…… 232
陕西蛾眉蕨…… 012
陕西粉背蕨…… 010
陕西荚蒾…… 525
陕西假瘤蕨…… 028
陕西紫堇…… 122
商陆…… 373
少脉雀梅藤…… 247
蛇床…… 548
蛇莓…… 203
射干…… 064
深山堇菜…… 297
肾蕨…… 024
升麻…… 134
省沽油…… 307
虱子草…… 116
湿地勿忘草…… 404
石龙芮…… 144
石沙参…… 464
石生悬钩子…… 236
石生蝇子草…… 363
石枣子…… 279
石竹…… 356
手参…… 059
首阳变豆菜…… 544
绶草…… 062
鼠李…… 245
鼠麴草…… 516
鼠掌老鹳草…… 301
蜀侧金盏花…… 138
树锦鸡儿…… 182
栓皮栎…… 267
双花堇菜…… 295
水棘针…… 432
水金凤…… 378

水蓼…………………………345
水柳…………………………303
水麦冬………………………045
水蔓菁………………………426
水芹…………………………546
水苏…………………………449
水栒子………………………222
水榆花楸……………………231
水珠草………………………306
水烛…………………………081
丝毛飞廉……………………485
丝棉木………………………278
四叶葎………………………390
松蒿…………………………457
松潘乌头……………………130
松下兰………………………387
嵩草…………………………084
粟米草………………………374
酸浆…………………………413
酸模…………………………352
酸模叶蓼……………………344
酸枣…………………………242
穗花马先蒿…………………460

T

太白贝母……………………055
太行铁线莲…………………148
唐古特忍冬…………………528
唐松草………………………140
糖芥…………………………331
藤长苗………………………407
蹄叶橐吾……………………499
天蓝韭………………………069
天蓝苜蓿……………………188
天名精………………………486
天南星………………………044
天仙子………………………413
田麻…………………………322
田旋花………………………408
田紫草………………………404
条叶筋骨草…………………430
条叶岩风……………………540
铁杆蒿………………………478
铁角蕨………………………015
铁筷子………………………140
铁木…………………………273
铁苋菜………………………284
铁线蕨………………………011
莛子藨………………………531
葶苈…………………………330
通泉草………………………451
透骨草………………………452
透茎冷水花…………………261
秃疮花………………………120
突脉金丝桃…………………298
土茯苓………………………050
土庄绣线菊…………………214
兔儿伞………………………514
菟丝子………………………409
团羽铁线蕨…………………011
脱皮榆………………………250

W

洼瓣花………………………054
瓦松…………………………168
歪头菜………………………195
网眼瓦韦……………………025
菵草…………………………095
威灵仙………………………149
微毛樱桃……………………217
尾叶香茶菜…………………444
委陵菜………………………205
卫矛…………………………277
猬实…………………………526
问荆…………………………004
渥丹…………………………053
乌苏里瓦韦…………………027
乌头叶蛇葡萄………………169
无翅猪毛菜…………………371
吴茱萸五加…………………534
五福花………………………522
五加…………………………533
五角槭………………………315
五脉山黧豆…………………191
舞鹤草………………………078

X

西北栒子……………………222
西伯利亚蓼…………………342
西伯利亚远志………………199
西藏洼瓣花…………………055
西山委陵菜…………………207
稀花蓼………………………350
溪洞碗蕨……………………007
溪黄草………………………442
溪木贼………………………006
豨莶…………………………510
蟋蟀草………………………102
习见蓼………………………341
喜阴悬钩子…………………234
细叉梅花草…………………281
细齿稠李……………………221
细毛碗蕨……………………008
细野麻………………………258
细叶景天……………………165
细叶韭………………………070
细叶薹草……………………088
细叶小檗……………………127
细叶鸢尾……………………066
细蝇子草……………………362
细籽柳叶菜…………………304
狭苞斑种草…………………402
狭苞橐吾……………………500
狭叶红景天…………………167
狭叶米口袋…………………184
狭叶荨麻……………………262
狭叶沙参……………………464

狭叶益母草…………………… 439
狭叶珍珠菜…………………… 382
夏枯草………………………… 444
夏至草………………………… 437
藓生马先蒿…………………… 460
腺梗豨莶……………………… 511
腺毛鳞毛蕨…………………… 024
腺毛委陵菜…………………… 206
香茶菜………………………… 443
香附子………………………… 089
香根芹………………………… 545
香蒲…………………………… 082
香青…………………………… 471
香青兰………………………… 434
香薷…………………………… 435
小斑叶兰……………………… 061
小扁豆………………………… 200
小丛红景天…………………… 167
小灯芯草……………………… 082
小果博落回…………………… 125
小红菊………………………… 488
小花草玉梅…………………… 137
小花风毛菊…………………… 505
小花火烧兰…………………… 058
小花琉璃草…………………… 405
小花山桃草…………………… 307
小花溲疏……………………… 520
小蓟…………………………… 489
小藜…………………………… 369
小米草………………………… 456
小木通………………………… 153
小蓬草………………………… 491
小窃衣………………………… 547
小青杨………………………… 288
小升麻………………………… 133
小萱草………………………… 063
小叶白蜡……………………… 419
小叶鹅耳枥…………………… 271
小叶鼠李……………………… 244
小叶杨………………………… 289
小玉竹………………………… 075
蝎子草………………………… 260
薤白…………………………… 068
兴安白芷……………………… 537
兴安天门冬…………………… 077
兴山榆………………………… 248
星星草………………………… 117
腥臭卫矛……………………… 280
荇菜…………………………… 468
秀丽莓………………………… 237
绣球绣线菊…………………… 214
锈毛石花……………………… 423
徐长卿………………………… 397
萱草…………………………… 064
悬铃木叶苎麻………………… 259
旋覆花………………………… 494
旋蒴苣苔……………………… 422

Y

鸦葱…………………………… 507
鸭儿芹………………………… 540
鸭跖草………………………… 080
崖柳…………………………… 290
胭脂花………………………… 381
烟管蓟………………………… 490
烟管头草……………………… 486
岩茴香………………………… 542
盐肤木………………………… 309
羊草…………………………… 108
羊齿天门冬…………………… 076
羊茅…………………………… 107
羊乳…………………………… 468
羊蹄…………………………… 353
野艾蒿………………………… 476
野大豆………………………… 174
野丁香………………………… 389
野葛…………………………… 196
野古草………………………… 118
野韭…………………………… 068
野葵…………………………… 321
野老鹳草……………………… 302
野茉莉………………………… 383
野漆树………………………… 311
野青茅………………………… 099
野山楂………………………… 224
野生紫苏……………………… 441
野薯蓣………………………… 047
野莴苣………………………… 504
野西瓜苗……………………… 321
野亚麻………………………… 298
野燕麦………………………… 094
野鸢尾………………………… 065
野芝麻………………………… 438
叶下珠………………………… 286
一年蓬………………………… 492
一叶荻………………………… 286
异花孩儿参…………………… 358
异穗薹草……………………… 085
异叶榕………………………… 255
益母草………………………… 438
翼柄翅果菊…………………… 503
翼萼蔓………………………… 395
翼果薹草……………………… 086
茵陈蒿………………………… 475
荫生鼠尾草…………………… 445
银背风毛菊…………………… 507
银粉背蕨……………………… 010
银蒿…………………………… 478
银莲花………………………… 135
银露梅………………………… 204
银线草………………………… 042
淫羊藿………………………… 129
隐花草………………………… 098
蝇子草………………………… 363
硬阿魏………………………… 548
硬毛棘豆……………………… 198
油松…………………………… 033

有边瓦韦…………………… 026
有柄石韦…………………… 028
愉悦蓼…………………… 349
榆…………………… 251
榆叶梅…………………… 220
羽矛…………………… 091
玉竹…………………… 074
郁香忍冬…………………… 529
郁香野茉莉…………………… 384
元宝槭…………………… 315
原沼兰…………………… 062
圆叶牵牛…………………… 411
圆枝卷柏…………………… 002
圆锥南芥…………………… 337
圆锥石头花…………………… 357
圆锥铁线莲…………………… 152
远志…………………… 199

Z

早春薹草…………………… 087
早开堇菜…………………… 294
早熟禾…………………… 113
蚤缀…………………… 354
皂荚…………………… 173
皂柳…………………… 292
泽泻…………………… 045
窄萼凤仙花…………………… 378
沼繁缕…………………… 360
沼生蔊菜…………………… 334
沼生柳叶菜…………………… 305
照山白…………………… 386
柘…………………… 256
支柱蓼…………………… 343
知风草…………………… 107
知母…………………… 071
直立黄芪…………………… 175
直立茴芹…………………… 542
直穗鹅观草…………………… 104
直穗小檗…………………… 127
止血马唐…………………… 100
中国繁缕…………………… 359
中国黄花柳…………………… 291
中国旌节花…………………… 308
中华鹅观草…………………… 105
中华槲蕨…………………… 029
中华荚果蕨…………………… 018
中华金腰…………………… 160
中华卷柏…………………… 003
中华苦荬菜…………………… 496
中华秋海棠…………………… 276
中华水龙骨…………………… 025
中华绣线菊…………………… 215
中岩蕨…………………… 020
轴藜…………………… 372
皱叶酸模…………………… 353
皱叶委陵菜…………………… 207
珠果黄堇…………………… 123
珠芽艾麻…………………… 261
珠芽蓼…………………… 343
诸葛菜…………………… 335
猪毛菜…………………… 371
猪毛蒿…………………… 476
猪殃殃…………………… 389
竹根七…………………… 079
竹灵消…………………… 396
竹叶花椒…………………… 318
竹叶子…………………… 081
紫斑风铃草…………………… 467
紫苞雪莲…………………… 504
紫苞鸢尾…………………… 065
紫草…………………… 405
紫点杓兰…………………… 057
紫椴…………………… 323
紫花地丁…………………… 293
紫花耧斗菜…………………… 138
紫花苜蓿…………………… 189
紫花前胡…………………… 543
紫花碎米荠…………………… 327
紫花卫矛…………………… 280
紫堇…………………… 121
紫沙参…………………… 466
紫菀…………………… 480
紫枝柳…………………… 290
紫珠…………………… 428